木材와 水分

木材와 水分

Skaar C 著

강 욱 · 이형우 · 정우양 譯

전남대학교출판부

| 역자 서문 |

생물재료인 목재는 흡습성을 지닌다는 점이 기타 유기재료나 무기재료와는 가장 큰 차이라 할 수 있다. 특히 외부환경의 온습도 변화에 따른 목질재료내에서의 수분증감 및 물성의 변화는 목제품 제조나 사용과정에서 발생되는 품질 문제의 가장 주된 원인이 되기도 한다. 따라서 목재와 수분의 관계를 면밀하게 파악하는 것은 건축을 비롯한 각종 용도로 사용되고 있는 목제품의 안정된 사용을 위해 필수적이다.

효과적 창의성이란 사물에 대한 깊은 이해와 과학적 사고로부터 나오는 것이라 생각된다. 우리나라의 목재관련분야가 진일보하고 세계 속에서 창의적이고 선도적으로 나아가기 위해서는, 현재 널리 인식되어 있는 비교적 단순하고 보편타당한 수준의 정성적 지식에서 보다 심도 있는 정량적 지적 탐구에 대한 부단한 추구가 이루어져 할 시점이 아닌가 감히 생각한다.

목재이용의 기초분야라 할 수 있는 목재-수분 관계에 대한 국내 연구는 아직 미진한 실정이라 생각되고, 국내 연구 환경에 비추어 볼 때 앞으로도 당분간 목재과학 연구자의 자기 연구에 바탕을 둔 관련서적이 출판되기까지는 상당한 시간이 소요되리라 생각되어 성급한 마음에 외국서적을 번역하게 되었다.

| 저자 서문 |

목재는 생재시 포수환경에서 생성되므로 벌채로 인해 뿌리로부터 수분유동이 인위적으로 중지될 때까지 세포벽은 포수상태에 있게 된다. 벌채 후 건조에 의해 목재내 대부분의 수분은 소실되고 대부분의 물리적 성질이 변하게 된다. 이 책은 목재의 물리적 성질 변화와 목재가 노출되는 환경과의 관계를 다루고 있다.

이 책은 6개의 장으로 구성되어 있다. 1장은 목재와 수분의 경험적 관계, 목재수분 측정법, 평형함수율 영향인자를 다룬다. 2장은 엔탈피, 엔트로피 및 자유에너지 변화를 포함한 목재에 의한 수분수착의 열역학을 다룬다. 3장은 목재와 같은 흡습성재료의 수착등온선에 관한 몇몇 이론을 설명하고 있다. 4장은 수분변화에 따른 목재의 수축과 팽윤 또는 수분팽창에 대한 것이다. 5장은 목재내 수분경사나 온도경사가 있을 때 수분이 세포벽을 통해 어떻게 이동되는지를 다룬다. 마지막 6장은 전기식 수분계에 적용되는 원리인 목재의 전기저항과 유전성에 대한 이론적 및 실무적 측면에 대해 논의하고 있다.

목재 미세구조나 수분이동 메커니즘은 다루지 않기 때문에 Siau(1995)가 지은 "Wood : Influence of moisture on physical properties"를 참고하기 바란다. 수분팽창에 대한 목재의 치수안정은 Stamm(1964)이 지은 "Wood and Cellulose Science"에서 자세히 다루고 있으므로 여기서는 간략하게 다루었다.

1998년 9월

Christen Skaar

목 차

제1장 목재 수분과 환경

1.1 습도와 수증기압 — 13

1.2 목재 함수율과 습도의 측정 — 20
- 1.2.1 목재함수율 측정 — 20
- 1.2.2 상대습도 측정 — 30

1.3 생재 함수율 — 35

1.4 목재 평형함수율 — 38
- 1.4.1 상대습도의 영향 — 38
- 1.4.2 이력의 영향(수착이력) — 40
- 1.4.3 온도의 영향 — 45
- 1.4.4 기타 인자 — 47

1.5 사용중 목재의 함수율 — 48

1.6 섬유포화점 — 52

1.7 목재의 함수율과 강도 — 60

제2장 수분수착 열역학

2.1 서 론 — 64

2.2 수분의 열역학적 성질 — 64

2.3 수분수착과정에서 엔탈피 변화 74
2.3.1 수착 미분열 74
2.3.2 수착 습윤열과 적분열 82
2.3.3 습윤열과 수착열의 중요성 85
2.4 수분수착과정에서 자유에너지와 엔트로피 변화 89
2.5 목재의 수분수착과 비열 91
2.6 목재의 팽윤압 96
2.7 역학적 응력과 수착(수분탄성 효과) 102
2.8 역학적 응력과 수착이력 110

제3장 목재의 수분수착 이론

3.1 서론 113
3.2 수분수착이론과 관계식 116
3.2.1 Dent 수착이론 116
3.2.2 BET 수착이론 127
3.2.3 Hailwood-Horrobin 수착이론 134
3.2.4 Peirce 수착이론 140
3.2.5 Enderby-King 수착 관계식 144
3.2.6 Bradely 수착이론과 관련 관계식 146
3.2.7 모세관 응축과 수착 148
3.2.8 Malmquist 수착모델 152
3.2.9 기타 수착등온 관계식 155

제4장 목재 수분팽창

4.1 서론 — 158

4.2 용어 정의 — 158

4.3 목재 세포벽의 체적 수분팽창 — 163

4.4 목재의 체적 수분팽창 — 165

4.4.1 최대 체적 수축과 팽윤 — 165

4.4.2 체적 수분팽창계수 — 171

4.5 목재의 수분팽창 방향성 — 178

4.5.1 섬유방향 수분팽창 — 180

4.5.2 방사방향과 접선방향 수분팽창 — 191

4.6 수분팽창과 역학적 응력 — 208

4.7 목재의 수분팽창 감소 — 214

제5장 목재 세포벽내 수분이동

5.1 서론 — 221

5.2 등온 수분확산 — 223

5.2.1 결합수 확산의 일반 메커니즘 — 223

5.2.2 Erying 절대반응속도론 — 231

5.2.3 함수율 추진력 — 233

5.2.4 증기압 추진력 — 233

5.2.5 화학포텐셜 추진력 — 237

5.2.6 삼투압 추진력 — 240

5.2.7 확장압 추진력 — 241

5.3 비가역 열역학과 비등온 확산 — 249

5.3.1 서론 — 249

5.3.2 연성 유동 관계식의 유도 — 249

제6장 목재의 전기적 성질

6.1 서론 259

6.2 전기저항 259

6.2.1 서 론 259

6.2.2 저항영향 고유변수 260

6.2.3 저항영향 외부변수 272

6.2.4 목재 전기전도 이론 284

6.3 유전성 294

6.3.1 유전 원리 294

6.3.2 수분의 유전성 305

6.3.3 전건재의 유전성 307

6.3.4 습윤재의 유전성 313

6.4 전기수분계 322

6.4.1 저항식 수분계 323

6.4.2 유전율식 수분계 324

참고문헌 325

제 1 장 목재 수분과 환경

대기상태에서 목재와 물의 상호작용을 이해하기 위해서는 먼저 물 자체의 기본성질에 대해 살펴볼 필요가 있다. 이 장에서는 相(phases), 증기압, 상대수증기압 또는 활동도(activity)와 같은 물의 중요 특성과, 이들 인자에 대한 온도의 영향에 대해 다루고자 한다. 이러한 물의 특성은 물과 목재의 일반적인 상호작용을 정량적으로 기술하는데 중요하다.

Siau(1984)는 상대습도와 수증기압 및 이들 측정법에 대해 광범위하게 다루고 있다. 본 장은 그가 다룬 주제에 대한 보완으로 여러 연구에 가장 유용하다고 여겨지는 주제에 중점을 두고자 한다.

1.1 습도와 수증기압

물은 외기 온도와 압력에 따라 3가지 상태(state) 또는 相, 즉 고체(얼음), 액체, 증기로 존재할 수 있다. 그림 1.1은 온도와 압력에 따른 물의 상 평형도이다. 온도와 압력이 나타낸 범위내에 있을 때에만 각 상으로 존재할 수 있다. 평형상태에서 상들 사이 선상의 온도와 압력 조건에서만 두 가지 상이 동시에 존재할 수 있다. 3중점(triple point)에서는 모든 3상이 동시에 존재할 수 있다. 그리고 임계 온도(374℃)와 압력(218atm)에서는 액체와 증기간의 구분이 불명확하게 된다.

빙점 아래 액체-증기 연장선(그림 1.1에서 점선)은 과냉 액체수(supercooled liquid water)의 증기압을 나타낸다. 얼음의 증기압을 나타내는 실선의 상단에 있는 것에 유의할 필요가 있다. 주로 관심이 있는 영역은 증기상태를 나타내는 부분과 증기와 액체를 구분하는 선, 그 다음에 고체상태이다.

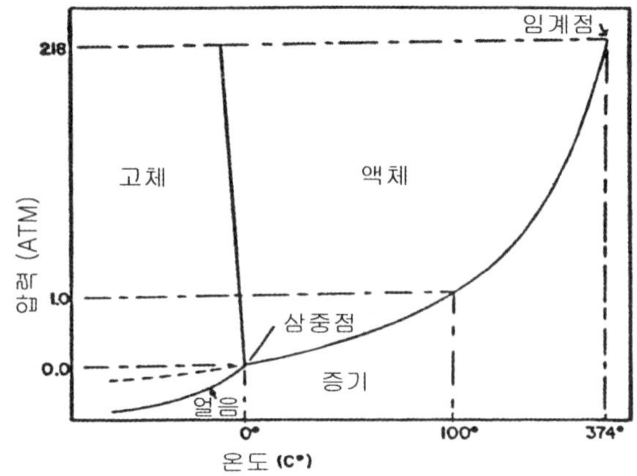

그림 1.1 물의 상평형도

액체와 증기간의 가장 큰 차이는 물 분자간의 거리이다. 액체상에서는 분자간 거리가 가까워 상당한 인력(attraction)과 척력(repulsion)이 물 분자간에 작용된다. 각 분자들은 인접 분자간 힘이 0인 평형 영역에서 항상 진동하고 있다.

액체상태에서 대부분의 분자들은 분자간 인력보다 더 큰 진동에너지를 가지지 못한다. 그러나 분자들의 에너지분포가 넓기 때문에 각 분자는 순간적으로 인접 분자의 역장(force field)을 벗어날 정도의 동적에너지를 가져 증기 분자가 된다. 액체상 분자중 일부만 인접분자에서 떨어져 나올 정도의 에너지를 가진다. 이들 증기분자는 주위(enclosure)에 대해 압력을 작용하게 되는데, 이를 수증기압이라고 한다. 액체수의 온도가 높을수록 액체에서 증기상태로 벗어날 정도의 에너지를 갖는 분자의 수가 많아지고 수증기압도 커진다.

액체수 분자 중심간 평균거리는 Avogadro수 (6.02×10^{23}g · mol)를 이용해 계산할 수 있다. 보통 물의 그램 분자량은 18g/mol이고 몰부피는 실온에서 18cc이다. 그러므로 액체상태에서 한개의 물분자에 의해 차지되는 체적(cc)은 $18/(6.02 \times 10^{23}) = 30 \times 10^{-24}$, 그리고 분자간 평균거리는 3×10^{-8}cm(30nm)보다 약간 더 크다. 액체수의 밀도와 비체적(specific volume)은 온도에 따라서 약간 변화되므로 분자간 평균거리는 온도에 따라 거의 일정하다.

또한 증기상태에서 물 분자간 평균거리도 계산할 수 있다. 그러나 온도와 상대습도에 따라 수증기의 밀도가 변화되므로 그 변화는 매우 크다. 표 1.1에 여러 온도에서 포화수증기의 밀도와 분자간 평균거리 및 포화수증기압을 나타내었다. 온도 $0^{o} - 140^{o}$C 범위에서 수증기 분자간 거리는 포화상태 액체수 분자의 경우보다 8－60배 더 크다. 증기

표 1.1 포화상태에서 수증기 성질

온도(℃)	밀도(g/l)	분자간격(nm)	증기압	
			(mmHg)	(atm)
0	0.004846	1,830	4.579	0.00604
20	0.017291	1,200	17.535	0.0230
40	0.051164	840	55.324	0.0728
60	0.13024	610	149.38	0.1965
80	0.29338	470	355.1	0.469
100	0.5977	370	760.0	1.000
120	1.122	299	1489.1	1.959
140	1.968	248	2710.9	3.567

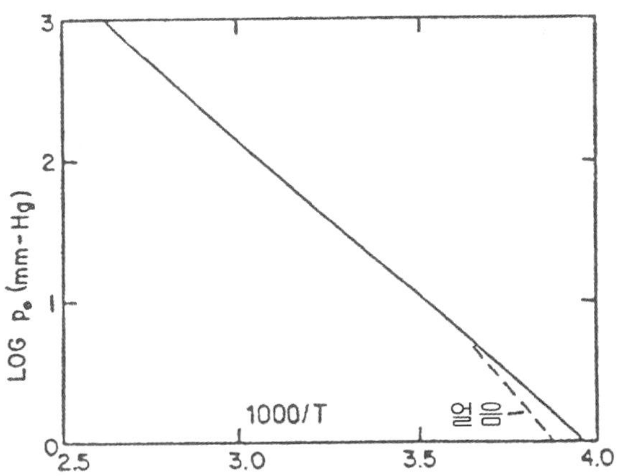

그림 1.2 온도에 따른 물과 얼음의 증기압

압이 임의 온도에서 포화증기압(p_0)보다 작다면, 그 간격은 더 커진다.

포화 수증기압의 자연대수(lnp_0)와 Kelvin 온도 T의 역수 1/T간에는 선형관계가 있다(그림 1.2 참조). 여기서 T=273.15+℃이며 수증기압의 단위는 ㎜Hg이다. 표 1.1에 주어진 데이터로 얻은 관계식은 대략적으로

$$lnp_0 = 20.59 - \frac{5205}{T} \tag{1.1}$$

이들 곡선의 기울기는 물의 단위질량 증발에 필요한 열과 관계있다(2.2절 참조).

식 (1.1)은 수증기압 p_0의 온도 의존성을 상당히 잘 나타내고 있지만, Kirchoff 증기압 식의 형태로 부가 온도 항을 포함시키면 온도 $0^{\circ}-100$℃ 범위에서 실험값과 이론값

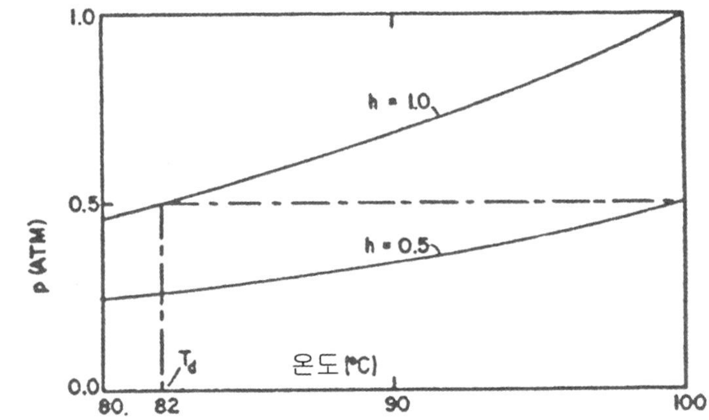

그림 1.4 수증기 활동도 h가 0.5와 1.0인 경우 증기압 p의 온도 의존성. 노점온도 T_d(82℃)는 100℃에서 h가 0.5인 경우이다

예를 들어 건조기(dry kiln)내 온도가 100℃이고 활동도 h가 0.5이라면, 노점온도는 그림 1.4와 같이 수평 점선과 h=1.0인 곡선의 교차점이 된다. 노점온도는 그림에서 82℃가 된다.

건조기 벽체의 온도가 82℃이하가 되면 상대습도가 50%로 낮더라도 벽체에 수분이 응축된다.

식 (1.1)은 건구온도(dry−bulb temperature)와 활동도로부터 노점온도를 계산하는데 이용될 수 있다.

$$p_0 = exp(A - \frac{B}{T}) \tag{1.7}$$

여기서 온도 0°−100℃ 범위에서 A=20.58, B=5205이고 p_0는 건구온도 T에서 계산된 포화증기압(㎜Hg)이다. 식 (1.7)이 정확하다고 가정하면 증기압 p는 정의에 의해 노점온도 T_d에서 포화증기압 p_{0d}와 동일하다.

$$p = p_{0d} = exp(A - \frac{B}{T_d}) \tag{1.8}$$

식 (1.7)과 식 (1.8)을 결합시키면

$$\frac{p}{p_0} = exp(\frac{B}{T} - \frac{B}{T_d}) \tag{1.9}$$

또는

$$\ln\frac{p}{p_0}=\frac{B}{T}-\frac{B}{T_d} \tag{1.10}$$

따라서 T와 T_d를 안다면 p/p_0, 즉 활동도 h를 계산할 수 있다. 또한 식 (1.10)은 p/p_0와 T를 안다면 노점온도를 계산하는데 이용될 수도 있다.

$$T_d=\frac{B}{B/T-ln\,(p/p_0)} \tag{1.11}$$

식 (1.11)은 경험식으로 그림 1.4에 도식적으로 나타낸 바와 같이 T=373.15K이고 p/p_0=0.5인 경우 노점온도 계산에 이용될 수 있다. 이들 값을 식 (1.11)에 대입하면 T_d =335.48 K 또는 82.33℃로 그림 1.4에 나타낸 값과 동일하다.

건조기나 기타 밀폐공간 내의 상대습도를 노점온도가 건조기 노출표면의 최저온도와 동일한 상태의 해당 습도보다 더 높게 유지시키는 것은 불가능하다. 건구온도 100℃에서 상대습도를 82% 이상 유지시키기 위해서는 건조기 벽체나 문의 단열이 잘 되어야 한다. 그렇지 않은 경우에는 건구온도를 낮추어야만 한다.

노점온도(T_d 또는 Θ_d)는 습구온도(T_w 또는 Θ_w)보다 항상 약간 더 낮다. 그러므로 증기압 p(노점에서 포화증기압 p_{0d}와 동일)는 습구 심지(wick)의 포화수증기압 p_{0w}보다 항상 더 낮다. 그렇지 않다면 습구 심지에서 주위 대기로 물의 증발이 일어나지 않는다. 증기압 차 $(p-p_{0w})$와 건구온도(Θ) 및 습구온도(Θ_w, ℃)간의 관계 경험식은

$$p-p_{0w}=\frac{P(\Theta-\Theta_w)(1+0.00115\Theta_w)}{1515} \tag{1.12}$$

여기서 P는 대기압으로 p와 p_{0w}의 단위는 동일하다.

식 (1.12)에서 알 수 있는 바와 같이 $(p-p_{0w})$는 건구와 습구온도뿐만 아니라 대기압 P에 비례한다(Siau 1984). 식 (1.12)에서 p_{0w}를 우측항으로 치환시켜 증기압 p를 계산할 수 있다.

보통 압력과 온도에서 대부분 기체(gas)는 이상기체법칙을 따른다. 이 관계는

$$pV=nRT=\frac{w}{M}RT \tag{1.13}$$

여기서 p는 기체압력, V 체적, n 기체의 몰 수(질량 w을 분자량 M으로 나눈 값),

Kelvin 온도 T, 이상기체상수 R으로 그 값은 측정된 p와 V의 단위에 따라 다르다.

모든 실제 기체는 이상기체법칙에서 벗어나고 물도 예외는 아니다. 그러나 온도 0°-100℃ 범위에서 그 편차는 미미하여 1% 이하이다. 예를 들어 온도 0℃에서 포화수증기 밀도 ρ=0.4846×10^{-5}g/㎤ 또는 0.4846×10^{-2}g/ℓ, 포화증기압 p_0=0.00604atm이다. 이 값들을 식 (1.13)에 대입하면

$$R = \frac{p_0 M}{\rho T}$$

$$R = \frac{0.00604 \times 18}{0.004846 \times 273.15} = 0.0821\ell \cdot \text{atm/mol} \cdot \text{deg} \tag{1.14}$$

이상기체의 R=0.08205와 비교하면 그 차이는 매우 작음을 알 수 있다. 온도 20℃에서 R=0.0819, 40℃에서 R=0.0818, 60℃에서 R=0.0816, 80℃에서 R=0.0812, 100℃에서 R=0.0807이다.

1.2 목재 함수율과 습도의 측정

1.2.1 목재함수율 측정

목재의 함수율은 보통 전건무게의 분율 m 또는 퍼센트 M으로 나타낸다. 따라서

$$m = \frac{w_w}{w_0} \tag{1.15}$$

$$M = 100m \tag{1.16}$$

여기서 w_w는 물의 무게이고 w_0는 목재의 전건무게이다. 물 무게 w_w는 습재무게와 목재 전건무게 w_0의 차로 얻을 수 있다. 그러므로

$$m = \frac{w_w - w_0}{w_0} \tag{1.17}$$

$$M = \frac{w_w - w_0}{w_0} \times 100 \tag{1.18}$$

살아 있는 입목(living tree)에서 새로 생성된 목재세포(wood cell)는 포수여건에서 형성되어 세포벽 자체는 물로 완전히 포화된다. 뿌리에서 가지나 잎까지 물을 전달하는 통로 기능을 하는 목재세포는 뿌리에서 잎까지 연속된 수주(water column)가 형성되기 위해서는 포수상태이어야만 한다.

목재세포가 더 이상 물 운송 매체로서 기능을 상실하면 세포내강 물은 부분적 또는 전체적으로 수증기를 포함한 다른 기체로 치환이 된다. 그러나 세포벽 자체는 완전히 포화된 상태를 유지한다. 그러므로 생재는 보통 3가지 형태- 세포내강을 완전 또는 부분적으로 채운 액체수, 빈 세포내강 공간에 수증기, 세포벽내의 물-의 물이 존재한다.

결합수(bound water)라 불리는 세포벽 물과 구분하기 위해 세포내강내 액체수는 자유수(free water)라 한다. 결합수라고 하는 이유는 자유수보다 물이 더 강한 힘으로 목재에 결합되어 있기 때문이다. 자유와 결합이라는 용어는 단지 상대적 의미이다. 왜냐하면 세포내강의 물은 모세관력(capillary force)이 작용되므로 넓은 용기에 담긴 보통 액체수와 열역학적 상태가 다르기 때문이다. 또한 세포내강 물은 수용성 물질을 포함하고 있기 때문에 열역학적 상태가 감소되고 용질이 없는 보통 액체수보다 덜 자유스러운 상태이다.

생재가 건조될 때 세포는 맨 먼저 세포내강의 자유수를 소실하게 된다. 그 이유는 세포벽의 결합수보다 결합력이 약하기 때문이다. 세포의 세포내강수(cavity water)가 완전히 소실되어 내강내에 수증기만 존재하나 세포벽은 완전히 포수된 상태의 함수율은 Tiemann(1906)에 의해 최초로 섬유포화점이라 명명되었다. 섬유포화점은 M_f(%) 또는 m_f(g/g)으로 나타내고 전건목재의 20%-40% 정도이다. 이에 대한 것은 1.4.6절에서 더 상세히 다루기로 한다.

목재 함수율 측정법은 여러 가지가 있는데, 15가지에 이른다고 한다(Kollmann과 Höckele 1962). 여기서는 그 중 몇 가지 방법에 대해서만 다루기로 한다.

1.2.1.1 중량법(gravimetric method)

목재의 함수율 측정은 중량법이 가장 기본이며 습재 시편의 무게를 측정한 후 기준 무게 w_0에 도달할 때까지 건조시킨다. 높은 정밀도가 필요하지 않은 보통 함수율 측정 시 전건무게 w_0는 103±2℃가 유지되는 오븐(oven)내에 시편이 항량에 도달할 때까지 건조시켜 얻는다. 이 과정은 시편 함수율을 전건무게 w_0에 이를 정도의 충분히 0에 가까운 상대증기압과 평형을 이루는 매우 낮은 함수율로 감소시키게 된다.

정밀한 함수율이 요구될 때는 w_0를 얻기 위한 단순 오븐건조법(oven-drying method)

은 여러 가지 문제가 있다. 이들 중에는 오븐내 상대증기압이 0이라는 가정과 목재건조에서 수분 이외의 휘발성 성분의 증발, 그리고 이전 수착 이력(hysteresis)[1] 영향의 가능성 등이 있다.

오븐내 활동도 $h(=p/p_0)$는 오븐 온도, 주위 실내 온도와 습도, 오븐내 수분 공급원(source)에 따라 영향을 받는다. 강제순환 오븐을 사용하고 오븐내 증기압 p가 실내와 동일하도록 오랜 시간 동안 건조시키면 그 영향을 최소화시킬 수 있다. 이러한 조건에서 오븐내 상대증기압 $(p/p_0)'$는 다음 식으로 계산할 수 있다.

$$\left(\frac{p}{p_0}\right)' = \left(\frac{p}{p_0}\right)'' \left(\frac{p_0''}{p_0'}\right) \tag{1.19}$$

여기서 $(p/p_0)''$와 p_0''는 실내 상대증기압과 포화증기압, 그리고 p_0'는 오븐내 포화증기압이다. 예를 들어 실내온도와 상대습도가 30℃와 60%이라면, 103℃에서 오븐내 상대증기압은 식 (1.19)로부터 계산할 수 있다. p_0를 ㎜Hg로 나타내면 $(p/p_0)'$=(0.60)(31.2/845.1)= 0.0226이다. 실내온도와 상대습도가 20℃이고 10%이라면, $(p/p_0)'$=(0.10)(17.53/845.1)= 0.00207로 전 경우의 10% 이하가 된다. 고온다습 실내조건에서 건조시편내 잔류수분(residual moisture)은 0.5% 정도이지만 저온저습 실내조건에서는 0.05%가 된다.

그림 1.5는 103℃가 유지되는 건조오븐의 백분율 상대습도와 실내 주위 상대습도의 관계를 나타낸 것이다. 해당 상대습도에서 오븐내 건조된 목재시편의 추정 평형함수율은 $M \cong H/5$이다.

이들 영향을 실험적으로 검증한 결과 베네주엘라산 38 수종에 대해 뉴욕주 시라큐스 지역에서 건조된 1월에 측정한 무게가 베네주엘라 메리다 지역에서 건조한 무게보다 평균 0.42% 더 작게 나타났다. 오븐건조 조건에서 보류수분(retained moisture) 차이는 한겨울의 시라큐스 지역에 비해 베네주엘라의 주위 실내증기압이 더 높은 것에 기인된다. 두 지역 조건은 상기 수치 예에 주어진 값과 근사하다.

실내조건의 영향은 진공오븐을 사용하면 상당히 감소시킬 수 있다. 주위 상대증기압 $(p/p_0)''$가 0에 가깝기 때문에 오븐 온도를 감소시킬 수 있다. 진공시키는 대신에 증기압이 낮은 오산화인(phorous pentoxide)과 같은 강력한 건조제(desiccant)를 사용하는 경우

1) 어떤 양 A의 변화에 수반하여 다른 양 B가 변화하는 경우, A를 변화시키는 경로에 의해 동일한 A에 대한 B의 값이 다른 현상. A를 증대시킨 후 감소시킬 때 A－B 곡선이 폐곡선을 나타내는 경우에는 그 輪을 히스테리시스 루프라고 한다.

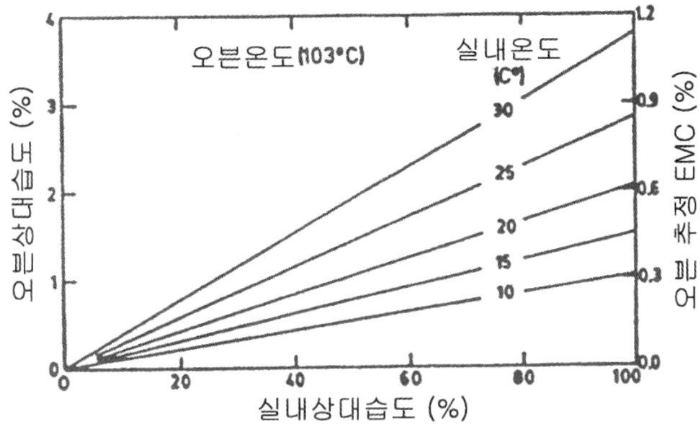

그림 1.5 주위 실내 습도와 온도에 따른 오븐 상대습도와 추정 EMC

도 있으나 실내온도에서 평형에 도달하는 시간이 크게 증가되는 단점이 있다.

파티클 형태 목재시편의 함수율 중량측정법은 적외선 램프와 결합된 직시천평으로 매우 신속히 이루어질 수 있다. 이러한 경우 소시편 습재는 밀폐된 저울에 올려놓고 내부에 설치된 적외선 램프로 직접 가열된다. 시편이 급속하게 건조되기 때문에 함수율을 바로 읽을 수 있도록 저울눈금을 조절할 수도 있다. 적외선 램프는 시편 표면부분에만 적외선이 침투하므로 마이크로파 영역의 고주파가열로 대체할 수도 있다. 이 방법의 장점은 시편 내부부터 가열시켜 수분을 제거시킨다는 점이다.

적외선과 고주파 전자기 가열은 목재를 단순히 급속히 건조시키기 보다는 목재 함수율을 바로 측정하는데 사용된다(1.2.1.5절).

중량법으로 함수율 측정시 중요한 것은 저울이 ΔM의 요구정밀도에 부합될 수 있는 수준의 정밀도를 가져한다는 것이다. 일반적으로 무게측정시 Δw 정밀도는 다음 식에 의해 주어진 값과 같거나 더 높다.

$$\Delta w = w_0 \times \frac{\Delta M}{100} \tag{1.20}$$

여기서 w_0는 시편의 오븐건조무게, ΔM은 함수율 요구 정밀도(%)이다. 예를 들어 오븐건조무게 w_0가 10g, 함수율 요구 정밀도 ΔM이 0.1%라면 저울의 Δw 정밀도는 적어도 (10)(0.1/100)=0.01g은 되어야 한다.

실온에서 진공건조되는 목재 소시편의 건조무게 w_0에 미치는 전수착이력 영향은 Hergt와 Christensen(1965)에 의해 보고된 바 있는데, 이들은 호주산 *Araucariaklinkii*에 대해 조사하였다. 예를 들어 두께가 40㎛인 시편의 겉보기 건조무게 w_0는 수침지조건에서 바로 27℃ 진공에서 건조시켰을 때 최소가 되었다고 한다. 그러나 동일하거나 유사한 시편을 진공건조전 맨 처음 흡습범위에 있는 중간함수율(intermediate moisture content)로 조습시키면 진공에서 평형함수율이 최소 w_0값보다 약간 더 컸다고 한다. 물은 시편이 급속건조전 완전히 습윤되어 있지 않으면 진공건조시 어느 정도 물이 시편에 보류된다는 것을 나타낸다. p/p_0가 0.4−0.6인 조건에 노출시켰던 시편이 진공건조시 최대 보류수분량을 나타내었다고 한다.

Christensen과 Hergt(1969)에 따르면 진공건조에 의한 백분율 보류함수율 M_r은 시편이 p/p_0가 0.4−0.6인 범위에 노출되는 시간의 평방근에 비례하여 증가한다고 한다. 약 900시간까지 데이터를 이용해 구한 관계식은

$$M_r = 0.025\sqrt{t} \tag{1.21}$$

여기서 t는 노출시간(hr)이다. 식 (1.21)에 따라 얇은 목재시편을 p/p_0=0.5에 100시간 노출시키면 진공건조후 보류함수율 M_r은 0.25%, 900시간 노출시키면 0.75%가 된다.

1.2.1.2 증류법(distillation method)

건조과정에서 물 이외의 휘발성 성분이 휘발하면 중량법으로 목재의 함수율을 측정하

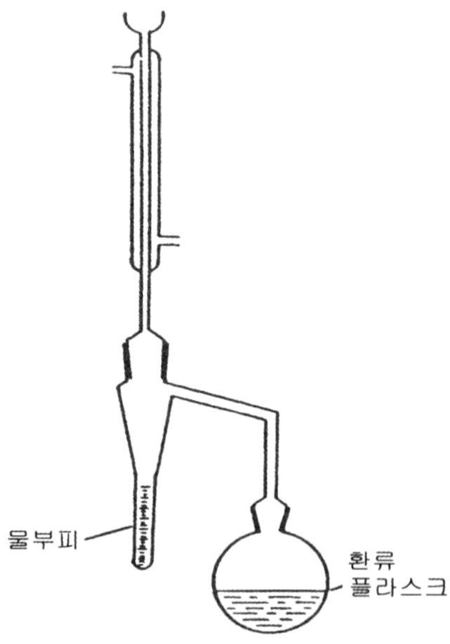

그림 1.6 목재함수율 측정용 증류장치

는 것은 상당히 큰 오차를 일으킬 수 있다. 이러한 경우 휘발성 추출 화합물의 용매인 비수용성 액체(water-immiscible liquid)가 담긴 증류장치내에서 목재를 가열시킴으로서 중량법을 개량시킬 필요가 있다. 물은 환류 콘덴서에서 응축이 되고 보정 트랩(calibrated trap)을 사용해 용매로부터 분리시킨다(그림 1.6). Kollmann과 Höckele(1962)에 따르면 톨루엔, 크실렌, 트리클로로에틸렌과 같은 여러 가지 용매를 사용할 수 있다. 이 방법은 Karl Fischer 적정법보다 약간 정확도가 떨어진다고 한다.

1.2.1.3 Karl Fischer 적정법(titration method)

목재 함수율 측정을 위한 Karl Fischer 적정법은 휘발성 추출물이 있는 목재에 대해 매우 유용한 방법이다. Kollmann과 Höckele(1962)에 따르면 이 방법이 여러 가지 방법 중 가장 정확하다고 한다. Resch와 Ecklund(1963)는 Karl Fischer 적정법이 *Chamecyparis lawsoniana*와 *C. nootkatensis*에 대한 ASTM(American Scociety for Testing Materials)에 의한 오븐건조법보다 함수율 측정값이 더 낮게 나타났다고 한다. 그 이유는 이들 수종이 휘발성 오일을 함유하고 있기 때문이라 생각된다.

이 방법에서 Karl Fischer 시약을 사용해 수분량(water content)을 적정한다. 고전적 시약의 조성은 피리딘(C_5H_5N), 이산화황, 요드 메탄올로 이루어진다. 시약과 물의 반응은

$$3C_5H_5N+SO_2+I_2+H_2O \leftrightarrow 2C_5H_5N \cdot HI + C_5H_5N \cdot SO_3 \tag{1.22}$$

적정 종말점(end point)은 색차(자유 I_2 양)나 전기적(자유수가 감소하면 전도도가 감소) 방법으로 결정할 수 있다.

Karl Fischer 적정법은 액체나 목재가 파티클 형상인 고체의 수분측정에 가장 적합하지만 치수가 큰 목재, 특히 함수율이 높은 경우에는 적합하지 않다. 현대적 측정기기는 자동화되어 편리하고 신속하다. 어떤 측정기기의 경우 전기량 적정(coulometric titration)을 사용하기도 하는데, 이 경우 고전적 부피뷰렛(volumetric buret)을 사용하지 않고 전기적으로 적정을 한다. 본래 Karl Fischer 약품의 대체재가 사용되는 경우도 있다(Troller와 Christian 1978).

1.2.1.4 핵자기공명(nulcear magentic method)

핵자기공멍(NMR) 기술은 실험실 조건에서 목재 함수율 측정에 적용되고 있다(Nanassy

1973, 1974; Sharp 등 1978). NMR 기술은 물에서 각 수소원자의 핵이 특정 스핀(spin)으로 인해 자기 쌍극자(magnetic dipole)라는 사실에 근간하고 있다. 세기가 H_0인 외부 정적 자기장에 놓이면 자기 쌍극자가 주파수 f인 장 H_0 방향으로 배향하게 되는데, 주파수는 H_0에 비례한다. 기본 수소 핵의 경우

$$f = 4.257 H_0 \tag{1.23}$$

여기서 f는 kHz이며 H_0는 가우스(Gauss)이다.

Sharp 등(1978)에 따르면 NMR을 이용해 함수율을 측정하는 방법은 정상상태(steady state)와 비정상(unsteady state) 상태 두 가지가 있다고 한다. Nanassy(1973,1974)에 의해 광대역 NMR spectrometer와 비교기술을 이용한 정상상태법이 사용된 바 있다. MHz 범위의 적절한 주파수 f의 전자기장이 목재 소시편에 적용되었다. 또한 서서히 세기 H가 변화되는 자기장을 작용시켰다. 식 (1.23)에 나타낸 바와 같이 f와 H를 조합하여 공명에 가깝게 되면 핵이 장치로부터 power를 흡수하게 된다. 일정 주파수 f에서 H 변화에 따라 power 흡수곡선을 그릴 수 있다. 이 곡선과 기울기(derivative)는 목재 내 물의 양과 작용장 방향으로 물 분자가 배열되는 상대 이동도(mobility) 또는 자유도에 대한 정보를 나타내게 된다.

그림 1.7은 Nanassy(1973)에 의해 나타낸 것으로 전건상태와 함수율 5%인 yellow birch의 NMR 흡수곡선 기울기이다. 함수율이 NMR 스펙트럼에 현저한 영향을 미치는 것을 알 수 있다. 목재 함수율이 증가하면 좁은 peak 곡선의 높이와 폭이 증가하게 된다.

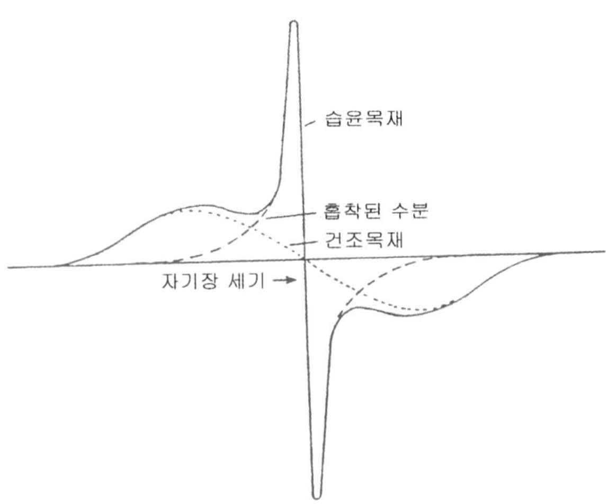

그림 1.7 NMR 흡수선

따라서 Nanassy는 목재내 결합수 결합의 강약에 따른 상대 이동도와 전체 함수율을 파악할 수 있었다. 유사한 NMR 연구가 셀룰로오스(Pittman과 Tripp 1972)와 식품(Troller와 Christian 1978)에 대해 실시된 바 있다.

Sharp 등(1978)에 따르면 펄스 NMR법에서 식 (1.23)에 근간해 먼저 정현적으로 변화되는 적정한 주파수를 갖는 외부 자기장 H_0 방향으로 초기 평형 자성화(initial equilibrium magnetizaton)을 시킨다. 그 다음에 짧고 강력한 공명 자기장을 H_0에 직각이 되게 작용시킨다. 이로 인해 H_0 직교면에 자성화가 발생되어 시편을 감싸는 코일에 전압이 유도된다. 그후 연이어 짧은 펄스를 작용시키면 각 마그넷은 원래 평형 자성화 위치로 회복이 된다. 해당 유도전압을 자유유도감쇠(free induction decay, FID)라 하는데 펄스 제거후 50㎲ 시간에서 maple과 spruce의 경우 함수율에 따라 직선적으로 증가하였다(그림 1.8). 그들은 함수율 측정결과는 목리방향에 무관하므로 펄스 NMR 기술은 실험실 조건에서 목재 함수율 측정에 이용될 수 있다고 하였다. 또한 그들은 목재 시편의 크기가 1㎤ 이하이므로 실외측정에는 적합하지 않다고 결론지었다.

정상상태(광대역)와 펄스 NMR 둘 다 냉동식품의 물 상태를 조사하는데 사용될 수 있다(Nagashima와 Suzuki 1981). 또한 이 기술을 사용하면 실온에서 자유수와 결합수를 구별할 수 있다. 그들은 단시간(1분 이내)에 함수율을 정밀하게 측정할 수 있다고 하였다. 그러나 장치 구입비와 유지비가 매우 비싸다.

King과 Rollwitz(1983)는 간단한 NMR 장치로 석탄의 함수율을 연속적으로 측정할 수 있다고 제안하였다. 그들은 NMR과 EMR(electron magentic resonance) 장치를 결

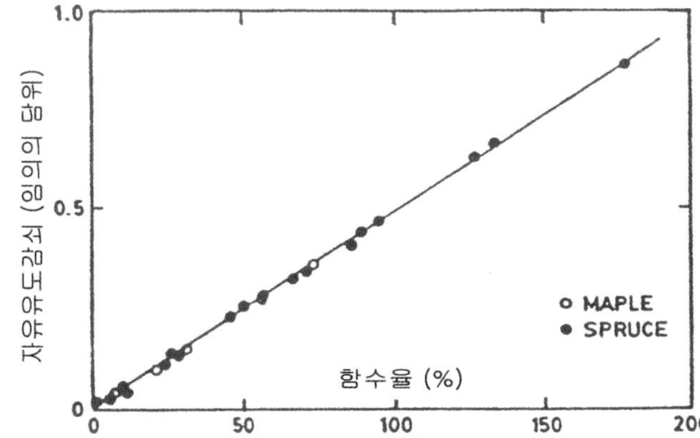

그림 1.8 maple과 spruce의 목재함수율에 따른 자유유도감쇠(FID) (Sharp 등 1978)

합한 시작장치를 만들었다. EMR은 주로 석탄의 탄소량을 측정하는데 이용되었다. 그 이유는 탄소의 비공유전자(unpaired electron) 농도가 높기 때문에 EMR로 측정할 수 있기 때문이다.

1.2.1.5 전기수분계(electrical moisture meter)

대부분의 목재 함수율 측정법은 목재에서 시편을 채취해야 하므로 파괴적 방법이다. 그러나 전기수분계는 동시적이고 비파괴적으로 함수율을 측정할 수 있다.

전기수분계는 2가지 방식이 사용된다. 가장 간단하고 오래된 방식은 DC(또는 저주파수) 전기저항을 측정하는 저항계(resistance meter)이다. 두 번째 방식은 유전수분계(dielectic moisture meter)로 목재의 복소수 유전상수나 전기 유전율 함수를 측정하는 것이다. 이 방식은 가청주파수에서 마이크로파 영역까지 주파수 범위에서 AC(교류) 기술을 이용한다.

전기수분계와 목재 전기적 성질에 영향을 미치는 주요인자 – 함수율, 온도, 목리방향, 밀도 등 – 에 대해서는 6장에서 자세히 다루고자 한다.

1.2.1.6 기타

핵에너지의 산업에 대한 적용 예의 하나는 종이와 목재의 밀도와 함수율 측정용 beta – gauge 개발이다. 베타입자나 베타선은 방사능감쇠중 어떤 동위원소의 핵으로부터 방사되는 빠른 전자이다. 베타선이 목재와 같은 물질을 통과할 때 통과하는 물질 질량에 지수함수적으로 에너지 흡수가 일어나게 된다. 그러므로 베타선 방출원을 목재시편의 한쪽면에 놓고 반대쪽 면에 탐지기를 위치시켜서 측정된 탐지기에 도달하는 베타입자의 갯수나 속도는 시편두께가 일정하다면 목재밀도에 반비례하게 된다.

Noack과 Kleuters(1960)은 이러한 원리를 이용하여 건조과정에서 목재단판의 함수율을 측정한 결과, 단판이나 칩의 제조나 건조과정에서 함수율을 실제적으로 측정할 수 있다고 하였다. 함수율 측정에 베타입자 이용은 근본적인 제한사항이 있는데, 그것은 목재와 같은 고체의 경우 흡수성이 매우 크기 때문에 시편두께에 제한이 있다는 점이다. 한편, 목재의 생육품질 측정도구로서 년륜의 밀도변동을 측정할 수도 있다는 점에서 흥미가 있다(Phillips 등 1962).

또 다른 핵방사기술을 함수율 측정에 적용시키는 기술로는 두 종류의 방사선을 동시에 작용시키는 것이다. 고속 중성자 발생기로 측정대상 물질에 직접 고에너지 중성자를 조사시킨다(그림 1.9). 이들 고속 중성자중 일부는 물질 내에서 그들 에너지 대부분을 잃어버려 저속 중성자 감지기에 반사될 때 저속 또는 감속된 중성자(moderated neutron)로 되어 버린다. 수소는 중성자 감속기로 매우 효율적이며 물은 수소원자 2개를 가지고 있기 때문에 물질 내 물의 양은 감지기에 탐지되는 감속 중성자의 수에 매우 큰 영향을 미치게 된다. 물론 전건목재에도 수소원자가 있음으로 보정을 해야만 한다.

중성자 방사측정 시스템은 물체의 단위체적당 물의 양을 측정하기 때문에 중량기준으로 함수율을 측정하기 위해서는 물체의 밀도를 알아야 한다. 밀도는 감마방사 및 감지 시스템으로 측정한다. 감마선 빔(beam)를 물체에 직접 조사시켜 감마선 감지기에 반사되거나 투과되는 방사선 세기는 물체 밀도에 반비례한다(그림 1.9). 두 가지 방사시스템으로부터 얻은 데이터를 결합시켜 중량기준 함수율로 변환시킬 수 있다. 이 시스템은

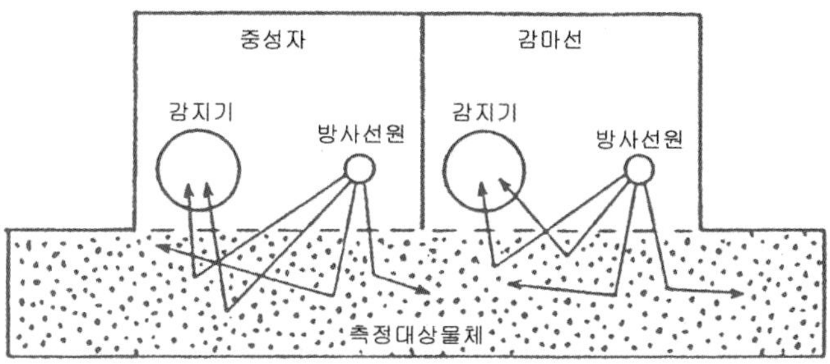

그림 1.9 중성자와 감마선을 이용한 핵 함수율 측정기 모식도

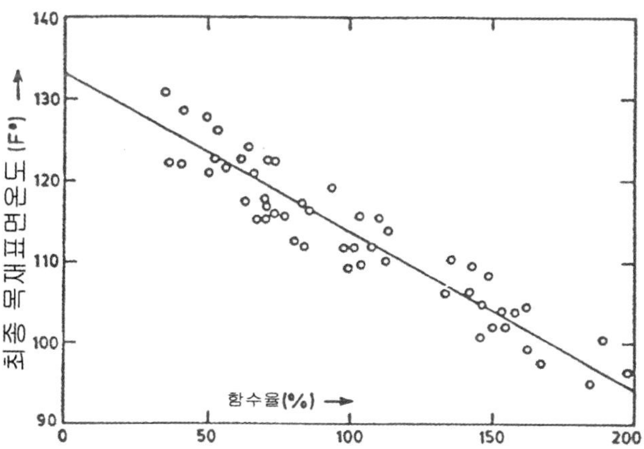

그림 1.10 2×6 inch 헴록과 전나무의 함수율에 따른 목재표면온도 회귀곡선(Troughton과 Clarke 1987)

파티클보드 제조와 같은 연속공정에서 목재 칩과 같은 과립형 물체의 함수율 측정에 적용할 수 있다.

Troughton과 Clarke(1987)은 생재 표면으로부터 증발하는 수분의 냉각효과를 이용한 목재 함수율 측정법을 제안하였다. 그들은 적외선 가열기를 일정속도로 이동시키면서 적외선 표면온도 탐지기로 목재표면온도의 증가를 측정하는 시스템을 개발하였다. 표면온도 증가는 목재의 초기함수율이 크면 감소되는 경향을 나타내었다(그림 1.10). 그들은 효율적 건조를 위해 미건조목을 적정 함수율 범위로 분류하는데 적당한 기술이라고 하였다.

1.2.2 상대습도 측정

대기의 상대습도 H와 활동도 h 측정은 주로 기후학자에 의해 개발된 기술에 기반을 두고 있다. 목재의 평형 상대습도(Equilibrium Relative Humidity, ERH)나 활동도를 파악하는 것이 중요하다. 예를 들어 목재가 주위환경과 평형을 이룰 때 목재의 ERH는 주위환경의 ERH와 동일하게 된다. 그러므로 평형함수율 EMC는 상대습도를 안다면 주위온도에서 수착등온선으로부터 추정할 수 있다.

수착등온선에는 여러 인자가 영향을 미친다(1.4절). 그러므로 주위 상대습도만으로는 목재 함수율을 정밀하게 측정할 수는 없다. 그렇지만 주위 상대습도는 목재 평형함수율과 밀접한 관계가 있으므로 유용한 측정 파라미터가 된다. 그리고 상대습도 자체는 공기온도와 더불어 주위 증기압 p를 결정하는 요인이므로 중요하다(1.1절). 목재내 증기압과 주위 증기압을 비교해 보면 목재가 수분을 획득할 것인지 소실할 것인지 그리고 시간이 지남에 따라 팽윤할 것인지 수축할 것인지를 알 수 있다.

1963년까지의 습도측정에 대한 정보는 Wexler(1965)에 의해 4권의 책으로 출판되었다. 이 책들은 미국 워싱톤시에서 열린 "Humidity and Moisture : Measurement in Science and Industry"라는 1963년 심포지움의 논문집으로 출판되었다.

목재산업에서 사용되는 상대습도 측정기는 Beall(1979)에 의해 3가지 범주로 설명된 바 있다. 그는 습도계(hygrometer), 건습구온도계(psychrometer), 노점감지기(dew-point sensor) 로 분류하였다. 습도계는 장치의 물리적 또는 화학적 성질이 주위 상대습도에 따라 변하는 원리를 이용한 것이다. 건습구온도계는 물로 포화된 심지(wick)로 감싼 온도계의 증발냉각(evaporative cooling) 크기를 측정하는 장치이다. 증발냉각량과 상대습도는 반비례한다. 노점 감지기는 수증기 응축이 발생하는 온도를 측정하는 장치이다. 이들 3가지 범주에 대해 각각 살펴본 후, 목재 내부 상대습도 측정을 통한 습도탐침에 대해 설명하고자 한다.

1.2.2.1 습도계

목재를 포함하여 대부분 생물재료는 흡습성 물질이다. 기계식 습도계는 상대습도에 따라 대기에서 사용재료가 물을 소실하거나 획득함에 따라 수축 또는 팽창하는 원리를 이용한 것이다. 그러한 대부분의 습도계는 감지장치로 인간 모발을 사용하지만, 동물 멤브레인이나 합성 멤브레인을 사용하기도 한다.

기계식 습도계는 이력효과, 역학적 크립, 느린 반응성, 이상 온도(anomalous temperature)와 노화 효과 등과 같은 여러 가지 문제가 있다. 그러므로 습도변화가 작거나 급격한 습도변화 측정에는 적당하지 않다. 그러나 습도측정에 매우 유용하므로 기후측정에 널리 이용되고 있다.

목재를 기계식 습도계에 사용하는 경우도 있는데, 이를 하이그로스태트(hygrostat)라 하며 목재건조기의 습도조절기로 사용한다. 섬유방향, 방사방향, 접선방향의 치수가 0.3×2×20㎝인 목재 스트립으로 된 것도 있다. 이것을 조절이 가능한 프레임에 장착시켜 접선방향 수축과 팽윤이 일어나면 습도조절을 하는 전기 또는 공압 시스템을 작동시키게 된다. 이 장치는 습도가 아니라 요구되는 EMC로 직접 조절할 수 있는 것이 장점이다. 그러나 이 장치도 기계식 습도계 고유의 단점이 있다.

종류가 다른 얇은 금속 스트립이 접착되어 있는 바이메탈 온도조절기와 같은 원리를 적용하면 기계식 습도계의 감도를 증가시킬 수 있다. 길이방향으로 섬유방향과 접선방향인 두개의 얇은 스트립을 접착시킨 목재 습도계를 사용할 수 있다. 두 방향에서 수분팽창 차로 인해 습도계가 휘게 되는 장치이다.

비기계식 습도계는 치수변화가 아닌 물리적 또는 화학적 성질을 이용한 것이다. 사용되고 있는 대부분은 전기저항 또는 전기용량을 이용하는 형태이지만, 색깔변화(변색)로 습도를 측정하는 경우도 있다. 변색은 정량적이 아니라 정성적 측정방법이다.

가장 일반적인 전기식 습도계는 약간의 습도변화에도 전기저항이 수배나 변화되는 흡습성 염(hygroscopic salt)이나 감습 필름(moisture-sensitive film)으로 만들어진다. 온도가 증가하면 전기저항이 감소되므로 온도변화에 따른 보정을 하여야만 한다. 이들 센서는 극성을 띌 수 있으므로 반드시 교류를 사용하여야만 한다. 대기변화에 반응성이 수초내에 이를 정도로 매우 빠르다. 그러나 대기오염에도 민감하므로 액체수 응축이 일어나지 않도록 하여야 한다.

고체상태(solid-state) 물체와 같은 표면 습도센서는 최근에 개발되었다. 이것은 전기저항이나 전기용량 변화 원리를 이용한 것으로 대기로부터 수분이 표면수착(surface sorption)되는 원리를 이용한 것이다. 사용하기 편리한 많은 습도계가 개발되어 왔으나 제어용으로 사용되기 위해서는 빠른 반응시간이 요구된다.

목재는 함수율과 상대습도에 따라 전기저항과 전기용량이 변화되므로 목재 자체를 전기저항이나 전기용량식과 같은 전기식 습도계로 사용할 수 있다(6장). 그러나 기계식 습도계와 마찬가지로 이력이나 느린 반응시간과 같은 문제가 있다. 그렇지만 그러한 습도계를 전기식 목재수분계와 결합하여 사용되기도 한다(Duff 1966).

일반적으로 습도계는 상대습도를 간접적으로 나타내기 때문에 초기와 사용중에 보정을 해야만 한다. 따라서 노점 센서와 건습구온도계와 같은 습도측정기는 습도를 직접적으로 측정하기 때문에 보정기기로 사용될 수 있다. 특히 노점센서가 보정기기로 적당하다.

1.2.2.2 노점 센서

건구 또는 공기 온도와 함께 노점온도 T_d를 안다면 식 (1.9)에 나타낸 바와 같이 활동도 h를 계산할 수 있다. 건구온도는 상대적으로 용이하게 측정할 수 있지만 노점온도는 정확하게 측정하기가 어렵다. 그러나 노점온도를 측정하기 위한 많은 장치가 개발되어 있다.

노점은 공기가 주어진 증기압 p에서 수증기로 포화되어 냉각되는 온도이다. 그러므로 노점온도 이하에서는 물이 청결한 비흡습성 표면에 응축이 된다. 이 노점온도가 보통 물의 빙점 이하라면 액체가 표면에 응축하기보다는 서리가 생기기 때문에 서리점(frost point)이라고 한다.

보통 응축표면으로 거울이 사용된다. 거울을 얼음-물 혼합액, 아세톤-드라이 아이스 혼합물 등과 같은 여러 가지 기술을 사용해 냉각시킬 수 있다. 현대적 측정기는 상대적으로 정밀하게 조절할 수 있는 열전기 냉각장치(thermoelectric cooling)를 이용한다. 응축여부 탐지는 육안으로 관찰하거나 시준광원(collimated light source)이 부착된 광검출기(photodetector)를 사용한다. 거울에 응축이 생기면 광산란이 일어나게 되므로 적절한 장치로 탐지하고 증폭시킬 수 있다(그림 1.11). 노점온도를 직접 측정하기 위해 열전대와 같은 열감지장치를 거울에 부착시킨다.

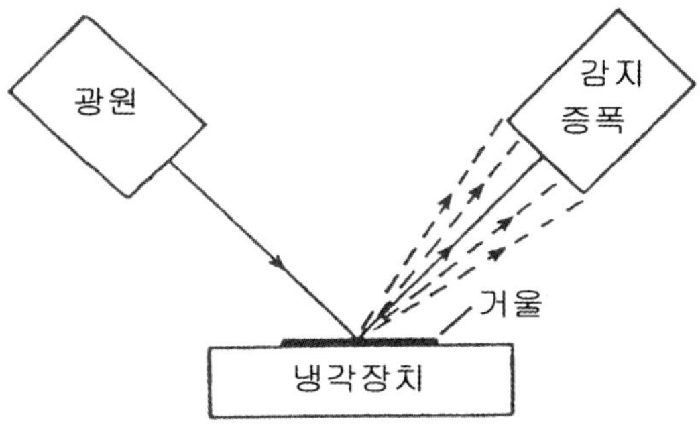

그림 1.11 노점 습도계 작도을 나타내는 모식도

상대적으로 값이 저렴한 수동식 장치도 사용되는데 "dew cup"이라는 거울 바깥표면에서 응축을 육안으로 관찰하는 장치이다. 그러한 기술의 정확도는 실험자의 경험과 기술 및 판단에 좌우된다. 노점온도 측정시마다 반복되어야 하므로 불연속 측정법(discrete measurement)이다.

1.2.2.3 건습구온도계

습구와 건구온도를 이용하는 건습구온도계(psychrometer)는 증발잠열에 따른 냉각의 원리를 이용한 것이다. 습구온도는 습구표면에서 액체수가 증발하여 주위공기를 단열적으로 포화시키는 온도이다. 온도감지부를 물로 적신 심지로 감싸고 증발이 최대속도로 일어나게 하기 위해 충분한 공기속도 (적어도 5m/s)로 공기를 통과시켜 습구온도를 측정한다.

노점온도(T_d 또는 θ_d)는 항상 습구온도(T_w 또는 θ_w)보다 약간 더 낮다. 그러므로 노점온도에서 포화증기압 p_{0d}에 해당하는 증기압 p는 습구심지에서 물의 포화증기압 p_{0w}보다 항상 더 낮다. 그렇지 않다면 심지에서 주위대기로 물의 증발이 발생하지 않는다. $(p-p_{0w})$와 건구온도(θ) 및 습구온도의 관계는 식 (1.12)와 같은 경험식으로 나타낼 수 있다.

$$p-p_{0w}=\frac{P(\theta-\theta_w)(1+0.00115\theta_w)}{1515} \tag{1.24}$$

여기서 P는 대기압으로 그 단위는 p와 p_{0w}와 같다.

Siau (1984)가 지적한 바와 같이 식 (1.24)에서 $(p-p_{0w})$는 건습구온도뿐만 아니라 대기압 P에도 영향을 받음을 알 수 있다. 또한 식 (1.24)는 p_{0w}를 우측항으로 이동시키면 증기압 p에 대해 풀 수 있다. 그 형태는 Siau (1984)에 의한 식과 다르지만, 그 결과는 동일하다.

Beall(1979)은 건습구온도계의 정확도에 미치는 5가지 인자에 대해 설명하였다. 적절한 공기순환(ventilation) 속도(최소 5m/s), 청결한 심지에 증류수를 사용, 건습구 온도 감지부의 동일한 보정, 외부 열방사원이나 건습구온도계간의 온도감지부의 복사차폐(radiation shielding) 등이 있다. 또한 그는 블로우어(blower)나 팬 모터에 의해 발생되는 열에 의한 영향을 방지하기 위해 공기를 모터구동 팬으로 직접 바람을 불어 주기보다는 감지부 위로 공기를 흡인하는 것이 바람직하다고 하였다.

직경이 1m 정도되는 원형에 부착된 수작동 sling에 건습구 온도계가 부착되는 sling 습도계의 경우 몸체온도가 측정값에 영향을 미칠 수 있다. 어떤 경우에도 국부적인 온도편차가 생기면 습도측정에 상당한 오차를 발생시킬 수 있다. 예를 들어 습구온도의 오차가 0.1℃라면 실온범위에서 고습에서 상대습도 계산값은 1%정도 오차가 생길 수 있다.

오래전부터 건조기 운전자들은 보통 건조온도 범위에서 온도와 무관하게 건습구 온도차와 목재 EMC간에 일정관계가 있다는 것을 알았다. Noack(1964)은 대부분의 흡습 함수율 범위에서 목재 EMC는 건습구온도차의 자연대수값과 선형관계가 있음을 밝혀내었다. 예를 들어 그림 1.12는 USDA Forest Service Wood Handbook(1974)로부터 얻은 수착등온에 근간한 두 온도에서 EMC변화에 대한 그림이다. EMC 5%에서 20%까지 범위에서 38℃와 82℃에서 선형임으로 온도간 차이는 그다지 크지 않음을 알 수 있다.

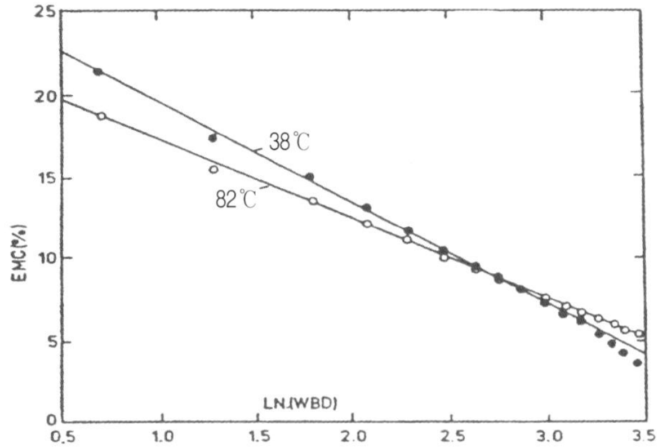

그림 1.12 온도 38℃와 82℃에서 목재 EMC와 건습구 온도차의 자연대수의 관계

1.2.2.4 목재 습도탐침

사용중 목재내부의 상대습도를 측정하기 위해 여러 가지 습도탐침(moisture probe)이 사용되고 있다. 예를 들어 Duff(1968)는 목재벽체내 함수율분포를 측정하기 위해 전기저항 목재요소를 사용하였다. Meierhofer와 Sell(1979)은 두 극사이 반도체 판상에 흡습성 전해질이 있는 습도 트랜듀서를 사용하였는데, 온도보정 장치도 부착시켰다. Sell (1985)은 흡습 멤브레인으로 된 고체센서를 사용하였는데, 멤브레인 물질의 유전상수가 상대습도에 따라 변하는 원리를 이용한 것이다. 습도 트랜듀서와 마찬가지로 이 센서도 장치에 수분응축이 일어나는 경우 이에 따른 보정이 되지 않는 문제가 있다.

1.3 생재 함수율

목재의 생재함수율을 파악하는 것에는 여러 가지 이유가 있을 수 있지만, 주로 경제적 이유 때문에 매우 중요하다. 대부분의 물은 제재목(lumber)이나 기타 목제품 등으로 사용되기 전에 제거되어야만 하는데 에너지와 시간이 요구된다. 목재의 연료효율은 함수율에 반비례하므로 가정용이나 산업용 연료원으로서 목재를 사용하기 위해서는 생재 함수율이 중요하다. 원목을 가공공장까지 물에 띄워 운송하는 경우 함수율이 높다면 가라앉게 된다. 이와 관련하여 흥미로운 것은 태국과 미얀마에서는 가공공장으로 물에 띄워 운반할 수 있을 정도로 함수율을 감소시키기 위해 벌채하기 2–3년전 티크나무 수피를 동륜상으로 벗겨내는 전통적 방법이 사용되고 있다는 것이다. 마지막으로 생재 원목의 운송비용은 함수율과 직접적으로 비례한다는 점이다.

목재나 목부(xylem)는 살아있는 입목의 경제성에서 여러 기능을 가지고 있는데, 그 주요기능으로 역학적 지지, 양분의 운송과 저장, 뿌리에서 수관까지 물의 운송 등이 있다. 변재, 특히 가장 최근에 형성된 변재만이 물이나 수액운송의 활성통로(active passageway) 기능을 한다.

수목 생리학자들은 살아있는 입목에서 대기로 수증기 증산작용으로 인해 잎에서 부압이 발생되어 물의 운송이 일어나게 된다고 한다. Zimmermann(1983)에 따르면 이 개념은 맨 처음 Dixon(1914)에 제안되었다고 하며, "수액상승의 합착이론(cohesion theory of sap ascent)"이라고 한다. 잎의 물의 인장 또는 부압은 액체수 인장과 주위 대기의 상대습도의 관계를 나타내는 삼투압 식[식 (2.74)]에 나타낸 것처럼 활동도 감소에 기인된다.

잎에서 물의 장력은 변재 목부로부터 물을 끌어당기게 되는데, 이로 인해 뿌리에서 잎까지 연속적인 수주가 형성되게 된다. 따라서 잎에서 증산되는 물은 뿌리에서 토양으로부터 흡수된 물로 대체가 된다. 잎으로 끌어 올려진 물의 일부는 광합성에 의해 탄수화물로 합성된다.

입목이 벌채되면 수주는 절단되어 뿌리로부터 물 운송이 중단된다. 벌채 당시 목재함수율을 생재함수율(green moisture content)이라고 한다. 생재함수율은 벌채후 제재와 가공까지 시간, 기후조건, 수종, 수령, 입목 크기, 벌채후 잎이 달린 유무 등에 따라 다르다.

목재의 생재함수율은 수종, 동일 입목에서도 심재와 변재 및 수고에 따라서도 다르다. 계절에 따라 생재함수율이 다른 경우도 있다.

Peck(1953)은 미국산 침엽수 27수종과 활엽수 34 수종의 심변재의 평균 생재함수율에 대해 조사하였다. 침엽수 변재의 평균 함수율은 148.9%로 그 범위는 98－249%이었다. 이것은 심재의 평균 함수율 55.4%(범위 30－121%)의 3배에 이른다. 반면에 활엽수는 심재 평균 함수율이 81.4%(범위 44－162%)이고 변재는 82.7%(범위 44－146%)로 심변재간에 그다지 큰 차를 나타내지 않았다(그림 1.13).

Manwiller(1975)는 미국 남부지역산 소경(직경 6 inch) 활엽수 22수종(수종당 10개)의 줄기 및 가지 목부와 수피의 평균함수율을 측정하였다. 줄기와 가지 목부의 평균함수율은 각각 74%(47－120%), 66%(46－109%)였다. 줄기와 가지 수피는 각각 68%(44－126%)와 80%(56－134%)로 목부와 수피간에 큰 차이가 없었으나 가지 수피의 함수율

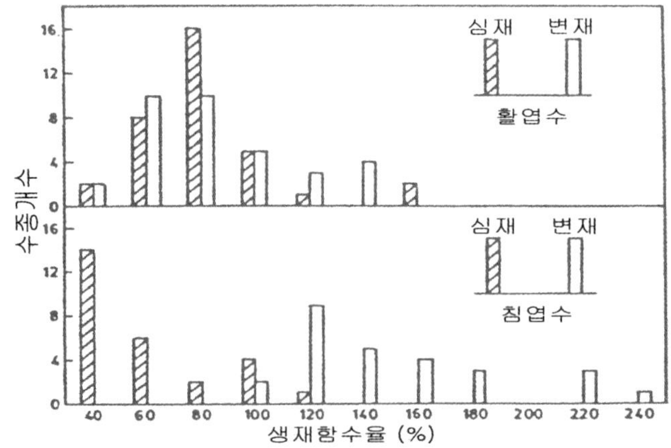

그림 1.13 미국산 활엽수와 침엽수의 심재와 변재 생재함수율의 빈도분포
(Peck 1953 데이터 기준)

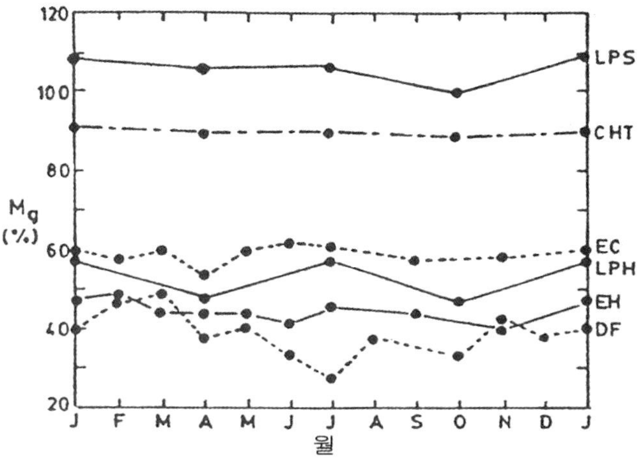

그림 1.14 Peck(1953)의 데이터에 의한 생재함수율 M_g(%) 연중변동. LPS와 LPH : loblolly pine의 변재와 심재. CHT : chestnut, EC : 유럽산 침엽수 5개 수종, EH : 유럽산 활엽수 24개 수종, DF : 유럽산 Douglas-fir

이 가지 목부보다 항상 크게 나타났다.

Zimmermann(1983)에 따르면 온대지역 입목의 함수율은 생리학적 면에서 연중 차이가 있어야 한다. Gibbs(1958)와 그 동료의 연구에 의하면 입목줄기의 함수율은 여름과 초가을에 최대에 이르며, 그 후부터 감소한다. 예를 들어 Clark와 Gibbs(1957)는 캐나다 New Brunswick산 yellow birch 평균함수율은 4월말에 90%로 최대이고 9월에 50%로 감소하였다고 한다.

Henderson과 Choong(1968)은 4월, 7월, 10월, 1월에 채취한 입목의 평균함수율이 각각 105%, 121%, 92%, 98%라고 보고하였다. Peck(1953)은 미국산 입목 함수율의 계절변동은 작고 대부분의 수종에서 일정하지 않다고 하였다. 그림 1.14는 Peck의 연구결과에 따른 유럽산과 북미산 수종의 계절변동을 나타낸 것이다.

Clark와 Bigg(1956)는 영국산 Sitka spruce와 Douglas-fir 입목의 함수율 분포를 비교하였는데, 함수율을 건량무게기준이 아닌 목재 포화용량율로 나타내는 것이 더 바람직하다고 하였다. 이 방법은 입목의 부위별 목재밀도 차이에 따른 영향을 배제하므로 살아 있는 입목에서 물 이동의 생리학적 면에서 입목 함수율 변동 연구에 바람직하다. 그러나 목재이용면에서는 건량기준 함수율이 더 편리하고 관행적이다.

1.4 목재 평형함수율

살아있는 입목에서 목재의 함수율은 30% 이상, 즉 세포벽은 완전히 포수되어 있다(그림 1.15). 세포내강은 보통 약간의 물을 포함하고 있으며, 그 양은 입목에 따라서도 크게 다르고 동일 목재에서도 세포마다 다르다. 입목이 벌채된 후 생재가 대기조건에 노출되면 주위 대기와 평형에 이르는 저함수율에 도달할 때까지 수분이 감소된다. 이 때의 함수율을 평형함수율 EMC(equilibrium moisture content)라고 하며 주위 상대습도에 비례한다. 주어진 노출조건에서 평형함수율은 수종, 심변재(heartwood and sapwood), 세포벽 조성 종류와 비율 및 추출물에 따라 약간 차이가 있다. 또한 온도, 이전 노출이력(previous exposure history)과 역학적 응력에 따라서도 영향을 받는다. 이들 인자들은 어느 정도 서로 상호작용하지만 각각에 대해서 다루는 것이 논의상 편리하다.

목재에 의한 수분수착(moisture sorption)의 이론적 해석은 2장과 3장에서 다루고자 한다. 본 장에서는 수분수착의 현상적 특징에만 국한시키고자 한다.

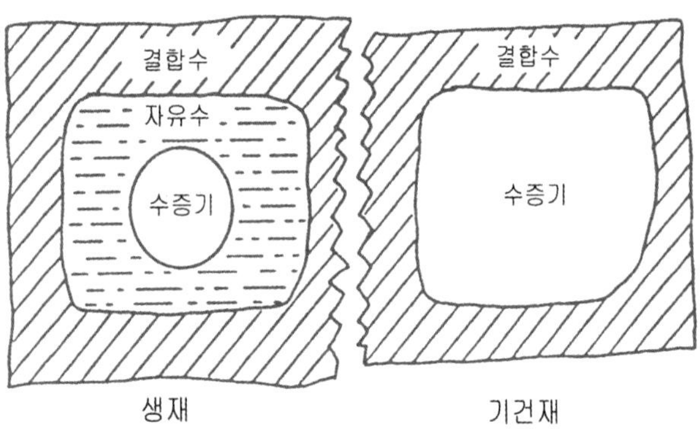

그림 1.15 생재와 기건재의 수분함유 상태

1.4.1 상대습도의 영향

목재 EMC에 미치는 가장 큰 영향인자는 목재가 노출되는 상대습도 H 또는 상대수증기압 h(활동도와 동일)이다. 일정한 온도에서 EMC와 H 또는 h의 관계곡선을 수착등온선(sorption isotherm)이라 한다.

Urquhart(1960)은 5가지 수착등온선에 대해 설명하였다. 이들 중 목재-수분 시스템

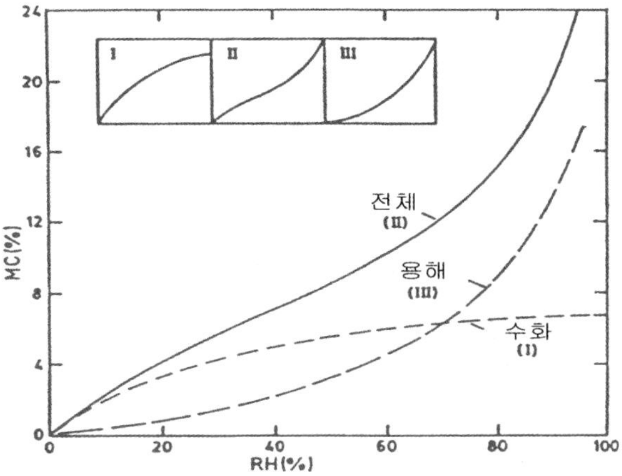

그림 1.16 형태 1, 2, 3 등온선과 수화(Ⅰ), 용해(Ⅲ), 전체(Ⅱ) 수착등온선 과의 유사성

에 가장 적당한 3가지에 대해서만 다루고자 한다. 그림 1.16은 이들 3형태, 1, 2, 3을 각각을 나타낸 것이다.

형태 1은 단층의 수착질(sorbent, 증기)이 수착매(sorbate, substrate)에 형성되는 증기 수착이다. 증기가 수착매와 수화물을 형성하는 것으로도 생각할 수 있다. 두 경우 모두 수착질과 수착매간의 인력이 액체상태 수착질간의 인력보다 더 크다.

형태 3의 수착등온선은 수착매에 여러 층의 수착질이 형성될 때, 즉 다층 수착이 발생될 때 얻어진다. 수착질로 수화된 수착매 용액으로 생각할 수 있다. 수착매에 대한 흡착분자의 인력은 형태 1에 비해 매우 작다고 할 수 있다.

형태 2의 수착등온선은 목재와 기타 목면, 양모, 곡물 등과 같은 천연 흡습성 고분자의 전형적인 수분 수착등온선이다. 이것은 S자 형태로 형태 1과 3의 결합형태와 같다. 예를 들어 Simpson(1979)에 의한 그림 1.16은 목재에 대한 형태 2의 전형적인 수분 수착등온선을 나타내는 것으로 수화된 물(hydrated water, 형태 1)과 용해된 물(dissolved water, 형태 3)을 이용해 Hailwood–Horobin 수착이론으로 해석될 수 있다(3장). 형태 1과 형태 3과 유사한 곡선은 BET 수착이론의 Dent 변형식 같은 표면수착모델을 이용해 단층과 다층 수착으로 가정하여 얻을 수 있다(3장).

1.4.2 이력의 영향(수착이력)

주어진 상대습도 H 에서 목재의 EMC는 일반적으로 생재의 최초 탈착과정에서 가장 크다. Spalt(1958)는 미송(Douglas-fir)의 일련의 재흡착(resorption)과 탈착뿐만 아니라 최초 탈착 등온선을 그림 1.17과 같이 나타내었다. 최초 탈착은 2㎜ 두께의 생재를 축차적으로 저습에 노출시켜 각 습도에서 평형무게를 측정하여 등온선을 구하였다. 모든 측정은 32℃ 진공장치에서 이루어졌다.

그림 1.17의 최하부 곡선은 진공건조시킨 시편을 상대습도 100% 까지 증가시키면서 구한 재흡착 등온선을 나타낸다. 두 번째 탈착곡선은 초기탈착과 재흡착 등온선 중간에 위치한다. 상대습도 약 50%까지 초기탈착 등온선과 차이가 있으나 그 이하에서는 일치하고 있다. 생재나 수침지 목재(water-soaked wood)를 최초 건조한 후 상대습도 50% 이상에서는 흡습성면에서 초기 비가역 손실이 있음을 알 수 있다. 주기적 또는 가역 이력루프(hysteresis loop)에 대해 주로 논의하고자 한다.

그림 1.18은 25℃에서 10개 미국산 활엽수에 대해 Okoh(1976)에 의해 측정된 평균 재흡착과 탈착 등온선이다. 시편의 두께는 섬유방향으로 3㎜이었다. 재흡착 등온선상의 각점은 하루 동안 진공건조후 측정하였다. 그러나 상대습도 94% 까지 재흡착 시험 후 탈착실험을 연속적으로 측정하였다.

시험결과로부터 연속적으로 재흡착과 탈착 사이클 시험시 閉이력루프가 형성됨을 알 수 있다. 이력영향의 크기는 주어진 상대습도 H 에서 재흡착과 탈착 EMC의 비(R/D 비)

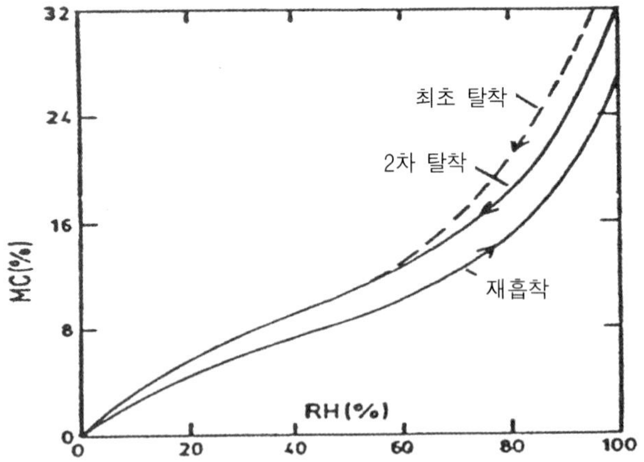

그림 1.17 미송(Douglas-fir)에 대한 최초 탈착, 재흡착, 2차 탈착 등온선 (Spalt 1958)

표 1.3 셀룰로오스와 유사 재료에 대한 평균 R/D비(Stamm 1964)

재 료	R/D 비
White spruce	0.83
Klinki pine	0.78
Eucalyptus hollocellulose	0.86
Lignin	0.78-0.79
Loblolly pine pulp	0.85-0.88
Western hemlock	0.82-0.84
Western hemlock pulp	0.87
Kapok	0.81
Cotton	0.77-0.87
Viscose rayon	0.78
Silk	0.81-0.84
Wool	0.84-0.85

로 나타내기도 한다. R/D 비는 그림 1.19에 나타낸 바와 같이 상대습도 H에 따라 항상 다르다. 표 1.3은 Stamm(1964)에 의한 몇몇 수종에 대한 R/D 비이다.

Spalt(1958)는 전흡습범위에서 재흡착과 탈착 등온선의 전체면적 비로 활엽수와 침엽수 각각 8수종에 대한 R/D비를 계산하였다. 활엽수의 평균 R/D 비는 0.828±0.018(범위 0.790-0.849)이고 침엽수는 0.812±0.023(범위 0.785-0.844)이었다. 전체 평균은 0.820이었다.

Higgins(1957)는 미국산 5수종, 열대재 7수종 등 12수종에 대한 평균 R/D 비는 0.84(범위 0.80-0.88)이라고 보고하였다. 그는 32℃에서 상대습도 21%, 43%, 81%, 93%가 되는 포화염 용액을 사용하였다.

Skaar(1972)는 40℃, 상대습도 76%에서 베네쥬엘라 Guayana 지역의 열대재 15수종 변재와 24수종 심재의 평균 R/D 비는 각각 0.803±0.032과 0.805±0.028로 전체 평균은 0.804±0.028이라고 하였다. 시편두께는 섬유방향으로 8㎜, 가로와 세로는 25×25㎜이었다. 평균 R/D 비가 0.80으로 다른 보고보다 약간 작은 이유는 주기적 또는 2번째 탈착 등온선을 이용하지 않고 첫 번째 탈착등온선을 이용하여 계산하였기 때문이라 생각된다(그림 1.17). 또 다른 원인은 재흡착전에 103℃에서 오븐건조시켰을 때 생재에서 휘발성분의 증발에 기인할 수 있다고 생각된다.

또한 Okoh(1976)는 북미산 활엽수의 내수피(inner bark)에 대한 재흡착과 탈착 주기 등온선을 측정하였다. 그는 수피의 R/D 비가 0.884±0.018로 목부의 0.808±0.010에 비

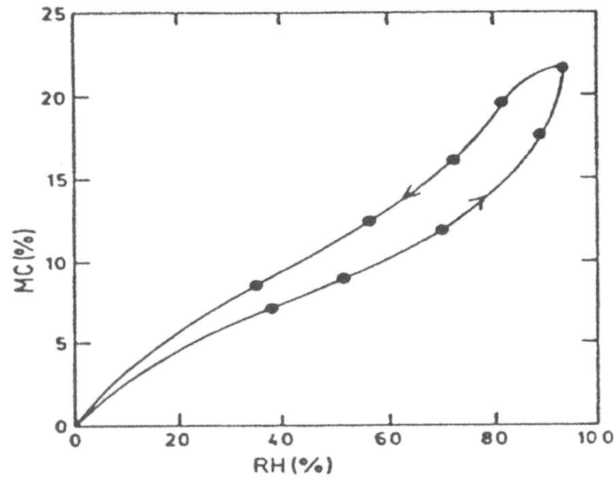

그림 1.18 미국산 활엽수의 25℃에서 평균 탈착과 재흡착 등온선 (Okoh 1976)

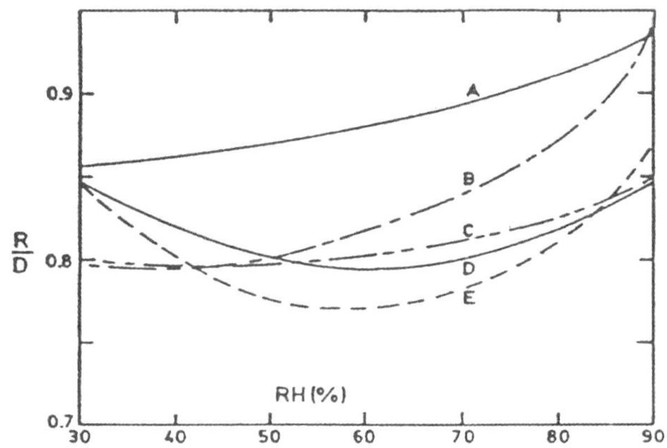

그림 1.19 상대습도에 따른 R/D 비의 변동. A 미국산 10수종 수피, B 10수종 활엽수, C 침엽수 8수종, D 미국산 10수종 활엽수, E 가나산 10수종. B,C(Spalt 1958), A, D, E (Okoh 1976)

해 상당히 크다는 것을 밝혀냈다(그림 1.19). 그 주원인은 목부와 수피의 재흡착등온선은 동일하지만 목부의 탈착등온선이 수피에 비해 크기 때문이다. 또한 Okoh는 동일한 연구에서 가나산 10수종의 수착등온선을 측정하였다. 이들 수종의 평균 R/D 비는 0.786±0.017이었다.

Turc와 Cutter(1984)는 20℃와 상대습도 17%, 30%, 50%, 70%, 90%, 97%에서 아르헨티나 6수종에 대한 수착이력을 연구하였다. 평균 R/D 비는 0.895(범위 0.88－0.93)이

었다. 일반적으로 R/D 비는 중간 상대습도에서 가장 작았다.

R/D 비로 측정되는 수착이력 변동의 원인은 여러 가지가 있다. 그 원인은 불완전 평형, 재흡착단계의 수와 각 단계에서 시간과 같은 과거이력, 온도, 세포벽내 물리화학적 차이. 추출물의 양 등이다.

재흡착이나 탈착시 불완전 평형이 일어나면 R/D를 증가시키는 경향이 있다. Morton과 Hearle(1962)이 제시한 그림 1.20은 평형도달 과정이 시간의 지수함수라 가정하여 시간이 탈착과 재흡착 평형도달에 미치는 영향을 나타내고 있다. 진정한 평형에 도달하기 위해서는 수주나 몇 달이 걸릴 수 있다. 목재구조 자체에 팽윤압이 작용될 때 목재내 분자 재배열이 느리기 때문이다(Skaar 등 1970).

시편이 노출되는 재흡착 단계의 수에 따른 과거이력이 재흡착 등온선 크기에 미치는 영향(즉 R/D비)은 Chiristensen과 Kelsey(1959a)에 의해 처음으로 보고되었다. 또한 이에 대한 것으로 Prichananda(1966)에 의해 보고된 바 있는데, 표 1.4는 R/D 비에 대한 직접영향을 보여준다. 여기서 탈착 EMC는 여러 H에서 계산되었으며 동일 상대습도에서 단일단계와 다단계 재흡착 EMC도 계산되었다. 단일단계 재흡착 데이터는 시편을 최초 103±2℃ 오븐에서 건조한 후 각 상대습도에서 시편을 평형에 도달시켜 측정한 것이다. 다단계 재흡착 데이터는 이전 상대습도에서 평형에 도달한 시편을 고습도 조건에 노출시키면서 측정한 것이다.

표 1.4로부터 EMC는 항상 다단계 재흡착보다 단일단계의 경우가 더 큰 것을 알 수 있다. 그러므로 R/D 비는 다단계 재흡착(평균 0.807)보다 단일단계(평균 0.848)의 경우

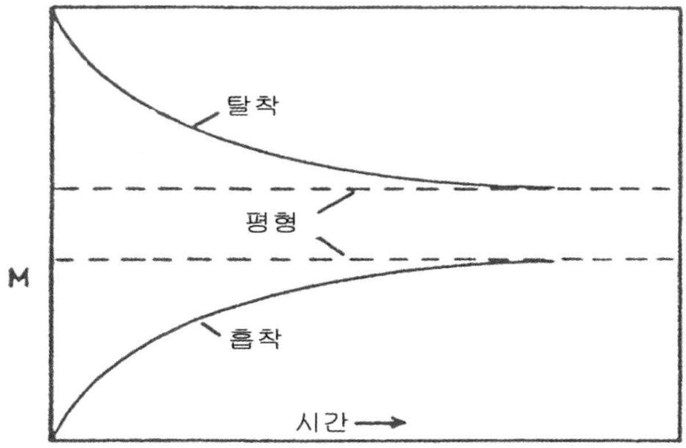

그림 1.20 시간증가에 따른 수착평형을 나타내는 가상곡선(Morton과 Hearle 1962)

표 1.4 Yellow birch(*Betula alleghaniensis*)의 탈착과 재흡착 EMC와 R/D비. 재흡착 EMC는 단일단계 또는 다단계에서 구한 것이다. (Prichananda 1966)

H (%)	탈착 (D) (다단계) M (%)	재흡착 (R) (다단계) M (%)	(다단계) R/D	(단일단계) M (%)	(단일단계) R/D
40	7.03	5.16	0.734	5.47	0.778
50	8.63	7.05	0.817	7.47	0.866
60	10.50	8.60	0.819	9.11	0.868
70	12.41	10.19	0.821	10.54	0.849
80	16.18	13.69	0.846	14.19	0.877
평균	–	–	0.807	–	0.848

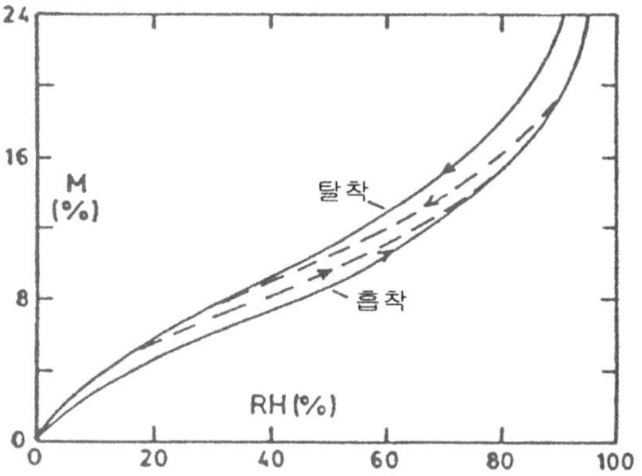

그림 1.21 중간 이력루프(Urquhart 1960)

가 항상 더 크다. 여기서 D는 다단계 탈착에서 구한 탈착값이다.

Weichert(1963)에 따르면 목재 수착이력은 온도가 증가하면 감소하며 유럽산 spruce의 경우 75℃와 100℃사이 온도에서는 이력이 존재하지 않는다. 이러한 현상은 오스트렐리아산 *Araucaria klinki* 이력에 대한 Kelsey(1957)의 연구에서도 유사한 경향을 나타내었는데, 온도는 약간 더 낮게 나타났다.

전건상태와 섬유포화점에서 구한 완전 재흡착과 탈착 등온선의 R/D 비가 가장 크다. Urquhart(1960)는 섬유재료에서 수착이력에 대해 상세히 설명한 바 있는데, 상대습도 변화가 작은 주기 등온선(cyclic isotherms)은 완전 수착등온선 사이에 위치한다. 다시 말해, Urquhart(1960)는 "두 곡선(재흡착과 탈착)은 평형 위치(locus)가 아닌 평형면적을 나타낸다"고 하였다. Stamm(1964)은 이러한 견해에 일반적으로 동의하고 있다. 그림 1.21은 Urquhart(1960)에 의해 제시된 형태로 중간 이력루프를 나타낸다.

목재의 물리화학적 조성과 추출물 차이로 인해 수종간 R/D 비의 변동이 나타나게 된다. 예를 들어 이상의 설명에서 Spalt(1958), Okoh(1976) 등에 의해 보고된 데이터는 수종간 물리화학적 조성과 추출물 차이 때문이다. Stamm(1964)에 따르면 평균 R/D 비는 목재(0.82)보다 목재펄프와 hollocellulose(0.86)가 더 크다. 리그닌의 R/D 비는 0.78로 더 낮다(표 1.3). 또한 재생 셀룰로오스의 R/D 비는 작은데, 비스코즈와 cupra-ammonium rayon은 각각 평균 0.78과 0.77이다.

1.4.3 온도의 영향

온도가 증가하면 수착등온선에 2가지 영향을 미치게 된다. 즉시효과(immediate effect)는 주어진 상대습도에서 EMC가 감소되나 일시적이고 가역적 효과이다. 두 번째 효과는 목재가 원래 온도로 회복된 후에도 흡수성이 영구적으로 감소되는 것이다. 그 감소크기는 온도와 노출시간에 따라 다르다.

온도증가에 따른 즉시효과는 주어진 함수율로 조습된 목재내 흡착수(sorbed water)의 상대습도 또는 활동도를 증가시키게 된다(그림 1.22). 다시 말하자면 주어진 상대습도에서 흡습성이나 EMC가 감소된다. 이 효과는 2장에서 논의되는 것처럼 열역학적 고찰에 근간한다.

그림 1.22에서 수착등온선을 활동도 1.0 또는 상대습도 100%로 외삽시켜 보면 추정되

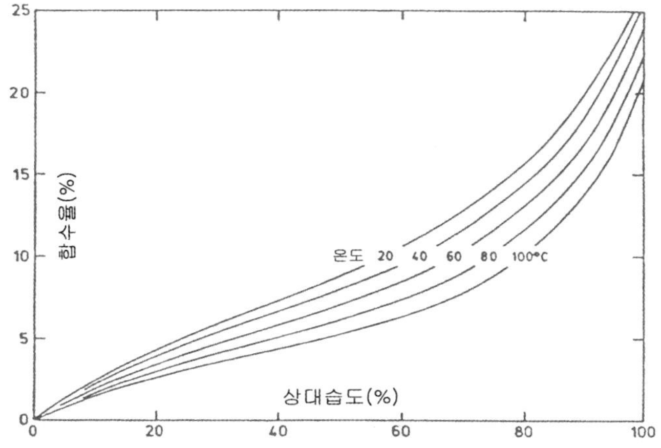

그림 1.22 여러 온도에서 Sitka spruce의 탈착등온선(Stamm 1964)

는 섬유포화점 M_f가 온도가 증가하면 감소함을 알 수 있다. Stamm과 Loughborough(1935)는 Sitka spruce의 경우 온도 25－100℃ 범위에서 M_f 는 약 1%/10℃로 감소한다고 하였다. Kollmann(1959)은 온도 20－80℃ 범위에서 M_f 는 약 1.3%/10℃ 감소하는 Lykow 곡선을 보고하였다. Weichert(1963)는 온도 20－100℃ 범위에서 M_f 는 약 1.2%/10℃로 감소한다고 하였다. 수착데이터를 상대습도 100%로 외삽시켜 구한 M_f 는 추정치에 불과하다. 왜냐하면 고습도에서 데이터는 신뢰성이 떨어지기 때문이다. 또한 이론적으로 세포내강을 포함해 목재를 완전 섬유포화 상태에 도달하게 하는 상대습도 100% 부근에서 수착등온은 급격하게 증가하는 경향이 있다(1.6절).

그림 1.22에 나타낸 등온선은 100℃까지만 적용된다. 100℃ 이상의 온도에서도 흡습성이 감소되는 것 같은 경향을 나타낸다. 그러나 100℃ 이상에서 측정시 대기압 이상의 압력이 작용되므로 완전한 수착등온 측정이 곤란하다. 그렇지만 대기압에서 순수과열증기(pure superheated steam)로 100℃ 이상에서 목재의 EMC에 대한 연구가 실시된 바 있다(그림 1.23). 이러한 경우 최대 상대증기압은 $1/p_0$이며, p_0는 대기상태와 해당 목재온도에서 증기의 압력이다.

그림 1.23으로부터 과열증기에서 EMC는 100℃ 이상에서 온도가 증가하면 급격하게 감소함을 알 수 있다. 그 이유는 두 가지이다. 첫째, p_0가 대기압(atm)이라면 최대상대습도 $H = 100/p_0$가 급격하게 감소하기 때문이다. 그 이유는 온도가 증가하면 p_0가 매우 급격히 증가하기 때문이다. 둘째, 그림 1.22의 100℃ 이하에서 보는 바와 같이 온도가 증가함에 따라 EMC가 감소하기 때문이다.

고도가 해수면 이상으로 증가하면 기압계 압력 P_b가 감소한다. 예를 들어 고도 0.6, 1.2, 1.8㎞에서 P_b는 각각 0.930, 0.863, 0.801atm이다. 그러므로 해수면 이상의 고도에서 과열증기의 최대 상대증기압은 그림 1.23에 나타낸 것보다 더 낮다. 고도 1.8㎞에서 최대 상대 증기압은 임의온도에서 기대치의 80%밖에 되지 않는다.

0℃ 이하에서 목재의 EMC는 온도가 감소하면 증가하지만, 빙점이상에서는 그 반대이다. 이것은 얼음의 증기압이 흡착수 증기압보다 온도감소에 따라 더 급격하게 감소하기 때문이다(그림 1.1). 이 효과는 2장에서 논의 될 냉각수축(coldness shrinkage) 현상과 관련이 있다.

목재를 고온에 노출시켰을 때 나타나는 두 번째 효과는 목재구조의 부분분해에 따른 영구 흡습성 감소이다. Stamm(1964)에 따르면 그 주 원인은 주요 세포벽 성분이며 가장 흡습성이 큰 헤미셀룰로오스의 열분해 때문이라고 한다.

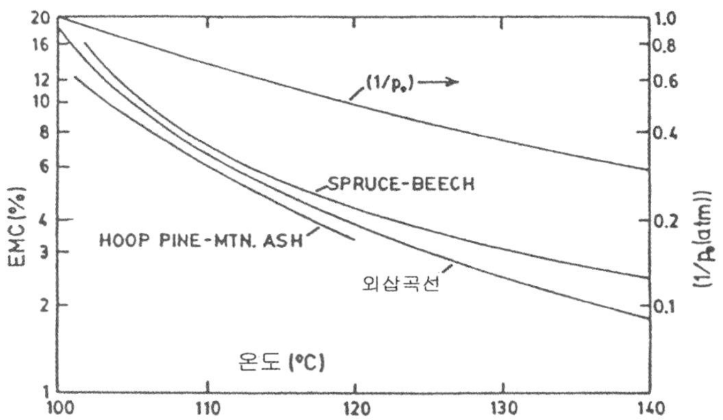

그림 1.23 대기압을 갖는 과열스팀에서 목재의 EMC. hoop pinemountain ash(Grumach 1951), spruce-beech(Keylwerth 1949), 외삽곡선(Kauman 1956). $1/p_0$곡선(Rosen 1979)

Mitchell(1981)은 loblolly pine의 흡습성 감소가 Douglas-fir보다 항상 더 컸다고 한다. 가열시간과 온도에 따른 흡습성 감소 데이터에 대해 1차 kinetic 식과 Arrhenius 식(2장)을 적용하여 활성화에너지가 23000cal/mol이라고 하였다. 전건재의 속도상수는 105℃에서 0.00004/h이고 습재는 150℃에서 0.04/h로 증가하였다.

이상의 결과로부터 목재를 고온에 노출시키는 것이 목재의 흡습성과 수분팽창을 감소시키기 위한 저렴한 방법임을 알 수 있다. 그러나 밀도와 어떤 물리화학적 성질의 영구 감소가 일어나는 단점이 있다. 여기에 대해서는 4장에서 더 상세히 다루게 될 것이다.

일반적으로 인공건조된 목재는 천연건조 목재보다 EMC가 더 낮다. Salamon(1966)은 일련의 실험에서 22℃와 상대습도 60%에서 western hemlock의 평균 EMC는 천연건조재 9.65%, 71-85℃온도에서 건조한 목재 9.11%, 건구온도 107℃에서 건조한 목재 8.39%이었다고 보고하였다.

100℃ 이상의 온도에서 수착등온을 측정하는 실험의 경우에는 Noack(1959)이 지적한 바와 같이 고온에 목재를 노출시 영구효과를 고려해야만 한다. 이로 인해 실험적으로 측정한 수착등온값과 저온에서 측정한 데이터의 외삽값 사이에 차이가 있을 수 있다.

1.4.4 기타 인자

목재의 흡습성에 영향을 미치는 인자는 여러 가지가 있다. 그중 응력의 효과(effect of stress)가 있는데, Barkas(1949)에 의해 처음으로 설명되었다. 압축응력을 받는 목재는

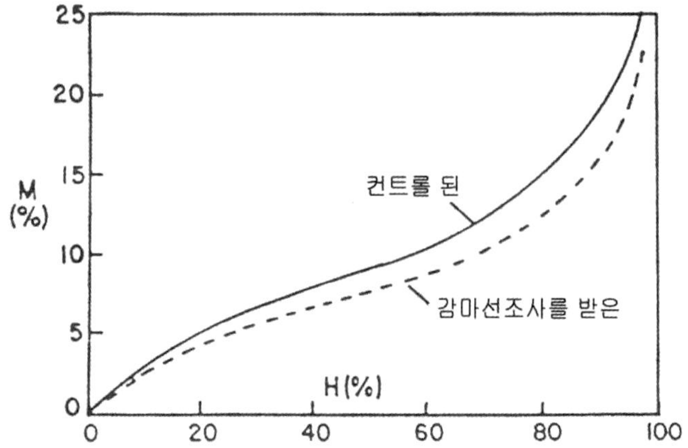

그림 1.24 100 Mrad의 감마 방사선이 목재의 흡습성에 미치는 영향(Paton 과 Hearmon 1957)

EMC가 감소되고 인장응력의 경우에는 EMC가 증가된다는 현상을 설명가능하게 한다. 그 현상은 응력이 최대 흡습팽윤이 일어나는 방향, 즉 접선방향에서 가장 현저하다. 고습에 노출된 과정에서 팽윤이 억제되는 목재의 경우 수분수착이 감소가 된다. 예를 들어 Bello(1968)는 강철 원형띠(steel ring)로 팽윤을 억제시킨 미국산 활엽수 5수종의 건조상태 목재를 상대습도 87%에서 흡습시킨 결과 평형함수율은 16.7%로 팽윤이 억제되지 않은 목재보다 평형함수율이 1.44% 정도 더 낮게 나타났다고 한다. 이 효과는 2장에서 더 상세히 다루고자 한다.

핵방사, 특히 감마선방사가 목재의 흡습성에 미치는 영향에 대한 연구도 실시된 바 있다. Paton과 Hearmon(1957)의 연구에 따르면 10^8 rad의 감마선을 조사시키면 전체 흡습범위에 걸쳐 EMC를 감소시키게 된다고 한다(그림 1.24). 그 감소량은 방사량에 따라 다르다.

1.5 사용중 목재의 함수율

가구, 건축(building construction), 음악기기 등과 같이 최종형태로 사용되는 목재는 변동하는 대기습도에 노출이 된다. 그러므로 EMC는 항상 변화되고 때에 따라 주기적 또는 산발적(비를 맞을 때)으로 변화가 일어난다.

목재가 사용과정에서 고습조건이나 액체수에 노출되면 생물학적 열화(biological deterioration)를 받을 수 있다. Kirk와 Cowling(1984)에 따르면 "액체수는 목재세포내에서 효소(enzyme)나 기타 신진대사물질(metabolite)의 확산매체 역할을 하기 위해 필요하다. 따라서 액체수는 목재분해 유기체가 목질(wood substance)을 소화시키는 보조역할도 하게 된다. 목재세포내에 액체수가 존재하지 않으면 확산매체가 없으므로 몇몇 곤충을 제외하고는 생물학적 분해가 발생되지 않게 된다. 따라서 목재의 함수율이 섬유포화점(전건무게 기준으로 약 27%) 이하이면 부후(decay)가 일어나지 않는다"고 한다. Kirk와 Cowling은 갈색부후균(brown-rot fungi)과 지중생활 흰개미(subterranean termite)는 그들의 활동을 유지하기 위해 흙속의 수분을 건조목재와 같은 다른 곳으로 운송시킬 수 있다고 지적하였다.

그러므로 적당히 건조된 대기조건에 노출되어 있는 목재, 즉 상대습도 100%이하에서 목재는 일반적으로 부후가 되지 않는다. 그렇지만 대기 습도와 온도의 변화에 따른 함수율 변화로 인해 다른 열화인자가 발생할 수도 있다. Hoadley(1980)는 수분과 습도에 관련된 변화, 특히 치수변화가 목재이용에서 가장 중요한 문제라고 지적하였다.

사용중 목재의 EMC는 노출되는 대기의 상대습도에 가장 큰 영향을 받는다(그림 1.22). 또한 온도도 직접적인 영향을 미치지만, 절대습도가 일정한 대기의 온도가 증가하면 상대습도가 감소한다는 점에서 그 영향은 간접적이라고 할 수 있다. 포화증기압 p_0은 온도에 따라 현저하게 증가하지만(식 1.1) 실제 증기압 p는 거의 일정하므로 p/p_0는 감소하게 된다.

온대기후(temperature climate)에서 겨울철에는 실내난방으로 인해 실내외 온도차가 크므로 실내 상대습도의 변동은 매우 크다. 그림 1.25는 실내외 상대습도의 년중 변동을 나타낸 것이다(Hoadley 1967). 실내 상대습도는 메사츄세츠주 Amherst지역의 월간 평균 실외 온도와 상대습도로부터 계산되었는데, 실내온도는 21℃로 일정하고 실내증기압 p'는 실외증기압 p''와 동일하다고 가정하였다. 그러므로 실내 상대증기압 p'/p_0'는 실외 상대증기압 p''/p_0''로부터 다음 식과 같이 계산할 수 있다.

$$\frac{p'}{p_0'} = \frac{p''}{p_0'} = \frac{p''}{p_0''}\frac{p_0''}{p_0'} \qquad (1.25)$$

여기서 p_0'와 p_0''는 각각 실내와 실외 포화증기압이다. 겨울동안 p_0'는 p_0''보다 더 크기 때문에 실내외 증기압 $p'=p''$이더라도 실내 상대증기압 p'/p_0'는 실외 상대증기압

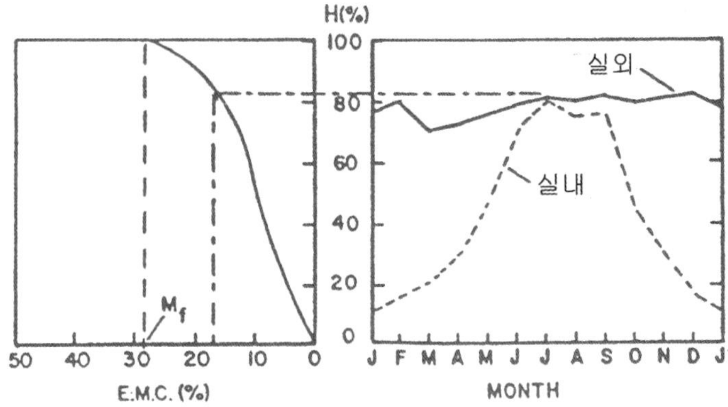

그림 1.25 실내외 상대습도 *H*와 EMC의 년중 변동(미국 Armherst지역, Hoadley 1967)

p''/p_0'' 보다 더 낮게 된다.

메사츄세츠 기후에서 실외 EMC는 약 16%로 거의 일정하지만 실내 EMC는 한여름 16%, 한겨울 2%로 변동이 심하다. Armherst 지역의 실내에서 목제가구 부재와 같은 특정 목제품이 그와 같은 극대값과 극소값 사이에서 변동된다는 것은 아니다. 왜냐하면 Hoadley(1967)가 말한 바와 같이 두꺼운 제재목 내외로 수분확산에 필요한 시간이 길고 보호코팅의 저지 등에도 영향을 받는다.

계절별 함수율변동을 감소시키는 또 다른 영향인자는 수착등온선의 이력이다. 이미 논의한 바와 같이(1.4.2절), 이 효과는 상대습도 0부터 1.0까지 전범위에서 수착이 일어날 때 최대가 된다. 이러한 경우 재흡착과정에서 EMC는 대부분 수착범위에 있어 탈착과정의 약 0.85이다.

목재를 상대습도 변화가 작은 조건에 노출시키면 이력영향은 덜 현저하지만 주어진 상대습도 변화에 따라 EMC 변화가 감소된다. 예를 들어 그림 1.21에서 상대습도 h 0.80－0.20 범위에서 EMC 변화는 19%－6%가 아니라 탈착시 16%－6%, 재흡착시 16%－5%가 된다. 이것은 EMC 변화량이 탈착곡선에서 13%이고 재흡착곡선에서 12%, 또는 중간 등온선에서 EMC 평균변화량인 12%가 아니라 10%밖에 되지 않는다는 것을 의미한다. Christensen과 Kelsey(1959a)에 따르면 EMC의 주기적 변화가 점진적으로 일어나는 경우에도 주어진 상대습도에 대한 함수율 변동이 감소한다고 한다.

Tsuomis(1960)는 그리스 Thessalonika 지역의 옥외에서 유럽산 4수종, beech, oak, chestnut, pine 등 천연건조목재의 계절별 함수율 변동을 연구하였다. 그 결과는 그림

1.26과 같으며 그림 1.25와 유사한 년중변동을 나타내고 있지만 약간 상반된 계절변동을 보여주고 있다. 다시 말하면 EMC는 겨울에 최대이고 여름에 최소를 나타내었다. 그 이유는 Thessalonika 지역의 상대습도가 겨울에 높고 여름에 낮기 때문이다. 또한 그림 1.26은 계절별 온도변동과 수착등온선에 따른 EMC 추정치를 나타내고 있다. 예상대로 함수율변동 관측값은 EMC 추정치보다 약간 더 작다.

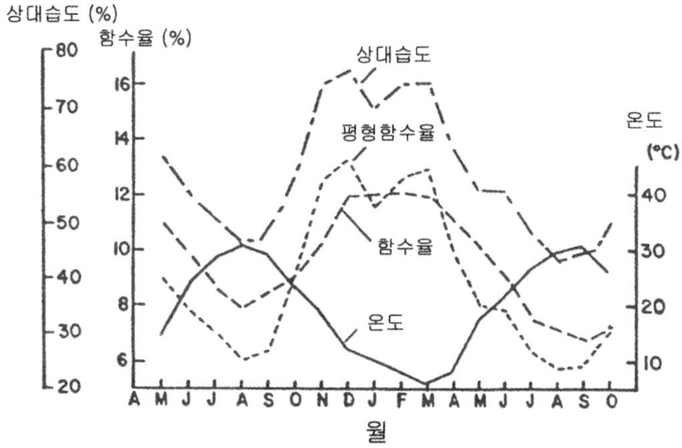

그림 1.26 그리스 Thessalonika 지역의 상대습도 H, EMC와 측정 평균함수율의 년중변동(Tsuomis 1960)

표 1.5 실내 목공품의 1월과 7월의 추정 평균함수율(Peck 1950)

도시	실내 목공품 함수율(%)		
	7 월	1 월	$\lvert \Delta MC \rvert$
Atlanta, Georgia	11.5	8.5	3.0
Albuquerque, New Mexico	6.0	7.0	1.0
Boston, Massachusetts	13.0	7.0	6.0
Dallas, Texas	9.0	9.0	0.0
Duluth, Minnesota	10.5	5.0	5.5
Madison, Wisconsin	10.0	6.0	4.0
New Orleans, Louisiana	13.5	12.5	1.0
New York, New York	12.5	7.0	5.5
Portland, Oregon	9.5	9.0	0.5
Salt Lake City, Utah	4.0	7.0	3.0
San Francisco, California	10.5	10.5	0.0
Seattle, Washington	11.0	8.5	2.5
Washington, DC	11.0	8.0	3.0

표 1.6 주거지용 제재목의 추천 초기함수율(Peck 1950)

\항목	함수율 (%)					
	건조한 남서부지역		다습한 남부지역		기타 미국지역	
	평균	범위	평균	범위	평균	범위
실내 마감용, 목공품, 마루바닥	6	4-9	11	8-13	8	5-10
덮개, 골조벽체, 외부 트림	9	7-12	12	9-14	12	9-14

목재 적정 건조함수율은 사용지역에 따라 다르다는 것을 알 수 있다. 따라서 주위조건 평균 평형함수율 정도까지 건조되어야 한다. 이러한 조건은 동일 국가에서도 지역에 따라 다르다. 예를 들어 표 1.5는 미국의 13개 지역에서 1월과 7월의 실내 목공품의 평균함수율 추정치를 나타내고 있다. 또한 표 1.6은 미국 주요 3지역에서 사용되는 실내외용 제재목의 추천함수율을 나타낸 것이다(Peck 1950).

1.6 섬유포화점

섬유포화점(fiber-saturation point, M_f)은 Tiemann(1906)에 의해 처음으로 목재에 대해 사용되었다. 함수율이 목재의 강도적 성질에 미치는 영향에 대한 연구에서 특정 함수율 이하에서 함수율이 감소함에 따라 역학적 성질이 증가하나 특정 함수율 이상에서는 함수율에 따라 변화가 없는 것을 발견하였다. Tiemann은 M_f 는 세포내강에 액체수가 없는 상태의 함수율로 세포벽이 수분으로 완전히 포화된 상태라 생각하였다(그림 1.27). 그는 세포벽만이 강도에 관련되므로 액체수의 세포내강 존재유무는 목재의 강도적

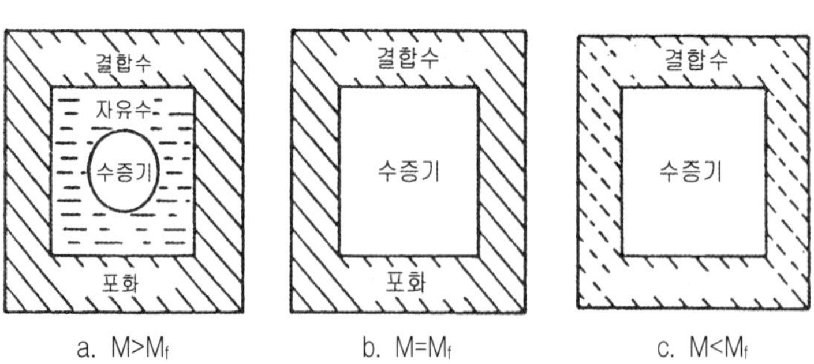

그림 1.27 세포 횡단면에서 이상적인 함수율 분포를 나타내는 모식도
a. $M > M_f$, b. $M = M_f$, c. $M < M_f$

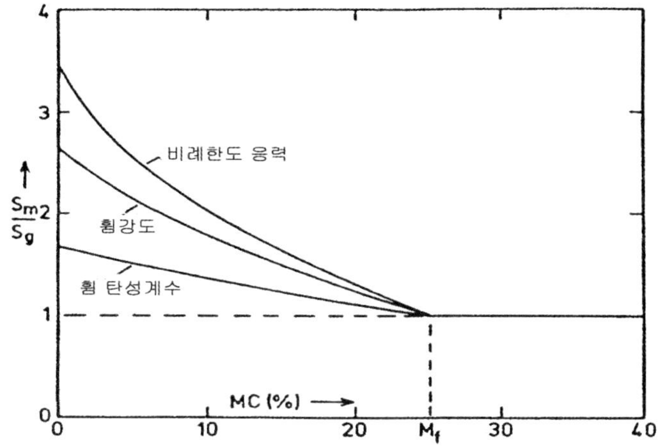

그림 1.28 무결점재에서 생재상태 강도(S_g)에 대한 함수율 M에서 강도(S_m)의 비율을 나타내는 이상곡선. 각 곡선은 휨에서 탄성계수(MOE), 휨강도(MOR), 비례한도 응력(FSPL).

성질에 영향이 없다고 간주하였다. 그림 1.28은 목재의 여러 기계적 성질의 함수율에 따른 이상거동과 M_f 위치를 나타낸 것이다.

Tiemann의 원래 섬유포화점에 대한 정의는 간단하다는 점에서 정연하다. 그러나 실험적으로 M_f 를 측정하기가 어렵다. 그중 하나는 주어진 시편내에서 M_f가 동일하지 않다는 것이다. 예를 들어 Hart(1984)는 액체수가 섬유세포(prosenchyma)에 비해 유세포(parenchyma)에 더 강하게 부착되어 있으므로, 연결되는 유세포간 공극(cavity)에 물이 존재하더라도 섬유세포는 M_f 이하가 될 수 있다. 그러한 현상은 특히 유세포가 많은 활엽수의 경우 심하다. M_f 추정의 또 다른 어려움은 다음과 같다.

섬유포화점 개념이 확립된 후, M_f 부근에서 불연속성을 나타내는 강도 이외의 함수율 의존성이 있는 목재의 물리적 성질에 대한 조사가 이루어졌다. Myer와 Rees(1926)은 M_f 를 결정하기 위해 함수율에 따라 전기저항이 변화되는 원리를 이용하여(6장 참조), M_f 근처에서 저항－함수율 관계의 불연속성을 찾아내었다. Stamm(1929)은 이 방법을 완성하였고 수축－함수율 관계에 대해서도 조사하였으며(4장 참조), 또한 수착등온선을 증기활동도가 1.0인 점으로 외삽시켜 M_f 를 결정하는 방법을 개발하였다(1.4.1절). Hawley(1931)도 섬유포화점과 측정법에 대해 논의한 바 있다.

이상에서 언급한 섬유포화점을 추정하기 위한 4가지 방법 이외에 여러 가지 방법들이 개발되있다. 예를 들어 Stamm(1971)은 9가지 다른 방법에 대해 기술하였다. Aroon

Chomcharn은 Stamm이 기술한 방법을 포함해 모두 12가지 방법에 대한 일람표을 작성하였다. 이들 중 몇 가지 방법에 대해 간략하게 설명하면 다음과 같다.

수착등온성 외삽기술은 물이 증기압 활동도가 1.0 이하이면 세포내강에서 응축되지 않는다는 가정에 근간하고 있기 때문에 오차가 있다. 그러나 Kelvin식은

$$\ln\frac{1}{h} = 36\frac{\gamma}{rRT} \tag{1.26}$$

여기서 γ는 공기-물 계면에서 표면장력, r은 모세관 반경으로 $h < 1$때 모세관 반경이 작으면 응축이 일어날 수 있다는 것을 나타낸다. 실온에서 식 (1.26)을 근사화시키면

$$\frac{H}{100} = h \cong 1.0 - \frac{0.0011}{r} \tag{1.27}$$

여기서 r은 모세관 반경으로 단위는 ㎛이다. 식 (1.27)은 $r \geqq 0.1$㎛인 경우에 성립한다. 그러므로 세포내강이나 벽공과 같은 목재의 모세관 크기의 범위는 이에 해당된다. 예를 들어 모세관 반경이 각각 100, 10, 1, 0.1㎛인 경우 실온에서 평형 상대습도 H는 99.999%, 99.99%, 99.9%, 99.0%이다.

세포의 선단(tapering end)과 벽공은 상대습도가 99.0%에서 물이 응축될 정도로 반경이 작을 수 있다. 그리고 세포내강에 수용성 물질이 존재하면 수분이 응축하는 상대습도가 더 낮아지게 된다. 이러한 현상은 Hart(1984)가 보고한 바와 같이 유세포의 경우 더 심하다. 그 이유는 유세포가 섬유세포에 비해 수용성 물질을 다량 포함하고 있으므로 저습도에서 더 많은 물을 보류할 수 있기 때문이다.

Stamm(1971)은 Spalt(1958), Wnagaard와 Granados(1967)와 마찬가지로 이 기술로 M_f를 추정시 몇 가지 문제점을 지적하였다. 문제점은 모세관 응축과 고습도에서 요구 정밀도로 습도를 조절하기 곤란함 등이다. Barkas(1949)는 고습도에서 등온선이 명확한 불연속성을 나타내지 않으므로 M_f는 함수율을 나타내는 점이 아니라 영역이라고 지적하였다.

고습도에서 습도조절을 정밀하게 유지시키기 곤란한 것은 M_f 추정을 위해 다공압력판법(porous pressure plated method)을 사용하면 개선할 수 있다. 이 방법은 물로 포화된 얇은 시편내 물의 활동도 h를 1.0과 0.99사이 여러 값으로 감소시킬 정도의 인장 정수압(hydrostatic tension)을 작용시키게 된다. 이것은 팽윤압 식[식 (2.74)]에 따라 0 atm($h = 1.0$)에서 약 14 atm($h = 0.99$)까지 인장 정수압에 해당된다. 얇은 목재시편을

평형에 이를 때까지 적절한 인장 정수압에 노출시킨 후 장치에서 꺼내 무게를 달아 EMC를 측정하면 된다.

이 기술을 적용해 Stone과 Scallan(1967)은 마이크로톰으로 절삭한 2×2×0.01㎝ *Picea mariana*시편으로 그림 1.29와 같은 결과를 얻었다. h가 0.99 이상인 4개 점은 다공압력판법(porous pressure plate method)으로 구하였다. 저활동도에서 값은 해당 활동도의 수증기에 목재를 노출시켜 구하였다. 그들은 $h = 0.9975$에서 추정 M_f는 약 40%로 수착등온선의 외삽기술로 구한 값보다 약간 더 크다고 하였다.

다공압력판법은 주로 섬유(textile)와 목섬유(wood fiber)의 액체수 보류량을 측정하는데 사용된다. Morton과 Hearle(1975)는 이 기술을 사용하는데 필요한 원리와 실제에 대해 설명하였다.

고속 원심분리기에서 수침지 목재시편을 회전시키면 결합수에 영향을 주지 않고 목재로부터 모세관수를 제거할 수 있다. 왜냐하면 원심력 크기가 세포내강내 모관수 결합력과 동일하지만 세포벽내 결합수를 제거하는데 필요한 힘보다는 작기 때문이다. 따라서 침지목재 시편을 모관수가 제거될 때까지 원심분리시키면 다공압력판법과 동일한 원리로 잔류수(remaining water)는 모두 결합수로 목재함수율이 M_f가 된다.

Perem(1954)은 원심분리법을 사용해 *Pinus resinosa*와 *Picea glauca* 변재의 M_f를 추정하였다. 그는 실내온도 20℃에서 *P. resinosa*의 생재시편 3개를 11 atm에서 3시간, 13 atm에서 3시간, 13 atm에서 5시간 원심분리시킨 결과 평균 잔류함수율이 31.6%,

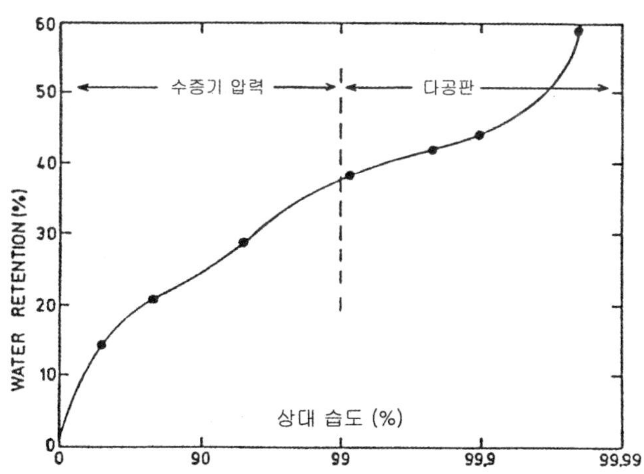

그림 1.29 RH 99% 이상에서 다공압력판법, RH 99% 이하에서는 표준 증기 수착 기술을 이용해 구한 *Picea mariana*의 수분수착등온선 (Stone과 Scallan 1967)

31.3%, 31.1%로 나타났다. 그 잔류함수율을 M_f 라 추정하였다. Ahlgren 등(1972)도 이 방법으로 M_f 를 측정하였다.

원심분리법은 투과성이 있는 목재에 대해서만 적당하다. 비투과성 목재의 경우 수분이 세포벽이나 비투과성막을 통해 이동해야 하므로 한 세포에서 다른 세포로 용이하게 이동할 수가 없다. 다공압력판법도 마찬가지로 투과성 목재에 적당하다.

목재 함수율이 증가하면 베타선 투과는 감소하는데, 감소율은 M_f 이하에서보다 그 이상에서 더 크다. Ecklund(1961)는 Strontium 90인 베타선 발생원을 이용해 3㎜ 두께(섬유방향) *Quercus kelloggii*의 생재에서 전건상태까지 베타선 투과를 측정하였다. 그림 1.30은 목재함수율에 따른 백분율 베타선 투과를 나타낸 것이다. M_f값(F)은 고함수율과 저함수율 곡선의 교차점으로 추정하였다. 그 결과 M_f 는 약 30%로 추정되었으나, 이 방법은 번잡하며 오차를 포함할 가능성이 크다.

Ecklund(1961)는 그림 1.30과 같이 방사방향과 접선방향의 수축 및 해당 수축교차점을 구하였다. 일반적으로 알려진 바와 같이, 방사방향 수축에 따른 M_f 는 다른 두 방법에 의한 것보다 작게 나타났다.

M_f 이상에서는 습윤열 W 또는 수착열 Q_s이 존재하지 않는 원리를 이용해 섬유포화점을 측정할 수 있다. 이 방법은 목재 함수율이 M_f 이하일 때 물이 액체상태로 목재에 흡습되면 열이 발생된다는 가정에 근간을 두고 있다(2.3.3절). M_f 이상에서는 액체수와 세포내강의 자유수간의 상호작용 에너지가 무시할 정도로 작다고 가정한다. 습윤열 W

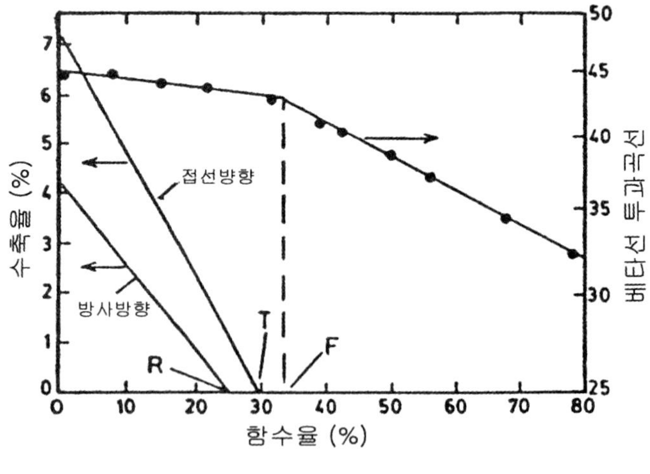

그림 1.30 목재 함수율에 따른 *Quercus kelloggii*의 방사방향과 접선방향, 베타선 투과곡선(Ecklund 1961)

이나 수착열 Q_s을 목재 함수율에 따라 측정할 수 있다면 W이나 Q_s는 M_f 근체에서 0이 될 것이다(그림 2.7). 이 방법을 사용하여 Stamm과 Loughborough(1935)는 *Picea sitchensis*의 M_f는 29%, Kelsey와 Clarke(1956)는 *Araucaria klinkii*는 M_f를 31%라고 보고하였다.

전체 습윤열 W_0가 M_f 에 관계되는 것으로 나타나는 습윤측정법은 2.3.3.2절에서 논의될 것이다. 예를 들어 Kajita(1976)는 일본산 10수종에 대해 외삽 수착등온선법[식(2.60)]으로 W_0와 M_f 가 선형관계가 있는 것을 밝혀냈다.

Yoshimura(1961)는 갈색부후균인 *Poria monticola*의 부후속도(rate of decay)를 이용해 열대재 10수종과 온대재 2수종의 섬유포화점을 추정하는 시도를 하였다. 그는 이들 수종의 갈색부후균에 노출된 시간에 따른 백분율 무게감소는 초기함수율과 노출시간에 선형으로 증가한다고 보고하였다. 백분율 무게감소에 대한 초기함수율 곡선을 무게감소가 0인 점으로 외삽시키면 M_f 를 구할 수 있다. 그림 1.31은 비교적 부후가 잘되는 Carapa procera (andiroba)에 대한 부후속도 곡선이다. 그는 곡선에서 M_f 가 26.6%로 추정하였는데 방사방향과 접선방향 수축교차점에 따른 M_f 는 27.9%와 매우 근사하였다.

3수종에 대해 시험한 결과, 방법에 따른 M_f 는 각각 25.7%와 27.5%, 33.0%와 27.8%, 26.6%와 26.5%로 비교적 잘 일치하였다. 기타 8수종의 경우는 부후에 과도한 시간이 걸려 무게감소가 작았기 때문에 부후속도로 M_f 를 추정하기가 어려웠다.

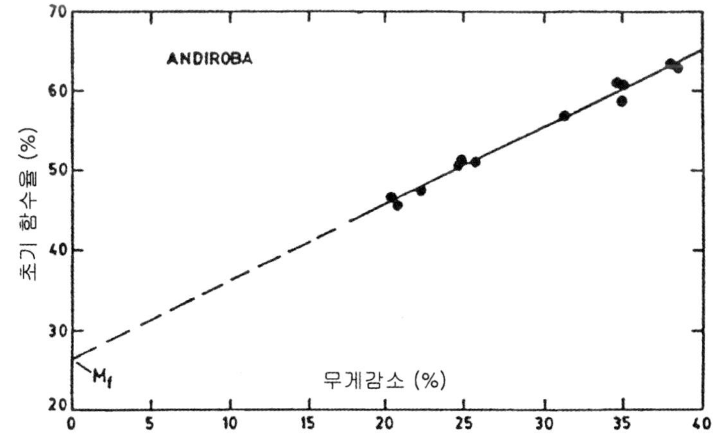

그림 1.31 부후균 침해를 받는 andiroba 목재의 초기함수율과 무게감소 관계(Yoshimura 1961)

Feist와 Tarkow(1967)는 고분자배제원리(polymer exclusion principle)를 이용해 M_f를 추정하는 방법을 설명하였다. 이 방법에서 수침지 목재시편을 분자량이 큰 고분자 용액에서 평형에 도달시킨다. 그들은 목재 세포벽으로 고분자가 침투가 되지 않도록 하기 위해 분자량이 9000(PEG-9000)인 polyehtylene glycol을 사용하였다. 섬유방향으로 두께가 0.5㎜인 얇은 시편을 냉수추출후 물로 포화시킨 후 PEG-9000 3% 용액에 침지하여 실온에서 2일간 교반시켰다. 그 다음에 PEG-9000 용액의 농도를 분석하였다. 목재 초기함수율과 용액의 농도 변화로부터 세포벽내 수분의 양인 M_f 을 결정하였다. PEG-9000 용액의 활동도는 1.0이며, 고분자는 세포벽에는 분산되지 않고 세포내강에만 자유롭게 분산이 된다고 가정하였다.

Feist와 Tarkow는 그림 1.32와 같이 저밀도 목재의 섬유포화점은 고밀도 목재보다 더 크다는 사실을 밝혀냈다. 그들은 얇은 세포벽은 두꺼운 세포벽에 비해 팽윤에 대한 저항성이 작기 때문이라고 하였다.

또한 그림 1.32는 Kellogg와 Wangaard(1969), Vorreiter(1963), Cudinov(1981)에 의한 비중에 따른 M_f 변화곡선을 나타내고 있다. Feist와 Tarkow(1967)는 Vorreiter(1963)가 보고한 바와 같이 고밀도 목재의 M_f 가 작은 이유는 추출물의 양이 많은 것도 원인이 될 수 있다고 하였다. 그림 1.32에서 Cudinov(1981)의 결과는 목재밀도에 따른 세포내강 표면적에 기준하여 계산한 것이다. 그는 전체 결합수는 2가지 요소로 구성된다고 가정하였다. 첫째는 흡착수(adsorbed water)로 일정하다. 둘째는 모세관 응축수(capillary condensed water)로 세포내강에 노출되는 세포벽 면적의 크기에 따라 다른데, 목재도가 증가하면 감소한다. 그러므로 두 요소의 합으로 나타나는 M_f 는 그림 1.32와 같이 목재밀도가 증가하면 감소하게 된다. 그의 모델은 목재밀도에 따라 세포벽 조성이 변하지 않는다고 가정하였다.

보고된 M_f 값은 연구자마다 큰 차이가 있다. Stamm(1971)은 실온에서 기건조된 시편의 재흡착 수착등온선의 외삽법에 따른 북미산 침엽수의 M_f 는 21%-32%라고 하였다. 대부분 열대산재인 활엽수의 M_f 는 16%-33%이었다. 또한 그는 온도 0°-100℃ 범위에서 M_f 는 1%/10℃ 정도 감소한다고 하였다. Stamm은 Feist와 Tarkow(1967), Stone과 Scallan(1967)에 의한 고분자배제방법(nonsolvent water content)이 가장 신뢰성 있는 M_f 측정이라고 생각하였다. 그는 Sitka spruce 함수율에 따른 14가지 종류의 역학적 성질 변동에 근간하여 M_f 는 26%-30%라고 하였다. M_f 를 추정하기 위해 Tiemann(1906)이 처음으로 역학적 성질을 이용하였다.

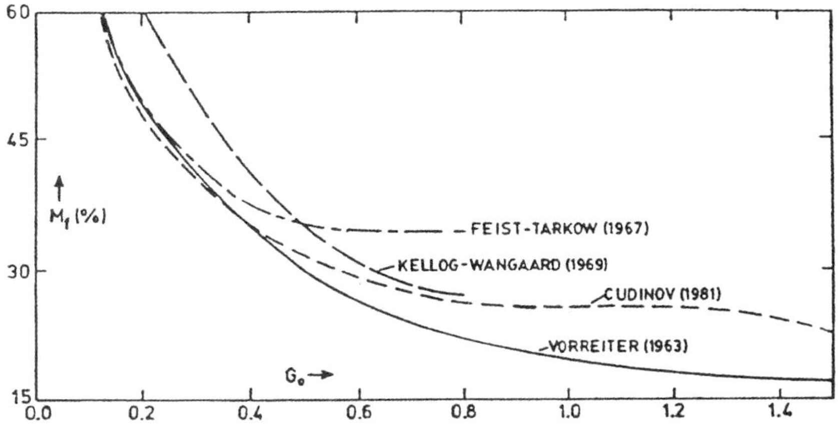

그림 1.32 전건체적기준 비중 G_0와 겉보기 M_f 관계

동일한 논문에서 Stamm(1971)은 북미산 12수종에 대한 전기저항측정 도표를 작성하였다. 그 결과 swamp oak를 제외하고는 M_f 가 28－32%로 나타났다. 생재에서 건조시 swamp oak의 겉보기 M_f 는 67%로 나타났으나 건조후 M_f 까지 재흡수시킨 결과 M_f 는 32%로 나타났다. 이러한 차이는 Hart(1984)에 의해 보고된 현상으로 몇몇 활엽수의 경우 생재상태에서 건조되는 과정에서 목부세포는 M_f 이하이지만 유세포는 장기간 M_f 이상으로 유지되는 경우에 해당된다. 이러한 경우 빈 세포(empty cell)가 충진세포(full cell)와 전기직렬로 연결된다면 빈 세포 상태에 따라 전체저항이 결정되어 모든 목재가 M_f 부근에 있다고 나타나게 된다.

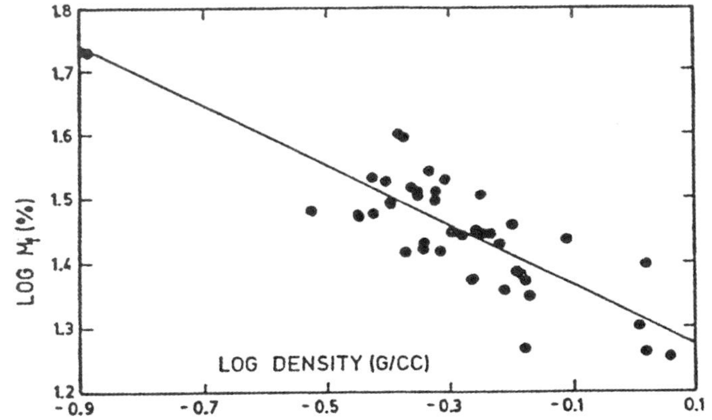

그림 1.33 $\log M_f$와 log(전건밀도)의 데이터와 회귀곡선(40 수종, Vorreiter 1963)

Vorreiter(1963)는 여러 출전으로부터 40개 수종의 섬유포화점과 전건밀도의 관계를 조사하였다. 그림 1.32와 같이 목재 밀도가 증가하면 M_f 가 감소하였다. 또한 그는 목재 M_f 대수값과 전건밀도 대수값은 선형관계가 있음을 밝혀내었다(그림 1.33). 그는 세포벽 밀도로 외삽시킨 M_f 값이 16%라고 제시하였다.

Wangaard(1957)는 15개 수종에 대해 강도－함수율, 방사방향과 접선방향의 수축 교점법을 사용해 M_f 를 추정하였다. 그는 초기 함수율경사로 인한 압축 영구변형(set)의 영향을 최소화시키는 무응력 수축(stress－free shrinkage)으로 M_f 를 구하기 위해 수축교점법을 변경시켰다. 휨강도와 휨탄성계수에 의해 얻어진 평균값 M_f 를 방사방향과 접선방향 수축교점 평균값을 비교하였을 때 높은 상관관계를 나타내었다고 한다. 또한 Wangaard는 M_f 와 기건과 생재상태 강도와 탄성계수의 비 사이에 높은 상관관계가 있다고 하였다. 그는 그 관찰결과로 미루어 보아 온대산 M_f 보다 더 작은 값을 갖는 열대산 목재의 기건과 생재 강도의 비는 온대산의 것보다 더 작은 값을 나타내리라 추정하였다.

Kelsey(1956)는 New Guinea와 Pacific Island산 54 수종의 기본밀도(basic density)와 수분팽창계수뿐만 아니라 방사방향과 접선방향 수축의 교점을 측정하였다. 그녀는 저습과 고습에서 비선형성(4.4.2절)으로 인해 흡습범위 중앙의 함수율에서 측정한 데이터를 이용하는 것이 가장 바람직하다고 하였다. 그녀는 상대습도 65%와 30%에서 평형함수율간의 측정치를 이용하여 팽창계수와 교점을 계산하였다. 찌그러짐(collapse)이 일어나기 쉬운 수종의 경우 찌그러짐을 제거한 후 측정을 하여야 한다. 보통 관찰되는 바와 같이(4.5.2절) 방사방향 수축의 교점은 23.74±3.98%(범위 13.6－31.8%)로 접선방향(27.68±4.13%, 범위 16.1－38.7%)보다 항상 더 낮다. Kelsey(1956)에 따르면 그림 1.32에 나타낸 것과는 반대로 M_f 와 목재밀도간에 상관관계가 거의 없는 것으로 나타났다.

1.7 목재의 함수율과 강도

1.6절에서 밝힌 바와 같이 섬유포화점 이하에서 목재의 강도나 역학적 성질은 일반적으로 함수율이 감소함에 따라 증가한다. 그러나 섬유포화점 이상에서는 함수율 감소에 따른 본질적인 변화는 없다. 다시 말하면 세포벽에서 함수율이 감소되면 역학적 성질이 증가하지만 세포내강에서 자유수나 모세관수가 감소되면 아무런 영향을 미치지 않는다.

무결점재의 역학적 성질은 보통 생재상태나 기건상태 목재에 대해 실험실에서 측정이 이루어진다. 기건함수율은 측정지역과 년중 계절에 따라서도 다르다. 기건상태에서 여러 목재에 대한 강도성질을 비교하기 위해 측정값은 함수율 12%에서 기대값으로 조정되는 경우가 많다. 이러한 것은 함수율이 지수함수적으로 감소에 따라 여러 역학적 성질이 증가하는 경험적 관측에 근간하여 이루어져 왔다.

$$S_m = S_{12} exp[B(12 - M)] \quad (1-28)$$

여기서 S_{12}와 S_m은 함수율 M(%)과 12%에서 특정 강도값이고, B는 함수율 퍼센트 감소당 특정 강도값의 분율증가를 나타내는 계수이다.

B가 작은 경우에는 복리이자 계산식을 이용하여도 식 (1-28)과 동일한 결과를 나타낸다. 그러므로

$$S_m = S_{12}(1 + B)^{12 - M} \quad (1-29)$$

표 1.7은 USDA 임산물시험소의 광범위한 시험에 따른 북미산 목재의 역학적 성질에 대한 계수 B의 근사 평균값을 나타내고 있다. 그러나 이들 대표값은 무결점, 직선목리 시편에 대해 이루어진 결과이고 여러 강도감소 결함을 가지고 있는 산업용 등급 목재에 대한 것이 아니라는 점에 유의해야 한다(Green 등 1986).

표 1.7 식 (1-28)에서 목재의 여러 역학적 성질에 대한 계수 B의 평균값 (USDA Wood Handbook 1955)

역학적 성질	B
정적 휨	
비례한도 응력	0.05
휨강도	0.04
탄성계수	0.02
비례한도 일	0.08
최대하중 일	0.005
축방향 압축	
비례한도 응력	0.05
최대강도	0.06
횡방향 압축	
비례한도 응력	0.055
횡방향 인장	
최대강도	0.015

그렇지만 표 1.7에 나타낸 계수 B값은 함수율 5% 또는 6% 이상의 흡습범위에서만 적용할 수 있고, 그 함수율 이하에서 어떤 역학적 성질은 식 (1−28)과 식 (1−29)에 따른 예측값보다 더 작게 증가하거나 감소하는 경우도 있다. 그 이유는 목재의 강성이 증가하고 응력집중이 발생하기 때문이라 생각되는데, 목재가 과건되면 목재의 인접부분에 대한 응력전달에 의해 응력집중의 완화가 이루어지지 않기 때문이다. 이러한 효과는 그림 1.34와 같이 축방향 인장강도의 경우 현저하다(Gerhards 1982). 그러나 축방향 압축의 경우는 현저하지 않다. 이러한 차이는 응력집중이 인장 파괴모드보다 압축의 경우가 더 용이하게 완화되기 때문이라 생각된다. 또한 압축 시험편보다 인장 시험편의 치

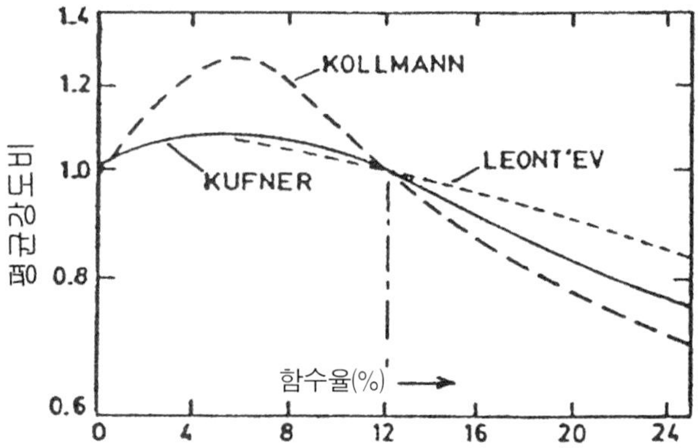

그림 1.34 평균강도비(축방향 인장강도에서 12% MC에 대한 함수율 M의 비율). Kollmann(1940), Kufner(1978), Leont'ev(1960)의 연구를 Gerhards(1982)가 요약한 결과

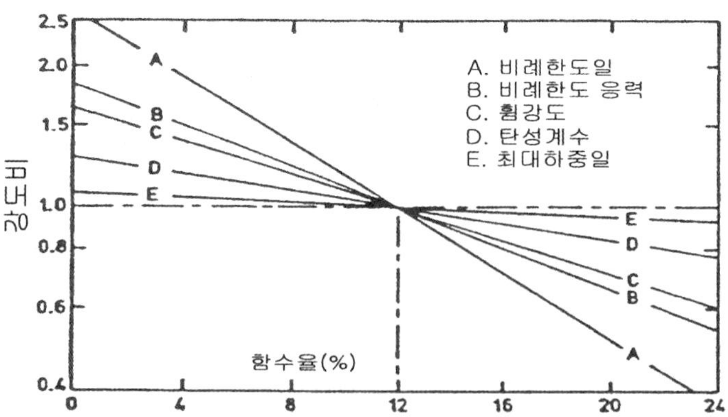

그림 1.35 목재함수율에 따른 강도비(로그 스케일) 곡선. 무결점재의 함수율 12%에서 상대 휨성질

수가 더 작기 때문에 인장시험에서 응력집중이 발생될 가능성이 더 큰 것에 기인될 수도 있다. Bodig와 Jayne(1982)은 함수율 5% 이하로 건조되면 세포벽에 미세파괴(micro- failure)가 발생되어 강도가 감소한다는 의견을 제시하였다.

그림 1.35는 Gerhards(1982)에 의해 제시된 형태와 유사한 여러 곡선을 나타내고 있는데, 함수율 12%를 기준으로 한 목재의 휨성질의 상대값으로 함수율 0%에서 24%까지 그 변화를 나타내었다. 각 경우의 B값은 표 1.7의 정적 휨에 나타나 있다.

표 1.7과 그림 1.35에서 정적 휨에서 비례한도까지 목재에 흡수된 일 W_p가 함수율에 가장 민감하다는 것이다(B_{wp}=0.08). 그 반면에 최대하중(파괴)에서 흡수된 일 W_u가 가장 덜 민감하다(B_{wu}=0.005). 비례한도 응력 Y_p의 계수(B_{sp}=0.05)와 탄성계수 E의 계수(B_{ep}= 0.02)를 안다면 B_{wp}를 계산할 수 있다. 비례한도 변형율 $X_p = Y_p/E$, $W_p = Y_pX_p = Y_p^2/E$이므로

$$1 + B_{wp} = \frac{(1 + B_{sp})^2}{1 + B_{ep}} \tag{1-30}$$

표 1.7에 따르면 B_{sp}=0.05, B_{ep}=0.02이다. 이들 값을 식 (1-30)에 대입하면 B_{wp}=0.081이므로 표 1.7에 나타낸 값과 일치함을 알 수 있다.

최대하중 또는 파괴하중에서 변형율과 응력이 서로 비례하지 않으므로 B_{wu}는 계산으로 구할 수 없다. 그러나 B_{wu}값이 작은 이유는 함수율이 높을수록 파괴시 변형율이 더 크기 때문이라 생각된다. 따라서 함수율이 증가하면 파괴강도가 감소하지만 유연성(pliability) 증가에 의해 변형율이 증가하기 때문에 B_{wu}에 미치는 영향은 감소하게 된다.

---

*adsorption(吸着) : 氣相 또는 液相中의 물질이 그 상과 접촉하는 다른 상(액상 또는 固相)과의 계면에서 상의 내부와 다른 농도를 가지고 평형에 도달하는 현상.

*absorption(吸收) : 물질 또는 에너지 등의 물리량이 다른 물질에 포착되어 그 계내로 도입이 되는 과정.

*sorption(收着) : 기체가 고체의 표면에 흡착될 때 고체로 흡수되어 固溶體 또는 화합물을 만드는 현상을 동시에 수반하는 경우.

*목재분야에서 상기 용어의 정의는 약간 차이가 있다. 흡착은 증기상의 흡착매가 다분자층을 형성하는 현상이고, 흡수는 액상의 흡착매가 흡착질에 포착되는 현상을 말한다. 흡착과 흡수의 구분이 명확하지 않을 때는 수착이라고 한다(Venkateswaran A. 1970. Sorption of aqueous and nonaqueous media by wood and cellulose. Chemical Reviews 70(6):619-637).

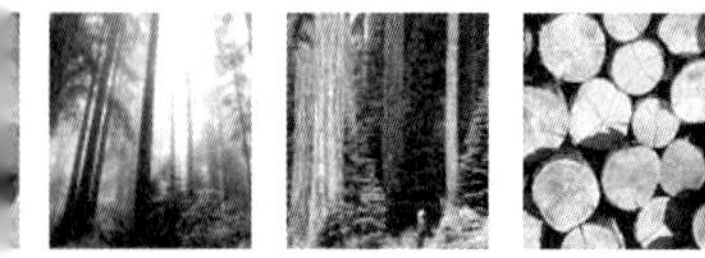

제2장 수분수착 열역학

2.1 서 론

목재-수분 시스템은 열역학적 의미에서 완전 가역적이 아니지만 고전 열역학 기술로 다룰 수 있다. 이 비가역성은 목재의 수축등온에 대해 논의한 바와 같이 주로 수착 이력에 기인된다. Morton과 Hearle(1962, 1975)에 따르면 이력으로 인해 수분수착과정에서 준평형상태(state of metastable equilibrium)가 존재할 수 있으므로 열역학 관계식을 목재-수분 시스템에 적용할 때 주의를 기울여야만 한다. 그러나 어떤 열역학적 성질을 근사적으로 계산하기 위해서는 수분수착을 가역적 과정(reversible process)으로 간주하는 것이 편리하다.

목재와 물의 열역학적 상호작용에 대해 논의하기 전에 물 자체의 열역학적 성질을 고찰할 필요가 있다.

2.2 수분의 열역학적 성질

목재와 상호작용에 의해 가장 영향을 받는 물의 열역학적 성질은 엔탈피(entahlpy) H[1], 엔트로피(entropy) S[2], Gibbs 자유에너지(free energy) G[3]이다. 이들 파라미터 관

1) 열역학 특성함수의 일종으로 $H=U+PV$(U:내부에너지, P:압력, V:체적)으로 정의된다. 외계와의 물질교환이 없는 미소변화 변화에 대해 $dH=Q+VdP$(Q:외계로부터 받은 열). 따라서 엔탈피 변화는 정압과정에서는 열변화, 정적과정에서는 일이 0이므로 내부에너지 변화와 같다.

2) 물질 또는 장으로 이루어진 계의 상태량의 하나. 절대온도 T의 준정적 등온변화에서 미소열량 Q를 흡수하였을 때, 계의 엔트로피 증가 $dS=dQ/T$이므로, 이를 적분하여 임의 상태에서 엔트로피값을 구할 수 있다.. 어느 물질의 각 온도의 비열 C를 알고, 또 그것이 T_1, T_2,…의 온도에서 轉移

계식은 Kelvin 온도 T에서

$$H = G + TS \tag{2.1}$$

모든 이들 성질, 즉 H, T, S는 온도에 따라 다르다.

식 (2.1)은 한 물질의 전체 엔탈피 H는 Gibbs 자유에너지와 Kelin 온도 T에 엔트로피 S의 곱의 합과 같다는 것을 나타낸다. 물의 경우 어떤 주어진 온도에서 Kelvin 온도 0의 값의 상대값으로 H와 S를 계산할 수 있다. G의 상대값은 식 (2.1)로부터 구할 수 있다.

$$G = H - TS \tag{2.2}$$

물질의 몰당 Gibbs 자유에너지를 화학적 포텐셜(chemical potential)이라 하고 μ로 나타낸다. H와 S가 몰 기준이라면, 식 (2.2)는

$$\mu = H - TS \tag{2.3}$$

온도 T에서 얼음의 엔탈피 H_i는

$$H_i = H^0 + \int_0^T (C_p)_i dT \tag{2.4}$$

여기서 H^0은 Kelin 온도 0에서 물(얼음)의 몰 엔탈피, $(C_p)_i$은 온도 T에서 몰 비열이다. 둘 다 일정압력 P에서 측정값인데, 보통 1 atm으로 간주한다. 온도 T에서 얼음의 몰 엔트로피 S_i는 Kelvin 온도 0에서 엔트로피 S^0라면

$$S_i = S^0 + \int_0^T \frac{(C_p)_i}{T} dT \tag{2.5}$$

액체수의 엔탈피 H_w는 얼음의 융점온도 T_m에서 엔탈피에 몰 융해열 ΔH_m과 물의 온도를 T_m에서 T로 증가시키는데 필요한 부가적 엔탈피를 더한 것과 같다.

를 가져 轉移熱이 L_1, L_2,…라고 하면 온도 T의 엔트로피 $S = \int_0^T \frac{C}{T} dT + \sum_i \frac{L_i}{T_i}$.

3) 열역학적 포텐셜 또는 등압 자유에너지라고 한다. 열역학적 특성함수 일종으로 $G = F + PV$로 정의된다. 여기서 F는 Helmholtz 자유에너지로 그 정의는 $F = U - TS$이다.

$$H_w = (H_i)_m + \Delta H_m + \int_{T_m}^{T} (C_p)_w dT \tag{2.6}$$

액체수 몰 엔트로피 S_w는 마찬가지로

$$S_w = (S_i)_m + \frac{\Delta H_m}{T_m} + \int_{T_m}^{T} \frac{(C_p)_w}{T} dT \tag{2.7}$$

또한 비점 이상에서 수증기의 엔탈피 H_v도 계산할 수 있다. 예를 들어 H_v는 $(H_w)_b$ (T_b에서 H_w의 값)에 온도 T_b에서 증발열 ΔH_0에 기인하는 H_v와 일정압력에서 T_b 이상 증기온도를 증가시키는데 필요한 현열(sensible heat)을 더하여 구할 수 있다. 온도 T에서 H_v에 대한 식은

$$H_v = (H_w)_b + (\Delta H_0)_b + \int_{T_b}^{T} (C_p)_v dT \tag{2.8}$$

여기서 $(C_p)_v$는 일정 온도와 압력에서 증기의 몰 열용량이다. 마찬가지로 S_v에 대한 식은

$$S_v = (S_w)_b + \frac{(\Delta H_0)_b}{T_b} + \int_{T_b}^{T} \frac{(C_p)_v}{T} dT \tag{2.9}$$

식 (2.4)−식 (2.9)로 부터 엔탈피와 엔트로피를 구하기 위해 각 온도에서 몰 용융열 ΔH_m과 몰 증발열 ΔH_0뿐만 아니라 몰 열용량 C_p을 알아야만 한다.

얼음이나 액체수의 몰 열용량 C_p는 일정압력에서 측정되는데 일정체적에서 측정되는 C_v와 그 값이 약간 다르다. 그러나 수증기나 기타 기체상태의 C_p는 C_v보다 상당히 더 크다. 예를 들어 이상기체의 경우

$$C_p = C_v + R$$

여기서 R은 이상기체상수이다.

그림 2.1은 얼음과 물의 몰 열용량 C_p가 1 atm 압력에서 온도 $T(K)$에 따라 변화되는 것을 나타낸다. 얼음의 경우 C_p는 온도에 따라 급격히 변화되는데, $T = 0K$에서 0이고 얼음의 융점인 $T_m(273.15K)$에서 약 9 cal/mol/K이다. 얼음이 녹은 후 물의 $(C_p)_w$는 18 cal/mol/K로 2배에 이르며 1 atm 압력에서 비점 $T_b(373.15K)$까지 거의

일정하다. 이 온도에서 수증기의 $(C_p)_v$는 9 cal/mol/K로 급격히 감소하고 T_b 이상의 온도에서 약간씩 감소한다.

물의 몰 용융열 ΔH_m과 몰 증발열 ΔH_0는 융점(T_m)과 비점(T_b)에서 각각 1.44와 9.71 kcal/mol이다.

그림 2.2는 온도에 따른 엔탈피 차 $H-H^0$의 변화를 나타낸 것으로, H^0는 기준 엔탈피로 온도 0K에 대한 값이다. 각 곡선들은 식 (2.4), (2.6), (2.8)로부터 구해졌다.

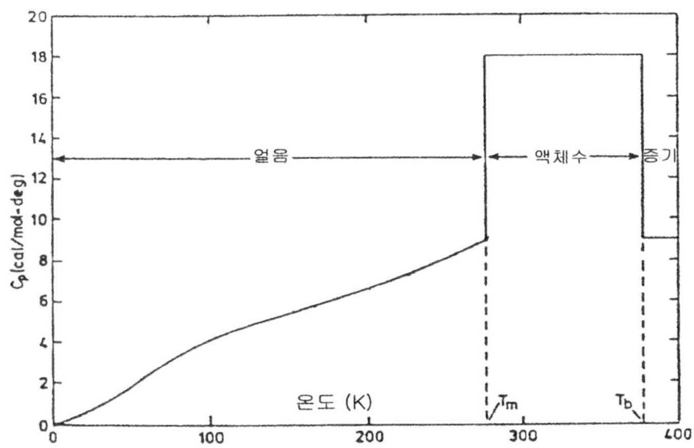

그림 2.1 얼음, 액체수, 증기의 Kelvein 온도에 따른 몰 열용량(C_p, cal/mol/K)

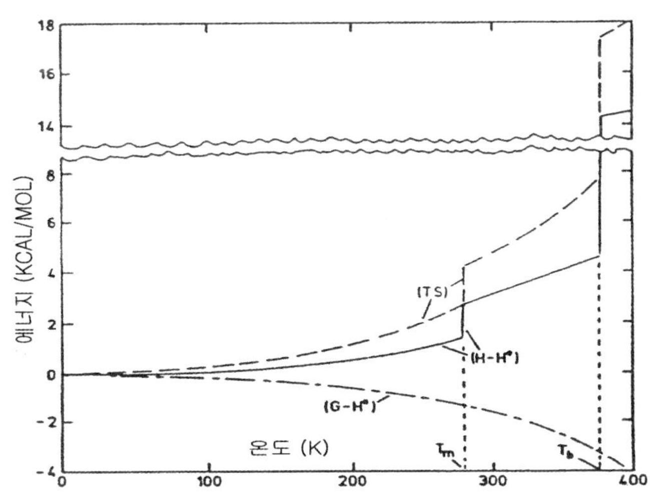

그림 2.2 얼음, 액체수, 증기의 Kelvein 온도에 띠른 몰 엔탈피 H^0, 몰 엔트로피 T_s와 자유에너지 $G-H^0$. H^0는 Kenvin 0K에서 엔탈피

온도 0° −100℃ 범위에서 액체수에 대한 $H_w - H^0$, TS_w, $G_w - H^0$ 곡선을 식 (2.13), (2.15), (2.16)에 따라 그림 2.3에 나타내었다.

잘 알려진 바와 같이 흡착수의 증기압 p는 보통 액체수보다 더 작다. 그러므로 흡착수 활동도 h는 1보다 작다. 또한 흡착수 엔탈피 H_s, 앤트로피 S_s, 몰 자유에너지 G_s 또는 화학적 포텐셜 μ_s는 동일온도에서 액체수보다 더 작거나 부호가 반대이다.

주어진 온도에서 H_s는 수착 미분열(differential heat of sorption) ΔH_s만큼 H_w보다 더 작다. 즉

$$H_s = H_w - \Delta H_s \tag{2.17}$$

여기서 ΔH_s는 액체수 1mol이 일정함수율에서 목재에 흡착될 때 발생하는 에너지(cal/mol water)이다. ΔH_s값은 함수율에 따라 변화가 크다(2.3.1절)

또한 흡착수의 몰 엔트로피 S_s는 S_w보다 더 작다. 그것은

$$S_s = S_w - \frac{\Delta H_s}{T} + \frac{\Delta G_s}{T} \tag{2.18}$$

여기서 $\Delta G_s (= \mu_w - \mu_s)$는 액체수가 등온조건에서 주어진 일정함수율로 목재에 흡착될 때 액체수의 몰 자유에너지 감소이다. ΔH_s와 ΔG_s는 함수율에 따라 크게 변하므로 (2.3.1절) S_s도 함수율에 따라 변하게 된다.

몰 자유에너지 G나 μ는 H와 S의 함수[식 (2.2), (2.3)]이므로 흡착수의 경우 G_s나 μ_s는 식 (2.17)과 식 (2.18)로부터

$$G_s = \mu_s = H_s - TS_s = G_w - \Delta G_s \tag{2.19}$$

목재와 같은 흡습성 물질에 액체수의 수착에 따른 몰 자유에너지 감소 ΔG_s는

$$\Delta G_s = - RTln(h) \cong - RTln\frac{p}{p_0} \tag{2.20}$$

여기서 h는 흡착수의 활동도로 흡착수와 평형상태인 상대증기압(p/p_0)과 같으며 R은 기체상수이다. 식 (2.19)와 식 (2.20)에서 ΔG_s를 제거하면

$$G_s = G_w + RTln(h) \cong G_w - RTln\frac{p_0}{p} \tag{2.21}$$

여기서 평형 상대증기압의 역수 p_0/p가 사용된다. 그림 2.3에 $G_w - H^0$와 비교하기 위해 활동도 0.5인 목재의 $G_s - H^0$를 나타내었다. $G_s - H^0$는 $G_w - H^0$보다 $RTln(2)$ 만큼 더 작다.

그림 2.2에 나타낸 바와 같이 얼음, 액체, 증기 등 3가지 相의 물의 엔탈피는 온도에 따라 서서히 증가한다. 또한 얼음에서 액체 ΔH_m, 액체에서 증기 ΔH_0와 같이 상 변화 과정에서 급격히 엔탈피가 변한다. 3번째 상변화는 빙점 이하에서 얼음이 수증기로 직접 승화하는 것이다. 이 상변화와 관련된 몰 엔탈피 변화가 몰 승화열이며 ΔH_u로 나타낸다.

이상의 3가지 상변화와 관련된 엔탈피 변화를 측정하거나 계산하는 방법은 2가지가 있다. 그 중 하나는 열량측정법(calorimetric method)으로 상변화 에너지를 직접 측정한다. 예를 들어 몰 용융열 ΔH_m은 용융점 T_m에서 1 몰의 얼음을 용융시키는데 필요한 열의 양을 측정하여 구한다.

두 번째 방법은 *Clausius –Clapeyron* 식에 의한 간접법이다. Kelvin 온도 T에서 액체수의 몰 증발열 ΔH_0 계산하기 위해 다음과 같은 형태의 식을 이용한다.

$$\Delta H_0 \cong -R\frac{dln(p_0)}{d(1/T)} \tag{2.22}$$

여기서 R은 기체상수이고 p_0는 온도 T에서 수증기압이다.

표 2.1은 온도 0°−100℃ 범위에서 온도에 따른 액체수의 포화수증기압을 나타내고 있다. 편의상 근사 경험식인 식 (1.1)을 다시 쓰면

$$ln(p_0) \cong 20.59 - \frac{5205}{T} \tag{2.23}$$

여기서 p_0 단위는 ㎜Hg이다. 식 (2.23)에 의해 기울기 $dln(p_0)/d(1/T)$는 −5205이므로 이를 식 (2.22)에 대입하면

$$\Delta H_0 \cong -1.987 \times (-5205) = 10342 \ (\text{cal/mol}-\text{water})$$

표 2.1에는 열량계로 측정한 ΔH_0값도 나타나 있다. 이 값들은 온도가 증가함에 따라 감소하는데 0℃에서 10720㎈/mol이고 100℃에서 9712㎈/mol이며, 평균값은 10224 ㎈/mol로 평균 계산값인 10342㎈/mol보다 약 1% 작다.

표 2.1에 나타난 증기압에 더 근사한 것은 Kirchoff 식이다[식 (1.2)]

$$lnp_0 \cong 51.29 - \frac{6651}{T} - 4.531 ln\,T \tag{2.24}$$

아 경우 기울기 $dln(p_0)/d(1/T)$는

$$\frac{dln(p_0)}{d(1/T)} \cong -6651 + 4.531\,T \tag{2.25}$$

식 (2.25)를 식 (2.22)에 대입하여 계산한 ΔH_0를 열량측정법으로 구한 값과 비교하기 위해 표 2.1에 나타내었다. ΔH_0 계산값은 온도가 증가함에 따라 열량측정법에 의한 값과 동일한 정도로 감소하지만 0.3%−1.5% 정도 크다.

또한 표 2.1에 물의 그램당 증발열 $Q_0(=\Delta H_0/18)$도 나타내었다. 그림 2.4와 같이 몰기준보다 질량기준을 사용하는 것이 편리한 경우도 있다.

온도에 따른 얼음의 포화증기압 p_i를 안다면 Clausius−Clapeyron 식은 몰 승화열 ΔH_u 계산에도 이용될 수 있다. 표 2.2는 빙점 이하에서 증기압 p_i를 나타내고 있다. 또한 과냉수(결정핵생성으로 인한 얼음형성을 방지하기 위해 물을 T_m 이하에서 서서히 냉각시킴)의 증기압도 나타나 있다. ΔH_u를 계산하기 위한 Clausius−Clapeyron 식은

$$\Delta H_u \cong -R\frac{dln(p_i)}{d(1/T)} \tag{2.26}$$

표 2.1 여러 온도에서 열량계 측정하거나 식 (2.22)와 식(2.25)로 계산한 포화수 증기압(p_o), 몰당 증발열(ΔH_0), 그램당 증발열(Q_0).

온도 (℃)	p_0 (㎜Hg)	ΔH_0a (㎉/mol)	ΔH_0b (㎉/mol)	Q_0a (㎈/g)	Q_0b (㎈/g)
0	4.579	10.720	10.756	595.6	597.6
20	17.535	10.528	10.576	584.9	587.6
40	55.324	10.332	10.396	574.0	577.6
60	149.38	10.138	10.216	563.2	567.6
80	355.1	9.931	10.036	551.7	557.6
100	760.0	9.712	9.856	539.6	547.6
평균	–	10.224	10.306	568.0	572.6

[a] 열량계 평균측정값

[b] 식 (2.22)와 식 (2.25)에 의한 계산값

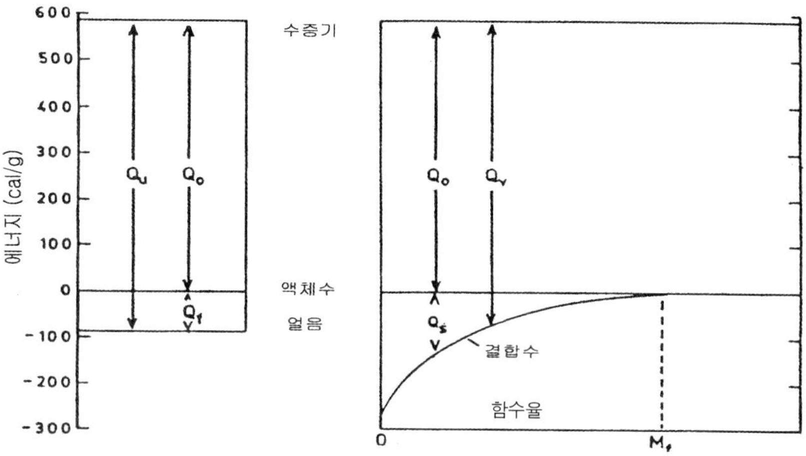

그림 2.4 목재 함수율에 따른 수증기. 액체수, 얼음, 결합수의 Q(㎈/g)에 의한 상대에너지 크기

온도 0℃에서 −40℃까지 범위에서 얼음에 대한 기울기 $dln(p_0)/d(1/T)$는 대략적으로

$$\frac{dln(p_i)}{d(1/T)} \cong -6290 + 0.5826T \tag{2.27}$$

용융점 $T_m = 273.15K$에서 기울기는 −6131인데, 이 값을 식 (2.26)에 대입하면 0℃에서 $\Delta H_u \cong 12182$ ㎈/mol이고 $Q_u(=\Delta H_u/18)$값은 676.8 ㎈/g이다. 이들 값과 표 2.1에 나타난 0℃ 액체수의 ΔH_0(10756)과 Q_0(597.6)을 비교하면 Clausius−Clapeyron 식에 의해 계산된 얼음의 승화열이 용융점에서 액체수의 증발열보다 상당히 큰 것을 알 수 있다. ΔH_u와 ΔH_0간의 차이(12182−10756=1426㎈/mol)는 열량계로 측정한 용융열 ΔH_m(1385 ㎈/mol)과 크기가 같아야 한다. 그러나 이 경우에 있어 $\Delta H_u - \Delta H_0$는 열량계로 측정한 ΔH_m보다 약 2% 크다.

식 (2.22)와 식 (2.25)를 결합하여 용융열 ΔH_m을 직접 계산할 수 있다. 따라서

$$\Delta H_m = \Delta H_u - \Delta H_0 = -R\frac{\partial ln(p_i/p_0)}{\partial(1/T)} \tag{2.28}$$

$$\Delta H_m = R\frac{\partial ln(p_0/p_i)}{\partial(1/T)} \tag{2.29}$$

표 2.2 얼음과 과냉각수의 증기압

온도 (℃)	p_0 (mmHg)	p_i (mmHg)	p_i/p_0 (mmHg)
0	4.579	4.579	1.000
-5	3.163	3.013	0.9526
-10	2.149	1.950	0.9074
-15	1.436	1.241	0.8642
-20	0.9406	0.776	0.8250
-25	0.6053	0.476	0.7864
-30	0.3816	0.2859	0.7492
-35	0.2354	0.1675	0.7116
-40	0.1418	0.0966	0.6812

p_i/p_0 비는 각 온도에서 표 2.2와 같으므로 식 (2.28)을 이용해 ΔH_m을 직접 계산할 수 있다. 이는 목재 세포벽내 흡착수의 상대증기압 p/p_0나 활동도와 유사하다. 온도에 따라 p/p_0 증가는 목재에 의한 수착수의 미분열 추정을 위한 Clausius–Clapeyron 식에도 사용될 수 있다.

2.3 수분수착과정에서 엔탈피 변화

2.3.1 수착 미분열

보통 물은 고체, 액체, 증기 등 3가지 형태로 존재하며 고체에서 증기 상으로 변화되면 엔탈피가 증가한다. 이들 3가지 상은 3중점(triple point)에서만 동시에 존재할 수 있다(그림 1.1).

목재내 수분은 이들 3가지 상으로 존재하는데, 세포벽내에만 4번째 상이 존재할 수 있다. 이것이 흡착수(sorbed water)인데, 흡습수(hygroscopic water) 또는 결합수(bound water)라고 불리운다. 용융점 T_m 이상 온도에서 단지 3상이 공존할 수 있는데, 즉 세포벽내 흡착수, 섬유포화점 이상에서 세포내강내 모관수(자유수라고도 함), 세포내강내 수증기인데, 수증기는 완전포수재를 제외하고는 모든 함수율 범위에서 존재한다. T_m보다 약간 낮은 온도에서 물은 얼게 되지만 서로 다른 두상이 존재한다.

얼음의 엔탈피가 액체수보다 작다는 점에서 목재 세포벽내 흡착수는 보통 액체수가 얼어 있는 상태나 고체상태와 유사하다. 그렇지만 섬유포화점까지 목재 함수율이 증가하면 흡착수 엔탈피는 증가하지만, 섬유포화점 이상에서는 액체수의 엔탈피와 그 값이 같다(그림 2.4).

세포내강내 모관수의 엔탈피는 보통 물의 엔탈피보다 약간 더 작다. 그 이유는 첫째, 모관수 증기압(p_c)이 모세관내 공기－물 메니스커스(meniscus) 곡율(curvature)로 인해 보통 액체수의 p_0보다 작기 때문이다. 둘째, 모관수에 수용성 추출물이 존재하면 증기압이 감소되기 때문이다.

모세관 곡율로 인해 증기압 저하는 Kelvin 식으로 나타낼 수 있는데

$$\ln\frac{p_0}{p_c} = 2\frac{\gamma}{r}\frac{\overline{V}}{RT} \tag{2.30}$$

여기서 γ(dyne/㎝)는 공기－물 계면의 표면장력, r(㎝)은 모세관 반경, $\overline{V}$는 몰체적(물의 경우 18cc/mol), 그리고 R(ergs/mol/K)은 기체상수이다. 식 (2.30)은 목재 세포내강의 최소반경보다 작은 모세관 반경 0.01㎛ 이상에서 유효하다. 이것은 실온에서 상대증기압 p_c/p_0 또는 활동도 h가 식 (2.30)에 의해 약 0.90인 것에 해당된다.

모세관 반경 10, 1, 0.1, 0.01㎛인 경우에 대해 실온부근에서 표면장력 γ=72dynes/㎝라고 가정하여 상대증기압 p_c/p_0 또는 활동도를 식 (2.30)으로 계산하면 각각 0.9999, 0.999, 0.99, 0.9가 된다. 목재세포 내강의 반경은 보통 1－100㎛ 정도이다. 선단(tapering end)이 0.1㎛(10^{-5}㎝) 정도에 이르러 활동도는 약 0.99이므로 해수면과 거의 같다. 그러므로 목재가 세포내강에 수분을 흡습하면 세포내강에 수분충진으로 인한 활동도는 탐지가능할 정도의 변화가 없다고 할 수 있다. 왜냐하면 매우 작은 활동도 변화는 측정하기 곤란하기 때문이다. 따라서 Siau(1984)가 설명한 다공판압력법과 같이 수분 포텐셜을 직접 측정하는 방법을 사용할 필요가 있다.

모세관 수착에 따른 엔탈피 변화 ΔH_c는 Kelvin 식에 Clausius－Claypeyron 식을 적용해 계산할 수 있다. 따라서 식 (2.30)은

$$\Delta H_c \cong R\frac{d[ln(p_0/p_c)]}{d(1/T)} \tag{2.31}$$

$$\Delta H_c \cong 2\frac{\overline{V}}{r}(\gamma - T\frac{d\gamma}{dT}) \tag{2.32}$$

여기서 $\overline{V}$와 r은 온도에 따라 일정하다고 가정된다.

물의 표면장력은 온도 0°, 20°, 40°, 60°, 80°, 100℃에서 각각 75.6, 72.75, 69.56, 66.18, 62.6, 58.9 dynes/㎝이다. 이들 데이터에 따른 경험식은

$$\gamma \cong 75.6 - 14.1\left(\frac{\theta}{100}\right) - 2.6\left(\frac{\theta}{100}\right)^2 \tag{2.33}$$

여기서 θ는 ℃이다. 온도에 따른 γ의 변화율은

$$\frac{d\gamma}{d\theta} = \frac{d\gamma}{dT} \cong -0.141 - 0.052\left(\frac{\theta}{100}\right) \tag{2.34}$$

식 (2.33)과 식 (2.34)를 식 (2.32)에 대입하면 온도에 따른 모세관 반경 r에 대한 ΔH_c를 구할 수 있다. 이 식으로 계산한 ΔH_c 단위는 ergs/mol이다. 여기에 0.2389×10^{-7} cal/erg를 곱하면 표 2.3과 같이 ΔH_c(㎈/mol)을 구할 수 있다. 이 값들은 세포벽 자체의 수분수착에 따른 엔탈피 변화에 비해 무시할 정도로 매우 작다.

또한 표 2.3에는 자유에너지 ΔG_c와 엔트로피 $T\Delta S_c$ 변화도 나타나 있다. 자유에너지 변화는 식 (2.20)에 의해 계산되었고 엔트로피 변화는 엔탈피와 자유에너지 변화의 차이다. 모세관 반경이 1㎛가 아닌 경우의 ΔH_c, ΔG_c, $T\Delta S_c$ 해당값은 구하고자 하는 모세관 반경(㎛)으로 나누어서 간단히 구할 수 있다.

수착 미분열을 구하는 방법은 두 가지가 있다. Clausius–Clapeyron 식에 따른 등량법(isosteric method)법은 ΔH_m에서 이미 언급한 방법과 유사하다. 이 방법은 두 온도이상에서 수착등온선을 필요로 한다. 두 번째는 열량계법(calorimetric method)으로 열량계로 직접 용융열을 측정하는데 이용되는 방법과 유사하다. ΔH_m 계산에서 설명한 바 있는 등량법에 대해 먼저 살펴보고자 한다.

흡착수의 증기압 p는 활동도 $h(=p/p_0)$가 1보다 작기 때문에 액체수의 증기압 p_0

표 2.3 모세관 반경이 1㎛인 경우 온도에 따른 물의 ΔH_c, ΔG_c, $T\Delta S_c$(㎈/mol)

온도	ΔH_c	ΔG_c	$T\Delta S_c$
0	0.98	0.65	0.33
20	1.01	0.63	0.38
40	1.03	0.60	0.43
60	1.06	0.57	0.49
80	1.09	0.54	0.55
100	1.13	0.51	0.62

보다 더 낮다. 또한 그림 2.5에 나타낸 바와 같이 p는 일정 목재함수율에서 온도에 따라 증가한다. 그러므로 증기압 p를 두 온도 이상에서 안다면 Clausius-Clapeyron 식을 이용해 흡착수의 증발열 ΔH_v를 구할 수 있다. 따라서

$$\Delta H_v = -R\left[\frac{dln(p)}{d(1/T)}\right]_m \tag{2.35}$$

Stamm과 Loughborough(1935)가 처음으로 밝힌 바와 같이 $ln(p)$와 $(1/T)$가 서로 선형관계에 있다. 또한 그들은 식 (2.35)를 이용해 목재함수율에 따른 목재의 ΔH_v를 계산하였다.

ΔH_v 크기는 액체수 증발열 ΔH_0보다 항상 더 크다. 액체수의 목재에 의한 몰 수착열 ΔH_s는 $\Delta H_v - \Delta H_0$로 정의된다. 그러므로 ΔH_s는 흡착수 1 mol을 증발시키는데 필요한 에너지로 자유수 몰 증발열 ΔH_0보다 더 큰 열에너지이다. 흡착수 엔탈피 H_s는 자유수 엔탈피 H_w보다 ΔH_s만큼 더 작다.

$$\Delta H_s = \Delta H_v - \Delta H_0 = H_v - H_s - (H_v - H_w) \tag{2.36}$$

$$H_s = H_w - \Delta H_s \tag{2.37}$$

식 (2.22)와 (2.35)를 식 (2.36)에 대입하면

$$\Delta H_s \cong R\left[\frac{dln(p_0/p)}{d(1/T)}\right]_m \tag{2.38}$$

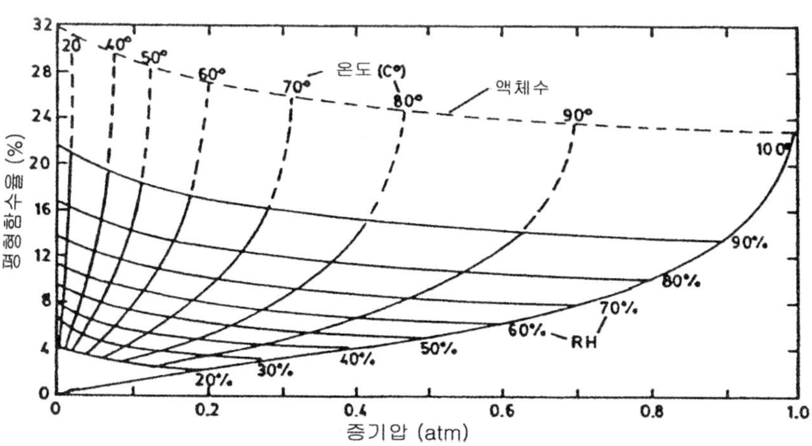

그림 2.5 온도와 함수율 및 증기압 p에 따른 평형함수율 곡선(Hawley 1931)

이 식은 얼음의 융해열 ΔH_m 계산식인 식(2.29)와 유사하다.

Clausius-Clapeyron 식을 식 (2.22)와 (2.26) 등과 같은 형태로 나타낼 수 있다. 예를 들어 식 (2.38)은

$$\Delta H_s \cong RT^2 \frac{dln(p/p_0)}{dT} \tag{2.39}$$

여기서 ΔH_s가 온도 T_1과 T_2사이에서 일정하다면

$$\Delta H_s \cong RT_1 T_2 \left[\frac{ln(h_2/h_1)}{T_2 - T_1}\right]_m \tag{2.40}$$

여기서 h_1과 h_2는 일정 함수율에서 각각 Kelvin 온도 T_1과 T_2에서 활동도 또는 상대증기압이다.

그림 2.6에 나타낸 두 수착등온선에서 온도 T_1과 T_2가 각각 293.15, 353.15K인 경우, 식 (2.40)을 이용해 목재함수율 10%에서 ΔH_s를 계산할 수 있다. 해당 활동도 h_1과 h_2값인 0.54, 0.74를 식 (2.40)에 대입하면

$$\Delta H_s \cong 1.987(293.15)(353.15)\frac{ln(0.74/0.54)}{60} = 1080 \text{ (cal/mol)}$$

그러므로 $\Delta H_s/18$로 정의되는 Q_s는 함수율 10%에서 60cal/g이다. 다른 함수율에 대해서 유사한 계산방법으로 함수율에 따른 Q_s를 계산하면 그림 2.7과 같은 결과를 얻을 수 있다.

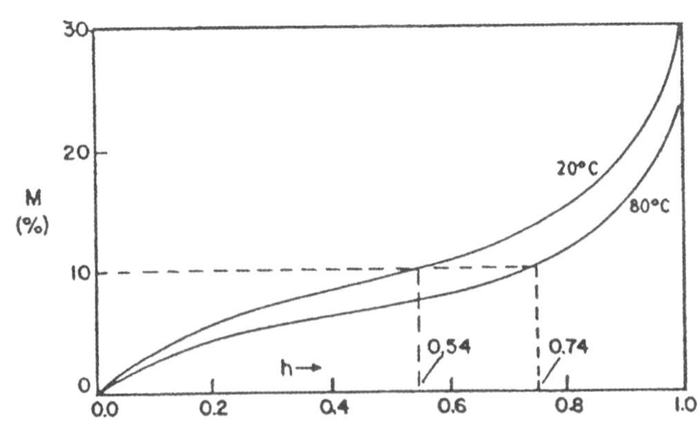

그림 2.6 목재의 20℃와 80℃에서 전형적 수착등온선. 일정 함수율에서 온도가 증가하면 활동도 *h*가 증가

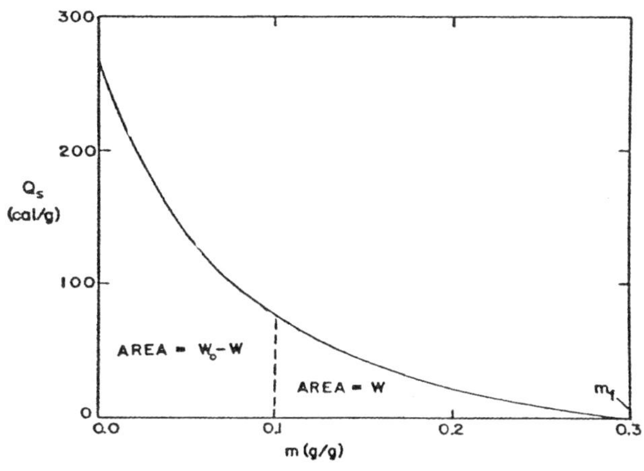

그림 2.7 목재 함수율 m에 따른 수착미분열 Q_s전형적 곡선. m=0.1 좌측 곡선 밑 면적은 수착적분열 $W_0 - W$이다. m=0.1 우측 곡선 면적은 습윤열 W과 같고 전체면적은 전체습윤열 W_0 와 같다

Stamm과 Loughborough(1935)는 Clausius－Clapeyron 식을 적용해 처음으로 목재의 ΔH_s와 Q_s를 계산하였다. 그들은 온도 20－100℃범위에서 Sitka spruce 수착등온선을 이용해 그림 2.7과 유사한 결과를 얻었다. 그들은 함수율 5% 이상에서 온도가 증가하면 ΔH_s(또는 Q_s) 크기가 약간 감소하는 사실에 주목하였다(2.5절). 일정온도에서 Cooper와 Ashpole(1959)에 의한 섬유에 적용되는 경험식은

$$Q_s = (Q_s)_0 exp(-Bm) \tag{2.41}$$

여기서 B는 일정하고, $(Q_s)_0$는 함수율 0%로 외삽시킨 Q_s 값이다. 이 식은 Stamm과 Loughborough의 실험 데이터와 잘 일치한다. 온도 50℃ 부근에서 그들의 결과는

$$Q_s = 280 exp(-14m) \ (\text{cal/g}) \tag{2.42}$$

$$\Delta H_s = 5040 exp(-14m) \ (\text{cal/mol}) \tag{2.43}$$

흡착수의 엔탈피 H_s는 식 (2.37)과 같이 정의되는데 식 (2.43)을 이용해 계산할 수 있다.

$$H_s = H_w - 5040 exp(-14m) \tag{2.44}$$

그림 2.8은 액체수 엔탈피 H_w는 식 (2.13)을 적용하고 식 (2.44)를 이용해 여러 함수율

에서 흡착수의 온도에 따른 $H_s - H^0$를 계산한 결과이다. ΔH_s는 온도에 따라 약간 다르지만 편의상 무관하다고 가정한다. 이와 같은 가정의 중요성에 대해서는 2.5절에서 논의될 것이다. 그림 2.8에서 흡착수의 엔탈피 H_s는 액체수 엔탈피보다 상당히 작은 것을 알 수 있다. 특히 저함수율에서 더 낮다.

또한 ΔH_s와 ΔG_s를 안다면 식 (2.18)과 식 (2.19)를 이용해 임의 주어진 함수율에서 흡착수의 엔트로피 S_s와 자유에너지 G_s를 계산할 수 있다. 예를 들어 흡착수의 엔트로피 S_s는 식 (2.18)을 이용해 계산할 수 있는데, 식 (2.20)과 (2.43)을 치환시키면

$$TS_s = TS_w - 5040exp(-14m) - RTln(h) \quad (\text{cal/mol}) \tag{2.45}$$

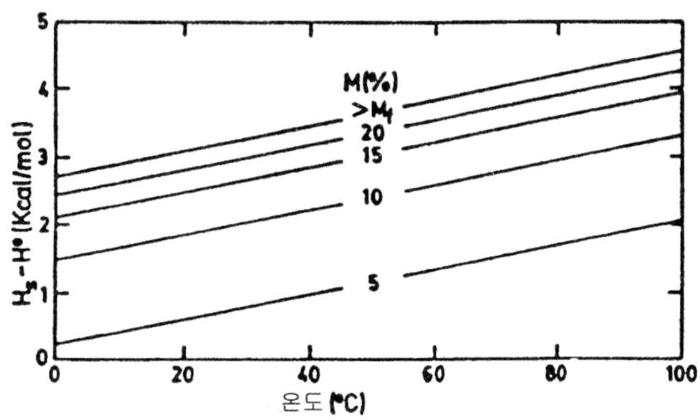

그림 2.8 여러 함수율에서 온도에 따른 흡착수 엔탈피 $H_s - H^o$를 나타내는 곡선

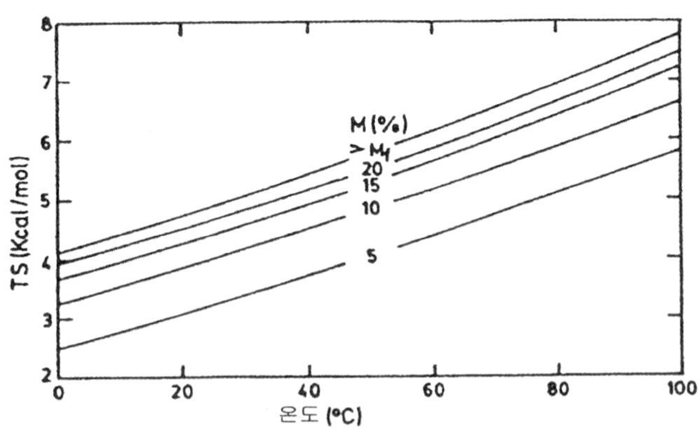

그림 2.9 여러 수종과 함수율에서 온도에 따른 흡착수 엔트로피 TS_s 계산에 따른 곡선

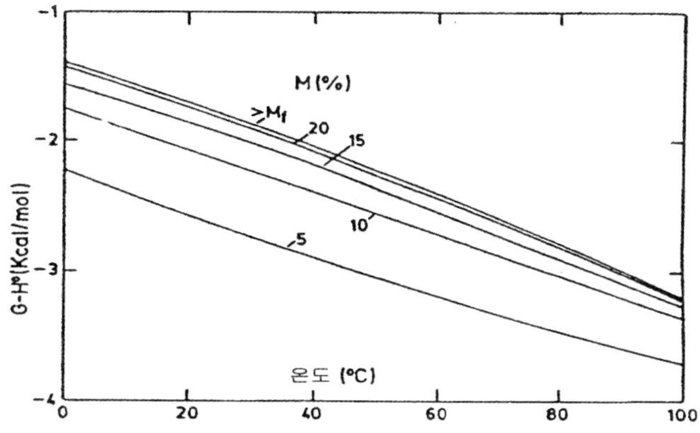

그림 2.10 여러 수종과 함수율에서 온도에 따른 흡착수 자유에너지 $G_s - H^0$

활동도 h는 목재함수율과 T_m 이상의 온도에 따라 증가한다(그림 2.6). Simpson(1973)은 여러 가지 수착모델을 이용해 온도 0°−100℃ 범위에서 US Forest Products Laboratory Wood Handbook(1955)의 수착 데이터를 분석하였다. 목재 함수율과 온도에 따른 목재의 활동도와 상대증기압을 계산하기 위해 Bradley 모델(3.2.6절)이 가장 적합하였다. 온도에 따른 3가지 Bradley 상수를 나타내는 Simpson 식[식 (3.95)−(3.97)]에 근간해 함수율 5% 간격으로 온도에 따른 흡착수의 활동도 h가 식 (2.45)의 $RTln(h)$항을 계산하는데 사용되었다. 액체수의 엔트로피 S_w는 식 (2.15)를 이용해 계산하였다. 그림 2.9는 여러 일정 함수율과 온도 0°−100℃ 범위에서 계산한 TS_s값을 나타낸 것이다. 임의 주어진 온도에서 목재함수율이 감소하면 흡착수의 엔트로피 S_s가 감소하는 것은 명확하다.

식 (2.21)에 나타낸 바와 같이 목재 함수율이 감소하면 활동도가 감소하기 때문에 자유에너지 G_s도 감소한다. 그림 2.8과 그림 2.9에 나타낸 동일한 목재함수율에서 온도에 따른 $G_s - H^0$ 곡선을 그림 2.10에 나타내었다. 일정 목재함수율에서 온도가 증가하면 활동도는 증가하기 때문에 일정 활동도에서 기울기가 일정함수율에 비해 약간 더 크다.

Weichert(1963)는 진공수착장치를 이용해 여러 온도에서 spruce, beech, beech 압축목재에 대한 수착등온선을 구하였다.

그는 Clausius−Clapeyron 식을 이용하여 62.5℃에서 목재 함수율에 따른 Q_s를 계산하였는데, 그 결과는 표 2.4와 같다. 표 2.4에는 식 (2.41)에서 $(Q_s)_0$와 B 값을 최소사승법으로 계산한 결과도 나타내었다. 그림 2.11은 Stamm과 Loughborough(1935),

표 2.4 수착 미분열 Q_s에 대한 식 (2.41)의 회귀식 계수

재료	$(Q_s)_0$	B	R^2	출처
Sitka spruce	280.0	14.0	–	a
유럽산 spruce	274.0	14.48	0.998	b
유럽산 beech	194.2	13.37	0.991	b
압축재 beech	283.1	18.86	0.998	b
목섬유	220.0	13.5	0.994	c
Hinoki cypress	271.4	14.2	0.972	d
수종 불명	213.7	12.4	–	e

[a] Stamm과 Loughborough(1935)
[b] Weichert (1963)
[c] Babbitt (1942) – Katz(1917) 데이터 기준
[d] Kajita (1976)
[e] Volbehr(1896) – Stamm(1964) 인용

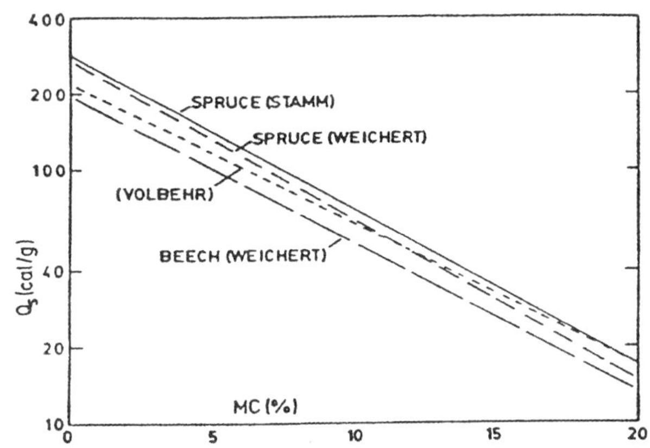

그림 2.11 목재 함수율에 따른 Q_s(로그 스케일) 곡선

Volbehr(1896), Weichert의 결과에 근간하여 구한 목재 함수함수율에따른 Q_s 곡선이다.

2.3.2 수착 습윤열과 적분열

수착 미분열을 열량계로 직접 측정하는 것은 어렵다. 그 이유는 목재 함수율이 거의 일정할 정도로 유한양의 목재에 균일하게 분포되도록 하려면 매우 작은 양의 액체수가 요구되기 때문이다. 예를 들어 균일하게 함수율을 1% 정도 변화시키는 것과 같이, 매우 작은 양의 수분을 목재에 흡습시켜 발생된 열을 열량계로 측정하는 것은 실험적으로

어렵다.

열량계로 Q_s를 측정하는 것은 비현실적이나 다른 관련 물리량인 습윤열 W은 측정할 수 있다. 습윤열은 초기함수율 m이 균일한 목재를 섬유포화점 이상으로 충분히 습윤이 되도록 액체수에 침지시켰을 때 전건목재 그램당 발생되는 열로 정의된다. 목재시편의 초기함수율이 클수록 습윤열은 감소한다.

열량측정법으로 습윤열 W를 측정하기 위해서는 먼저 목재를 작은 파티클로 마쇄(grinding)시켜 목재 전체가 습윤되는데 걸리는 시간을 최소화시켜야 한다. 작은 목재시편을 물에 침지시키기 전에 목재시편은 일정 함수율 m과 측정 열량계 온도에 평형상태에 도달되어 있어야 한다. 그 다음 열량계를 측정기 내 물에 침저시켜 평형에 도달 시킨 후 목재시편을 다량의 측정기내 물에 침지시킨다. 함수율과 온도분포가 균일하도록 목재 파티클 혼합물을 저어준다. 반응에 의해 발생된 열은 열량계 온도의 상승과 여러 부품의 열용량을 감안해 계산한다. 발생된 열을 목재 전건무게로 나눈 것이 측정대상 목재의 습윤열로 정의된다. 그 단위는 energy/목재 전건질량 또는 ㎈/전건목재 그램이다.

초기함수율이 0%인 목재의 습윤열이 전체습윤열(total heat of wetting) W_0이다. 전건보다 약간 더 높은 초기함수율 m인 목재의 $W_0 - W$는 수착적분열(integral heat of sorption)로 정의되며, 단위는 마찬가지로 ㎈/전건목재 그램이다. W와 W_0항은 다음과 같이 미분수착열 Q_s와 관련이 있다. 여기서 m_s는 섬유포화 함수율(saturation moisture content)이다.

$$W = \int_m^{m_s} Q_s dm \tag{2.46}$$

$$W_0 = \int_0^{m_s} Q_s dm \tag{2.47}$$

$$W_0 - W = \int_0^{m} Q_s dm \tag{2.48}$$

식 (2.46)−(2.48)의 관계는 그림 2.7에 나타나 있다. 예를 들어 전체 습윤열 W_0는 곡선아래 전체면적과 같다. 초기 함수율 m=0.01g/g 인 W는 m=0.01g/g 우측 곡선아래 면적과 같다. 마지막으로 수착적분열 $W_0 - W$는 m=0.0과 m=0.01사이의 곡선아래 면적이다.

함수율에 따른 습윤열을 알면 임의 함수율에서 수착미분열 Q_s을 구할 수 있다. 따라

서 함수율 m에서 Q_s는

$$Q_s = \frac{d(W_0 - W)}{dm} = -\frac{dW}{dm} \tag{2.49}$$

왜냐하면 W_0는 일정하기 때문이다.

Q_s가 식 (2.41)에 주어진 것과 같이 단순히 함수율의 지수함수라면 W와 Q_s 관계는 간단하다. 식 (2.41)과 식 (2.46)로부터

$$W = W_0 exp(-Bm) \tag{2.50}$$

$$ln(W) = ln(W_0) - Bm = A - Bm \tag{2.51}$$

여기서 $A = ln(W_0)$, $W_0 = (Q_s)_0/B$, 그리고

$$W = Q_s/B \text{ 또는 } Q_s = BW \tag{2.52}$$

식 (2.41)을 다음과 같은 형태로 나타내는 것이 편리하다.

$$ln(Q_s) = ln(Q_s)_0 - Bm = C - Bm \tag{2.53}$$

여기서 $C = ln(Q_s)_0$. 그러므로 경험식 상수 A, B, C는 다음과 같은 관계가 성립한다.

$$ln(B) = C - A \tag{2.54}$$

Stamm(1964)에 따르면 목재에 대해 습윤열 측정은 Volbehr가 1896에 처음으로 측정하였다. Volbehr 데이터를 식 (2.50)에 적용하면

$$W = 17.1exp(-12.5m) \text{ (cal/g 목재)} \tag{2.55}$$

그러므로 식 (2.52)와 식 (2.55)에 따른 미분수착열 Q_s 예측식은

$$Q_s = 214exp(-12.5m) \text{ (cal/g 물)} \tag{2.56}$$

Stamm과 Loughborough(1935)의 곡선을 식 (2.42)에 의해 근사화시키면 습윤열은

$$W = 20exp(-12.5m) \text{ (cal/g 목재)} \tag{2.57}$$

왜냐하면 $W_0 = (Q_s)_0/B = 280/14 = 20$ ㎈/g 목재이기 때문이다.

Babbitt(1942)는 목재함수율에 따른 Q_s를 계산하기 위해 식 (2.49)을 이용하였는데, 목재 초기함수율 m에 따른 목섬유(wood fiber)의 습윤열 측정데이타인 Katz(1917)의 결과를 이용하였다. Babbitt(1942)는 m에 따른 Q_s를 다음 경험식으로 나타내었다.

$$Q_s = \frac{2.114}{(0.0895+m)^2} \text{ (㎈/g 물)} \tag{2.58}$$

m을 0.02−0.10g/g 범위에서 식 (2.58)에 의해 계산된 데이터를 지수함수로 근사화시키면

$$Q_s = 220exp(-13.5m) \text{ (㎈/g 물)} \tag{2.59}$$

식 (2.58)과 (2.59)간의 R^2=0.994로 잘 일치한다. 회귀계수는 표 2.4와 같다.

2.3.3 습윤열과 수착열의 중요성

이미 살펴 본 바와 같이 수착 습윤열과 미분열은 상호관련이 있다. 그렇지만 목재-수분 시스템에서 그 중요성을 다르게 해석할 수 있다.

Hearle와 Peters(1960)의 연구내용중 Rees에 따르면 수착 미분열 Q_s는 액체상태 물 분자간 결합에너지에 대한 목재기질에서 물분자 과도 결합에너지(excess binding energy)의 척도이다. 전체 습윤열 W_0는 물 수착이 가능한 목재내 수착점의 전체 갯수에 비례한다고 해석할 수 있다.

2.3.3.1 수착열

Stamm(1964)은 목재, 면, 비스코스 레이욘 등을 포함한 여러 셀룰로오스 재료의 미분수착열 값 $(Q_s)_0$는 거의 동일하며 그 범위는 265−330(㎈/g)으로 평균값은 290(㎈/g)이라고 하였다. 그는 $18(Q_s)_0$=5.22㎉/mol은 수소결합 크기에 상당하다고 하였다. Babbitt(1942)는 부가결합에너지 크기를 계산한 결과 물분자의 산소와 셀룰로오스 분자의 수산기 간의 수소결합으로 설명할 수 있다고 하였다. Rees(1960)는 수소결합이 수착열과 관련이 있다면 모든 물-물 수소결합 파괴가 일어나기 위해 물과 목재간에 형성된 두 결합이 있어야만 한다고 하였다.

Rees(1960)는 함수율에 따라 Q_s 곡선의 기울기의 변화가 매우 크지만 여러 종류 셀룰

로오스 섬유의 함수율 0%로 외삽시킨 $(Q_s)_0$값은 거의 동일하다고 하였다. 그는 $(Q_s)_0$ 평균값은 294㎈/g이라고 하였으며 물과 전건 셀룰로오스 재료간의 초기결합은 모든 재료에 있어 동일하다고 하였다.

전체습윤열 W_0이 큰 목재일수록 함수율에 따른 Q_s 곡선의 기울기가 크다. 왜냐하면 W_0는 Q_s 곡선아래 전체면적과 같기 때문이다[식 (2.47)]. 그렇지만 활동도나 상대습도에 따른 Q_s를 그리면 수종별 곡선의 차이가 크게 감소한다. Babbitt(1942)은 목재와 면을 포함한 여러 가지 셀룰로오스 재료에 대해서 상대습도에 따른 Q_s를 계산하여 이 효과를 처음으로 설명하였다. 면의 함수율에 따른 Q_s 곡선의 기울기는 목재의 1/2밖에 되지 않지만 상대습도에 따른 두 재료간 Q_s 곡선의 기울기는 거의 동일하다. 이것은 두 재료의 수착등온선 형태가 유사하고 함수율 0%에서 미분수착열 $(Q_s)_0$값이 동일하다면 그럴 수 있다. Kelsey와 Clarke(1956)는 *Araucaria klinkii* 목재의 Q_s와 상대습도 곡선과 다른 셀룰로오스 재료의 해당곡선에서 그와 동일한 결과를 얻었다.

2.3.3.2 습윤열

흡습성이 큰 목재는 W_0값이 더 크다는 것은 명확하다. 그 이유는 단위 전건질량당 수착점이 많은 목재가 흡습성도 크기 때문이다. 단위 전건중량당 수착점이 많은 목재일수록 흡습성도 크다고 할 수 있다. 예를 들어 섬유포화점 크기로 흡습성을 측정하는 경우에 해당된다. Raczkowski(1963)는 W_0와 섬유포화점은 선형관계가 있으므로 W_0/M_f 비가 거의 일정하여 0.8이라고 하였다. 또한 변재의 W_0는 심재보다 30%정도 크고 알코올-벤젠 추출시 38% 증가하였다고 한다. 이것은 추출물 제거에 따라 흡습성이 증가되었기 때문이라 생각된다(Higgins 1957)(4장 참조).

Kajita와 Mukudai(1971)는 일본산 16수종과 수입 14수종의 심재의 전체습윤열 W_0는 12.6－18.6 ㎈/g이라고 보고하였다. 일반적으로 추출물이 많은 수종의 W_0는 작았다. 그는 변재의 W_0가 심재보다 크다고 하였다. 그 이유는 변재는 심재에 비해 추출물이 작아 흡습성이 크기 때문이라고 하였다.

Delgado(1970)는 베네쥬엘라산 34수종을 67% 상대습도와 실온조건에서 평형함수율(EMC)을 기준하여 6개그룹으로 나누어 시험한 결과, EMC가 클수록 W_0가 크다고 하였다. Morton과 Hearle(1975)는 65% 상대습도에서 조습시킨 여러 가지 섬유재료의 적분수착열 $W_0 - W$는 EMC와 선형관계가 있다고 하였다.

Kajita(1976)는 일본산 10수종에 대해 100% 상대습도에서 W_0와 M_f간에 양의 상관관계가 있다고 보고하였다(그림 2.12). 선형회귀식은

$$W_0 = 0.5 + 0.67 M_f \text{ (cal/g 목재)} \tag{2.60}$$

여기서 R^2=0.902이다. 식 (2.60)에서 절편이 0에 가까우므로 W_0/M_f는 거의 일정함을 알 수 있다. Kajita(1976)는 10수종에 대해 조사한 결과 그 평균 비가 0.704라고 보고하였다.

또한 Kajita(개인서신)는 미국 북부산 22수종의 전체습윤열 W_0을 측정하였다. 그와 동일한 수종에 대해 Choong과 Manwiller(1976)는 수축교점법으로 섬유포화점을 측정하였다. 그 결과 M_f에 따른 W_0 회귀식은

$$W_0 = 4.64 + 0.480 M_f \tag{2.61}$$

여기서 R^2=0.55이었다. 이것은 이미 설명한 일본산 수종의 경우보다 상관관계가 크지 않았는데, 그 이유는 습윤열과 섬유포화점의 시편이 동일하지 않았기 때문이라 생각된다.

목재성분은 흡습성이 각각 다르다. 헤미셀룰로오스가 흡습성이 가장 크며 리그닌이 가장 흡습성이 작다. Kajita 등(1977)은 *Pinus densiflora*와 *Fagus crenata*의 헤미셀룰로오스, 셀룰로오스, 분말목재(milled wood) 리그닌의 전체습윤열은 각각 28, 19, 14 cal/g · 목재라고 보고하였다. 이상에서 언급한 바와 같이 흡습성과 전체습윤열간에는 상관관계

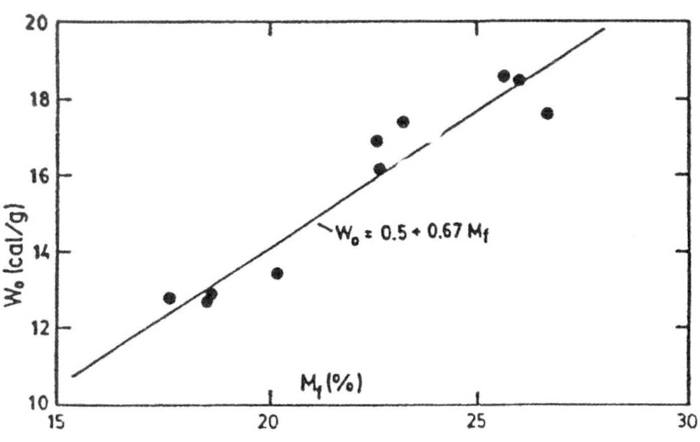

그림 2.12 추정 섬유포화점 M_f에 대한 전체습윤열 W_0의 측정값과 회귀곡선(Kajita 1976)

가 있음을 알 수 있다. 또한 Kajita 등은 각 성분이 목재의 전체습윤열에 미치는 영향을 조사하기 위해 혼합물법(method of mixtures)을 사용하였다.

Kajita(1977)는 여러 수종의 전체습윤열을 측정하였는데, 추출물을 제거하고 리그닌과 헤미셀룰로오스 양을 감소시킨 시편과 비교하였다. 그는 일반적으로 W_0는 알코올–벤젠 추출시 감소하고 리그닌을 제거하면 증가하였는데 단시간에 제거시 더 크게 증가함을 보고하였다. 그리고 홀로셀룰로오스 성분에서 헤미셀룰로오스를 제거하면 감소하였다. Raczkowski(1963)는 알코올–벤젠 추출후 W_0가 실질적으로 증가하였다고 보고하였다.

Kajita(1975)는 미국산 활엽수 22수종의 내수피(inner bark) 전체습윤열은 14.16–20.45 ㎈/g으로 목재와 유사한 사실을 밝혀내었다. 그렇지만 그는 외수피(outer bark) 전체습윤열은 상당히 작게 나타나 외수피의 흡습성이 내수피에 비해 작음을 알 수 있다고 하였다.

전체습윤열에 미치는 다른 영향인자도 있다. 예를 들어 Kelsey와 Clarke(1956)에 따르면 W_0 측정값은 시편입자 크기가 감소하면 증가한다. Kajita(1976)는 20–40mesh에서 250mesh로 입자크기를 감소시키면 W_0는 17.15㎈/g에서 20.04㎈/g 증가한다고 보고하였다. 온도가 증가하면 W_0는 감소하는데, 이에 대해서는 2.5절에서 더 상세히 다루고자 한다.

흡습성 재료의 습윤열 W는 함수율이 증가하면 감소한다. 그렇지만 이력영향으로 인해 탈습에 의해 주어진 함수율로 조습시킨 목재가 재흡착에 의해 동일한 함수율로 조

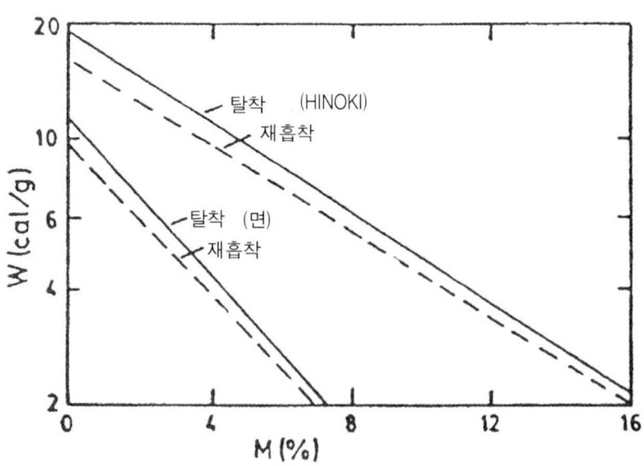

그림 2.13 Hinoki cypress와 면의 초기함수율에 따른 습윤열 W 곡선 (Kajita 1976)

습시킨 목재보다 W가 크다. 그림 2.13은 Kajita(1976)에 의해 얻어진 일본산 hinoki (*Chamaecyparis obtusa*)와 면 셀룰로오스에 대한 결과이다. 이 영향의 중요성은 수착이력(sorption hysteresis)을 설명한 3.2절에서 논의된다.

미분수착열 Q_s와 습윤열 W는 상호 관계가 있다. 또한 Q_s는 등량법에 따른 수착등온선 계산으로 구할 수 있지만 W는 열량계로 직접 측정해야 된다. 그렇지만 Rees(1960)는 수착등온선으로부터 Q_s 계산시 부정확성 원인에 대해 설명하였다.

1. 수착 등량곡선 $(ln(a) : 1/T)_m$은 항상 정확하거나 선형이 아니다.
2. Clausius–Clapeyron 식[식 (2.40)]에서 Q_s(또는 ΔH_s)가 일정하다는 가정이 반드시 옳은 것은 아니다.
3. Clausius–Clapeyron 식은 수착등온선에서 가역이라고 가정하지만 수착이력이 발생되므로 옳지 않다.

Q_s를 계산하기 위한 등량법의 고유 부정확성으로 인해 고전적 열량계 측정법으로 구한 값들이 수착등온선에서 등량법 계산값보다 더 신뢰성이 크다고 할 수 있다.

2.4 수분수착과정에서 자유에너지와 엔트로피 변화

액체수가 목재에 흡습이 되면 엔탈피 부분이 감소하는 것은 물의 자유에너지가 감소하기 때문이라는 것은 이미 언급한 바 있다. 일정 목재 함수율과 온도에서 이 흡착수의 자유에너지 감소 ΔG_s는 해당온도에서 수착등온선으로부터 구할 수 있다. Stamm과 Loughborough (1935)가 최초로 식 (2.20)을 사용해 계산하였다.

$$\Delta G = \frac{RT}{18} \ln \frac{1}{h} \tag{2.62}$$

여기서 ΔG는 흡착된 액체수 단위중량당 자유에너지 감소이고 18(g/mol)은 물의 분자량이다.

엔탈피 감소의 다른 요인은 엔트로피 $T\Delta S$의 감소이다. 엔트로피는 $T\Delta S = Q_s - \Delta G$로부터 계산할 수 있다. 따라서 미분수착열 Q_s는 ΔG와 $T\Delta S$ 두 요인으로 구성된다. 엔트로피가 감소하면 목재의 비수착점(specific sorptive site)에 결합되어 있는 흡착수 분자 에너지가 그만큼 증가하는데, 목재 함수율이 낮은 경우에 특히 해당된다. 액체수가 얼어서 얼음이 될 때 엔트로피가 감소하는 현상과 유사하다. 그렇지만 모든 융해열은 T_m

에서 엔트로피 감소에 기인하는데, 그 이유는 자유에너지 변화가 없고 빙점에서 얼음과 액체수의 증기압이 동일하기 때문이다(그림 1.1).

그림 2.14는 목재함수율에 따른 Q_s, ΔG와 $T\Delta S$ 전형적인 곡선을 나타낸다. Nelson (1983)는 대부분의 상대습도 범위에서 $ln(\Delta G)$와 목재 함수율은 선형관계가 있다고 하였다. 그러므로 함수율에 따른 ΔG곡선은 다음과 같은 형태로 나타낼 수 있다.

$$\Delta G = (\Delta G)_0 exp(-Cm) \tag{2.63}$$

여기서 $(\Delta G)_0$는 ΔG를 함수율 0%로 외삽시킨 값이며 C는 상수이다.

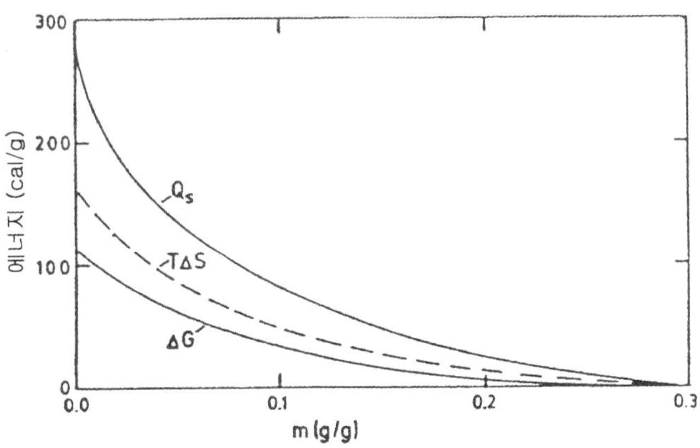

그림 2.14 목재함수율에 따른 Q_s, ΔG와 $T\Delta S$ 곡선

유사식[식 (2.41)]이 m에 대한 Q_s 데이터에 적용된다. 그러므로 $T\Delta S$는 식 (2.64)에서 4가지 상수를 안다면 임의 온도와 목재 함수율에서 계산될 수 있다.

$$T\Delta S = (Q_s)_0 exp(-Bm) - \Delta G_0 exp(-Cm) \tag{2.64}$$

Hearle와 Peters(1960)의 논문에서 Rees는 활동도가 0에 접근함에 따라, 즉 식 (2.62)에서 $1/h$가 무한대에 접근하면 ΔG도 무한대가 된다고 하였다. 활동도 h가 0.001 근처에서 ΔG와 Q_s는 거의 같으며 그 이하에서는 ΔG 절대값은 Q_s보다 크다. 그러므로 엔트로피 항 $T\Delta S$는 "−"가 되므로 흡착수 분자는 액체수 분자보다 더 무질서하지만 대부분의 함수율 범위에서는 그 반대이다. 이러한 현상을 Rees는 매우 낮은 함수율에서 물분자는 서로 거리가 멀어 액체수보다 무질서한 것으로 생각하였다. 그는 등온팽창과정에서 엔트로피 증가와 유사하여 각 분자간 거리가 증가하는 것으로 생각하였다.

2.5 목재의 수분수착과 비열

액체수의 몰 열용량 C는 $0^o - 100^oC$ 온도범위에서 18㎈/mol로 일정하다. 그러므로 이 온도범위에서 액체수의 비열 c_w(㎈/g)은 1이다.

전건재의 비열 c_0는 동일 온도범위에서 액체수의 약 1/3이다. 대부분 유기재료와 같이 온도가 증가하면 비열이 증가하는데, 0℃에서 0.27㎈/g이고 100℃에서 0.37㎈/g이다. 표 2.5는 여러 수종에 대한 전건재의 온도에 따른 비열의 변화를 나타내고 있다. 표에 나타낸 모든 값은 조사 온도범위에서 c_0가 온도에 따라 직선적으로 증가한다. Ward와 Skaar(1963)가 보고한 바와 같이 온도에 따른 물질의 비열에 대한 Debye[4)] 모델에 따라 비열과 온도간에 약간 비선형성이 있을 수 있다. 또한 그들은 −40°~+40℃ 범위에서 함수율 8% 파티클보드(particleboard)의 비열은 직선적으로 변화된다고 하였다.

Nanassy와 Szabo(1978)는 웨이퍼보드(waferboard)의 비열은 −30°~+20℃ 범위에서 온도에 따라 직선적으로 증가한다고 보고하였다. 그 값은 표 2.5에 나타낸 목재의 경우보다 약간 더 크게 나타났다. 그 이유는 웨이퍼보드에 사용된 접착제에 기인하는 것으로 생각된다. 그렇지만 경향은 목재와 유사하였다.

표 2.5 전건재의 온도에 따른 비열 c_0(㎈/g · ℃)

재료	출전	온도 범위(℃)	식
유럽산 spruce	Volbehr (1896)	–	0.259+0.00121C
여러 수종	Dunlap (1912)	0~112	0.266+0.00116C
유럽산 spruce	Kühlmann (1962)	−60~−80	0.267+0.00118C
Spruce pine	Koch (1969)	+60~+140	0.265+0.00104C
Loblolly pine	McMillin (1969)	+60~+140	0.271+0.00095C
유럽산 beech	Hearmon과 Burcham (1955)	+30~+60	0.28+0.001C

4) 아인쉬타인 비열식을 개량하여 P. Debye(1912)가 개발한 고체비열식으로 원자 또는 간단한 분자로 이루어진 등방성 고체에 매우 적합하다. 양자론적으로 결정체내 원자의 진동을 취급하는 정적 몰 비열 C_v는

$$C_v = 3Rf_d(\Theta_D/T)$$

여기서 R은 기체상수, $\Theta_D = h\nu_m/k$는 고체 특성온도로 Debye 온도라 하며 보통 수백 ℃정도이다. f_D는 Debye 함수로

$$f_D(\Theta_D/T) = 3\,(T/\Theta_D)^3 \int_0^{\Theta_D/T} \frac{e^x x^4}{(e^x-1)^2} dx$$

이 이론식은 고온($T > \Theta_D$)에서는 듀롱프라이 법칙에 일지하지만 저온($T < \Theta_D$)에서는 C_v=233.82 $\times R(T/\Theta_D)^3$이다.

McMillin(1969)는 60°~140℃ 범위에서 *Pinus taeda* 전건재 주요 성분의 비열도 온도에 따라 직선적으로 증가한다는 사실을 밝혀냈다. 리그닌은 40℃에서 홀로셀룰로오스보다 약간 더 큰 값을 나타내었다. 리그닌 비열은 홀로셀룰로오스보다 온도에 따른 기울기가 작았으며 고온에서는 약간 더 작았다. 추출물의 비열은 홀로셀룰로오스나 리그닌보다 약 35% 컸었다.

Ward와 Skaar(1963)는 고체비열의 온도의존성을 나타내는 Debye 모델을 목재에 적용하였다. 대부분 고체의 경우 Debye 식은 온도에 따른 원자 열용량의 실험 데이터와 잘 일치한다.

예를 들어 그림 2.15는 Debye 식으로 계산한 결과로, 알루미늄과 탄소(그래파이트와 다이아몬드)의 정적 원자 열용량 C_v가 온도에 따라 증가하는 형태를 나타내고 있다. 이들 실험적으로 구한 3곡선은 상 변화가 없는 온도범위에서 기타 많은 재료와 마찬가지로 Debye 모델과 잘 일치한다.

실온범위(300K)에서 알루미늄과 기타 금속의 C_v는 온도에 따라 거의 일정하여 원자간 진동과 관계되는 자유도(degree of freedom)가 열 흡수에 효율적임을 알 수 있다. 그렇지만 탄소, 특히 결정 다이아몬드의 경우 강력한 원자간 결합이 실온에서 활성화되지 않으므로 열용량에 영향을 미치지 않는다. 원자간 결합이 비교적 약한 그래파이트 탄소는 다이아몬드보다 열용량이 더 크다.

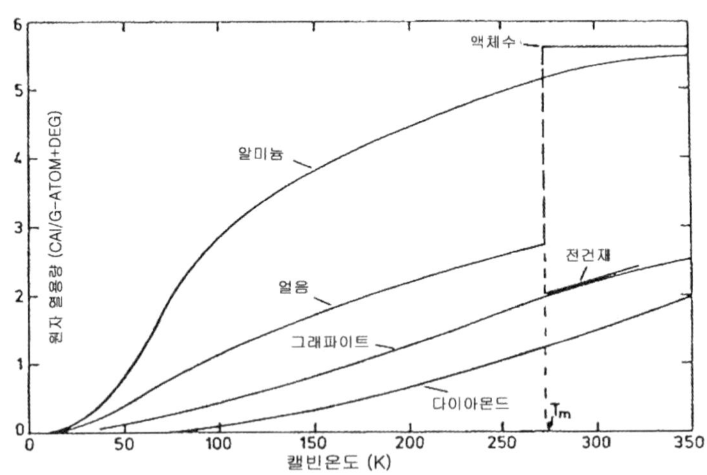

그림 2.15 전건재, 그래파이트, 다이아모드, 얼음, 액체수의 온도에 따른 원자 열용량 C_v 계산결과

Ward와 Skaar(1963)는 Dunlap(1912)의 비열 데이터를 기준하여 섭씨온도 θ함수로 전건재의 정적 원자 열용량은 1.95+0.0085θ로 추정하였다. 이것은 그림 2.15에서 그래파이트 열용량과 거의 일치한다. 그림 2.15에 얼음과 액체수의 온도에 따른 원자 열용량이 나타나 있다. 이것은 그림 2.1에 나타난 몰 열용량을 3으로 나누고 0.94를 곱하여 구한 C_v/C_p 평균비이다(Ward와 Skaar 1963).

습재의 비열 c_m은 전건재보다 더 크다. 그 이유는 물의 비열 c_w가 전건재보다 3배이상 더 크기 때문이다. 비열 c_m이 목재와 물의 각각 비열의 가중평균이라면

$$c_m = \frac{c_0 + mc_w}{1+m} \tag{2.65}$$

여기서 m은 단위 목재전건질량당 수분의 질량, 즉 함수율이다.

Kelsey와 Clarke(1956)는 습윤 적분열 $W_0 - W$이 온도에 따라 감소한다면 c_m값 이식 (2.65)로 계산한 것보다 더 크다고 하였다. 그들은 다음과 같은 관계식을 이용하였다.

$$W_0 - W = \frac{q_0 + q_w - q_m}{w_0} \tag{2.66}$$

여기서 q_0, q_w, q_m은 각각 전건재, 물, 습재의 열용량(heat content)이고 w_0는 전건재 질량이다. $W_0 - W$항의 단위는 cal/g이다.

식 (2.66)을 온도 T에 대해 미분하면

$$\frac{d(W_0 - W)}{dT} = c_0 + mc_w - (1+m)c_m \tag{2.67}$$

다음과 같은 등식이 사용될 때

$$c_0 = \frac{1}{w_0}\frac{dq_0}{dT} \tag{2.68}$$

$$c_w = \frac{1}{w_w}\frac{dq_w}{dT} = \frac{1}{mw_0}\frac{dq_w}{dT} \tag{2.69}$$

$$c_m = \frac{1}{w_m}\frac{dq_m}{dT} = \frac{1}{w_0(1+m)}\frac{dq_m}{dT} \tag{2.70}$$

c_m에 대해 식 (2.67)을 정리하면

$$c_m = \frac{c_0 + mc_w - d(W_0 - W)/dT}{1+m} \tag{2.71}$$

식 (2.71)은 온도에 따른 적분열의 변화가 포함되어 있으므로 식 (2.65)와 차이가 있다.

Kelsey와 Clarke(1956)는 klinki pine(*Araucaria klinkii*)의 습윤열 W을 3가지 온도와 함수율 0−24% 범위에서 측정하였다. 그 결과(그림 2.16), $W_0 - W$이 $m = 0.05$ g/g 이상의 함수율에서 온도증가에 따라 감소하였다. 그들은 목재 함수율에 따른 $d(W_0 - W)/dT$를 그림 2.17과 같이 계산하였다.

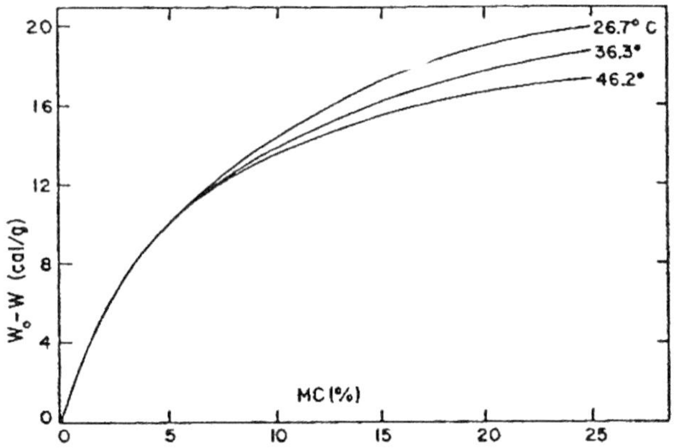

그림 2.16 여러 온도에서 목재함수율에 따른 습윤적분열 $W_0 - W$(Kelsey와 Clarke 1956)

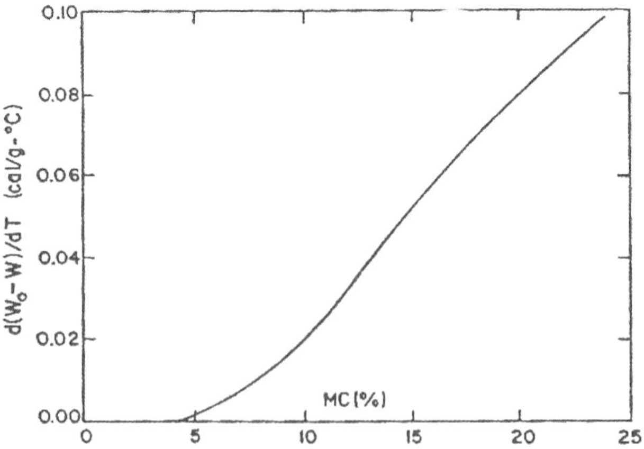

그림 2.17 목재함수율에 따른 $d(W_0 - W)/dT$ 계산결과(Kelsey와 Clarke 1956)

식 (2.65)에 대한 습재비열[식 (2.71)]의 증가 Δc_m는

$$\Delta c_m = -\frac{1}{m}\frac{d(W_0 - W)}{dT} \tag{2.72}$$

Kelsey와 Clarke(1956)는 c_m이 증가하는 이유는 흡착수의 비열이 액체수 비열 c_w보다 크기 때문이라고 하였다. 또 다른 해석은 흡착수에 의해 세포벽구조를 넓히는 것과 연관하여 습재의 비열이 증가하기 때문이라고 할 수 있다. 이로 인해 온도가 증가하면 더 많은 부가 열에너지를 흡수할 수 있다. Morton과 Hearle(1975)이 지적한 바와 같이 흡착수 자체의 비열은 액체수보다 작아야만 한다. 왜냐하면 얼음의 비열이 액체수보다 작은 것과 같이, 흡착수는 얼음과 같은 거동을 하여 액체수보다 진동모드에 제한을 받으므로 열용량이 작게 된다.

Kelsey와 Clarke(1956)의 결과를 해석하여 정리하면

$$\Delta c_0 = -\frac{d(W_0 - W)}{dT} \tag{2.73}$$

여기서는 흡착수의 열용량의 변화가 없다고 가정한다. 흡착수 열용량이 액체수보다 작다면 c_w는 1보다 작고 Δc_0는 식 (2.73)의 결과보다 더 클 것이다.

식 (2.72)으로 Kelsey와 Clarke(1956)에 의해 구해진 klinki pine에 대한 Δc_m값은 표 2.6과 같다. Hearmon과 Burcham(1955)은 표 2.6에 나타낸 함수율과 온도 범위에서 beech(*Fagus* sp.)의 습윤열과 비열을 측정하였다. 그들의 연구결과는 Kelsey와 Clarke의 실험결과 대체적으로 일치하였다.

Stamm과 Loughborough(1935)는 함수율에 따른 Q_s곡선을 isosteric 또는 열역학적 방법으로 구한 결과 온도에 따라 5% 이상 변동되었다고 한다. 이들 곡선을 식 (2.48)을 이용해 $W_0 - W$값으로 변환시킬 수 있는데, Kelsey와 Clarke(1956)의 결과와 정성적으로 일치하였다. 그렇지만 비열증가 Δc_m은 Kelsey와 Clarke에 의한 값의 약 1/2이다. 그 이유는 Kelsey와 Clarke가 지적한 바와 같이 열역학적 방법으로 정확한 결과를 얻기가 어렵기 때문이다.

Kühlmann(1962)은 온도 −60°∼−80℃와 함수율 0−30% 범위에서 목재와 파티클보드의 비열을 준정상상태 열전도기를 이용해 측정하였다. 습재에 대한 결과는 그림 2.18에 전건재에 대한 결과는 표 2.5에 나타나 있다.

표 2.6 습재 비열의 겉보기 증가 Δc_m

출처	목재상태		Δc_m(cal/g·℃)	
	m(g/g)	온도(℃)	평균	식 (2.72)
Beech	0.107	30	0.02	0.02
(Hearmon과 Burcham 1955)		60	0.04	0.05
	0.140	30	0.02	0.02
		60	0.06	0.05
	0.216	30	0.03	0.03
		60	0.06	0.07
	0.310	30	0.04	0.05
		60	0.09	0.09
Kiniki pine	0.05	27-46	-	0.00
(Kelsey와 Clarke 1956)	0.10	27-46	-	0.02
	0.16	27-46	-	0.05
	0.24	27-46	-	0.08

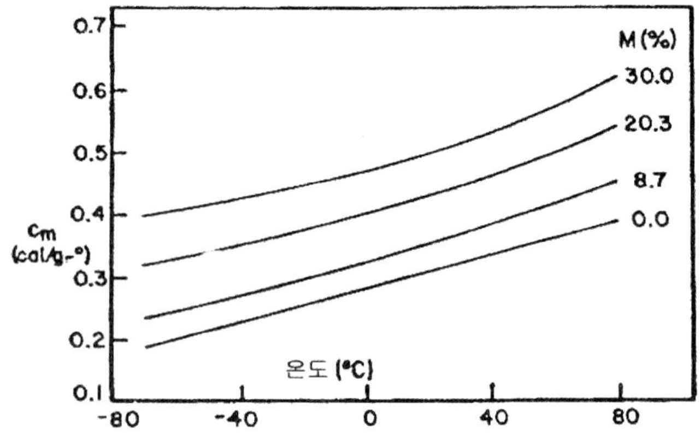

그림 2.18 온도에 따른 습재의 비열 곡선(Kühlmann 1962)

2.6 목재의 팽윤압

목재가 물을 흡습하면 물이 흡수되는 조건에 따라 어느 정도 팽윤을 하게 된다. 그러므로 목재의 팽윤이 억제되면 억제되는 방향으로 응력이 작용하게 된다. 이 현상은 억제된 피스톤에 대해 작용하는 삼투용액에 의한 팽윤압과 유사하다(그림 2.19).

설탕물과 같은 수용액이 반투막으로 순수한 물로부터 분리될 때 순수에서 용액으로 물을 이동시키는 추진력이 작용하게 된다. 그 추진력을 삼투압이라 하며 다음과 같이 계산할 수 있다.

$$\pi = \frac{RT}{\overline{V}}\ln\frac{1}{h} = \frac{RT}{18}\ln\frac{1}{h} \tag{2.74}$$

여기서 R이 cgs 단위이고 물의 몰 분율체적이 18cc/mol이라면 삼투압 π 단위는 dynes/㎠이다.

F/A가 π와 같도록 힘 F를 작용시키면 물이 막을 통해 용액으로 이동하는 것을 방지할 수 있다. 여기서 A는 피스톤 단면적이다. 이것은 용액의 삼투압을 측정하는 방법 중의 하나이다. 압력이 π보다 크면 용액으로부터 순수 저장통으로 물이 이동될 수 있다. 이 원리는 정수하기 위한 역삼투(reverse osmos) 기술에 이용된다(Merten 1966).

목재의 경우 수용액과 유사한 면이 있다. 목재는 흡착수에 부분 용해된 상태로 생각할 수 있다. 실제 용액과 유사하게 이 물은 증기압 p로 유지되고 순수 포화증기압 p_0보다 더 낮다. 사실 목재는 겔의 범주에 드는 재료인데, 아래에서 설명되는 바와 같이 어떤 면에서는 용액과 유사하지만 동일하지는 않다.

Barkas(1949)는 목재 팽윤압뿐만 아니라 목재에 작용되는 응력과 그 평형함수율간의 관계를 이해하는데 중요한 겔의 6가지 특징을 나열하였다. 이들은

1. 겔은 흡습성이다. 겔은 주위 대기와 평형인 증기압 p에서 수분을 유지한다.
2. 겔은 물을 흡습하면 흡습된 물의 체적보다 더 크거나 더 작게 팽윤한다. 팽윤은 이방성을 나타낼 수 있다.
3. 겔의 평형 증기압보다 더 높은 증기압에 노출되어 발생되는 팽윤이 억제되면 겔은 힘을 작용시킨다.

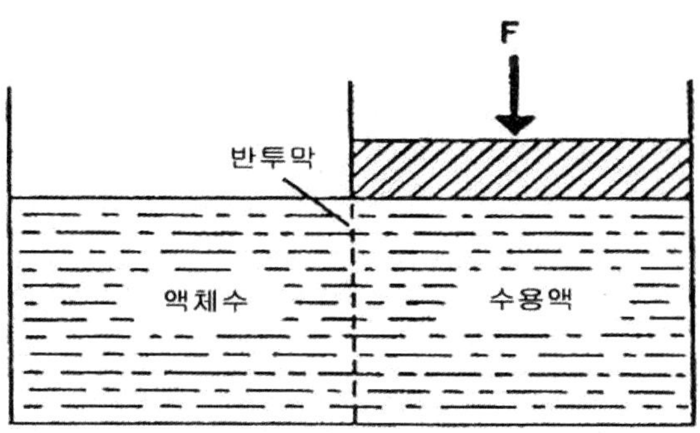

그림 2.19 물이 반투막(SPM)을 통해 이동하는 것을 막기 위해 필요한 힘 F을 나타내는 모식도

4. 겔은 약간의 강성을 지니므로 용액과는 달리 정적 전단응력에 저항할 수 있다.
5. 겔은 포화대기에서 한정된 수착과 팽윤을 나타낸다. 따라서 겔은 수증기 포화대기에서 무한 희석(dilution)을 나타내는 용액과 차이가 있다.
6. 겔은 용액과 달리 수착이력을 나타낸다.

따라서 겔은 3가지 면에서 용액과 유사하지만 강성을 지니며 제한된 수착과 팽윤, 수착이력 등 3가지 면에서 차이가 있다.

그림 2.20은 목재 세포벽 형성의 가상 과정을 나타내는데, 용액과 목재 세포벽을 구성하는 겔과의 차이를 보여주고 있다. 그림 2.20a의 당(糖)분자는 세포내강(cell lumen) 용액에 있는 상태이다. 그림 2.20b에서 셀룰로오스 분자와 중합하기 시작한다. 분자들이 중합됨에 따라 당분자는 그림 2.20c와 같은 형태가 되는데, 일부 셀룰로오스 분자는 배열을 하게 된다. 마지막으로 당분자는 더 중합이 되어 그림 2.20d와 같이 목재 세포벽을 형성하는 셀룰로오스와 물의 겔 시스템에 정렬된다. 리그닌과 기타 세포벽 성분은 편의상 그림에 나타내지 않았다.

용액과 겔간의 주요 3가지 차이점은 그림 2.20a의 물에 용해되어 있는 당분자 용액과 그림 2.20d의 세포벽 용액을 비교하면 명확히 알 수 있다. 첫째, 셀룰로오스 네트워크는 비틀림에 저항할 수 있으므로 겔은 강성을 지니게 된다. 둘째, 동일한 네트워크 작용으로 인해 제한된 수착과 팽윤이 일어나게 된다. 마지막으로 Barkas에 따르면 겔 네트워크의 비탄성변형으로 인해 세포벽 수착이력이 발생된다.

목재와 같은 겔의 팽윤압을 측정하기 위해서 물과 겔간 반투막이 존재할 필요는 없

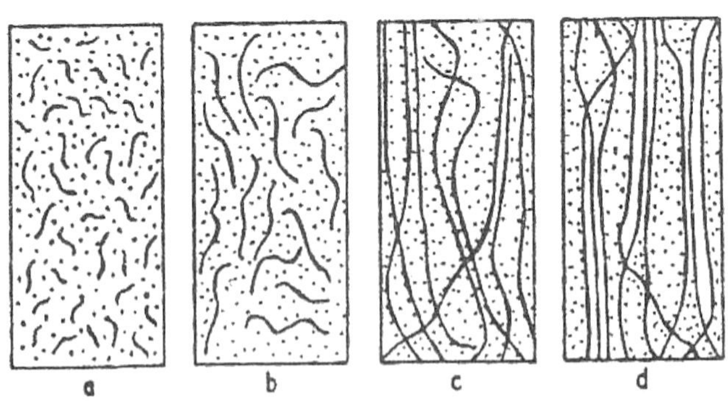

그림 2.20 세포막 형성의 가상 과정. a 용액내 당분자, b 무작위로 배열된 셀룰로오스 분자에 부분적으로 중합된 당분자, c 완전히 중합되어 부분적으로 배열된 셀룰로오스 분자, d 최종 배열형태의 셀룰로오스 분자

다. 왜냐하면 목재의 경우 용질분자, 즉 세포벽 분자는 유동성이 없으며 순수한 물쪽으로 이동할 수 없기 때문이다. 그렇지만 물분자는 목재나 겔 구조을 통해 이동할 수 있으므로 겔을 통과하게 된다. 겔의 팽윤압은 액체수에 겔을 노출시키고 억제팽윤시켜 측정할 수 있다.

세포벽이나 겔 재료의 팽윤압은 세포공극과 기공(air space)를 포함하는 전체목재(gross wood)와는 다르다는 점에 유의해야 한다. 전체목재의 팽윤압은 목재의 압축강도에 의해 제한되는데, 압축강도는 밀도, 함수율, 온도에 따라 다르다. 대부분 목재의 팽윤압 측정은 3 주요방향중 1－2방향의 전체목재에 대해 이루어진다. Perkitny(1960)는 전체목재의 팽윤압에 대한 연구를 조사한 결과 팽윤압 측정 표준방법을 제안하였다. 전체목재의 팽윤압에 대해 먼저 살펴본 후 세포벽에 대한 것을 논의하고자 한다.

목재를 먼저 저함수율로 건조한 다음 고습조건이나 액체수에 노출시켜 1－2방향에서 팽윤을 기계적으로 억제시키면서 목재 팽윤압을 측정하는 것이 일반적이다. 보통 목재는 한방향으로만 팽윤을 억제한다(그림 2.21)

예를 들자면 Simpson과 Skaar(1968)는 그림 2.22와 같이 red oak의 시간에 따른 팽윤압을 보고하였다. 목재 함수율을 약 1%까지 건조시킨 후 50%와 80% 상대습도, 26.7℃와 54.4℃에 노출시킨 상태에서 접선방향, 또는 방사방향의 팽윤을 억제시켰다.

각 경우 팽윤압은 피크에 도달한 후 시간이 지남에 따라 감소하는 경향을 나타내었다. 그 이유는 팽윤과 동시에 시간에 따른 힘의 완화(relaxation)가 발생되기 때문일 수 있다. 목재가 초기에 팽윤함에 따라 억제 클램프에 압력이 작용하게 된다. 그렇지만 목

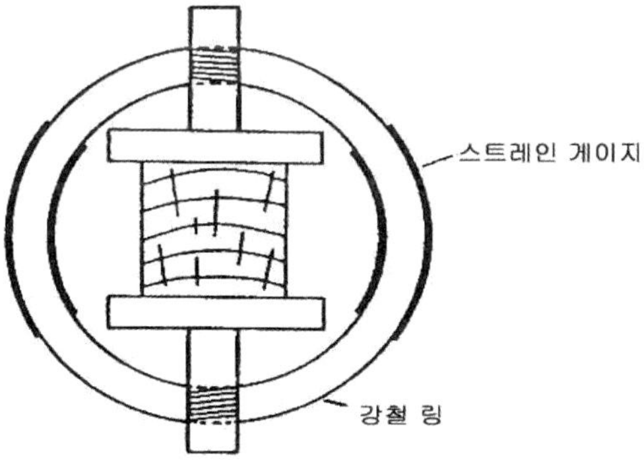

그림 2.21 목재의 단방향 팽윤응력 측정을 위한 강철 링에 스트레인 게이지를 부착한 장치. 두 플레이트로 팽윤을 억제시킴으로서 목재에 작용되는 힘을 측정 (Simpson 1966)

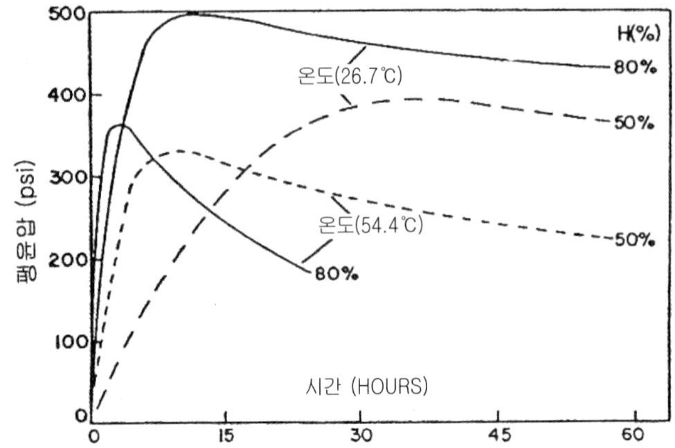

그림 2.22 전건 red oak 시편을 50%와 80% 상대습도, 26.7℃와 54.4℃에 노출시켰을 때 접선방향 팽윤압과 시간 관계(Simpson과 Skaar 1968)

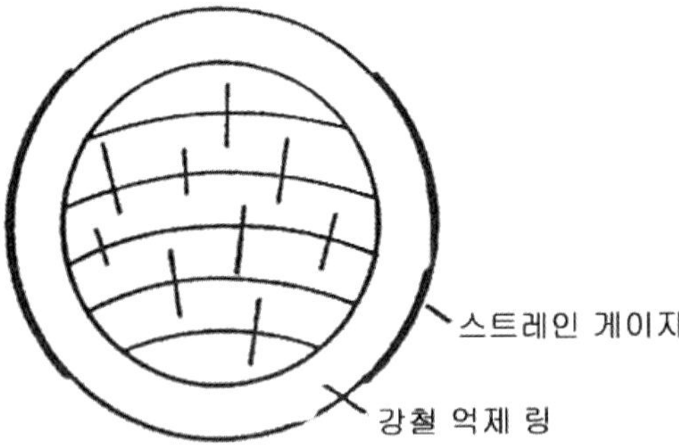

그림 2.23 목재 횡 팽윤압을 측정하기 위해 사용된 스트레인 게이지 부착한 강철 억제 링 (Tarkow와 Turner 1958)

재의 점성 유동요소가 크기 때문에 응력완화도 크다. 초기 급속한 팽윤으로 인해 팽윤압이 초기에 크게 나타나지만 나중에 응력완화의 누적효과(cumulative effect)가 과정을 지배하기 때문에 시간이 지남에 따라 팽윤압이 감소하게 된다. Keylwerth(1962, 1964)에 의해 3 주요 구조방향중 임의 한 방향으로 억제된 목재에 있어 유사한 영향이 관찰되었다.

이상에서 설명한 실험에서 팽윤압은 주어진 시편의 한 방향으로만 측정되었다. 이러한 경우 발생되는 최대압력은 억제방향에서 목재의 압축강도에 의해 제한된다.

Tarkow와 Turner(1958)는 그림 2.23과 같은 장치를 이용해 2차원 평균 횡팽윤을 측정하였다. 건조된 시편이 삽입된 강철 링에 의해 억제력이 작용되었다. 링의 외경쪽에

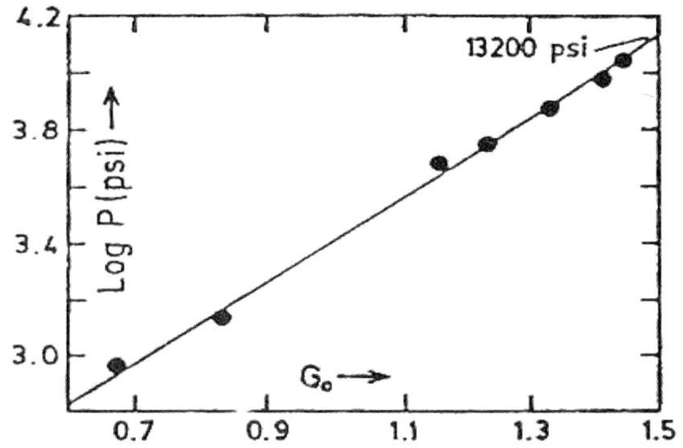

그림 2.24 목재 전건비중에 따른 팽윤압 (Tarkow와 Turner 1958)

2개의 전기저항 스트레인 게이지를 부착시켜 변형율을 측정한 후 링내에서 팽윤하는 목재의 응력을 계산하였다. 30% 상대습도에서 평형에 도달시킨 건조시편을 강철 링에 고정한 후 액체수에 노출시켰다. 시간에 따른 압력변동을 알기 위해 액체수에 노출시킨 후 일정시간 간격으로 링에 작용하는 팽윤압 혹은 내부압력을 측정하였다.

30% 상대습도에서 평형상태인 목재시편을 포화공기에 노출시켰을 때, 팽윤압 식[식 (2.74)]에 따르면 목재 세포벽내 최대 팽윤압은 실온에서 약 1560atm이다. 그렇지만 실험적으로 구한 값은 항상 이보다 훨씬 더 작다. 그 이유는 주로 목재의 팽윤이 외부적으로 억제될 때 세포공극 방향으로 팽윤이 일어나기 때문이다. Tarkow와 Turner는 시편 섬유방향의 팽윤의 측정값은 매우 작아 측정하기 곤란하였다고 한다.

세포공극으로 팽윤의 발생을 최소화하기 위해 Tarkow와 Turner(1958)는 팽윤압 측정전 목재를 고밀화시켜 세포공극의 체적을 감소시켰다. 그들은 고밀화가 클수록 팽윤압이 증가하는 사실을 밝혀냈다. 시편의 전건비중과 최대팽윤압의 대수값간의 관계를 나타내는 그림 2.24과 같은 지수함수 관계가 있다. 측정된 겉보기 최대팽윤압은 비중이 클수록 증가하였다. 비중이 1.44인 시편의 최대팽윤압 측정값은 750atm이었다. 그러므로 일부 빈 공극에서 팽윤이 일어났음을 알 수 있다. 전건세포벽 비중인 1.5로 곡선을 외삽시키면 팽윤압은 약 900atm이 된다.

세포막의 팽윤압이 이론값(1560atm)과 측정값(900atm)간에 차이가 있는 것은 세포벽 자체가 약간 압축성이 있어 일부 응력이 감소되기 때문이라고 부분적으로 설명할 수 있다. Barkas(1949)는 수분수착에 따른 응력에 대한 연구에서 식 (2.74)를 수정해 겔의 압축성을 설명하였다. 이것은 겔 자체의 성질이 아닌 물에 대한 것이다. Barkas의 목재 평윤압과 관련현상에 대한 접근은 다음 절에서 다루고자 한다.

2.7 역학적 응력과 수착(수분탄성 효과)

목재의 팽윤이 억제되어 억제된 구조체에 팽윤압이 작용되면 팽윤이 억제되지 않은 목재에 비해 EMC가 더 낮아진다. 이 효과는 그 반대현상에도 적용된다. 즉 목재에 인장응력이 작용되면 응력이 작용되지 않은 목재에 비해 EMC가 증가하게 된다.

Barkas(1949)는 목재를 흡습성 겔(gel)로 간주하고 일반화된 Porter 식[식 (2.75)]을 사용하여 이 효과를 정량적으로 다루었다.

$$\left(\frac{\partial V}{\partial m}\right)_p dP_m = v\,dp \tag{2.75}$$

여기서 V는 겔의 전건중량당 팽윤체적에 따른 비체적(cc/g), m(g/g)은 겔 전건중량당 물의 질량, dP_m은 겔의 증기압을 dp만큼 증가시키는데 필요한 정수압(hydrostatic pressure), v(cc/g)는 수증기 비체적이다. $\partial V/\partial m$은 실제적으로 흡착수의 겉보기 비체적(cc/g)이다.

Porter 식을 적분하면 어떤 가정하에서 삼투압식이 된다. 따라서 $\partial m/\partial V$를 흡착수의 겉보기 밀도(비체적의 역수) ρ라고 하고, 구간 p_1과 p_2에서 적분을 하면, Porter 식은

$$P_m = \int_{p_1}^{p_2} \rho v\,dp \tag{2.76}$$

이상기체법칙을 적용할 수 있다고 흡착수의 겉보기 밀도 ρ가 일정하다고 가정하면, 식 (2.76)은

$$P_m = \frac{RT}{18}\ln\frac{p_2}{p_1} \tag{2.77}$$

Barkas는 Porter 식을 적분하여 얻어진 단순한 삼투압식을 겔에 대해 적용하는 것은 다음과 같은 4가지 문제점이 있다고 하였다.

첫째, 적분식은 겔의 강성(rigidity)를 무시한다.

둘째, 겔 자체에 대한 데이터가 아니라 겔내 물에 대한 것이다.

셋째, 일정 함수율에서 팽윤압과 일정 체적에서 함수율 구분이 없다.

넷째, 이상기체법칙을 따른다는 가정이다.

이와 같은 인자들 때문에 Barkas는 Porter 식 [식 (2.75)]에 근간한 더 일반화된 삼투압 이론을 제안하였다. 그림 2.25는 Barkas가 Stamm과 Seborg(1935)의 수착등온 전 범위에서 Sitka spruce의 비체적에 대한 데이터에 일반식을 적용하여 계산한 것이다. 이 그림에서 함수율 m과 세포막 비체적 V는 증기압 p(또는 h)뿐만 아니라 외부 정수압 P에도 영향을 받는 것을 알 수 있다.

정수압 P 또는 응력이 수착등온에 미치는 영향을 나타내기 위해 그림 2.25의 곡선을 전형적인 수착등온 형태로 재작성할 수 있다. 예를 들어 그림 2.26의 곡선에서 하나는 응력이 작용, 두 번째는 정수압 $+5\times10^8$ dyne/㎠(약 500 atm), 세 번째는 인장 정수압

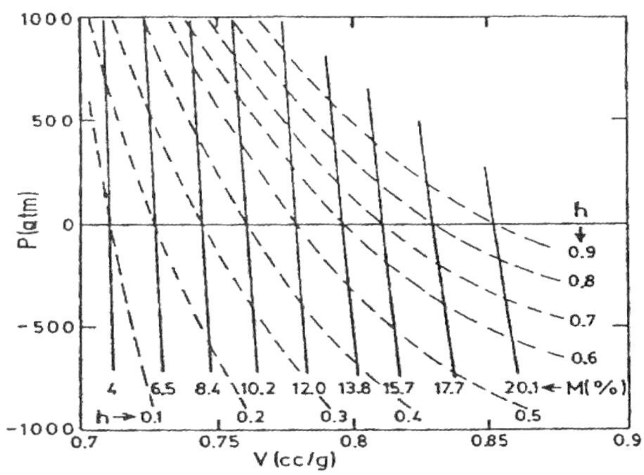

그림 2.25 Sitka spruce 세포막의 여러 일정 함수율과 상대습도 h에서 비체적 변화에 따른 정수압 P(Barkas 1949)

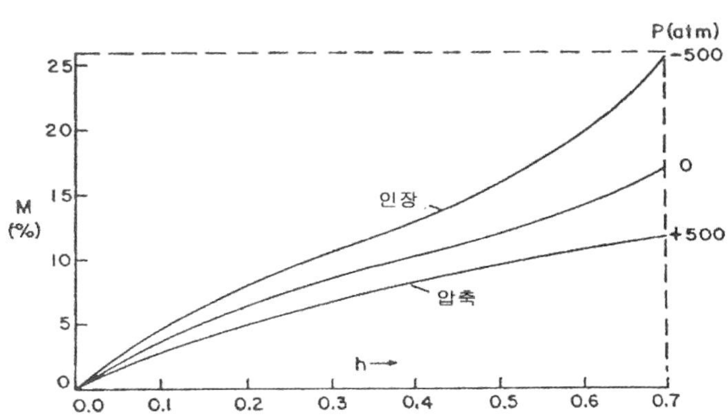

그림 2.26 Sitka spruce 세포막의 그림 2.25 곡선으로부터 계산한 정수압 P에 따른 수착등온선

표 2.7 접선방향 영계수를 계산하기 위한 Sitka spruce에 대해 Barkas(1945)에 의해 얻어진 데이타

평균 h	0.398
Δh	0.279
$p_0 v$ (dyne-cm/g)	3.41×10^9
평균 V (cc/g 전건목재)	2.581
Δm 비억제 (g/g)	0.0396
$\Delta m'$ 억제 (g/g)	0.0382
$\frac{1}{x}(\frac{dx}{dm})$ 비억제 $(g/g)^{-1}$	0.386
$\frac{1}{x}(\frac{dx}{dm})'$ 억제 $(g/g)^{-1}$	0.120
Young 계수 E_m (dyne/㎠)	3.32×10^9

에 시편을 삽입시켜 횡방향 팽윤을 억제하는 측정법을 이용해 방사방향과 접선방향의 탄성계수를 계산하였다(그림 2.23). 그는 전건시편을 25℃와 87% 상대습도에 노출시켰을 때 비억제 시편보다 억제시편의 EMC는 1.44% 더 낮았고, 58% 상대습도에 노출시켰을 때는 0.51% 더 낮게 나타났다.

식 (2.86)과 식 (2.87)은 겔의 탄성계수와 부분억제 및 비억제 시편간 팽윤과 수분수착의 차이와의 관계를 나타낸다. 이들 식의 유도과정에서 역학적 압축응력이 작용되면 수착이 감소하고 인장응력이 작용되면 수착이 증가된다는 사실은 이미 설명한 바 있다. 이것은 그림 2.25, 2.26 및 2.27, 또한 Porter 식으로부터 명확히 알 수 있다.

한 방향으로만 작용하는 일정한 역학적 응력이 일정한 증기압에서 평형 수분수착에 미치는 영향을 실험적으로 측정하기가 편리하다. 이러한 경우 Porter 식은

$$(\frac{\partial V}{\partial m})_p = v(\frac{\partial p}{\partial P})_m \tag{2.88}$$

또는 단축응력 σ가 x 방향으로만 작용하는 경우

$$\frac{V}{x}(\frac{\partial x}{\partial m})_\sigma = v(\frac{\partial p}{\partial \sigma})_m \tag{2.89}$$

편미분 규칙으로부터

$$(\frac{\partial p}{\partial \sigma})_m = -(\frac{\partial m}{\partial \sigma})_p(\frac{\partial p}{\partial m})_\sigma \tag{2.90}$$

식 (2.90)을 식 (2.89)에 대입하면

$$\left(\frac{\partial m}{\partial \sigma}\right)_p = -\frac{V}{v}\left(\frac{1}{x}\frac{\partial x}{\partial p}\right)_\sigma \tag{2.91}$$

식 (2.91)은 $V=(1+m)/\rho$, 여기서 ρ는 함수율 m에서 밀도이므로

$$\left(\frac{\partial m}{\partial \sigma}\right)_p = -\frac{1+m}{\rho v p_0}\left(\frac{1}{x}\frac{\partial x}{\partial h}\right)_\sigma \tag{2.92}$$

식 (2.92)는 실측값과 이론값을 비교하기에 편리하다. 식으로부터 단위 작용응력당 함수율변화는 함수율 m과 습도팽창계수 $1/x(dx/dh)$에 비례[식 (4.41)−(4.43)]하고 목재 밀도에 반비례함을 알 수 있다.

Simpson(1971b)은 압축과 인장응력 $(\partial m/\partial \sigma)_p$의 영향을 전함수율 범위에서 red oak의 접선방향과 방사방향에 대해 조사하였다. 또한 그는 식 (2.92)에 따른 기댓값을 계산하였다.

그림 2.28은 실측값과 계산값을 비교한 것이다. 실측값은 계산값보다 항상 작게 나타났지만 목재 함수율 변화에 따른 차이는 유사하였다.

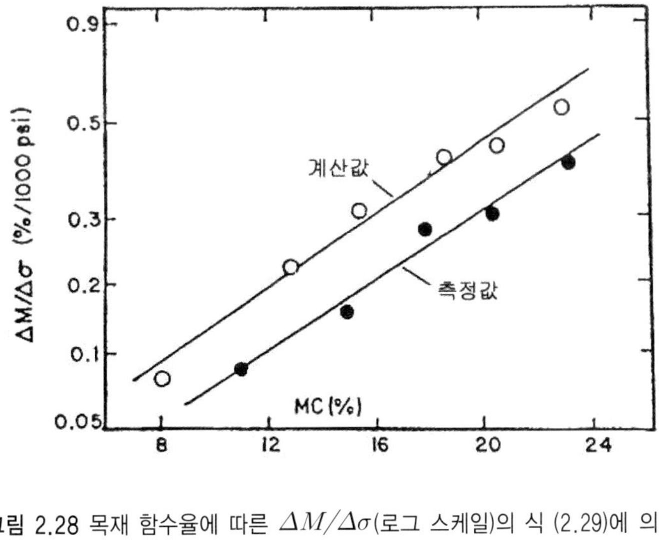

그림 2.28 목재 함수율에 따른 $\Delta M/\Delta\sigma$(로그 스케일)의 식 (2.29)에 의한 계산값과 측정값 (Simpson 1971b)

2.8 역학적 응력과 수착이력

Barkas(1949)는 수착이력을 설명하기 위해 그의 이론을 확장시켰다(1.4.2절). 사용된 원리를 설명하기 위해 Barkas는 그림 2.29와 같이 선형 탄성스프링에 의해 1차원으로 팽윤이 부분적으로 억제된 목재시편을 예로 들었다. 이러한 경우 압력은 x방향으로 단축응력 P_x, 체적변화는 주로 x방향에서 변화로 나타내게 된다. 개념을 단순화시키기 위해 다른 방향에서 응력과 치수변화는 무시하였다.

Barkas(1949)는 2가지 경우에 대해 설명하였다. 첫 번째, 목재에 응력이 작용되면 목재는 소성유동이 없는 완전탄성으로 가정할 수 있다(그림 2.30a). 두 번째, 목재는 점탄성체로 거동하여 약간의 비가역 소성유동이 발생한다(그림 2.30b).

그림 2.30a와 같은 가역 경우, 목재는 완전탄성체이다. 목재의 초기상태는 상대습도

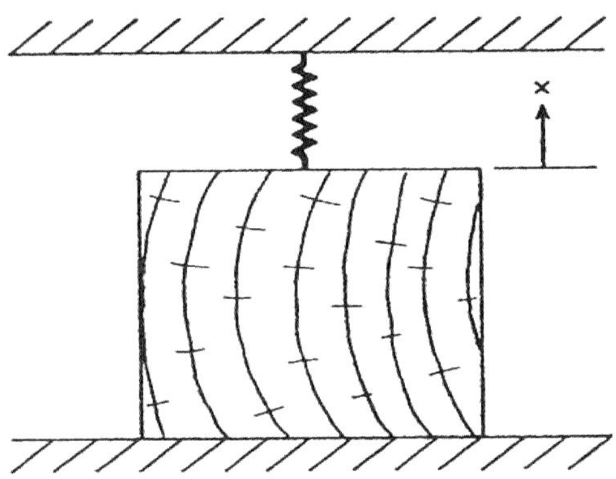

그림 2.29 목재 팽윤과 수축을 선형 스프링으로 나타낸 모식도

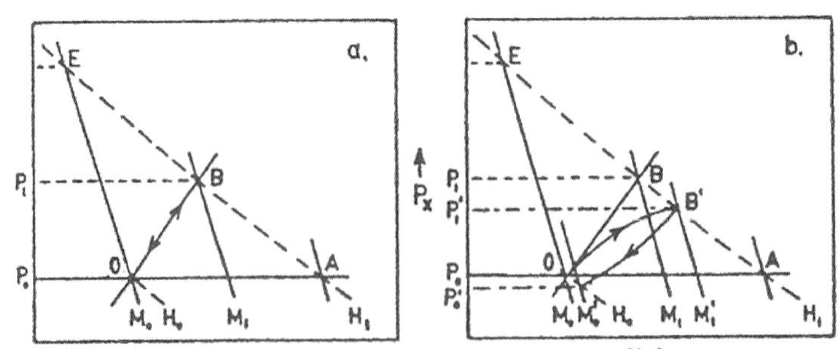

그림 2.30 수분수착과정에서 목재에 대한 변위 X에 대한 단축응력 P_x.
a 탄성가역, b 비탄성-비가역 (Barkas 1949)

H_0와 평형상태인 함수율 M_0이고 초기압력 P_0가 작용된다. 상대습도가 H_0에서 H_1으로 증가하면 목재는 수분을 흡착하여 응력 P_1과 함수율 M_1인 평형점에 도달할 때까지 스프링에 대해 팽윤을 작용시키게 된다. 따라서 그림에서 점 0에서 점 B로 이동하게 된다. M_1의 실제 크기는 응력 $P_1 - P_0$ 증가량에 반비례한다. 상대습도 H가 원래 H_0로 감소한다면 M_1은 M_0, P_1은 P_0로 감소하여 개시점 0으로 회복된다.

점 B의 실제 위치, 즉 M_1과 P_1 값은 그림 2.29에 나타낸 억제 스트링의 강성에 따라 다르다는 사실을 유의해야 한다. 스프링 강성이 크다면 평형점 B는 압축응력 P_1이 더 크고 함수율 M_1이 약간 더 감소되는 점 E쪽으로 이동한다. 스프링의 강성이 작다면 그 반대이다. 그렇지만 가역적 완전탄성인 경우 H가 H_0로 감소되면 선 H_1을 따라 B의 위치와 무관하게 평형점은 0으로 회복된다.

가역적 완전탄성의 경우 수착이력은 발생하지 않는다. Barkas(1949)에 따르면 이러한 현상은 평형상태에서 전단력이 발생하지 않는 수용액에 해당된다.

비가역적 소성유동이 발생하는 목재의 경우, H_0에서 H_1으로 상대습도 증가 후 점 B의 위치는 완전탄성의 경우보다 점 A에 가깝다. 이것은 응력 P_1에 접근할 때 목재에서 응력완화가 일어나 응력은 P_1까지 도달되지 못한다. 따라서 그림 2.30b에 나타낸 바와 같이 점 B'쪽으로 이동한다. 응력 P_1'는 탄성값 P_1보다 작은 점 B'에서 평형에 이르면 평형함수율 M_1'는 M_1보다 더 커지게 된다.

상대습도를 원래 H_0로 낮추면 함수율과 응력이 감소하게 된다. 최종 평형값 P_0'는 P_0보다 작고 M_0'는 원래 M_0보다 더 커지게 될 것이다. 루프내 면적은 목재가 재흡착과정에서 스프링에 한 일과 탈착과정에서 목재에 의해 회복된 일의 차를 나타낸다. 그러므로 사이클에서 순에너지 손실이 발생하게 된다. Barkas가 지적한 바와 같이 목재가 원래 함수율 M_0에 도달시키려면 상대습도를 H_0 이하로 감소시켜야 하는데, 이 때 목재는 인장상태에 있게 된다.

Barkas(1949)는 원리를 설명하기 위해 외부스프링에 팽윤압을 작용시키는 목재의 예를 사용하였다(그림 2.29). 팽윤에 저항하는 외부스프링에 작용하는 억제력이 세포벽 자체내에 실제 존재한다. 세포벽에 대해 그림 2.30b의 압력-체적도를 나타내는 것은 매우 어렵다. 그렇지만 Barkas는 수착 사이클 과정에서 에너지나 일 손실을 계산하기 위해 수증기 자체에 대한 해당 압력-체적도를 이용할 것을 제시한다. 이것은 탈착과정의 주어진 함수율에서 물을 증발시키는데 필요한 에너지와 동일한 함수율에서 응축과정에서 회복될 때 에너지가 그 크기가 동일하다면 등온계에서 가능하다.

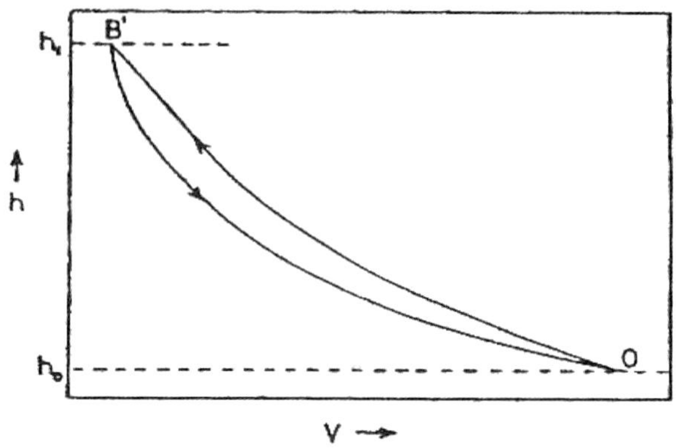

그림 2.31 활동도 h와 증기체적相의 이력 (Barkas 1949)

그림 2.30a의 목재 압력-체적에 해당하는 증기압-체적 모식도는 그림 2.31과 같은데 임의 온도에서 재흡착과 탈착 등온선으로부터 계산할 수 있다. 그림 2.31에서 재흡착과 탈착 등온선 사이의 면적은 수착이력과정에서 손실 일을 나타낸다. 이는 그림 2.30b에서 곡선들 간의 면적으로 용이하게 계산할 수 있다. Barkas(1949)는 spruce 목재의 경우 이 면적이 탈착 전체일의 약 17%라고 하였다. 이 면적이 재흡착과 탈착 등온선간의 평균차에 비례한다면 R/D 비는 1-0.17=0.83으로 추정할 수 있는데 1장(표 1.3)에서 나타낸 R/D 비와 유사하다.

제 3 장 목재의 수분수착 이론

3.1 서론

목재의 수착등온의 일반성질과 수분수착의 열역학은 1장과 2장에서 논의한 바 있다. 여기서는 목재 수착등온을 정량화시키는데 사용되는 경험적 또는 이론적 관계식에 대해 살펴보고자 한다.

널리 알려진 바와 같이 목재는 천연재료로 살아있는 입목에서 생물학적 과정을 통하여 생성된다. 이 때문에 다른 생물재료와 수분수착성이 유사하다. 동물에 의해 생성되는 것은 양모(wool), 비단, keratin 등이 있다. 이들은 단백질 재료이나 면, 황마(jute), 대나무, 볏짚 등과 같은 탄수화물 재료 및 보리, 옥수수, 쌀, 견과류(nut) 등과 같은 식품재료와 같은 식물재료와 수착등온선이 유사하다. 식품재료에는 탄수화물과 단백질이 모두 포함된다.

생물재료의 수분 수착등온선에 대한 여러 식이 개발되었으며 실험이 실시된 바 있다. 이 들은 완전 경험식, 이론식, 반경험식 등 3가지로 크게 나눌 수 있다.

Van den Verg와 Bruin(1981)은 문헌을 조사하여 목재와 기타 섬유재료를 포함한 생물재료에 적용되는 77개 수착등온식을 찾아내었다. 그들은 식 유도에서 가정된 물리적 모델에 따라 4가지 범주로 분류하였다(표 3.1).

A. 국부 단층수착모델 (Localized monolayer sorption model)

B. 다층 수착모델 (multilayer sorption model)

C. 고분자과학 수착모델(sorption model used in polymer science)

D. 경험적 수착모델 (empirical model)

이상에서 언급한 77가지 수착등온식 중 일부는 목재의 수착등온선에 적용되고 있다. 목재에 대한 것은 주로 Simpson(1973)이 USDA Forest Products Lab. Wood Handbook(1955)의 수착데이터를 이용하여 구한 것이다. 이들 식 중 몇 가지는 실험데이터와 잘 일치하지만 열역학적 상수, 특히 수착열 관계상수는 기댓값과 다른 경우가 많다고 한다(Simpson 1979).

Venkateswaran(1970)은 셀룰로오스 재료의 수착 메커니즘을 설명하기 위해 제안된 18가지 수착등온식을 조사하였다. 그에 따르면 대부분 식들의 유도과정에서 1가지 이상의 가정을 하였다고 한다. 목재의 수분수착에서 이들 가정은 다음과 같다.

1) 흡수된 1차 물분자(first or primary water molecule)의 건조목재와의 상호작용 에너지는 습윤재에 흡수된 2차 물분자(secondary water molecule)보다 일반적으로 더 크다.
2) 습윤재와 2차 물분자와의 상호작용 에너지는 액체수의 응축열과 같고 일정하다.
3) 인접 흡착수분자간의 상호작용은 없다.

일부 수착식은 고전 열역학적 이론으로부터 유도되고, 또한 통계적 이론에 근간을 두거나 두 이론을 결합하여 유도된다. 이상에서 언급한 바와 같이 일부 수착등온식들은 부분 또는 완전 경험식이다.

Van den Verg와 Bruin(1981)에 의해 조사된 77식 중 대부분은 수학적으로 동일하다(Boquet 등 1980). 다른 말로 표현하자면, 다양한 물리적 또는 수학적 모델을 사용하여 여러 연구자에 의해 유도된 등온식을 재배열시키면 대부분의 경우 동일한 수학식으로 나타낼 수 있다. 예를 들어 여러 이론들은 Hailwood와 Horrobin(1946)이 맨 처음 유도

표 3.1 수분 수착모델 요약

A. 국부 단층수착모델

B. 다층 수착모델
   1. 균질 수착
   2. 극성 수착층
   3. 액상 필름
   4. 응축(모세관)
   5. 기타 다층모델

C. 고분자과학 수착모델
   1. 용액모델
   2. 국부 수착과 용액
   3. 기타

D. 경험적 수착모델
   1. 부분 이론적
   2. 완전 경험적

한 경험등온식 형태로 된다.

$$\frac{h}{m} = A + Bh - Ch^2 \tag{3.1}$$

여기서 A, B, C는 경험상수로 수착에 가정된 물리적 모델에 따른 특성과 여러 기본 상수들과 관계가 있다. 여러 형태의 서로 유사한 경험식들이 수착이론에 따라 개발된다.

여기서는 BET 수정식인 Dent식(1977), Hailwood-Horrobin식(1946), Peirce식(1929)과 같은 몇 가지 대표적인 등온식만이 유도될 것이다. 기타 여러 식들은 단지 나열되거나 부분적으로 유도될 것이다. 여러 가지 경우에 있어 몇몇 상수들에 대해서는 그 관계의 중요성이 설명될 것이다.

정식 유도에 앞서 대부분의 수착이론에서 사용되는 일반 인자 중 그 일부에 대해 살펴보는 것이 바람직하다. 이미 언급한 바와 같이 목재의 결합수는 두 성분으로 구성되는데, 목재와 강하게 또는 약하게 결합되어 있다. 대부분 이론적 수착등온식 개발은 두 가지 일반적 접근으로 이루어진다. 한 가지 방법은 수착을 표면현상으로, 또 다른 방법은 용액현상으로 간주하는 것이다(표 3.1). White와 Erying(1947)은 두 방법 모두 강한 수착점이 존재하는 것으로 가정한다고 지적하였다. 이들 수착점은 1차 표층(표면이론)이나 흡착질(sorbate) 체적에 분포되어 있는 수착점(용액이론)을 나타내지만 모두 물이 결합하는 현상이다. 따라서 White와 Erying에 따르면 "다층 표면수착식의 형태와 결합항(mixing terms)을 무시할 만큼 매우 불완전한 용액에 대한 수착식의 형태는 동일"하다.

또한 수착등온 모델의 계산(fitting)과 열역학적 데이터 해석시 중요한 인자는 수착평형(sorption equlibrium)의 정확성과 재현성이다. 이것은 연구자마다 차이가 있다. 새로운 조건에 노출시킨 후 임의의 시간이 지나면 평형에 도달되었다고 간주하는 경우가 있다. 그리고 측정 정밀도에 따라 평형도달여부가 다르다, 즉 측정장치에 따라 미량의 무게변화를 감지할 수 있는 정밀도가 다르다. 또한 연속 무게측정간의 무게변화가 어떤 임의값 보다 작으면 평형에 도달하였다고 간주하는 경우가 있다.

평형 상대습도와 온도의 정밀한 측정과 같은 인자는 수착데이터의 신뢰성에 큰 영향을 미친다. 상대습도의 측정과 조절의 어려움은 1장의 습도계(1.2.2절)에서 논의된 바와 같이 상대습도 95% 이상에서 이를 조절하거나 측정하는 것은 특히 어렵다.

마지막으로 고온에서 측정한 등온값은 열분해로 인해 목재에서 비가역적 변화에 의해 영향을 받을 수 있다는 사실이다. 이것은 일반적인 이력영향은 아니지민 세포벽 구조에 영구적 변화를 가져올 수 있다. 이들은 목재와 같은 재료의 흡습성을 감소시키는 경향이 있다.

요약하면 사용되는 수착식과 마찬가지로 수착등온데이터는 오류를 지닐 수 있다. 특히 온도범위가 넓은 경우 그럴 수 있다. 수년간에 걸쳐 수집한 수착데이터인 USDA Wood Handbook도 이에 해당될 수 있다. 이들 데이터는 여러 가지 기술로 구한 것으로 여기서 주어지는 다양한 수착이론을 검토하기 위한 최적 데이터 뱅크가 아닐 수 있다. 그렇지만 Simpson(1973, 1979)은 이를 바탕으로 표준 등온선을 확립하였으며, 수착이론을 검토하기 위해 사용되고 있다. 그 등온선은 현재 이용되고 있는 목재의 수착데이터를 광범위하게 나타내고 있다.

3.2 수분수착이론과 관계식

수분이 목재에 흡습될 때 내부 수착점에 물이 결합되는 현상을 나타내기 위해 여러 가지 수분수착이론이 개발되어 있다. 이들 이론중 가장 널리 알려진 것은 Brunauer 등(1938)에 의해 개발된 Brunauer－Emmett－Teller(BET) 이론으로 한 층 또는 여러 층의 물분자가 수착점에 흡착이 된다고 가정한다. BET 이론은 단층의 증기 분자가 목재 내부표면에 응축이 된다고 가정하는 Langmuir(1918) 이론의 연장이다.

BET 수착이론은 수증기 활동도가 약 0.4 이하인 경우 목재와 기타 흡습성 고체에 잘 적용이 되고 있다. 그렇지만 활동도가 크면 수착등온선을 잘 나타낼 수 없는 단점이 있다. Dent(1977)에 의해 개발된 BET 수정이론은 목재 수분수착등온선에 더 적합한 결과를 나타낸다. 먼저 Dent 이론을 다룬 후, 그 다음에 BET 이론에 대해 논의하고자 한다.

3.2.1 Dent 수착이론

Dent와 BET 표면수착이론 모두, 물은 두 가지 형태로 흡착이 된다고 가정한다. 세포벽내 1차 수착점(primary sorption sites)에 직접 흡착되는 1차 분자(primary molecules)와 2차 수착점(secondary sorption sites)에 흡착되는 2차 분자(secondary molecules)가 있다. 제1 수착점은 결합가능(accessible) 수산기와 같이 결합에너지가 크다. 2차 수착점은 결합에너지가 작아서 1차 수착점이나 다른 2차 수착점에 중첩이 된다고 생각할 수 있다(그림 3.1).

이상에서 설명한 Dent와 BET 이론은 동일하다. BET 이론은 2차 물분자의 열역학적 성질이 보통 액체수와 같다고 가정하고, Dent 모델은 열역학적 성질이 서로 다르다고 가정하는 점이 다를 뿐이다. 두 모델 모두 2차층에서 물의 성질은 동일하다고 가정한다.

내부 목재표면적은 물분자의 수착이 가능한 전체면적 A를 갖는다고 가정한다. 주어진 함수율에서 이 전체면적 A_0 부분은 자유수이다. 면적 A_1은 단층, A_2는 이층, A_3는 삼층, A_i는 i층을 나타낸다(그림 3.2).

내부 목재표면적이 주위대기(surrounding atmosphere) 수증기와 평형을 이루면 임의 층에서 물의 응축과 증발 속도간에 평형이 이루어진다. A_0상의 응축속도는 A_1으로부터 증발속도와 같다고 가정한다. 또한 A_0상의 응축속도는 일정온도에서 증기활동도 h에 비례한다고 가정한다. 면적 A_1으로부터 증발속도는 A_1에 비례한다. 따라서 A_0상의 응축속도와 A_1상의 증발속도간의 평형은 다음과 같이 나타낼 수 있다.

$$A_1 = b_1 h A_0 \tag{3.2}$$

여기서 b_1은 비례상수이다.

다음과 같이 인접면적간에 유사한 평형관계가 있다고 가정한다.

$$A_2 = b_2 h A_1;\ A_3 = b_3 h A_2;\ A_4 = b_4 h A_3 \tag{3.3}$$

$$A_i = b_i h A_{i-1} \tag{3.4}$$

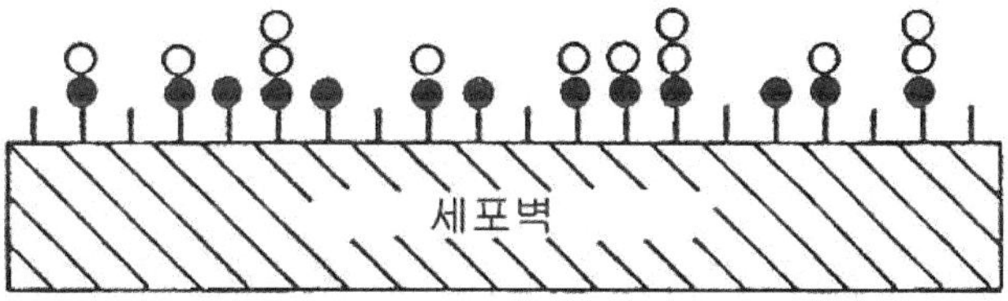

그림 3.1 세포벽에서 1차 수착점(수직선), 1차 물분자(흑환), 2차 흡착수 분자(개환)의 모식도

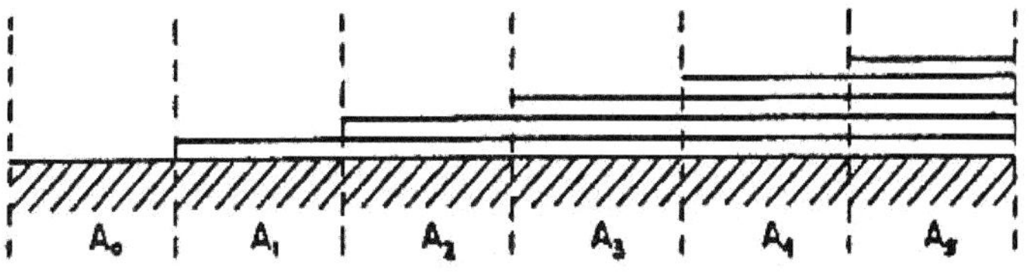

그림 3.2 표면수착 모넬목재 팽윤과 수축을 선형 스프링으로 나타낸 모식도. A_0, A_1, A_2 등 : 표면, 0, 1, 2 : 물분자 층

전체 내부표면적 A는

$$A = A_0 + A_1 + A_2 + A_3 + \cdot\cdot\cdot\cdot + A_i \tag{3.5}$$

단층에서 전체 체적 V_0는 다음과 같이 주어진다.

$$V_0 = d_0 A = d_0 (A_0 + A_1 + A_2 + A_3 + \cdot\cdot\cdot\cdot + A_i) \tag{3.6}$$

여기서 d_0는 물 단층의 두께이다. 모든 층의 전체체적 V는

$$V = d_0 (A_1 + 2A_2 + 3A_3 + \cdot\cdot\cdot\cdot + iA_i) \tag{3.7}$$

이제부터 비례계수 b_i는 $i = 1$인 경우를 제외하고 모두 서로 동일하다는 중요한 가정을 한다. 즉

$$b_2 = b_3 = b_4 = \cdot\cdot\cdot\cdot = b_i \ (i \neq 1) \tag{3.8}$$

이 가정으로 인해

$$A_i = b_2 h A_{i-1} \ (i \neq 1) \tag{3.9}$$

식 (3.6)과 식 (3.7)은 다음과 같은 형태로 나타낼 수 있다.

$$V_0 = d_0 [A_0 + A_1 (1 + x + x^2 + x^3 + \cdot\cdot\cdot\cdot + x^{i-1})] \tag{3.10}$$

$$V = d_0 A_1 (1 + 2x + 3x^2 + 4x^3 \cdot\cdot\cdot + ix^{i-1}) \tag{3.11}$$

여기서 $x = b_2 h$이다.

이항정리이론은

$$(1 - x)^{-1} = (1 + x + x^2 + x^3 + \cdot\cdot\cdot\cdot) \tag{3.12}$$

$$(1 - x)^{-2} = (1 + 2x + 3x^2 + 4x^3 + \cdot\cdot\cdot\cdot) \tag{3.13}$$

식 (3.10)–(3.13)을 결합하면, V/V_0 비는

$$\frac{V}{V_0} = \frac{A_1/(1-x)^2}{A_0 + A_1/(1-x)} \tag{3.14}$$

식 (3.2)를 이용해 A_1을 제거하고 b_2h를 x대신에 대입하여 정리하면, 식 (3.14)는

$$\frac{V}{V_0} = \frac{b_1h}{(1-b_2h)(1-b_2h+b_1h)} \tag{3.15}$$

$M/M_0 = m/m_0 = V/V_0$라면 식 (3.15)를 목재 함수율 M이나 m항으로 나타낼 수 있다. 여기서 M_0나 m_0는 모든 수착가능점이 단층으로 완전히 이루어진 경우의 함수율이다.

$$\frac{m}{m_0} = \frac{M}{M_0} = \frac{b_1h}{(1-b_2h)(1-b_2h+b_1h)} \tag{3.16}$$

식 (3.15)와 (3.16)은 목재의 전체함수율에 대한 완전 단층인 함수율의 비이다. 이 전체함수율은 1차수와 2차수로 이루어진다. 1차수의 체적 V_1에 대한 관계를 이용해 1차수에 대한 식을 유도할 수 있다.

$$V_1 \equiv d_0(A_1 + A_2 + A_3 + \cdot\cdot\cdot\cdot + A_i) \tag{3.17}$$

이것을 식 (3.6)으로 나타낸 V_0로 나누면

$$\frac{V_1}{V_0} = \frac{M_1}{M_0} = \frac{m_1}{m_0} = \frac{b_1h}{(1-b_2h+b_1h)} \tag{3.18}$$

식 (3.16)에서 식 (3.18)을 빼면 2차수 M_2(또는 m_2)를 구할 수 있다. 그 결과는

$$\frac{M_2}{M_0} = \frac{m_2}{m_0} = \frac{b_1b_2h^2}{(1-b_2h)(1-b_2h+b_1h)} \tag{3.19}$$

식 (3.18)과 (3.19)는 1차와 2차 함수율 m_1과 m_2를 나타내는데, 상수 3개 b_1, b_2, m_0와 활동도 h의 함수를 나타낸다. m_1과 m_2의 합은 전체함수율 m이다.

상수 b_1, b_2, m_0를 안다면 수착등온선을 예측할 수 있다. 그렇지만 수착등온선은 보통 실험적으로 측정한 후 그로부터 b_1, b_2, m_0를 계산하게 된다. 그와 같은 경우에 있어 가장 편리한 관계식을 얻기 위해 식 (3.16)을 정리하면

$$\frac{h}{m} = \frac{(1-b_2h)(1-b_2h+b_1h)}{m_0b_1} \tag{3.20}$$

이것을 정리하면

$$\frac{h}{m} = \frac{1}{m_0 b_1} + \frac{(b_1 - b_2)h}{m_0 b_1} - \frac{(b_1 b_2 - b_2^2)h^2}{m_0 b_1} \tag{3.21}$$

식 (3.1)과 같이 포물선 형태로 나타내면

$$\frac{h}{m} = A + Bh - Ch^2 \tag{3.22}$$

여기서

$$A = \frac{1}{m_0 b_1};\ B = \frac{b_1 - b_2}{m_0 b_1};\ C = \frac{b_1 b_2 - b_2^2}{m_0 b_1} \tag{3.23}$$

실제적으로 수착등온선은 h에 대해 h/m이나 H/M 형태로 나타낸다. 측정값을 식 (3.22)에 나타낸 포물선 형태로 fitting 한 다음, 경험상수 A, B, C는 최소자승법으로 구하게 된다. 그림 3.3은 25℃에서 목재와 수피 시편의 h에 대한 H/M의 측정값과 fitting 곡선을 나타낸다(Okoh와 Skaar 1980). 표 3.2는 수착데이터와 A, B, C 계산값을 나타내고 있다. 또한 식 (3.23)로부터 유도되는 다음과 같은 식을 이용해 경험상수 A, B, C로부터 계산된 상수 b_1, b_2, m_0 값도 나타나 있다.

$$b_2 = \frac{-B + (B^2 + 4AC)^{0.5}}{2A} \tag{3.24}$$

$$b_1 = 2b_2 + \frac{B}{A} \tag{3.25}$$

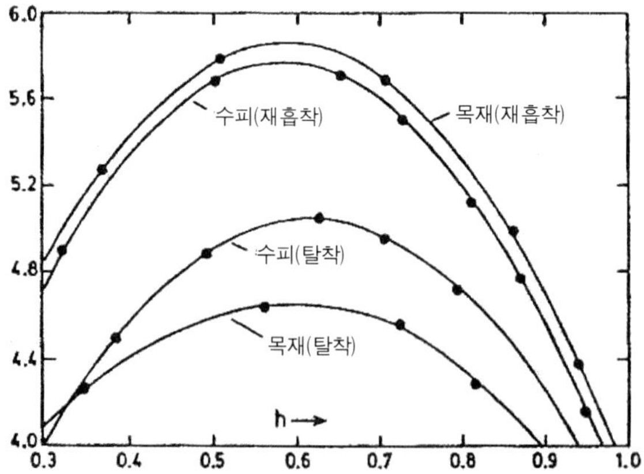

그림 3.3 10수종 목재와 수피의 재흡착과 탈착의 경우 상대증기압에 따른 H/M 비의 측정값과 계산값 (Okoh와 Skaar 1980)

표 3.2 25℃에서 10수종의 목부와 수피의 재흡습과 탈착 상대습도 및 평균 평형함수율(Okoh와 Skaar 1980).

	목부-재흡착		수피-재흡착		목부-탈착		수피-탈착	
	H(%)	M(%)	H(%)	M(%)	H(%)	M(%)	H(%)	M(%)
	37.0	7.01	32.3	6.59	35.0	8.20	38.5	8.47
	51.4	8.95	50.6	8.91	56.4	12.15	49.8	10.17
	71.2	12.55	65.9	11.61	72.8	15.95	63.3	12.46
	86.2	17.13	73.3	13.31	81.8	19.11	71.1	14.13
	94.1	21.74	81.8	15.90			80.0	16.97
			87.3	18.53				
			95.0	23.02				
A	1.64		1.48		2.23		1.18	
B	14.3		14.6		8.3		12.5	
C	12.1		12.4		7.0		10.1	
b_1	10.26		11.48		5.15		11.5	
b_2	0.777		0.789		0.712		0.7	
M_0	5.94		5.91		8.70		6.94	

$$M_0 = 100m_0 = \frac{100}{Ab_1} \tag{3.26}$$

그림 3.4는 그림 3.3의 계산에 사용된 동일한 시편의 수착등온선을 계산 및 측정한 결과이다. 그들은 식 (3.22)로부터 계산되었는데 다음과 같은 형태로 나타낼 수 있다.

$$M = \frac{H}{A + Bh - Ch^2} \tag{3.27}$$

여기서 $H = 100h$이다. 활엽수 10수종 수피의 평균 수착등온선이 목재와 거의 동일하다는 것이 흥미롭다. 그리고 완전 단층으로 이루어진 해당 M_0값이 재흡착의 경우 유사하다. 그렇지만 이력은 목재에 비해 수피가 덜 현저하여 탈착등온선이 목재보다 현저히 높다. 또한 이러한 차이는 M_0에도 반영되어 탈착시 수피(6.94%)보다 목재(8.70%)가 더 크게 나타났다(표 3.2).

수착등온선은 1차수 M_1과 2차수 M_2로 구성되어 식 (3.18)과 식 (3.19)로 각각 구할 수 있는데, 활엽수 10수종 탈착등온선을 상대습도 H에 따라 나타낸 결과는 그림 3.5와 같다. 또한 3.2.3절에서 논의되는 Hailwood Horrobin 모델에 따른 M_h와 M_s 곡선도

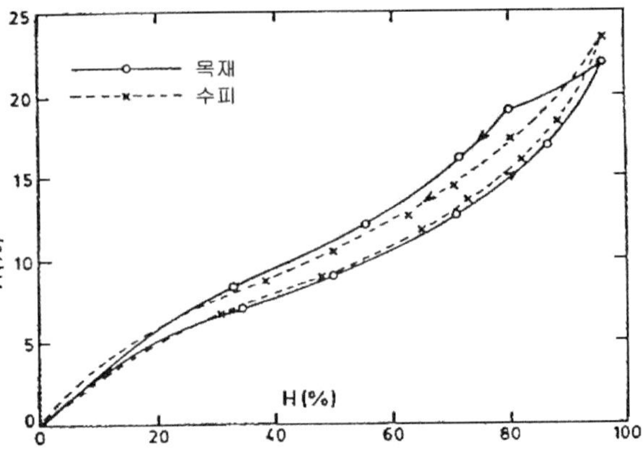

그림 3.4 10수종 목재와 수피의 평균값에 따른 재흡습과 탈착의 측정값과 등온곡선(Okoh와 Skaar 1980)

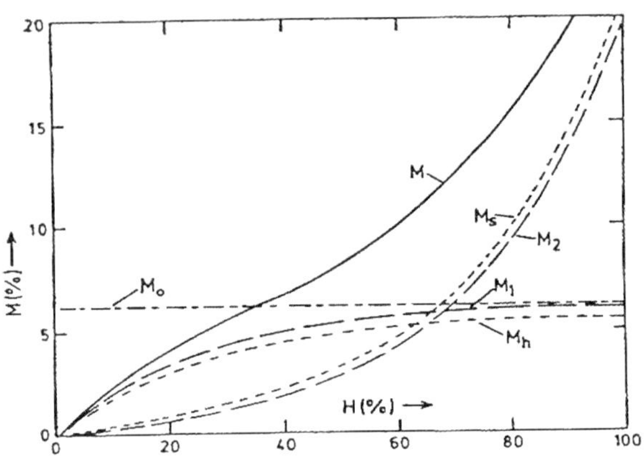

그림 3.5 10수종 목재의 H에 따른 평균 재흡착 등온선과 M_h, M_s, M_1, M_2 곡선. 또한 상수 M_0도 나타나 있음

나타나 있다. 1차수 곡선은 1장에서 논의된 단층의 수착특징인 전형적인 형태 1의 등온선이다. 2차 등온선은 다층 수착과 관련 있는 형태 3과 같다. 1장에서 언급한 바와 같이 전체 수착등온선은 목재와 같은 전형적인 흡습성 재료에 해당되는 형태 2로 분류할 수 있다.

그림 3.5에서 수평선으로 나타낸 M_0는 완전히 포화된 단층의 함수율이다. M_1의 한계값으로 포화습도에서도 이 값에 도달하지 못한다. 그 이유는 식 (3.18)과 같이 일부 수착점은 포화조건에서도 비어있기 때문이다.

상수 b_1과 b_2는 1차수 및 2차수와 액체수의 관계 평형상수이다. 목재가 액체상태로

1차수와 2차수를 흡착할 때 자유에너지는 ΔG_1과 ΔG_2만큼 변하게 되는데, Dent (1977)에 따르면

$$\Delta G_1 = -RTln(b_1)$$
$$\Delta G_2 = -RTln(b_2) \tag{3.28}$$

자유에너지 변화 ΔG_1과 ΔG_2는 다음과 같이 해당 엔탈피(ΔH_1, ΔH_2)와 엔트로피(ΔS_1, ΔS_2) 변화와 관계있다.

$$\Delta G_1 = \Delta H_1 - T\Delta S_1$$
$$\Delta G_2 = \Delta H_2 - T\Delta S_2 \tag{3.29}$$

그러므로 식 (3.28)과 (3.29)로부터

$$lnb_1 = \frac{\Delta H_1}{RT} - \frac{\Delta S_1}{R}$$
$$lnb_2 = \frac{\Delta H_2}{RT} - \frac{\Delta S_2}{R} \tag{3.30}$$

식 (3.30)은 lnb_1과 lnb_2가 $1/T$에 대해 선형관계가 있음을 나타내는데, 이로부터 ΔS_1, ΔS_2뿐만 아니라 ΔH_1, ΔH_2를 계산할 수 있다.

액체수 수착시 자유에너지, 엔탈피, 엔트로피 변화(ΔG_s, ΔH_s, $T\Delta S_s$)는 다음과 같이 계산할 수 있다.

$$\Delta G_s = \Delta G_1\frac{\partial M_1}{\partial M} + \Delta G_2\frac{\partial M_2}{\partial M} \tag{3.31}$$

$$\Delta H_s = \Delta H_1\frac{\partial M_1}{\partial M} + \Delta H_2\frac{\partial M_2}{\partial M} \tag{3.32}$$

$$T\Delta S_s = T\Delta S_1\frac{\partial M_1}{\partial M} + T\Delta S_2\frac{\partial M_2}{\partial M} \tag{3.33}$$

여기서 $\partial M_1/\partial M$, $\partial M_2/\partial M$는 다음과 같이 주어진다.

$$\frac{\partial M_1}{\partial M} = \frac{(1-b_2h)^2}{(1+b_1b_2h^2-b_2^2h^2)} \tag{3.34}$$

$$\frac{\partial M_2}{\partial M} = 1 - \frac{\partial M_1}{\partial M} \tag{3.35}$$

상기 식들로 계산한 ΔG_s, ΔH_s, $T\Delta S_s$은 2장의 식 (2.20), (2.38), (2.45)을 이용해 계산한 결과와 각각 동일하다.

식 (3.31), (3.32), (3.33)을 이용해 ΔG_s, ΔH_s, $T\Delta S_s$를 계산하는 Dent 모델의 능력을 검토하기 위해서는 식 (2.20), (2.39) 또는 (2.40)을 이용해 직접 그 값을 계산하는데 동일한 수착데이터를 이용하여야 한다. 그 이유는 여러 수착데이터로부터 구한 이들 파라미터의 값이 상당히 다를 수 있기 때문이다. 또한 ΔH_s, $T\Delta S_s$를 계산하기 위해서는 2가지 온도 이상에서 데이터가 필요하다.

이상에서 설명한 과정이 Wengert와 Mitchell(1979)에 의해 조사된 여러 출처의 목재 수착데이터에 적용될 것이다. 이들 수착데이터는 표 3.3과 같이 3가지 상대습도, 30%, 50%, 80%에만 해당되는 것이다. 따라서 최소 3점이 요구되는 Dent 모델로 fitting하는데 편리하다. 그리고 데이터 값들이 모델이 가장 많이 적용되는 흡습범위 중앙에 위치하고 있다. 표 3.3에 두 온도 21℃와 49℃에서 데이터가 나타나 있다. 3번째 온도 82℃의 데이터는 포함시키지 않았다. 그 이유는 다만 두 온도만이 필요하고 고온에서 데이터는 오차가 포함되기 쉽기 때문이다.

경험계수 A, B, C를 계산하기 위해 각 세트의 데이터를 식 (3.27)에 적용 시켰다. 그 결과를 이용해 Dent 계수 M_0, b_1, b_2를 식 (3.24)–(3.26)을 이용해 구하였다. 그 결과는 표 3.4에 나타내었으며 식 (3.28)을 이용한 ΔG_1과 ΔG_2의 계산결과도 나타내었다. 또한 20℃와 40℃에서 양모의 수착데이터에 근간해 Dent(1977)에 의해 주어진 계수들도 나타나 있다. 양모와 목재의 등온선은 형태와 크기면에서 비교해 볼 필요가 있다.

표 3.5는 두 온도에서 b_1과 b_2 데이터를 이용해 식 (3.29)와 (3.30)으로 계산한 Q_1,

표 3.3 목재의 평형함수율 데이터 요약(Wengert와 Mitchell 1979)

온도	21℃			49℃		
상대습도	30%	50%	80%	30%	50%	80%
데이터 1[a]	6.1	9.2	16.0	5.2	8.0	14.1
데이터 2[a]	6.2	9.6	17.3	4.7	7.9	14.9
데이터 3[a]	5.9	8.9	16.4	5.2	8.1	14.3
데이터 4[a]	7.4	10.8	17.7	5.8	8.8	15.1
평균	6.4	9.6	16.8	5.2	8.2	14.6

[a] 1. USDA Wood Handbook(1974), 2. Cech와 Paff(1977), 3. Hildebrand(1970), 4. Pratt(1974)

표 3.4 표 3.3에 나타낸 데이터와 양모에 대한 Dent 모델 요약(Dent 1977)

출처[a]	온도(℃)	M_0(%)	b_1	b_2	ΔG_1(㎈/g)[b]	ΔG_2(㎈/g)
1	21	7.5	4.53	0.723	−49	+10
1	49	6.8	3.93	0.719	−49	+12
2	21	8.0	4.00	0.741	−45	+10
2	49	8.2	2.20	0.703	−28	+12
3	21	6.6	5.54	0.787	−56	+8
3	49	7.2	3.51	0.708	−45	+12
4	21	9.0	4.99	0.678	−52	+13
4	49	7.6	4.06	0.699	−50	+13
5	25	8.1	9.2	0.75	−72	+9
5	40	8.3	6.3	0.71	−64	+12

[a] 1. USDA Wood Handbook(1974), 2. Cech와 Pfaff(1977), 3. Hildebrand(1970), 4. Pratt(1974), 5. Dent(1977)

[b] ΔG_1과 ΔG_2는 식 (3.28)과 식 (3.29)와 같이 ㎈/mol이 아닌 ㎈/g

Q_2, $T\Delta S_1$, $T\Delta S_2$ 평균값뿐만 아니라 표 3.4에 나타낸 각 세트의 등온데이터에 대한 ΔG_1, ΔG_2 평균값을 나타내었다. 예를 들어 표 3.3에 나타낸 Cech와 Pfaff(1977)의 수착데이터에 대한 b_1과 ΔG_1의 수착등온값을 이용해

$$Q_1 = \frac{RT_1T_2}{18(T_2 - T_1)}\ln\frac{2.20}{4.00} = -224 \text{ ㎈/g}$$

$$TS_1 = Q_1 - \Delta G_1 = -224 - (-45-28)/2 = -188 \text{ ㎈/g}$$

여기서 T_1, T_2는 각각 294K와 322K이다.

표 3.4와 표 3.5로부터 수착데이터가 다른 경우 파라미터 값간에 상당한 차이가 있음을 알 수 있다. ΔG_1은 식 (2.63)을 이용해 함수율 0%로 외삽시킨 자유에너지 감소값 $(\Delta G)_0$인 100㎈/g에 가까워야 한다. 표 3.5에 나타난 값들은 이 값의 약 1/2이다. 마찬가지로 Q_1값은 함수율 0%로 외삽시킨 수착미분열 $(Q_s)_0$에 가까워야 한다. 목재에 대한 값은 53−224㎈/g이며 평균값은 131㎈/g으로 기댓값의 1/2정도이다. 그렇지만 표 3.5에 나타난 양모의 Q_1값은 기댓값과 크기가 같은 260㎈/g이다.

또한 Dent 모델로 예측한 자유에너지 ΔG_s와 엔탈피 변화 Q_s를 표준 열역학 관계식을 이용해 동일한 데이터로부터 계산한 결과와 비교해 볼 필요가 있다. 그림 3.6은 Dent(1977)에 의해 양모에 대한 상수로부터 계산한 곡선이다. 두 곡선은 함수율에 따른

표 3.5 지시 평균온도에서 열역학적 계수(㎈/g) 평균값(표 3.4와 동일한 출전)

출전	온도(℃)	ΔG_1	ΔG_2	Q_1	Q_2	$T\Delta S_1$	$T\Delta S_2$
1	35	−49	+11	−53	−2	−4	−13
2	35	−36	+11	−224	−20	−188	−31
3	35	−50	+10	−170	−40	−120	−50
4	35	−51	+13	−78	−66	−27	−79
5	32	−68	+10	−260	−38	−192	−49

[a] ΔG과 $T\Delta S$는 식 (3.28)−(3.33)과 같이 ㎈/mol이 아닌 ㎈/g

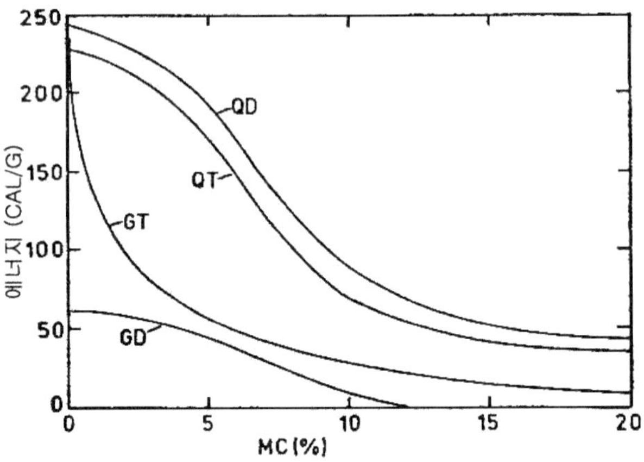

그림 3.6 양모의 함수율에 따른 G_s와 Q_s 곡선. GD : 식 (3.31)을 이용한 Dent 모델에 의해 G_s 예측, GT : 식 (2.20)에 의해 열역학적으로 G_s 계산, QD : 식 (3.32)을 이용한 한 Dent 모델에 의해 Q_s 예측, QT : 식 (2.40)에 의해 열역학적으로 Q_s 계산

자유에너지 변화 ΔG_s에 대한 것이고, 나머지 두 곡선은 엔탈피 변화 Q_s에 대한 것이다. 자유에너지 변화 ΔG_s 예측값은 식 (2.20)에 동일한 데이터를 적용한 계산값보다 훨씬 더 작다. 사실 예측값은 함수율 12% 이상에서 "−"(수착과정에서 자유에너지 증가)가 된다. 그 이유는 고함수율에서 ΔG_2가 "+"값이고 2차수의 dM_2/dM 기울기가 크기 때문이다.

그러나 상기 데이터에 근간한 엔탈피나 수착미분열 Q_s 감소의 실험(QT)과 예측(QD) 곡선은 상당히 근사하다. 그리고 식 (2.53)과 같이 Q_s는 함수율이 증가하면 급속히 감소한다.

그림 3.6에 나타낸 4개 파라미터를 각기 갖는 4개 곡선을 그림 3.7에 나타내었다. 각 곡선은 표 3.3과 표 3.4에 나타낸 4가지 목재 등온계수에 대한 것이다. Hildebrand

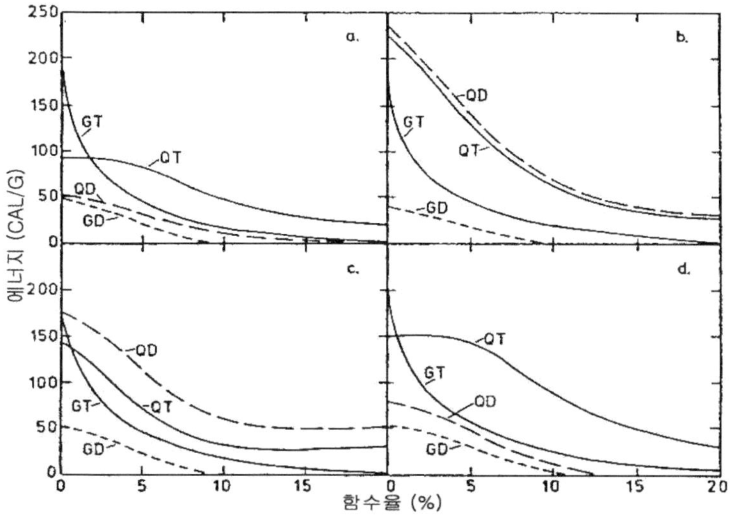

그림 3.7 그림 3.6과 유사하지만 목재의 수착등온선으로 계산한 곡선. a = USDA Wood Handbook(1974), b = Cech와 Pfaff(1977), c = Hildebrand(1970), d = Pratt(1974)

(1970)와 Cech와 Pfaff(1977)의 데이터로부터 계산한 곡선들이 다른 두 집단의 데이터의 경우보다 Q_s값인 실험(QT)와 이론(QD) 값과 더 잘 일치한다. 반대로 모델로부터 구한 모든 ΔG_s값(GD)는 수착데이터에 직접 식 (2.20)을 적용하여 구한 값(GT)보다 더 작다.

$T\Delta S_1$과 $T\Delta S_2$가 모두 "−"이므로 엔트로피 변화항 $T\Delta S_s$는 모든 경우에 "−"이다(표 3.4). 식 (3.3)으로 계산한 함수율에 따른 $T\Delta S_s$값은 여기서는 나타내지 않았다. 그 값은 예측되는 바와 같이 항상 "−"이지만 그 크기는 함수율이 증가하면 기대하는 바와 같이 항상 감소하는 것은 아니다. 이것이 바로 수착데이터나 수착이론의 한계이다.

3.2.2 BET 수착이론

Brunauer 등(1938)에 의해 맨 처음 제안된 Brunauer−Emmett−Teller(BET) 이론은 표면상 가스 수착을 나타내는데 가장 널리 사용되고 있다. 수착 표면적과 수착에너지를 계산하는데 특히 유용하다. 이미 언급한 바와 같이 상대증기압이 0.4이하에서 목재 같은 흡습성 재료의 수분수착등온선에 잘 일치한다. 그렇지만 고습조건에서는 정확하지 않다. 그러나 아래에서 논의되는 바와 같이 수정모델을 적용하면 그 정밀도는 증가한다.

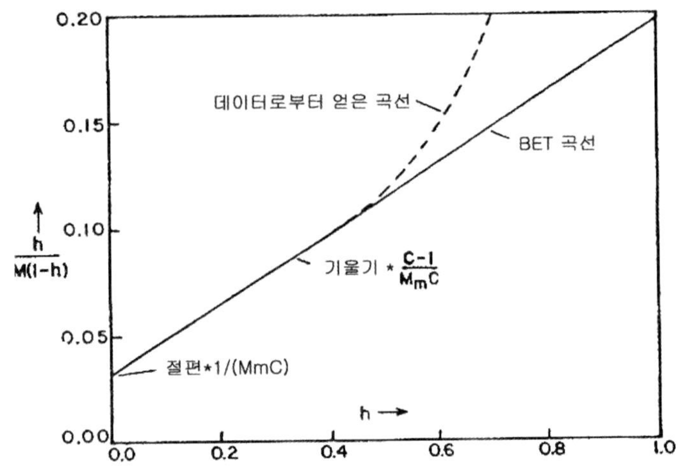

그림 3.8 USDA Wood Handbook(1955)의 데이터에 대한 43.3℃에서 BET 등온곡선

BET 수착모델은 2차수의 열역학적 성질이 액체수와 다르다고 가정하는 점에서 Dent 모델과 차이가 있다. 이것은 Dent 모델에서 $b_2 = 1$이라는 것을 의미한다. 이와 같은 가정으로 식 (3.16)을 나타내면

$$\frac{M}{M_m} = \frac{Ch}{(1-h)(1-h+Ch)} \tag{3.36}$$

여기서 상수 C와 M_m은 Dent 모델에서 각각 b_1과 M_0에 해당된다. 식 (3.36)을 일반적으로 사용되는 BET 식의 형태로 정리하면

$$\frac{h}{M(1-h)} = \frac{1}{CM_m} + \frac{(C-1)h}{CM_m} \tag{3.37}$$

그림 3.8에 나타낸 바와 같이 식 (3.37)은 h에 대한 $h/[M(1-h)]$ 형태의 수착데이터이며 그림이 기울기 $(C-1)/CM_m$ 절편 $1/CM_m$을 갖는 직선이라는 것을 나타낸다. 식 (3.37)에 의해 예측되는 이론적 관계가 성립한다면 두개의 BET 상수 M_m과 C를 계산할 수 있다. BET 상수는 Dent 이론의 상수 b_2 영향으로 인해 해당 M_0 및 b_1와 약간 차이가 있다.

BET 식은 상대증기압 0.4 이상에서 수착을 개선하기 위해 Brunauer 등(1938)에 의해 수정되었다. 최대층수를 n층으로 제한하는 방법을 도입하였으므로 식 (3.37)의 수정된 형태는

$$\frac{h}{M(1-h)} = \frac{1-h+Ch(1-h^n)}{CM_m[1-(n+1-nh)h^n]} \tag{3.38}$$

상기 식은 수착층이 제한이 없는 n=∞이면 식 (3.7)이 된다[1]. n=1일 때 식 (3.38)은 Langmuir(1918) 식이 된다.

$$\frac{M_1}{M_m} = \frac{h}{1/C+h} \tag{3.39}$$

상기 식은 단층 수착인 단순한 형태 1의 등온선을 나타낸다.

$h < 0.4$에서만 적용되는 비수정 BET식인 식 (3.37)의 선형관계를 이용해 C와 M_m을 구할 수 있다면 식 (3.38)을 이용해 수착등온선을 계산할 수 있다. $h < 0.4$ 조건에서 직선을 얻기 위해서는 최소한 두 데이터가 필요하다. 이들 C와 M_m값 및 가정하는 n값을 h 함수로서 함수율 M 계산에 적당한 형태로 재정리된 식 (3.38)에 대입한다. 그림 3.9는 여러 n값에 대한 수착등온선과 그림 3.8의 곡선으로부터 구한 M_m과 C가 나타나있다.

그림 3.9로부터 수착곡선은 n이 6, 7, 8일 때 잘 일치하는 것을 알 수 있다. 각 경우에서 사용된 n값은 임의 수착점에서 가능한 최대 층수를 나타낸다. 임의 상대증기압에서 평균 층수는 임의 h에서 M/M_1비로 추정할 수 있다. 여기서 M은 전체함수율, M_1

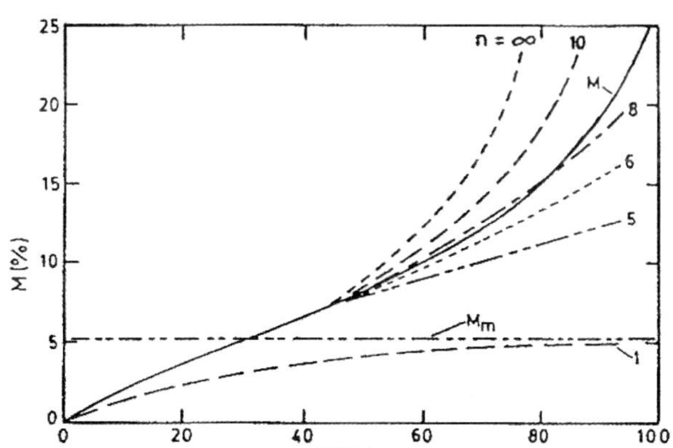

그림 3.9 여러 n값에 대해 그림 3.8과 동일한 데이터를 이용한 BET 수착등온선 예측값(점선)과 실제 등온선과 비교. 수평선은 완전단층인 M_m을 나타냄

1) $h < 1$이고 $n \rightarrow \infty$이면 $h^n \rightarrow 0$

은 단층의 함수율로 그림 3.9의 최하단 곡선으로 식 (3.39)로부터 구할 수 있다. h=0.3, 0.5, 0.7, 0.9일 때 M/M_1 비는 각각 1.5, 1.8, 2.5, 3.5이다.

비수정 BET [식(3.28)]은 통계열역학적 방법으로 유도될 수 있다(White와 Eyring 1947, King 1960). 이 방법으로 두 가지 평형식을 구할 수 있다. 첫째는 1차수 M_1의 함수인 ΔG_s가 최소, 즉 $\partial(\Delta G_s)/\partial M_1 = 0$이라는 조건으로부터

$$C(M-M_1)(M_m-M_1) = (M_1)^2 \tag{3.40}$$

두 번째는 흡착수와 증기의 화학적 포텐셜, μ_s와 μ_v는 평형상태에서 같다는 가정하에 다음과 같이 나타낼 수 있다.

$$h = \frac{M-M_1}{M} = \frac{M_2}{M} \tag{3.41}$$

여기서 $M-M_1$은 2차층의 함수율이 M_2와 같다.

$M_2 < M$이므로 h는 1보다 작고 $h \to 1$에 따라 예측 수착등온선은 수직축에 접근하게 된다. 식 (3.40)과 식 (3.41)을 결합하여 M_1을 제거하여 정리하면 표준 BET 식[식(3.36)]이 된다.

이미 설명한 바와 같이 목재와 같은 겔상 재료는 진용액(true solution)과는 달리 제한된 팽윤이 발생된다(2.7절). 용액의 경우 용액의 체적을 제한하여 팽윤을 억제함으로서 팽윤을 방지할 수도 있다. 팽윤이 억제되면 용액에서 정수압이 발생된다. 이로 인해 용액의 활동도가 주위대기와 같아질 때까지 활동도가 증가하게 된다(2.7절). h 증가량을 안다면 제한벽(confining wall)에 대해서 용액에 의해 작용되는 정수압 또는 팽윤압을 삼투압 식을 이용해 계산할 수 있다.

목재 세포벽내에서 팽윤의 제한은 긴 셀룰로오스 분자의 상호엉김(interwinding)과 가교(cross-linking) 및 마이크로피브릴의 층상구조(layered structure)에 기인된다. 일은 팽윤에 대한 network의 저항성을 극복하기 위해 흡착수에 의해 행하여진다. 팽윤압으로 인한 흡착수의 활동도 h 변화를 안다면 팽윤으로 인해 발생되는 일 또는 자유에너지 손실의 크기를 계산할 수 있다.

여기서 비억제 수착은 $h < 0.4$에서 수착등온선으로 계산한 상수 M_m과 C를 이용하여 BET 등온선으로 예측할 수 있다고 가정한다. 이 등온선을 실험적 수착데이터를 Dent 등온모델에 fitting하여 계산한 등온선과 비교할 것이다. 그림 3.9에서 최상단 곡

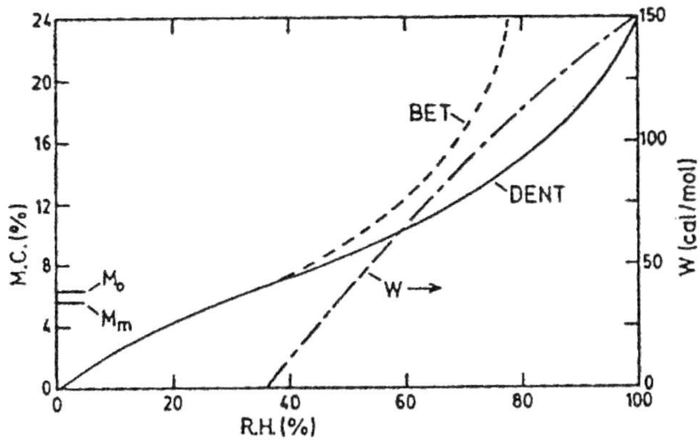

그림 3.10 Dent와 BET(n=∞) 수착등온선의 비교. 목재를 팽윤시키는데 필요한 일을 식 (3.44)으로 h 함수로서 계산한 곡선

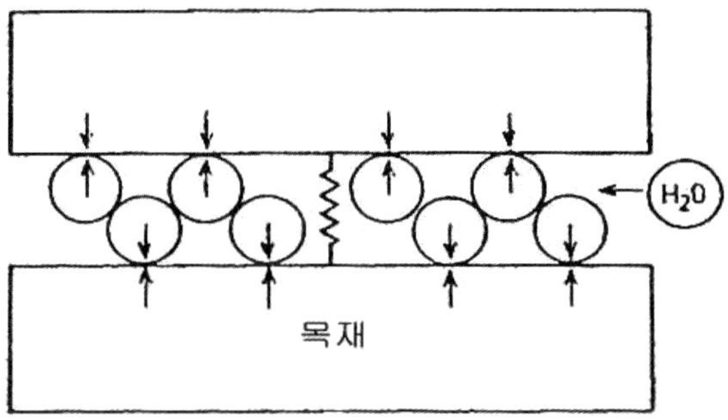

그림 3.11 수분 수착과 팽윤과정에서 스프링 저항(내부 목재결합의 응집 탄성 강도)에 대해 물분자(○)에 의해 행하여진 일을 나타내는 모식도

선은 $n = \infty$인 경우 단순 BET 등온으로 예측한 형태이다[식 (3.35)]. 그림 3.10은 이 곡선을 다시 나타낸 것이고 실제 수착과 동일하다고 가정되는 Dent 등온선도 나타나 있다. 두 수평선은 BET와 Dent 상수 M_m과 M_0 크기를 각각 나타낸다. 식 (3.40)과 (3.41)로 계산한 M_1과 M_2는 나타내지 않았지만 그림 3.5의 형태와 유사하다.

주어진 함수율에서 실험적 등온선의 활동도 h는 BET 모델로 예측한 h'보다 항상 더 크다. 그 차이는 목재가 팽윤에 저항하여 흡착수에 정수압을 작용하기 때문에 활동도가 h'에서 h로 증가하게 된다고 설명할 수 있다. 그림 3.11과 같이 물 분자력 자체뿐만 아니라 세포벽 결합의 변형에 대한 저항으로 인해 압력이 증가한다고 할 수 있다.

식 (3.41)은 BET 보델에 기준한 h'를 나타낸다. 식의 양에 대수를 취하고 RT를 곱하면

$$RTln\frac{M_2}{M} = RTln(h') \tag{3.42}$$

상기 값은 응력이 없는 상태의 흡착수 자유에너지 변화 $\Delta G_s'$와 같다. 목재가 팽윤에 저항한다면 이 저항을 극복하기 위해 물에 의해 일이 행하여진다. 이러한 부가적인 일을 설명하기 위해 식 (3.42)가 수정된다. 따라서

$$RTln\frac{M_2}{M} = -W + RTln(h) \tag{3.43}$$

여기서 W는 목재팽윤시 물에 의해 행하여진 일이다. 그러므로 h 크기는 BET 식으로 예측한 h'보다 더 크다.

식 (3.42)와 (3.43)은 결합하여 W에 대해 정리하면

$$W = RTln\frac{h}{h'} \tag{3.44}$$

목재를 팽윤시키는데 필요한 일 W은 상대습도 H의 함수로서 그림 3.10에 나타내었다. 예측되는 바와 같이 상대습도가 증가하면 일도 증가한다. 그 이유는 고함수율에서 목재를 팽윤시키는데 더 많은 에너지가 소비되기 때문이다.

수착 몰 자유에너지 ΔG_s는 식 (2.20)으로 계산할 수 있다.

$$\Delta G_s = RTln(h) \tag{3.45}$$

BET식으로 예측값은

$$\Delta G_s' = RTln(h') \tag{3.46}$$

식 (3.42)−(3.46)을 결합하면

$$\Delta G_s = W + \Delta G_s' \tag{3.47}$$

자유에너지 변화 ΔG_s와 $\Delta G_s'$는 "−"이고 일 W는 "+"라는 점에 주의해야 한다. 그러므로 ΔG_s의 절대크기는 $\Delta G_s'$보다 작다.

그림 3.12는 목재함수율에 따른 $-\Delta G_s$, W, $-\Delta G_s'$를 나타낸다. 팽윤일 W는 고함수율에서 더 중요함을 알 수 있다. 다르게 표현하자면 흡착수가 목재에 대해 한 일이 저함수율에서보다 고함수율에서 크게 자유에너지를 증가시키게 된다. 그 이유는 목재

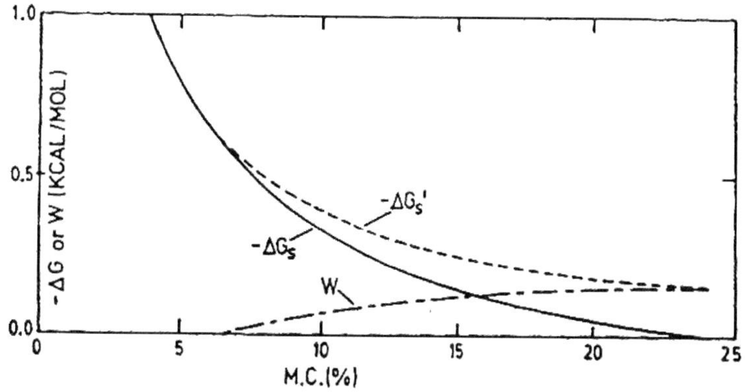

그림 3.12 함수율에 따른 자유에너지 변화($-\Delta G_s$)와 팽윤일(W)의 계산곡선

팽윤은 함수율이 클수록 증가하기 때문이다.

이 모델에 따르면 저함수율에서의 팽윤은 팽윤압이 크지 않다. 1차수의 흡착으로 인해 팽윤에 저항하는 목재구조의 결합변형이 크지 않다고 생각할 수 있다. 저함수율에서도 목재는 팽윤하지만 세포벽 구조에 공극이 많고 유연하므로 팽윤응력이 감소내지 소멸될 수 있다. 이것은 저함수율에서 목재의 수분팽창계수가 감소하는 현상과 부분적으로 관련지을 수 있다(그림 4.10).

팽윤일을 이상에서 논의한 BET 모델에 적용하기 위해 식 (3.40)과 (3.41)을 수정하면

$$C(M-M_1)(M_m-M_1)=(M_1)^2 \tag{3.48}$$

$$h=\frac{X(M-M_1)}{M} \tag{3.49}$$

여기서 $X=exp(W/RT)$이다. 상기 식들 결합하여 식 (3.36)과 유사한 BET 수정식을 구할 수 있지만 팽윤응력 항 X가 포함된다. 따라서

$$\frac{M}{M_m}=\frac{Ch}{(X-h)[1+(Ch-h)/X)]} \tag{3.50}$$

팽윤일 W가 0일 때 $X=1$이고 식 (3.50)은 식 (3.36)이 된다. 팽윤억제가 존재하면 W가 "+"이므로 X값은 1보다 크다.

King(1960)은 섬유의 제한수착(constrained sorption)에 대해 식 (3.50)과 유사한 식을 유도하였다. 또한 그는 BET 모델[식 (3.38)]에서 층수제한은 제한수착, 즉 층수가 유한한 수착과 유사한 수착등온선에 영향을 미치게 된다고 하였다.

White와 Eyring(1947)은 통계열역학을 이용하여 식 (3.48)과 (3.49)와 유사한 식을 유도하였다. 그들은 직물(textiles) 섬유의 파이버 매트릭스내 결합변형(bond deformation)에 대한 모델로 W 크기를 계산하였다.

3.2.3 Hailwood-Horrobin 수착이론

Hailwood와 Horrobin(1946) 수착이론으로 식 (3.1)과 같이 목재에서 흔히 나타나는 S자형 2 등온선을 예측할 수 있다. 이 이론은 목재뿐만 아니라 섬유재료의 수착등온을 설명하는데 적용된다. 유도과정에서 사용된 몇몇 가정으로 인해 문제가 있지만 Dent 모델(3.2.1절)에서 구한 파라미터와 유사한 기본 수착파라미터를 추정할 수 있다.

Hailwood-Horrobin(HH) 모델은 흡착수가 목재와 수화물(hydrate)[2]을 형성하고 그 균형으로 세포벽의 고체용액이 형성되는 것으로 가정한다. 그들은 두 가지 수화물로 된 모델을 논의한 바 있지만 여기서 유도되는 모델은 단지 하나의 수화물만 고려할 것이다. 세포벽은 3가지 화학적 종(species), 즉 전건재(dry wood), 수화재(hydrated wood), 용해수(dissolved water)인 이상용액으로 구성된다고 가정한다.

X_0, X_h, X_d가 각각 전건재, 수화재, 용해수의 몰 수라면 3종의 전체 몰 수는 $X_0+X_h+X_d$이다. 이상용액 거동이라 가정하면 활동도 A_0, A_h, A_d는 용액에서 각 몰 분율과 같다.

$$A_0 = \frac{X_0}{X_0 + X_h + X_d} \tag{3.51}$$

$$A_h = \frac{X_h}{X_0 + X_h + X_d} \tag{3.52}$$

$$A_d = \frac{X_d}{X_0 + X_h + X_d} \tag{3.53}$$

평형상태에서 평형상수 K_h는 두 반응물인 용해수와 무수화재(unhydrated wood)의 활동도의 곱 A_0A_d에 대한 활동도 A_h의 비로 정의되는데, 식 (3.51)과 (3.52)를 이용하여 나타내면

$$K_h = \frac{A_h}{A_0A_d} = \frac{X_h}{X_0A_d} \tag{3.54}$$

2) 수화물 : 물과 다른 분자가 결합하여 생성한 고차화합물. 분자의 형태로써 물을 함유하는 물질

또는

$$X_h = K_h X_0 A_d \tag{3.55}$$

$X_h/(X_h + X_0)$는 전건재 몰당 수화재와 수화수의 몰과 같다. 이것을 식 (3.54)와 (3.55)와 결합하면

$$\frac{X_h}{X_h + X_0} = \frac{K_h K_d h}{K_h K_d h + 1} \tag{3.56}$$

$X_d/(X_h + X_0)$는 전건재 몰당 용해수 X_0의 몰과 같다. 식 (3.53)의 역을 정리하면

$$\frac{X_h + X_0}{X_d} = \frac{1}{A_d} - 1 \tag{3.57}$$

이 식을 식 (3.55)와 결합하면

$$X_d(X_h + X_0) = \frac{K_d h}{1 - K_d h} \tag{3.58}$$

X_h와 X_d는 다음과 같다.

$$X_h = \frac{m_h w_0}{18};\ X_d = \frac{m_d w_0}{18} \tag{3.59}$$

여기서 m_h와 m_d는 각각 수화수와 용해수에 해당되는 함수율, w_0는 목재의 전건무게, 18은 물의 몰 분자량이다. $X_h + X_0$는 전건재의 몰 수로 다음과 같이 나타낼 수 있다.

$$X_h + X_0 = \frac{w_0}{W} \tag{3.60}$$

여기서 W는 몰 수착 또는 수화 site당 목재의 겉보기 분자량이다. 식 (3.56)과 (3.58)의 합은 전건재의 몰당 물의 전체 몰수이다. 이것과 식 (3.59)와 (3.60)을 결합하면

$$\frac{X_h + X_d}{X_h + X_0} = \frac{W}{18}(m_h + m_d) = \frac{W}{18}m \tag{3.61}$$

왜냐하면 전체 함수율 $m = m_h + m_d$이기 때문이다.

$18/W$는 목재의 이용가능한 모든 수착점이 완전 수화될 때 함수율 m_0와 같다. 함수율 m_0가 Dent 모델(3.2.1절)의 완전 단층 함수율과 유사하거나 같다는 것에 대해 설명

할 것이다.

식 (3.61)의 $18/W$ 대신에 m_0를 치환시키고 식 (3.56)과 (3.58)을 결합하여 정리하면

$$m = m_h + m_d = \frac{m_0 K_h K_d h}{1 + K_h K_d h} + \frac{m_0 K_d h}{1 - K_d h} \tag{3.62}$$

첫째 항은 수화수의 함수율인 m_h에 해당되고 두 번째 항은 용해수의 함수율 m_d에 해당된다.

식 (3.62)에 따르면 두 평형상수 K_h와 K_d 및 m_0가 수착등온선을 결정하게 된다. 또한 그들은 임의 증기활동도 h에서 m_h와 m_d의 크기를 결정한다.

식 (3.62)는 Dent 모델로 구한 식 (3.22)와 동일한 형태로 정리할 수 있다. 따라서

$$\frac{h}{m} = A + Bh - h^2 \tag{3.63}$$

여기서

$$A = \frac{1}{m_0 K_d (K_h + 1)};\ B = \frac{K_h - 1}{m_0 (K_h + 1)};\ C = \frac{K_h K_d}{m_0 (K_h + 1)} \tag{3.64}$$

따라서 Hailwood-Horrobin(1946)과 Dent(1971) 수착이론 둘 다 동일한 경험상수 A, B, C를 예측할 수 있으며, 이 경험상수로부터 3개 기초상수 K_h, K_d, M_0 또는 b_1, b_2, m_0를 계산할 수 있다. 식 (3.22)와 (3.64)로부터 m_0는 두 모델 모두 같고, b_2와 K_d도 동일함을 알 수 있다. 그렇지만 b_1은 K_h와 약간 다르다. 예를 들어 표 3.6의 K_h값은 해당 b_1값보다 약간 더 크다.

Hailwood-Horrobin 모델의 수화수 m_h와 Dent 모델의 1차수 m_1은 유사하지만 m_1이 전함수율 범위에서 약간 더 크다(그림 3.5). 그러므로 그림 3.5에 나타낸 바와 같이 $m_1 + m_2 = m = m_h + m_d$이므로 m_2는 m_s보다 약간 더 작다.

Hailwood-Horrobin(1946)은 이미 설명한 바 있는 1-수화 모델보다 더 일반적인 용액모델을 제안하였다. 이 일반모델에서 여러 종류의 수화물이 제안되었는데 각 수화물과 용해수와 관계되는 평형상수 K_1이 서로 다르다.

$$m_h = \frac{m_0 (K_h K_d h + 2 K_h K_h' K_d^2 h^2)}{1 + K_h K_d h + K_h K_h' K_d^2 h^2} \tag{3.65}$$

여기서 K_h와 K_h'는 식 (3.62)와 같이 1차수화물, 2차수화물과 용해수간의 평형상수이고 K_d는 용해수와 그 증기간의 평형상수이다. m_d에 대한 식은 식 (3.62)와 같다. $K_h' = 0$, 즉 2차수가 존재하지 않는다면 식 (3.65)는 식 (3.62)와 같아진다.

상수 K_h, K_d, m_0 값들은 일반적으로 1-수화 모델보다 2-수화 모델의 경우 차이가 심하다. 또한 m, m_h, m_d 계산값도 일반적으로 차이가 있다. 그림 3.13은 Simpson (1979)이 USDA Wood Handbook(1955) 수착데이터를 이용해 40℃에서 전체 수착등온선을 나타낸 것으로, 1-수화모델과 2-수화모델의 M_h와 M_d도 나타나 있다. M_h/M_d는 2-수화물의 경우가 약간 더 크다. 전체 수착등온선은 그림에서 명확하게 나타나지 않았지만 두 모델과 약간 다르다.

Spalt(1958)는 32.2℃에서 활엽수 8수종과 침엽수 8수종에 대한 자신의 재흡습과 탈착 데이터를 적용하여 처음으로 Hailwood-Horrobin 1-수화 모델로 목재의 수분수착등온을 해석하였다. 3 수종의 재흡습과 탈착시의 상수 M_0, K_h, K_d뿐만 아니라 식 (3.63)으로부터 계산한 A, B, C값은 표 3.6과 같다. 또한 Dent 계수 b_1도 나타내었다. 기타 Dent 계수 b_2와 M_0는 K_d, M_0와 동일하다.

표 3.6의 데이터로부터 2가지 중요한 사실을 알 수 있다. 첫째, M_0값은 탈착에 비해 전건상태로부터 재흡습시 항상 더 작다. 재습윤(rewetting) 후 수분의 팽윤력으로 인해 이들 수착점은 다시 이용가능하게 된다. 아세틸화 spruce 경우 M_0의 감소가 가장 큰

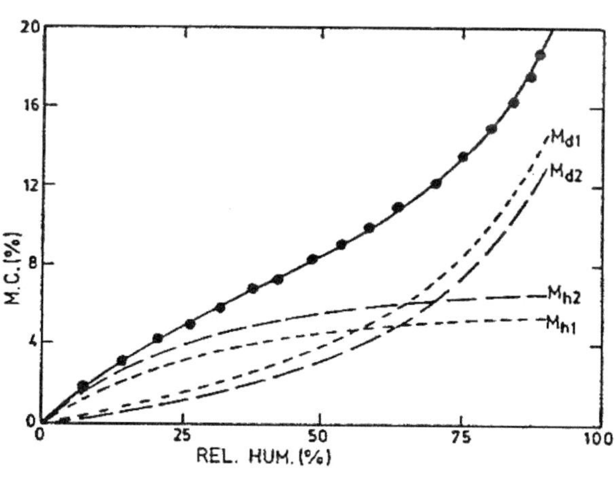

그림 3.13 40℃에서 전체 수착등온선과 1-수화와 2-수화 Hailwood-Horrobin 수착모델의 경우 수화수 M_h와 용해수 M_d의 곡선 (Simpson 1979)

표 3.6 32℃에서 Hailwood-Horrobin과 Dent 계수 (Spalt 1958)

수종	A	B	C	M_0	$K_d(b_2)$	K_h	b_1
Redwood(D)	1.774	9.85	7.25	8.22	0.659	9.43	6.87
Redwood(R)	2.267	13.84	11.72	5.79	0.754	9.09	7.61
Basswood(D)	2.800	8.84	8.30	7.63	0.758	5.17	4.68
Basswood(R)	2.321	16.37	15.20	7.49	0.830	9.49	8.71
W. spruce(D)	1.388	10.30	8.39	8.11	0.741	11.02	8.91
W. spruce(R)	2.209	12.13	10.33	6.47	0.750	8.32	6.99
W. spruce(D)[a]	0.377	13.20	14.66	3.57	0.712	2.79	2.70
W. spruce(R)[a]	11.744	19.69	20.68	2.71	0.731	3.29	3.14

[a] 아세틸화 목재

표 3.7 h/m과 h간의 포물선 관계를 나타내는 수착모델에 대한 해당 파라미터(Boquet 등 1980)

모델[a]	A	B	C	b_1^b	M_0
1	$\frac{1}{(b_1+1)b_2m_0}$	$Ab_2(b_1-1)$	$Ab_1b_2^2$	$\frac{B}{Ab_2}+1$	$\frac{1}{Ab_2(b_1+1)}$
2	$\frac{1}{b_1b_2m_0}$	$Ab_2(b_1-2)$	$Ab_2^2(b_1-1)$	$\frac{B}{Ab_2}+2$	$\frac{1}{Ab_1b_2}$
3	$\frac{1}{b_1m_0}$	$A(b_1-b_2-1)$	$Ab_2(b_1-1)$	$\frac{B}{A}+b_2+1$	$\frac{1}{Ab_1}$
4	$\frac{1}{b_1m_0}$	$A(b_1-2b_2)$	$Ab_2(b_1-b_2)$	$\frac{B}{A}+2b_2$	$\frac{1}{Ab_1}$
5	$\frac{1}{b_1b_2m_0}$	$A(b_1-2b_2)$	$Ab_2(b_1-b_2)$	$\frac{B}{A}+2b_2$	$\frac{1}{Ab_1b_2}$
6	$\frac{1}{b_1m_0}$	$A(b_1-2b_2)$	$Ab_2(b_1-b_2)$	$\frac{B}{A}+2b_2$	$\frac{1}{Ab_1}$

[a] 1. Hailwood와 Horrobin(1946), 2와 3. Anderson(1946), 4. Anderson과 Hall(1948), 5. Gascoyne과 Pethig(1977), 6. Dent(1977)

[b] 모든 모델에서 상수 b_2는 식 (3.24)에 의해 $b_2 = [-B+(B^2+4AC)^{0.5}]/2A$

것은 아세틸화로 인해 강력한 수착점인 일부 수산기가 치환되기 때문이라 생각된다. 두 번째, 수종에 따라 흡습성이 크게 다른데, M_0값이 특히 심하다. 이들 차이의 일부 원인은 추출물 존재 때문이다. 예를 들면 Wangaard와 Granados(1967)는 추출물이 많은 목재를 냉수로 추출한 후 대부분의 경우 M_0가 증가하였다고 한다. 그 이유는 추출물 제거로 인해 수착점이 증가하였기 때문이라 생각된다.

Bouquet 등(1980)에 따르면 여러 다른 수착등온 식들은 식 (3.22)와 (3.63)과 같은 형태로 정리할 수 있다. 이 식들이 기초하고 있는 이론의 상세한 것은 여기서 설명하지 않지만, 상수 b_1, b_2, M_0는 식 (3.23)으로 나타낸 Dent 모델의 것과 매우 유사하다. 식 (3.22)와 (3.63)의 경험상수 A, B, C와 b_1, b_2, M_0 관계는 표 3.7과 같다.

일반적으로 상수 b_1과 M_0는 다른 모델의 경험상수 A, B, C와 값이 다르다는 점에 유의해야 한다. A, B, C를 경험 수착데이터로부터 구할 수 있다면, b_1, b_2, M_0는 식 (3.25)–(3.27)에 나타낸 형태로 각 모델로부터 유도될 수 있다. 상수 b_2는 모든 6개의 모델의 경우 동일하다. 식 (3.24)를 이용하여 구할 수 있다. 표 3.7로부터 Anderson–Hall 모델의 b_1, b_2, M_0는 Dent 모델의 값들과 동일하다는 것을 알 수 있다.

Hailwood–Horrobin 상수 K_h와 K_d는 수화수와 용해수의 자유에너지 변화 ΔG_h와 ΔG_d 계산에 이용할 수 있다. 따라서

$$\Delta G_h = -RT\ln K_h;\ \Delta G_h = -RT\ln K_h \tag{3.66}$$

마찬가지로 식 (3.29)와 (3.30)의 유사성으로부터

$$\Delta H_h = \frac{d(\ln K_h)}{d(1/T)};\ \Delta H_h = \frac{d(\ln K_h)}{d(1/T)} \tag{3.67}$$

$$T\Delta S_h = \Delta H_h - \Delta G_h;\ T\Delta S_d = \Delta H_d - \Delta G_d \tag{3.68}$$

식 (3.31)–(3.33)과 유사한 상기 식들은 ΔG_s, ΔH_s, $T\Delta S_s$ 추정에 이용될 수 있다. 이들은 그림 3.6과 3.7에 나타낸 Dent 모델에 의한 값과 유사한 결과를 나타낸다.

Simpson(1979)은 온도 0°–100℃ 범위의 USDA Wood Handbook(1955)의 수착데이터를 이용하여 Hailwood–Horrobin 모델의 K_h와 K_d의 온도의존성으로부터 ΔH_h와 ΔH_d를 계산하였다. 또한 그는 그가 검토한 다른 수착이론에 따른 유사한 상수도 계산하였다. 그는 Hailwood– Horrobin 모델은 그가 이용한 수착데이터에 기준하여 ΔH_h와 ΔH_d를 정확히 예측할 수 없다고 하였다. Peirce(1929)와 King(1960)과 같은 일부 모델이 더 정확한 값을 나타내었다고 한다. Simpson은 일부 수착이론이 근간하는 단순 가정으로 인해 수착열을 정확히 예측할 수 없다는 점에 주목하였다. 또한 그는 수착이론 산정에 중요한 인자인 실험 데이터에 오류가 있을 수 있다는 점도 지적하였다.

3.2.4 Peirce 수착이론

Peirce(1929) 수착이론은 섬유에 적용되는 초기 수분수착이론 중의 하나이다. 그는 흡착수를 알파수(alpha water) m_a와 베타수(beta water) m_b 등 2가지로 구분하였다. 그 이론의 중요사항은 다음과 같다.

Peirce는 섬유에 유한한 수의 수착점이 존재하며 수착점당 한 개내지 여러 개의 물분자가 결합될 수 있다고 가정하였다. 여기서 N, N_a, N_b는 수착점당 전체 수, 알파분자 수, 베타분자 수이다.

$$N = N_a + N_b \tag{3.69}$$

알파 한 분자 또는 직접 결합수가 임의 사이트에 허용되므로 N_a의 최대 가능값은 1이다. 그렇지만 베타 또는 간접 결합수가 주어진 사이트에 허용되므로 N_b는 1보다 클 수 있다. 베타분자는 알파분자나 다른 베타분자에 의해 이미 결합되어 있는 사이트에만 수착될 수 있다. 따라서 N은 1보다 클 수 있다.

모델에서 N에 따른 N_a 증가율은 결합이 되지 않은 수착점의 분율 $1-N_a$에 비례한다고 가정한다. 즉

$$\frac{dN_a}{dN} = 1 - N_a \tag{3.70}$$

이 식을 적분하여 정리하면

$$N_a = 1 - exp(-N) \tag{3.71}$$

그리고 식 (3.69)를 이용하면 N_b는

$$N_b = N - 1 + exp(-N) \tag{3.72}$$

증기 활동도 h와 N의 관계를 나타내기 위해 베타수의 양이 h 결정에 가장 중요하다고 가정한다. 사용되는 그 관계는

$$\frac{dh}{dN_b} = B(1-h) \tag{3.73}$$

이 식은 N_b에 대한 h 변화율은 $(1-h)$에 비례함을 나타내는데, 베타수 단위증가당

증기압은 h가 증가하면 선형적으로 감소하는 것을 의미한다. 비례상수 B가 포함되는 데, 그 이유는 수착점중 $1/B$만이 간접 수착에 이용가능하다고 가정되기 때문이다. 나머지 수착점 $1-(1/B)$는 입체장애인자(steric hindrance factor)로 인해 알파수만 수착할 수 있다. 식 (3.73)을 적분하면

$$h = 1 - exp(-BN_b) \tag{3.74}$$

베타수와 결합되지 않은 알파 또는 직접 결합된 물분자의 증발을 설명하기 위해서는 부가항이 추가된다. 이 항은 $N_a(1-h)$ 또는 식 (3.74)에서 $N_a exp(-BN_b)$에 비례한다고 가정된다. 따라서 식 (3.74)를 수정하면

$$h = 1 - exp(-BN_b) + KN_a exp(-BN_b) \tag{3.75}$$

이 식을 정리하면

$$1 - h = (1 - KN_a) exp(-BN_b) \tag{3.76}$$

여기서 K는 상수로 알파와 베타 물분자의 h의 상대효과에 따라 결정된다.

N으로 나타내는 전체 등온선은 식 (3.71)과 (3.72)을 이용해 구할 수 있으므로 식 (3.76)은 다음과 같이 나타낼 수 있다.

$$1 - h = [1 - K[1 - exp(-N)]] exp[-B[N - 1 + exp(-N)]] \tag{3.77}$$

N은 M/M_0나 m/m_0와 같다. 여기서 M_0나 m_0는 BET나 Dent 모델에서 완전단층 함수율에 해당된다(3.2.2, 3.2.3절). N_a와 N_b는 각각 M_a/M_0(또는 m_a/m_0)와 M_b/M_0(또는 m_b/m_0)와 같다. 따라서

$$N_a = \frac{M_a}{M_0};\ N_b = \frac{M_b}{M_0};\ N = \frac{M}{M_0} \tag{3.78}$$

활동도 h와 함수율 m의 관계를 나타내는 완전한 수착등온선은 식 (3.77)과 (3.78)로부터

$$1 - h = [1 - K[1 - exp(-\frac{M}{M_0})]] exp[-B[\frac{M}{M_0} - 1 + exp(-\frac{M}{M_0})]] \tag{3.79}$$

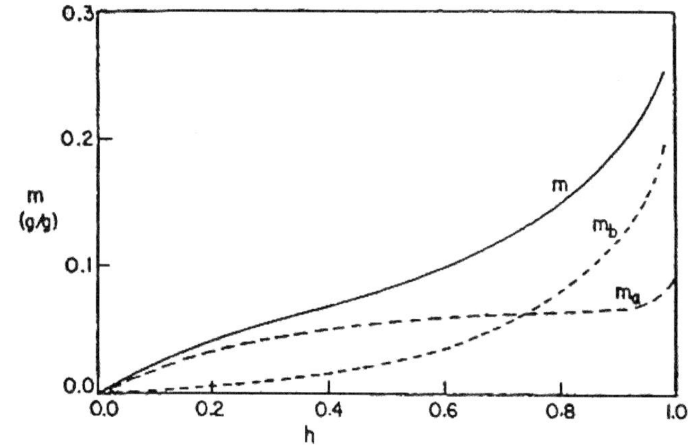

그림 3.14 40℃에서 전체 수착등온선과 Peirce(1929) 모델로 계산한 알파수 m_a, 베타수 m_b의 곡선

수착등온선을 계산하기 위해서는 B, K, M_0와 같은 세 가지 상수를 알아야만 한다. 일반적으로 비선형 회귀분석을 이용해 평형 수착데이터로부터 구할 수 있다. Simpson(1973)은 온도 0°－100℃ 범위에서 USDA Wood Handbook(1955)의 수착데이터로부터 세 가지 상수를 구하였다. 20°－70℃ 범위의 데이터를 이용해 온도 C의 선형 함수로서 B, K, M_0 회귀식을 구한 결과는 다음과 같다.

$$K = 0.246 - 0.000851C \tag{3.80}$$

$$B = 3.227 - 0.0318C \tag{3.81}$$

$$M_0 = 100m_0 = 15.5 - 0.144C \tag{3.82}$$

그림 3.14는 40℃의 B, K, m_0 값들로부터 계산한 h의 함수로서 m, m_a, m_b의 곡선을 나타낸 것이다. 알파수와 베타수 곡선은 m_0값이 더 크지만 Dent와 Hailwood－Horrobin 수착등온 모델(그림 3.5)로 예측한 것과 유사한 사실에 주목해야 한다.

Peirce(1929)는 섬유의 전단탄성계수(modulus of rigidity)는 면 섬유 경우 알파수 비율에 반비례 관계가 있다고 하였다. 이와 같은 사실은 Meredith(1957)에 따르면 수많은 천연섬유에서 발생된다고 한다. 식 (3.71)을 이와 같은 형태로 나타내면

$$\frac{M_0 - M_a}{M_0} = exp\left(-\frac{M}{M_0}\right) \tag{3.83}$$

이 식은 함수율과 목재의 역학적 성질의 관계를 나타내는 지수관계와 유사하다. 이것을 식 (1.28)과 같은 형태로 나타내면

$$\frac{S}{S_0} = exp\,(-BM) \tag{3.84}$$

여기서 S와 S_0는 각각 함수율 M과 0% 함수율에서 강도이고, B는 비례상수이다. 식 (3.84)는 흡습 함수율 범위에서만 적용된다.

식 (3.83)과 (3.84)을 비교하면, Peirce의 가정이 올바르다면 역학적 실험에 의해 구한 상수 B는 Peirce 모델로 구한 $1/M_0$에 비례해야만 한다. 그 비례상수를 A라고 하면 식 (3.84)의 S/S_0는 다음과 같이 나타낼 수 있다.

$$\frac{S}{S_0} = exp\,(-\frac{A}{M_0}M) \tag{3.85}$$

여기서 A/M_0는 Peirce 모델에 기준하여 B에 대한 예측값이다. B와 M_0를 안다면 비례상수 A값을 계산할 수 있다. 예를 들어 여러 함수율에서 목재의 휨시험으로부터 구한 겉보기 탄성계수 E의 경우 표 1.7에 따르면 B의 평균값이 약 0.02이다. 실온에서 M_0는 8－10%이다. 식 (3.84)와 (3.85)로부터 $A = BM_0$이므로 A값은 0.16－0.2이다. 이것은 목재의 알파수 양의 증가는 휨 탄성계수 감소에 유효한 약 16－20%이라는 것을 의미한다.

다른 역학적 성질은 함수율 변화에 더 민감하다. 예를 들어(표 1.7) 휨강도, 비례한도 섬유응력, 비례한도 일은 각각 0.04, 0.05, 0.08이다. 그러므로 해당 A값은 0.32－0.4, 0.4－0.5, 0.64－0.8이다. Peirce 모델에 따른 역학적 강도와 알파수의 관계는 이들 강도성질이 세포벽의 셀룰로오스와 비결정영역의 다른 성분을 가교시키는 수소결합의 수에 의해 결정된다는 가정에 기초한다. 알파수의 수착은 알파수의 양에 비례하여 이들 수소결합의 파괴를 가져온다고 할 수 있다.

Hailwood－Horrobin 모델의 수화수 M_h와 Dent 모델의 1차수 M_1은 알파수와 유사하다는 것은 이미 설명한 바 있다. 그리고 M_h와 M_1는 알파수와 같은 정도로 전체함수율에 따라 증가한다. 알파수가 목재강도 감소에 미치는 역할은 Peirce 모델과 다른 유사 수착모델에도 적용할 수 있다.

3.2.5 Enderby-King 수착 관계식

King(1960)은 통계열역학을 이용해 식을 유도하였는데, 다음과 같다.

$$m = m_0\left(\frac{ak_1p}{1+k_1p} + \frac{bk_2p}{1-k_2p}\right) \tag{3.86}$$

여기서 m_0는 포화단층(saturated monolayer)의 함수율이다. a와 b는 상수이고 2가지 종류의 수착점의 수에 비례한다. a site는 물 한분자이 흡착이 되면 포화상태가 된다(그림 3.15a). b site는 부가적인 물분자가 흡착이 된다(그림 3.15b). 상수 k_1과 k_2는 2가지 종류의 수착에너지와 관련 있다. 식 (3.86)은 Enderby(1955)에 의해 제안된 것으로 그림 3.15와 같은 모델에 근간한다.

Enderby-King 식은 활동도 h항과 Hailwood-Horrobin 식과 유사한 형태로 나타낼 수 있다.

$$k_1 = \frac{K_1K_2}{p_0} = K_1k_1;\ k_2 = \frac{K_2}{p_0} \tag{3.87}$$

따라서 $p = hp_0$라 놓으면 식 (3.86)은

$$m = m_0\left(\frac{aK_1K_2h}{1+K_1K_2h} + \frac{bK_2h}{1-K_2h}\right) \tag{3.88}$$

이것은 $a=b=1$, $K_1=K_h$, $K_2=K_d$라면 Hailwood-Horrobin 식 (3.62)과 유사하다. Simpson(1973)은 0°-100℃ 온도범위에서 USDA Wood Handbook(1955) 수착데이터로부터 a, b, k_1, k_2, M_p(=18/ m_0)를 계산하였다. a=2, b=0.5로 온도에 따라 변

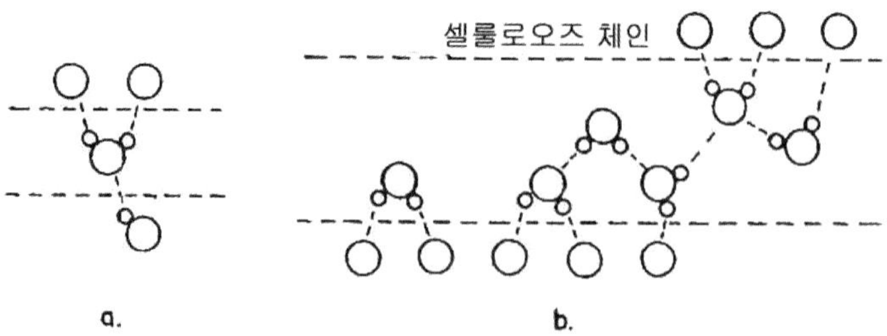

그림 3.15 물분자가 셀룰로오스 체인 사이에 흡착되는 상태를 나타내는 모식도. a = 1차 수착 site, b = 2차 수착 site

화된다[식 (3.89), (3.90)]. a 형태의 수착 site는 b의 4배 정도됨을 알 수 있다. k_1과 k_2는 온도에 따라 감소하고 p_0 증가에 비례하므로 $k_1 p_0 (= K_1)$, $k_2 p_0 (= K_2)$는 Hailwood−Horrobin 모델의 K_h와 K_d같이 약간의 변동만 있다. M_0는 온도가 증가하면 Hailwood−Horrobin 모델과 같은 정도로 감소한다.

$$a = 1.039 + 0.0212C \tag{3.89}$$

$$b = 0.587 - 0.000609C \tag{3.90}$$

$$K_1 = 2.71 + 0.00915C - 0.000423C^2 \tag{3.91}$$

$$K_2 = 0.827 + 0.000607C \tag{3.92}$$

$$M_0 = 7.75 - 0.0234C - 0.000234C^2 \tag{3.93}$$

식 (3.28)과 유사한 식을 이용해 K_1, K_2 값으로부터 임의 온도에서 ΔG_1, ΔG_2를 계산할 수 있다. 또한 식 (3.30)과 (3.67)과 유사한 식으로부터 K_1과 K_2의 온도의 변동으로 ΔH_1과 ΔH_2도 계산할 수 있다.

그림 3.16은 Simpson(1973)에 의해 43.3℃에서 목재 수착등온선과 식 (3.86)의 a와 b 요소의 두 종류 수분에 대한 계산값을 나타낸 것이다. 이들은 Hailwood−Horrobin 모델의 M_h와 M_d와 유사하다.

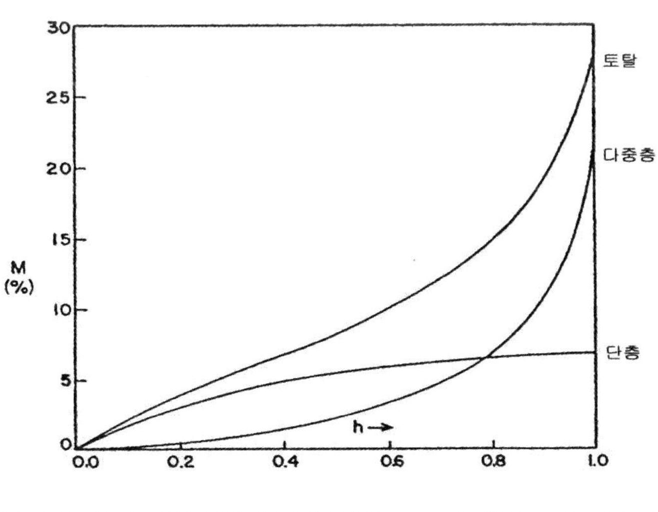

그림 3.16 43.3℃에서 전체 수착등온선(Simpson 1973)과 a site와 b site 에서 함수율 Ma와 Mb에서 계산에 따른 곡선(King 1960)

3.2.6 Bradely 수착이론과 관련 관계식

Bradely(1936)는 섬유 수착등온선에 적용되는 수착모델을 제안하였다(Morton과 Hearle 1962). 이론은 흡착수 분자의 연속층간 쌍극자 인력(dipole attraction)의 감소 원리를 이용하였다. 그 식은

$$ln\left(\frac{1}{h}\right) = K_2K_1^M + K_3 \tag{3.94}$$

여기서 K_1, K_2, K_3는 흡착표면의 전기장 세기, 흡착수의 쌍극자 특성, 온도에 따른 상수이다.

Simpson(1973)은 USDA Wood Handbook(1955) 수착데이터로부터 여러 온도에서 상수 K_1, K_2, K_3를 계산하였다. 온도 20°−70℃ 범위에서 이들 상수의 값은

$$K_1 = 0.838 - 0.000182\,(C) - 0.0466\,(C)^2 \tag{3.95}$$

$$K_2 = 3.65 + 0.00442\,(C) - 0.000191\,(C)^2 \tag{3.96}$$

$$K_3 = 0.278 - 0.00065\,(C) \tag{3.97}$$

M이 큰 경우를 제외하고 식 (3.94)에서 K_3는 $K_2K_1^M$에 비해 작으므로 근사식은

$$\ln\frac{1}{h} \cong K_2K_1^M \tag{3.98}$$

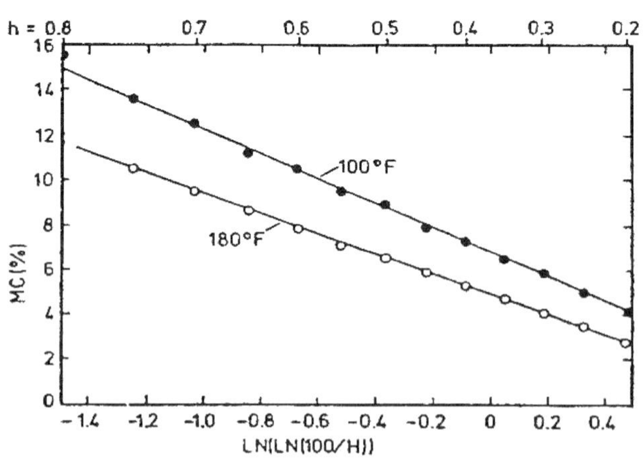

그림 3.17 식 (3.99)로 예측한 함수율과 ln[ln(1/h)]간의 선형관계를 나타내는 곡선

이 식은 다음과 같은 두 선형식으로 나타낼 수 있다.

$$M \cong \frac{\ln K_2 - \ln[\ln(1/h)]}{-\ln K_1} \tag{3.99}$$

$$h = \exp[-K_2 \exp(M \ln K_1)] \tag{3.100}$$

그림 3.17은 100F에서 식 (3.95)와 (3.96)으로 K_1과 K_2를 구한 후 식 (3.99)에 대입하여 계산한 $\ln[\ln(1/h)]$에 따른 M를 나타낸 것이다. h=0.2－0.8 범위에서 측정값과 예측식이 잘 일치함을 알 수 있다.

Anderson과 McCarthy(1963)는 고전 열역학을 적용하여 다음과 같은 식을 구하였다.

$$h = \exp[-\frac{18AB}{RT} exp(AM)] \tag{3.101}$$

여기서 A, B는 상수이다. 그들은 수착미분열 Q_s의 대수값이 M이 증가에 따라 선형적으로 감소된다는 경험적 관측사항을 이용하였다. 그렇지만 그들은 엔트로피 변화 $T\Delta S_s = 0$으로 Q_s는 자유에너지 변화 ΔG_s와 같다고 가정하였다. $A = \ln K_1$, $18AB/RT = K_2$라면 식 (3.101)은 식 (3.100)이 된다.

Nelson(1983)은 식 (3.101) 유도에서 수착열이 아닌 자유에너지 변화(ΔG_s)를 이용하였다. 그러므로 그는 Anderson과 McCarthy(1963)의 결과와 유사한 식을 유도하였으나 식 (2.63)과 같이 수착에 따른 자유에너지 감소의 대수값과 목재함수율 간의 경험적 선형관계에 기초하고 있다. 이 관계는 다음과 같이 나타낼 수 있다.

$$\Delta G_s = F \exp(-CM) \tag{3.102}$$

여기서 C는 경험상수이고 D는 함수율 0%로 외삽시킨 ΔG_s값인 $(\Delta G_s)_0$값과 같다. 식 (2.62)로부터 ΔG_s는 다음과 같이 활동도 h에 의존함을 알 수 있다.

$$\Delta G_s = \frac{RT}{18} ln \frac{1}{h} \tag{3.103}$$

ΔG_s를 제거하기 위해 식 (3.102)와 식(3.103)를 결합시켜 정리하면

$$M = \frac{\ln(18D/RT) - \ln[\ln(1/h)]}{C} \tag{3.104}$$

좀 더 옛날 문헌에는 Kelvin 식이 수착등온선의 형태를 설명하는데도 이용되었다. 이것은 함수율이 증가하면 세포벽의 기존 모세관 반경이 증가하여 해당 상대습도도 증가한다는 가정하에서 이루어졌다. 그렇지만 이미 설명한 바와 같이 Kelvin 식은 고습도에서만 적용될 수 있다.

적어도 부분적으로는 수착이력도 모세관응축에 기인된다고 할 수 있다. 그 이유는 탈착과정에서와 같이 메니스커스가 taper형 모세관에서 퇴거(receding)할 때 그 모세관 벽에서 접촉각은 재흡착과정에서 진입(advancing)할 때 보다 더 작다(그림 3.19). 그러므로 주어진 메니스커스 반경과 주위 상대습도에서 재흡착보다 탈착과정에서 더 많은 흡착수가 존재하게 된다.

Simpson(1973)은 Kelvin 식을 이용하여 BET 수착등온선을 수정하였다. 그는 물의 체적 V_c를 단위 목재전건질량 W_0당 길이가 L, 반경 r인 원주형 모세관이라 가정하고 모세관 응축으로 인한 BET 등온선에 첨가시켰다. 따라서 모세관 수의 체적 V_c는

$$V_c = 2\pi r^2 L \tag{3.107}$$

그리고 모세관 응축으로 인한 함수율 m_c는

$$m_c = \frac{\rho V_c}{W_0} \tag{3.108}$$

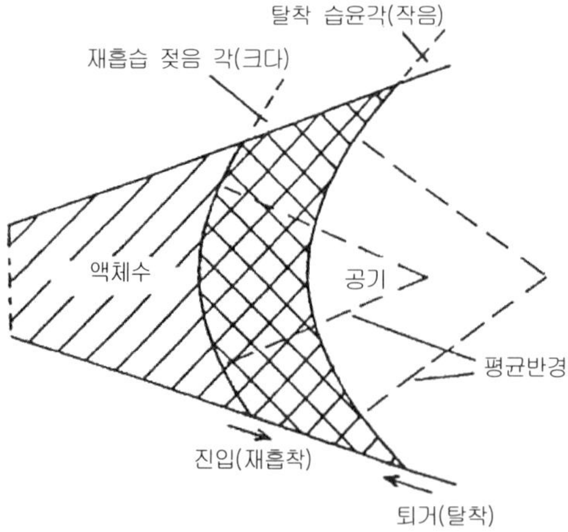

그림 3.19 taper형 모세관과 주어진 메니스커스 반경에서 진입(재흡착)할 때보다 퇴거(탈착)할 때 수착증가를 나타내는 모식도(Marton과 Hearle 1975)

식 (3.106)과 (3.107)을 결합하면

$$m_c = \frac{2\pi L}{W_0}\left[\frac{2V_w S}{RTln(1/h)}\right]^2 \tag{3.109}$$

Simpson은 식 (3.109)을 BET 식[식 (3.36)]으로부터 얻은 함수율에 추가하여 전체수착을 구하였다. 그 다음에 그는 수착데이터를 이와 같이 수정된 BET 등온선에 fitting하였다. 그림 3.20은 40℃에서 수착데이터에 대한 Simpson의 결과이다. 따라서 모세관수는 고습에서 중요함을 알 수 있다. 4가지 상수가 전체식에 나타난다. 그 중 하나는 L/W_0인데 Simpson의 해석에 따르면 약 1010 ㎝/g－전건목재이다.

원리상 식 (3.109)와 그 수정식은 다른 수착모델을 일부 수정하는데 이용될 수 있다. 이러한 경우 대부분의 모델은 허용층 n의 수가 작은 BET 모델만의 것보다 고습에서 2차수의 증가를 나타내기 때문에 전체 수착등온에 모세관수가 일부 기여할 수 있다.

Kollmann(1962)은 모세관 수착을 두 부분으로 구분하였는데, submicroscopic과 microscopic이다. 두 가지 모두 습도가 증가함에 따라 지수적으로 증가하며 sub- microscopic은 h=0.7에서 개시하고 microscopic은 h=0.9에서 개시한다(그림 3.21). 그리고 두 가지 모두 그림 3.20에 나타낸 모세관수와 유사한 형태를 가진다. 전체 수착등온선을 나타내기 위해서는 6개의 상수가 필요하다.

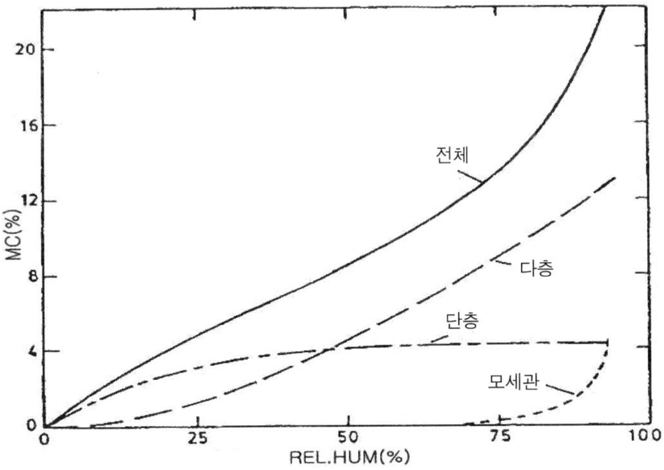

그림 3.20 고습도에서 모세관 응축을 설명하기 위해 BET 모델[식 (3.36)]을 이용해 40℃에서 목재의 전체 수착등온선(Simpson 1979). BET 단층과 계산된 모세관응축 요소가 나타나 있다

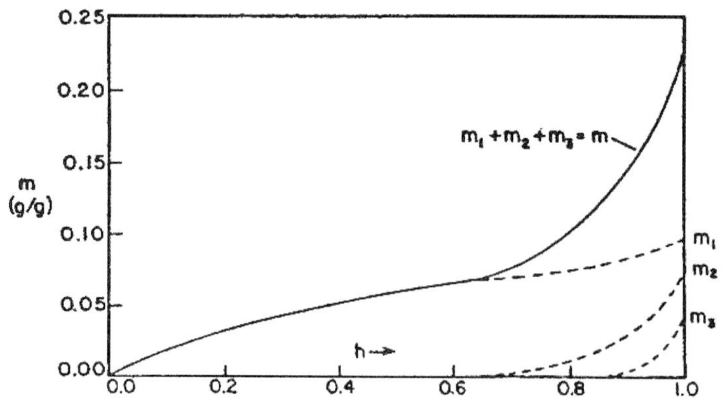

그림 3.21 전체 수착등온선과 그 3요소. m_1 : 흡습 또는 분자수착, m_2와 m_3 : submicroscopic과 microscopic 모세관응축(Kollmann 1962)

3.2.8 Malmquist 수착모델

Malmquist(1958, 1959, 1967) 수착모델은 목재와 기타 흡습성 재료의 수분수착을 세포벽내 공간치수적(space-dimensional) 인자로 취급한다. 또한 세포벽의 응집특성(cohesive properties)으로 인해 수분수착과 관련된 팽윤이 제한되어 목재의 수분수착을 제한하게 된다고 가정한다.

또한 일반이론은 수착의 자유도가 3, 2, 1인 경우, 즉 3차원 체적수착, 2차원 표면수착, 1차원 선수착을 취급한다. 그러나 여기서는 2차원 또는 표면수착에 대해서만 논의될 것이다. 왜냐하면 Simpson(1973)의 해석에 따르면, 이 경우가 목재의 수분수착과 가장 근사하기 때문이다.

이 이론은 세포벽내에 흡착수 분자가 차지할 수착공간(sorption space)이 있다고 가정한다. 또한 수증기 분자가 차지하는 공간인 포위 증기공간(surrounding vapor space)이 있다고 가정한다.

세포벽이 물로 완전히 포화될 때 흡착수 분자의 비체적을 v_f'라 하는데 포화목재의 흡착수 세포공간(sorbed-water space-cell)의 체적과 같다. 세포벽이 물로 포화되지 않을 때 흡착수 분자의 비체적은 v'로 v_f'보다 더 크다. 빈 흡착수 세포공간은 수착공간이 비어있는 셀이다. 세포벽이 포화되지 않으면 항상 빈 흡착수 세포공간이 존재한다.

흡착수 분자당 빈 흡착수 세포공간의 수는 $(v'/v_f')-1$과 같다. 예를 들어 목재가 반 정도 포화되었다면 v'가 v_f'보다 2배 더 크므로 이 식은 1이 된다. 그 의미는 각 흡

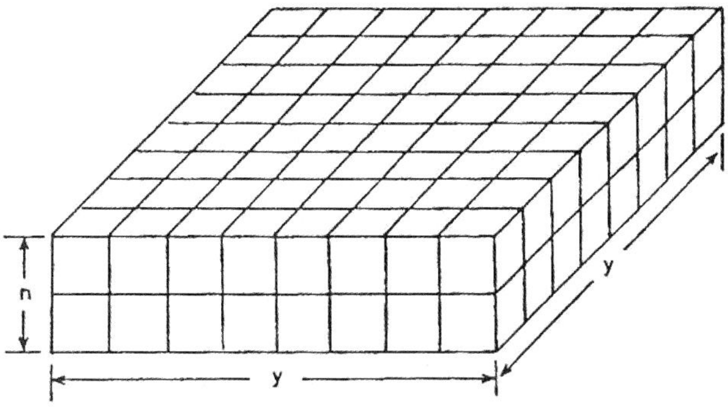

그림 3.22 2층의 흡착수 셀공간을 나타내는 모식도(Malmquist 1959)

착수 분자당 한 개의 빈 세포공간이 있다는 것이다. 그림 3.22는 흡착수 세포공간의 층수 n과 각 층이 y^2개 셀로 된 것을 나타낸 것이다. 전체 셀 수는 ny^2이다. 이것은 흡착수 분자당 빈 수착 세포공간의 수에 해당되므로

$$ny^2 = \frac{v'}{v_f'} - 1 = \frac{M_f}{M} - 1 \tag{3.110}$$

여기서 n은 층수이고 y^2은 층당 세포공간의 수이다. ny^2은 보통 매우 작은데, 예를 들어 세포벽이 반 정도 포화되면 1이라는 사실에 유의할 필요가 있다. Malmquist에 의한 일반적인 경우, 식 (3.110)의 지수 2는 변수항 i(=0, 1, 2, 3)로 바뀌게 된다.

또한 Malmquist(1959)는 인접공간에서 수증기가 차지하는 체적을 고려하였다. v''는 증기분자당 비체적 또는 공간체적을 나타낸다. 완전포화 증기공간의 v''는 v_f''로 나타낸다. $v''/v_f'' = p_f/p$이므로

$$y^3 = \frac{v''}{v_f''} - 1 = \frac{p_f}{p} - 1 \tag{3.111}$$

여기서 p와 p_f는 증기공간의 평형증기압과 포화증기압이다.

식 (3.110)과 (3.111)에서 y를 제거하면

$$\frac{M_f}{M} = 1 + n\left(\frac{p_f}{p} - 1\right)^{2/3} \tag{3.112}$$

현재까지 Malmquist(1959)가 목재의 팽윤에 대한 저항성에 따른 수착의 제한을 설명하는데 사용한 응집인자를 고려하지 않았다. 그는 응집인자 K를 다음과 같이 정의하였다.

$$K = (1 - \frac{p_f}{p_0})(1 - \frac{M}{M_f}) \tag{3.113}$$

여기서 p_0는 일반 자유공간에서 물의 포화증기압이다. 모델에 따르면 물의 진입과 관계되는 팽윤에 저항하는 세포벽내 응집력으로 인해 p_f 는 p_0보다 작다.

식 (3.112)와 (3.113)을 결합하면

$$\frac{M_f}{M} = 1 + n[\frac{1 - K(1 - M/M_f)}{h} - 1]^{2/3} \tag{3.114}$$

여기서 활동도 $h = p/p_0$이다. $K = 0$인 경우

$$\frac{M_f}{M} = 1 + n(\frac{1-h}{h})^{2/3} \tag{3.115}$$

$K = 1$이면 식 (3.114)는

$$\frac{M_f}{M} = 1 + n[\frac{M/M_f}{h} - 1]^{2/3} \tag{3.116}$$

여러 응집인자 K에 대한 p_f/p_0와 M/M_f 관계는 그림 3.23과 같다. $K = 0$일 때 $p_f = p_0$, $p/p_f = h$이다. 이러한 경우 목재팽윤에 대한 저항이 없을 정도로 수착 공간표면은 평균 층수 n의 제한으로 인한 거리보다 서로 멀리 떨어져 있다고 가정된다. $K = 1$일 때 수착공간은 매우 제한적이어서 수분수착은 매우 감소된다.

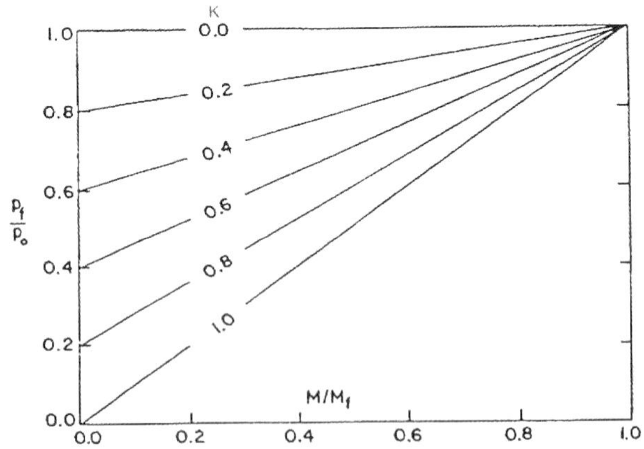

그림 3.23 여러 응집인자 K의 경우 M/M_f 증가에 따라 p_f/p_0의 변화를 나타내는 곡선(Malmquist 1959)

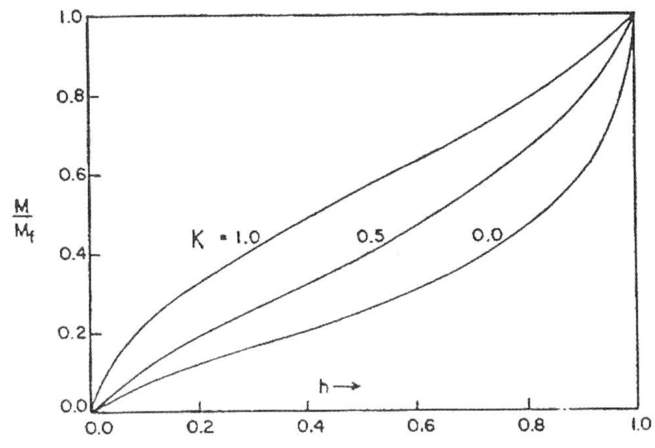

그림 3.24 h에 따른 M/M_f로 나타낸 수착등온선에 응집인자 K가 미치는 영향(Malmquist 1959)

Malmquist(1959)에 의해 나타낸 그림 3.24는 K=0, 0.5, 1.0인 경우 증기활동도 h에 따라 M/M_f 가 어떻게 변하는가를 보여준다. Malmquist는 수착이력이 두 가지 원인에 기인한다고 하였다. 하나는 탈착에 비해 재흡착과정에서 포화압력 p_f 의 증가이다. 따라서 식 (3.113)으로 정의되는 K는 임의 주어진 함수율 M은 탈착보다 재흡착의 경우가 더 낮고 활동도는 더 크다(그림 3.24). 그 두 번째 원인은 여기서 논의되지 않는 2종의 수착이다. 그는 이것을 연성(soft) 또는 선형(linear) 수착이라 하였는데 식 (3.115)와 (3.116)에서 지수 2를 1로 치환시킨 수착에 해당된다. Malmquist의 원 논문을 좀 더 자세히 살펴 볼 필요가 있다.

3.2.9 기타 수착등온 관계식

이 장의 서론에서 언급한 바와 같이 여러 가지 수착등온식이 생물재료에서 구한 수분수착 데이터에 적용된다. 이들 중 여러 식이 이미 유도되었다. 기타 식은 다음과 같다.

Kadita(1960)는 다음과 같은 식을 제안하였다.

$$m = \frac{Km_0h}{1+Kh}[1+\frac{B(h-h^n)}{1-h}] \qquad (3.117)$$

여기서 m_0는 완전히 단층으로 된 함수율, n는 흡착층의 수, K와 B는 각각 수착열과 다층수착에 관계되는 상수이다. Kadita는 식 (3.117)이 h>0.05인 데이터에 잘 일치하며 모든 상수는 물리적 의미가 있다고 하였다.

Doppert(1967)는 통계열역학에 근간하여 다음과 같은 등온식을 유도하였다.

$$p = \frac{k\theta}{1-\theta} exp\,(2\frac{\theta u}{RT}) \tag{3.118}$$

여기서 p는 증기압, θ는 현재 함수율 m에 대한 포화함수율 m_f의 비, k는 상수, $2u$는 한 흡착수 분자와 최근거리 흡착수 분자간의 상호작용 에너지, R는 기체상수, T는 Kelvin 온도이다.

편리한 수학적 형태로 수착등온식을 나타내기 위해 여러 가지 경험식이 이용되고 있다. Iglesias와 Chirife(1982)는 그러한 식들을 곡물(cereal), 육류, 건조식품(dehydrated food)과 같은 여러 식품재료에 대한 수착등온선에 적용하였다. 이들 식중 대부분은 표 3.9에 나타낸 바와 같이 함수율 M과 증기활동도 h과 관련된 2가지 상수 A와 B만이 포함된다. 이들 중 대부분은 경험식이지만 몇 가지는 이론적 기초에 근간하고 있다. 상수 A와 B는 각 식에 나타낸 바와 같이 일반적으로 다르다.

표 3.9에 나타낸 식들은 Kelsey(1957)의 klinki pine의 상대습도 15−80% 범위와 25℃에서 탈착 데이터에 fitting한 결과이다. 계산된 A와 B 값과 상관계수 R^2가 표 3.9에 나타나 있다.

표 3.9 25℃에서 Kelsey(1957)의 수착데이터를 이용한 2−parameter 등온선 식과 그 상수값

출처[a]	식[b]	A	B	R^2
Igles.-Ch. 1981	$M = A + B\frac{h}{1-h}$	7.0040	3.1211	0.916
Labuza 1972	$M = A + B\frac{1}{ln(h)}$	5.7824	-3.0566	0.924
Smith 1947	$M = A + Bln(1-h)$	4.6507	-8.9553	0.990
Bradley 1936	$M = A + Bln[ln(\frac{1}{h})]$	9.1975	-6.2903	0.998
Oswin 1946	$ln(M) = A + Bln\frac{h}{1-h}$	2.4023	0.3991	0.995
Halsey 1948	$ln(M) = A + Bln[ln\frac{1}{h}]$	2.1461	-0.5621	0.974
Henderson 1952	$ln(M) = A + Bln[ln\frac{1}{1-h}]$	2.6516	0.5484	0.997

[a] Iglesias와 Chirife(1982)에 의한 식 기준

[b] M과 h의 관계를 선형형태로 변환

표 3.9에 나타낸 모든 식은 함수율 M이 활동도 h의 함수형태이다. 그중 몇 가지는 여러 저자들에 의해 다른 형태로 나타나 있으나 편의상 변화시켰다. Bradley(1936) 식 [식 (3.99)]의 두 상수형태가 표에 포함되어 있는데, 수착데이터와 잘 일치하여 R^2 =0.998로 다른 출처 식보다 더 높은 상관관계를 나타내었다.

여기서 인용하지 않은 대부분의 다른 식들은 Van den Verg와 Bruin(1981)의 생물재료에 적용되는 77 수착등온식에 대해 설명한 총설에 나타나 있다.

식품과 섬유 재료의 수분 수착등온선에 대한 추가자료는 다음과 같다. 첫째, Wolf 등(1985)에 따른 식품재료의 수착등온선에 대한 2000개 이상의 광범위한 참고문헌이다. 둘째, Labusa(1984)에 따른 자연식품과 섬유제품의 수분상태 산정에 대한 응용을 포함해 수분수착등온선의 측정과 이용에 대한 고찰과 참고문헌이다. 목재와 마찬가지로 식품에서 수분은 이용이나 저장에 있어 중요한 지표이다.

제4장

목재 수분팽창

4.1 서론

살아있는 입목에서 목재 세포벽은 섬유포화상태로 항상 팽윤 상태에 있다. 그러므로 살아있는 입목에서 세포내강 모관수의 정수압인장(hydrostaic tension), 열팽창 및 온도에 따른 섬유포화점 변화를 제외하고는 수축이나 팽윤이 일어나지 않는다. 그렇지만 생재가 건조되면 흡습성 수축(hygroscopic shrinkage)이 발생하고, 그 정도는 여러 인자에 따라 다르다. 영향인자는 수분손실량, 구조적 방향(접선, 방사, 섬유), 수종, 수분경사에 의한 건조응력 등이다.

목재는 보통 사용중 평균 평형함수율(EMC)에 근사한 함수율로 건조된다. 그렇지만 주위조건은 거의 일정하지 않고 EMC는 계속적으로 변화되므로 보통 노출조건에서 목재 함수율은 EMC와 거의 같지 않게 된다. 함수율 변화에 따라 치수변화(dimensional change)도 발생하게 되는데, 이를 Stevens(1963)는 치수변동(movement)이라 불렀다. 그 이유는 생재 건조시 초기수축(initial shrinkage)과 구별하기 위해서였다. 초기수축과 후속변동(subsequent movement)을 수분팽창(hygroexpansion)이라는 주제로 논의하고자 한다.

4.2 용어 정의

이 장에서는 목재의 수분팽창성과 관련된 여러 가지 용어가 사용된다. 수분관련 치수변동의 영향인자를 살펴보기 전에 용어를 정의하는 것이 바람직하다. 목재 수분팽창과 관련된 용어 이외에 밀도(density) ρ, 비중(specific gravity) G, 밀도지수(density index)

d가 정의된다.

밀도 ρ는 목재의 단위체적 v당 질량 w로 정의되는데 둘 다 동일한 함수율 m에서 측정된다.

$$\rho_m = \frac{w}{v} = \frac{w_m}{v_m} \tag{4.1}$$

여기서 첨자 m은 함수율 m에서 측정을 나타낸다. m이 증가하면 w와 v는 둘 다 증가하기 때문에 ρ_m값은 수종에 따라 차이가 있지만 두 값의 증가비에 따라 다르다.

또 다른 목재－밀도 관련용어는 비중으로 G로 나타낸다. 북미에서 그 정의는

$$G_m = (\frac{w_0}{v_m})/\rho_w \tag{4.2}$$

여기서 ρ_w는 물의 밀도이고 전건무게(dry weight) w_0와 습윤재체적(moist volume) v_m으로 측정한다. 이 용어는 m=0일 때를 제외하고는 w_0와 v_m의 측정시 함수율이 다르므로 비중의 실제 정의와는 일치하지 않는다. 그렇지만 습윤재의 체적당 목재 전건중량의 유용한 척도가 된다. 특히 생재의 경우 그러하다. 그러므로 목재의 생재체적을 전건중량으로 변환시키는데 편리한 인자가 된다. 임지에서 목재량은 보통 체적으로 측정되지만 이용관점에서 전건중량이 더 중요하기 때문에 경제적 중요성을 가진다. 용어 G는 두 인자와 직접적인 관계가 있다.

Panshin과 de Zeeuw(1980)는 비중 대신에 밀도지수라는 용어를 제안하였다. 이 책에서 그 용어는 다음과 같이 약간 다른 형태로 사용될 것이다.

$$d_m = \frac{w_0}{v_m} = \rho_w G_m \tag{4.3}$$

여기서 d는 밀도지수이고 밀도와 차원은 같지만 그 값은 G와 같다. 내용이나 편의에 따라 이들 용어 둘 다 수분팽창에서 사용될 것이다.

목재의 수분팽창은 관행적으로 기준치수에 대한 치수의 차로 계산되는 백분율 수축 s 또는 백분율 팽윤 S로 나타내고 있다. 수축 s는 습윤재 치수가 기준이 되지만 팽윤 S은 건조재 치수가 기준이 된다. 세 번째 경우로 백분율 치수변화인 Ss는 습윤재와 건조재 치수의 평균값이 사용된다. 따라서 수분팽창에 대한 용어는 3개가 된다. 예를 들어 함수율 M_1과 $M_2(M_1 < M_2)$에서 체적이 v_1과 v_2인 경우 체적변화는

$$s_v = \frac{v_2 - v_1}{v_2} \times 100 \tag{4.4}$$

$$S_v = \frac{v_2 - v_1}{v_1} \times 100 \tag{4.5}$$

$$Ss_v = \frac{v_2 - v_1}{v_2 + v_1} \times 200 \tag{4.6}$$

$v_1 < v_2$이므로 백분율 수축 s는 백분율 팽윤 S보다 작다. 마찬가지로 Ss는 s와 S의 중간값으로 두 값의 평균값과 같다.

또 다른 수분팽창의 유용한 지표는 상대 치수변동 S, s, Ss에 대한 함수율 변화 $M_2 - M_1$의 비이다. 이 비는 주어진 함수율에 대한 치수의 비례변화의 척도이다. 여러 식들이 사용되는데, 팽윤경사(swelling gradient, Kollmann과 Côte 1968), 팽윤차(differential swelling, Keylwerth 1962, 1964), 수분팽창계수(hygroexpansion coefficient, Skaar 1972), 함수율 팽창계수(coefficient of mositure expansion, Skaar 1972), 팽윤계수(coefficient of swelling, Skaar 1972, Rosen 1974), 팽윤비(ratio of swelling, Noack 등 1973), 수축계수(coefficient of shrinkage, Schroeder 1972), 치수변동계수(dimensional change coefficient, USDA Wood Handbook 1974) 등이 있다.

체적 수분팽창 비에 대한 3가지 지표는 다음과 같이 정의할 수 있다.

$$X_v = \frac{1}{v}\frac{dv}{dm} \tag{4.7}$$

$$X_{vs} = \frac{1}{v_f}\frac{dv}{dm} \tag{4.8}$$

$$X_{vS} = \frac{1}{v_0}\frac{dv}{dm} \tag{4.9}$$

식 (4.7)은 체적수분팽창계수 X_v를 나타내며 체적 v는 함수율 m에서 측정값이다. 식 (4.8)은 체적 수축계수 X_{vs}로 섬유포화점에서 체적 v_f 기준이다. 식 (4.9)는 체적팽윤계수 X_{vS}를 나타내며 기준 체적 v_0는 전건상태에서 측정값이다.

이들 계수의 임의 주어진 함수율 범위 m_1에서 m_2(또는 M_1에서 M_2) 범위에서 평균값은 식 (4.4)−(4.6)으로 주어진 Ss, s, S 값을 $M_2 - M_1$으로 나누어 구할 수 있다.

$$\overline{X_v} = \frac{Ss_v}{M_2 - M_1} = \frac{v_2 - v_1}{(v_2 + v_1)(M_2 - M_1)} \times 200 \tag{4.10}$$

$$\overline{X_{vs}} = \frac{s_v}{M_2 - M_1} = \frac{v_2 - v_1}{v_2(M_2 - M_1)} \times 100 \tag{4.11}$$

$$\overline{X_{vS}} = \frac{S_v}{M_2 - M_1} = \frac{v_2 - v_1}{v_1(M_2 - M_1)} \times 100 \tag{4.12}$$

여기서 $\overline{X_v}$, $\overline{X_{vs}}$, $\overline{X_{vS}}$는 주어진 함수율 범위에서 체적 수분팽창계수의 평균값이다. 이들은 M_1=M_0, M_2=M_f, $dv/dM = (v_2 - v_1)/(M_2 - M_1)$, 즉 전체 함수율 범위에서 체적 v가 선형적으로 증가한다면 식(4.7)−(4.9)와 동일하다.

그림 4.1은 함수율에 따른 체적 v에 대한 이상 선형곡선을 나타내는데, 기울기 dv/dm은 $m = 0$에서 m_f까지 일정하다. 선형관계라 가정하는 것이 편리하여 이렇게 사용되는 경우가 많다. 그렇지만 4.4.2절에서 논의되는 바와 같이 흡습범위에서 저함수율과 고함수율에서는 선형이 아니다.

사용중에 노출되는 상대습도 변화에 따른 수분팽창성을 알 필요가 있다. 이러한 성질은 습도팽창계수(humidity expansion coefficient) Y로 나타낸다. 체적 수분팽창의 경우, 그 정의는

$$Y_v = \frac{1}{v}\frac{dv}{dh} = ZX_v \tag{4.13}$$

여기서 $Z = (dM/dH)^* = (dm/dh)^*$는 수착등온선의 유효 기울기이다.

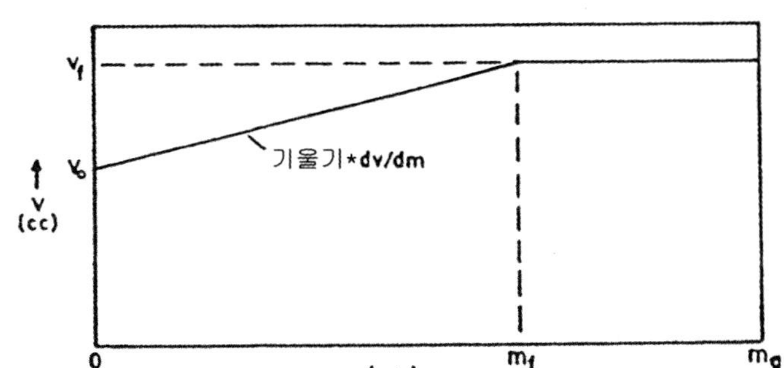

그림 4.1 함수율 m에 따른 목재체적 v의 체적 수분팽창 이상곡선

제재목의 초기건조과정에서 Z는 표준 초기탈착등온선의 기울기 dM/dH와 같다. 마찬가지로 목재가 건조상태에서 수분을 재흡착할 때 Z는 재흡착 등온선의 기울기와 같다. 그렇지만 진동수착(oscillating sorption) 조건에서는 그림 4.2와 같이 이력으로 인해 유효기울기 $(dM/dH)^*$는 감소한다. 여기서 상대습도 범위 H_1에서 H_2의 Z 평균값은 $(M_{2r}-M_{1d})/(H_2-H_1)$이다. 이것은 동일한 습도범위에서 탈착과 재흡착 등온선의 평균기울기인 $(M_{2D}-M_{1d})/(H_2-H_1)$와 $(M_{2r}-M_{1r})/(H_2-H_1)$보다 상당히 작다.

목재의 이용관점에서 습도팽창계수 Y는 함수율팽창계수 X보다 더 중요한 목재성질이다. 왜냐하면 Y는 대기습도 변화에 따라 치수변동도를 나타내기 때문이다. 그렇지만 관행적 또는 H보다 M의 측정이 용이하여 Y보다는 X에 대한 조사가 더 많이 이루어져 있다. X와 Y의 관계를 나타내는 Z는 4.5.2절에서 논의되는 바와 같이 수종, 온도, 함수율, 시편크기, 시편이력(specimen history)−수착이력과 관련 등에 따라 다르다.

수분팽창계수는 주요 구조방향별 1차원 수축과 팽윤으로 정의될 수도 있다. 이들은 식 (4.4)−(4.13)에서 체적 v 대신에 접선방향, 방사방향, 섬유방향 수분팽창의 해당 방향별 첨자 t, r, l을 치환시키면 된다. 방향별 수분팽창계수와 체적팽창계수와의 관계는 4.5절에서 논의된다.

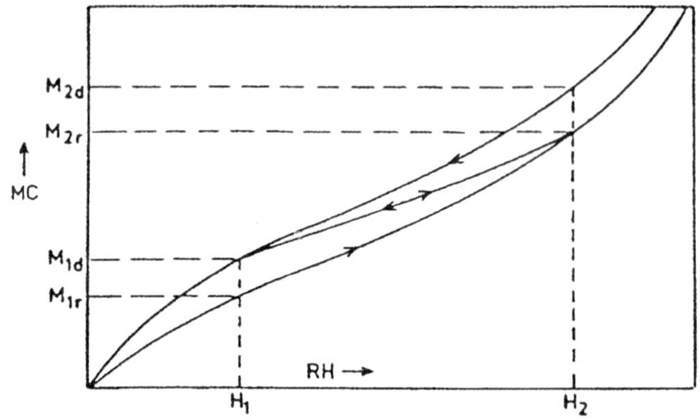

그림 4.2 이력이 수착등온선의 유효기울기 Z에 미치는 영향을 보여주는 전형적 탈착과 재흡착 등온선

4.3 목재 세포벽의 체적 수분팽창

목재 세포벽은 이방성이므로 수분팽창도 이방성이다. 그렇지만 현재의 논의에서 세포벽의 체적변화만 고려하고 이방성은 무시하기로 한다. 그리고 프라임으로 세포벽 인자를 나타내기로 기호를 약속하기로 한다. 예를 들어 G는 전체목재의 비중이지만, G'는 세포벽의 비중을 나타낸다.

비중병으로 측정한 전건 세포벽의 밀도 $\rho_0{}'$는 약 1.5cc/g이다. Stamm(1964), Skaar(1972), Siau(1984)는 세포벽 밀도에 미치는 영향인자들에 대해 연구한 바 있지만 여기서는 1.5cc/g를 사용하기로 하겠다. 세포벽이 물을 흡착하면 세포벽의 질량 w'와 체적 v'가 증가하는데, w' 증가율이 v'보다 작다. $w_m{}' = w_0{}'(1+m)$이고 $v_m{}' = v_0{}' + v_w$이므로 함습 세포벽의 밀도 $\rho_m{}'$는

$$\rho_m{}' = \frac{w_m{}'}{v_m{}'} = \frac{w_0{}'(1+m)}{v_0{}' + v_w} \tag{4.14}$$

이 식을 전건 세포벽 밀도 $\rho_0{}'$로 나타낼 수 있는데,

$$\rho_m{}' = \rho_0{}'\rho_w \frac{1+m}{\rho_w + \rho_o{}'m} \tag{4.15}$$

마찬가지로 함수 세포벽의 밀도지수 $d_m{}'$와 비중 $G_m{}'$는

$$d_m{}' = d_0{}' \frac{\rho_w}{\rho_w + d_0{}'m} = \frac{\rho_m{}'}{1+m} \tag{4.16}$$

$$G_m{}' = \frac{G_0{}'}{1 + G_0{}'m} = \frac{d_m{}'}{\rho_w} \tag{4.17}$$

비체적 $V_m{}'$는 전건 세포벽의 단위 질량당 함수 체적으로 정의되는데 $d_m{}'$의 역수와 같다.

$$V_m{}' = \frac{1}{d_m{}'} = \frac{\rho_w + d_0{}'m}{d_0{}'\rho_w} \tag{4.18}$$

그림 4.3은 목재 세포벽의 함수율에 따른 밀도, 밀도지수, 비체적을 식 (4.16)–(4.18)을 이용해 계산한 결과이다. 체적과 함수율간에 단순히 선형관계가 있다는 가정에서 이루어졌다. 이 관계에 대한 상세한 것은 Stamm(1964), Skaar(1972), Kellogg 등(1975),

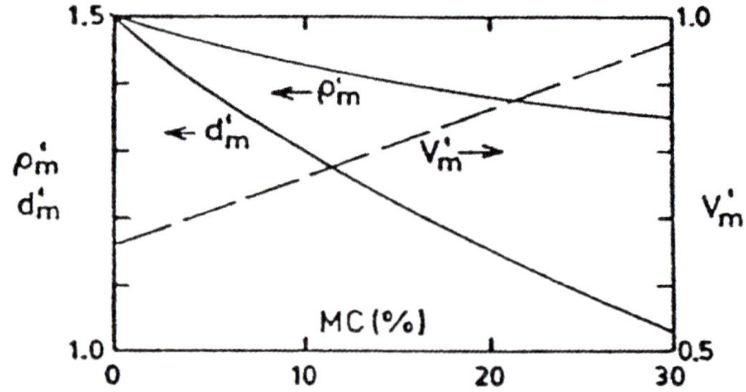

그림 4.3 목재 함수율에 따른 밀도 ρ_m, 밀도지수 d_m, 비체적 곡선

Siau(1984)의 연구를 참고하기 바란다. 그렇지만 식 (4.18)에 의한 선형팽윤은 실제에서 크게 벗어난다(4.4.2절). 그러나 현재의 논의에서는 선형이라 가정하는 것이 편리하다.

섬유포화점 m_f을 안다면 세포벽의 최대 체적수축 s'_{vf}와 체적팽윤 S'_{vf}는 식 (4.4)와 (4.5)로 계산할 수 있다. 이러한 경우 v_1과 v_2는 세포벽의 포화 및 전건 비체적인 V'_f와 V'_0와 같다. 식 (4.4)와 (4.5)는 다음과 같이 나타낼 수 있다.

$$s'_{vf} = M_f G_f' \tag{4.19}$$

$$S'_{vf} = M_f G_0' \tag{4.20}$$

식 (4.19)와 (4.20)에 따르면 세포벽의 최대가능 수축과 팽윤은 섬유포화점과 비중의 선형함수이다. 전건비중 G_0'를 상수인 1.5라 가정할 수 있지만 포화비중 G_f'는 M_f가 크면 증가한다(그림 4.3). G_f'는 식 (4.17)로 계산될 수 있으므로

$$G_f' = \frac{G_0'}{1 + G_0' m_f} \tag{4.21}$$

그림 4.4는 식 (4.19)−(4.21)에 의해 계산되는 s'_{vf}와 S'_{vf}가 M_f에 따라 어떻게 증가하는지를 보여준다.

4.4 목재의 체적 수분팽창

먼저 절에서 목재 세포벽의 부피변화에 대해 논의 하였다. 이 절에서는 세포벽에 공극(air space)이 있는 목재 자체의 체적 수분팽창에 대해 살펴보기로 한다. 그 결과 목재의 체적 수분팽창이 세포벽과 다르다는 것을 알 수 있을 것이다. 여기서는 수분팽창의 방향성은 무시하지만 4.5절에서 다루게 될 것이다.

먼저 목재의 전체체적 수축 또는 팽창에 대해 논의한 다음 작은 함수율 범위에서 체적 수분팽창계수에 대해 살펴보고자 한다.

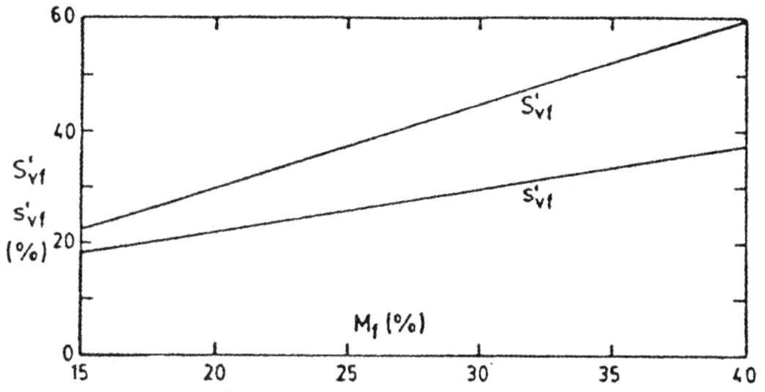

그림 4.4 섬유포화점에서 함수율 M_f에 따른 세포벽의 최대 체적팽윤 $(S_v)_{\max}$과 체적수축 $(s_v)_{\max}$곡선

4.4.1 최대 체적 수축과 팽윤

세포벽 구조가 균질하다면 체적수축이나 팽윤은 목재의 공극체적율에 무관하게 된다(Stamm과 Loughborough 1942). 예를 들어 전건 목재 웨이퍼(wafer)에 한 개의 구멍이나 여러 개의 구멍이 뚫어져 있어 목재체적이 상당히 제거되어 있다고 가정하자. 그것을 물에 침지시켰을 때 수분경사로 인한 팽윤압을 무시할 수 있다면 웨이퍼는 구멍 유무에 관계없이 동일한 정도로 평윤을 한다. 다른 말로 하면 그림 4.5와 같이 팽윤 크기는 전체 목재밀도와 무관하다. 이러한 경우 백분율 체적팽윤 S_v는 식 (4.20)으로 나타내는 목재 세포벽 S'_v와 같다. 목재 세포내강이 단순히 균질한 세포벽 재료에 분포되어 있는 공극으로 이루어져 있다면 그 상황은 마찬가지이다. 이러한 경우 모든 목재는 같은 크기로 수축과 팽윤을 하게 되며, 그 최대값은 M_f 에 의해서만 결정된다. 세포

벽 자체가 팽윤도(degree of swelling)에 대해 이방성인 경우도 마찬가지이다. 예를 들어 세포벽이 동일한 방향으로 배열된 셀룰로오스 분자로 구성되어 있어 모든 수분팽창이 배열방향에 직각으로 일어난다 하더라도 동일한 조건이 적용된다. 팽윤 크기는 목재 밀도에 무관하고 목재 체적에 비례한다.

다행스럽게도 목재의 체적 수분팽창은 이상과 같은 공극이 단순히 있거나 없는 세포벽보다 상당히 작다. 이것은 그림 4.6과 같은 독특한 목재세포 구조에 기인된다. 그림 4.6은 보통 침엽수 가도관 2차 세포벽의 3개층에서 섬유배향을 나타낸다. 수분팽창은 피브릴(fibril)에 직각으로 발생하고 피브릴은 길이방향으로 팽창에 대한 저항이 크다는 점을 상기할 필요가 있다.

가장 두꺼운 S2층의 피브릴 배향은 거의 세포의 종축방향에 평행하다. S2층은 수분변화에 비례하여 횡방향으로 팽창한다. 그렇지만 두께가 얇은 외부 S1층과 내부 S3층

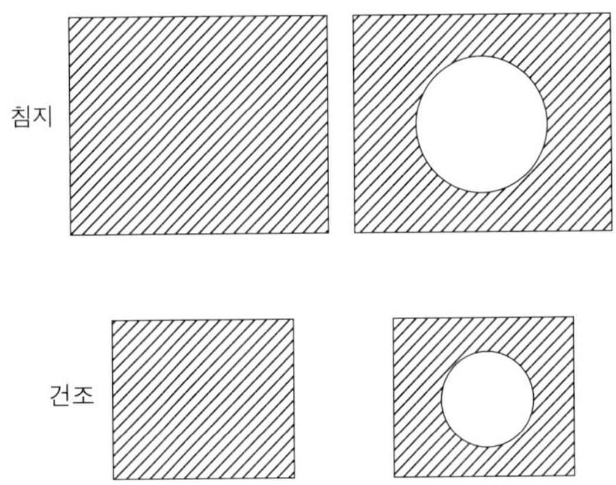

그림 4.5 목재의 단일 구멍 존재유무에 따른 목재팽윤에 대한 영향이 없음을 보여주는 모식도

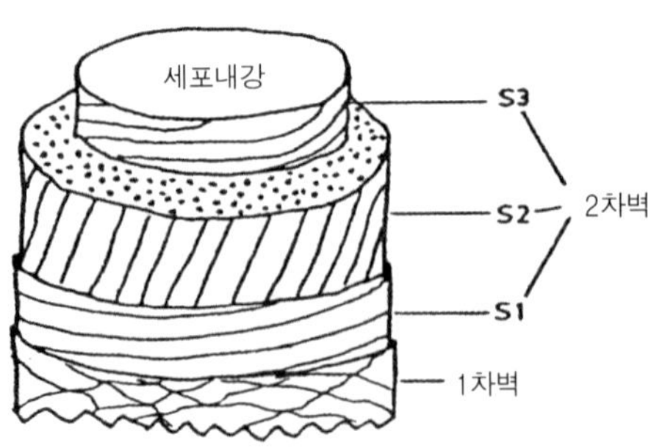

그림 4.6 2차벽의 S1, S2, S3 층의 섬유배열과 상대두께를 나타내는 모식도

의 피브릴 배향은 세포축에 거의 수직으로 2차벽의 외부 및 내부 치수변동을 억제하는 경향이 있다. 지배적인 S2층이 횡방향으로 팽윤하기 위해서 S1과 S3층이 피브릴 방향으로 늘어나야 한다. S1과 S3층은 그 방향으로 강하기 때문에 잘 늘어나지 않는다. 그 결과 균질 세포벽에 비해 팽윤이 감소하게 된다. 세포내강쪽으로 팽윤이 부분적으로 일어나는 경우도 있다. 그러나 세포내강은 일정하게 유지되거나 오히려 약간 늘어나는 경우도 있다.

Stamm과 Loughborough(1942)는 목재의 수축과 팽윤시 세포내강이 항상 일정하다고 최초로 제안하였다. 그러한 경우 식 (4.19)와 (4.20)은 임의 비중 목재에 적용하기 위해 수정 될 수 있다. 따라서

$$s_{vf} = M_f G_f$$

$$S_{vf} = M_f G_0 \qquad (4.22)$$

여기서 s_{vf} 와 S_{vf} 는 섬유포화점 M_f 와 전건상태 M_0 간에서 최대 퍼센트 수축과 팽윤의 예측값이고, G_f와 G_0는 섬유포화점과 전건상태에서 비중이다.

식 (4.22)를 섬유포화점에 대해 정리하면

$$M_f = \frac{s_{vf}}{G_f} = \frac{S_{vf}}{G_0} \qquad (4.23)$$

이 식을 이용해 M_f 에서 0% 함수까지의 전체 체적변화에 의해 백분율 체적수축 s_{vf}와 팽윤체적 비중 G_f 간에 일정 비를 예측할 수 있고, 또한 백분율 체적팽윤$(S_v)_{\max}$와 전건 체적비중 G_0간의 일정비도 예측할 수 있다. 그리고 각 경우의 비는 M_f 이다. 여러 범위의 목재 비중 또는 많은 수의 시편에 대한 s_{vf} 또는 S_{vf} 와 G_f 또는 G_0의 데이터가 있으면 식 (4.23)의 유도에서 가정의 타당성을 결정할 수 있다.

식 (4.23) 검토에는 두 가지 방법이 있다. 하나는 s_{vf}/G_f 또는 S_{vf}/G_0 의 평균값과 그 평균에 대한 각 측정값의 분포를 계산하는 것이다. 두 번째는 다음 식과 같이 회귀계수 A, B 또는 C, D를 계산하는 것이다.

$$s_{vf} = A + BG_f \qquad (4.24)$$

$$S_{vf} = C + DG_0 \qquad (4.25)$$

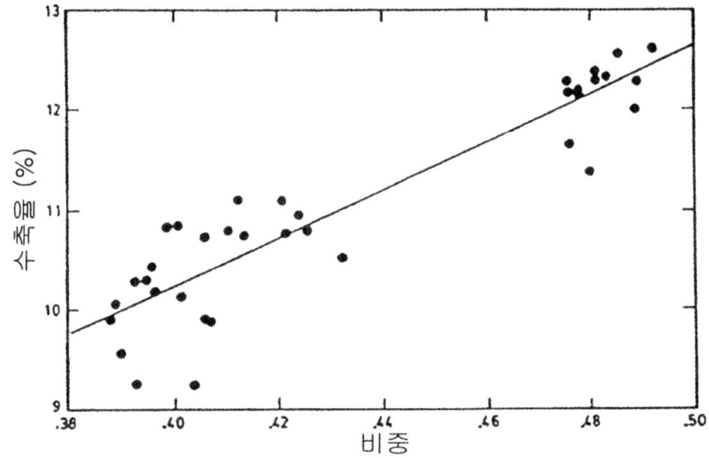

그림 4.8 Pinus taeda의 생재비중 G_g에 대한 체적수축 의 측정값과 회귀곡선(Yao 1969)

(1984)는 인도네시아 Sulawesi산 41 수종의 수축에 대한 연구에서 찌그러짐이 주로 방사조직에서 발생했다고 한다.

Quirk(1984)는 목재수축과정에서 미송의 조재 세포내강은 약간 수축을 하고 그와 반대로 만재 세포내강은 팽창하는 사실을 밝혀내었다. 내강거동의 차이에 대한 원인은 밝혀져 있지 않지만, 세포벽 층들의 상대 두께, 팽윤, 특성, 피브릴 배열, 강성과 관련 있다고 생각된다(4.5절). Quirk는 중간층(middle lamella)에 리그닌이 많기 때문에 세포벽이 두꺼운 만재세포에 비해 세포벽이 얇은 조재세포의 수축이 감소된다고 해석하였다.

주어진 수종내에서 식 (4.22)와 (4.23)의 타당성을 조사하기 위한 대상은 밀도변이가 큰 남부산 yellow pine과 미송과 같은 수종이 시편으로 적당하다. Stamm과 Loughborough s_{vf}(1942)는 생재비중이 0.63, 0.54, 0.47, 0.36인 loblolly pine 제재목의 s_{vf}/G_g는 각각 25.4, 26.2, 24.0, 24.8이라고 보고하였다. 그들은 조재와 만재의 비율을 변화시켜가면서 측정한 미송의 얇은 접선단면의 s_{vg}/G_g의 평균값은 28이라고 하였다.

Choong과 Barnes(1968)는 전건과 물침지 조건간에서 남부산 소나무 4수종(*P. echinata, P. palustris, P. taeda, P. eliottii*)의 체적팽윤 S_{vf}는 전건비중 G_0 0.4−08 범위에서 거의 선형적으로 증가하였다고 보고하였다. 그들은 미성숙재(core wood, juvenile wood)와 성숙재(mature wood)를 분리하여 측정하였는데, 미성숙재보다 성숙재가 일관된 경향을 나타내었다. 4수종의 미성숙재, 성숙재, 혼합재(미성숙재와 성숙재)에 대한 회귀식은 각각 $S_{vf} = 4.7 + 16.5\,G_0$, $2.0 + 24.6\,G_0$, $2.8 + 21.6\,G_0$이었다. 각 해당 R^2(결정계수)는 0.20, 0.72, 0.37이었다. 그러므로 성숙재가 상관관계가 가장 컸고 미성숙재가 가장 낮았다. 식 (4.23)에 의해 S_{vf}/G_0 로부터 구한 M_f 는 각각 24.2, 27.7, 26.0으로 침엽수에 대한 다른 보고와 잘 일치하였다. 후속논문에서 Choong(1969)은 열수(hot water)와 유기용매로 미성숙재에서 추출물을 제거하면 S_{vf}/G_0 회귀식의 R^2는 미추출재 0.20에서 추출재는 0.59로 상당히 증가하였다고 보고하였다. 퍼센트 팽윤은 G_0에 더 민감하여 S_{vf}는 4.7+16.3G_0 에서 1.6+26.3G_0 로 변화되고 S_{vf}/G_0 는 23에서 30으로 증가하였다.

Yao(1969)는 28개의 *Pinus taeda* 입목에서 1000개의 목재시편에 대해 비중에 따른 백분율 수축을 조사하였는데, 그 결과는 그림 4.8과 같다. G_g에 대한 s_{vf} 회귀곡선은 $0.48 + 23.75\,G_g$와 같고 $R^2 = 0.83$이었다. 36개 측정점의 각각은 28 입목의 수축과 비중의 평균값을 나타낸다.

4.4.2 체적 수분팽창계수

체적 수분팽창은 흡습범위에서 그림 4.1과 같이 함수율과 정비례한다고 가정하여 왔다. 그러나 이러한 가정은 편의상 근사하게 나타낸 것으로 정밀하게 측정하면, 이들 곡선은 한정된 흡습범위에서만 정비례한다.

그림 4.9는 유럽산 birch의 전건상태에서 세포벽 포화상태까지 재흡습과정에서 체적 v, 접선방향 t, 방사방향 r의 팽윤을 나타내고 있다(Keylwerth 1964). 세 가지 곡선 모두 S자 형태이다. 전건상태에서 수착초기 팽윤율 dv/dm는 비교적 작으며 함수율에 따라 4−5%까지 증가한다. 팽윤율이 작은 이유는 맨 처음 흡착수가 세포벽 매트릭스의 간극(interstice)에 들어가더라도 흡착수 부피만큼 세포벽에 팽윤이 일어나지 않기 때문이다(3.2절). 함수율 5% 이상에서 25%까지 체적증가는 거의 선형이고, 그 이상에서 dv/dm은 감소한다. 그 이유는 Kelvin 식[식 (3.106)]으로 예측되는 바와 같이 미세공극(microvoid)에서 모세관응축이 일어나기 때문이다. 또한 팽윤압의 작용에 의해 전체팽윤이 감소될 수 있다.

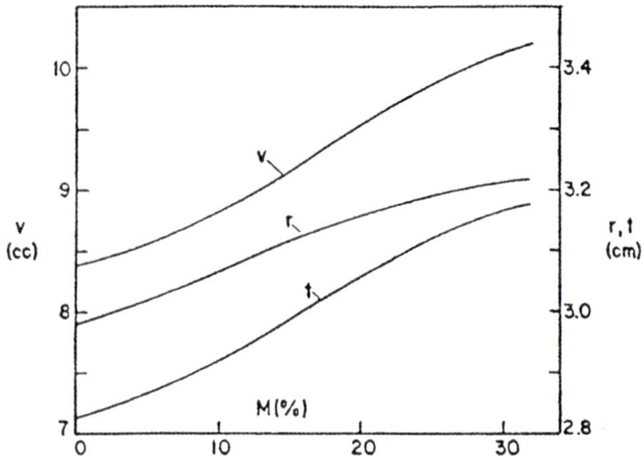

그림 4.9 birch의 함수율 M의 함수로서 체적 v, 방사방향 r, 접선방향 t 치수의 변화(Keylwerth 1964)

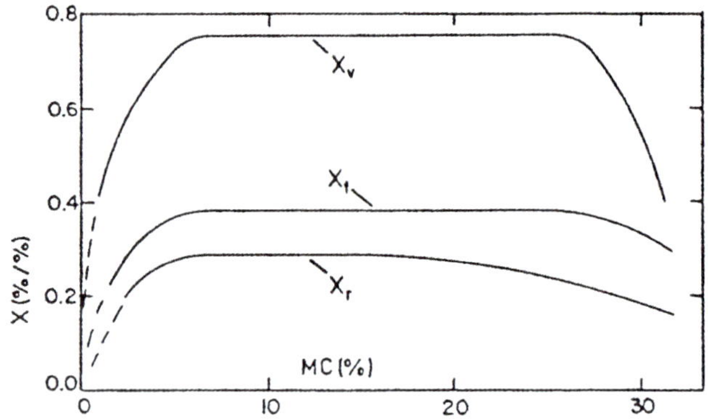

그림 4.10 목재의 함수율에 따른 체적 X_{vs}, 방사방향 X_{rs}, 접선방향 X_{ts} 팽윤계수의 변화(Keylwerth 1964)

Keylwerth(1964)는 그림 4.9의 체적곡선을 식 (4.9)으로 정의되는 체적팽윤계수 X_{vS}로 재계산하였다. 그는 함수율에 따른 곡선의 기울기 dv/dm를 전건체적 v_0로 나누어 X_{vS}를 구하였다. 그에 따른 곡선은 그림 4.10과 같으며 접선방향과 방사방향에 대한 X_{tS}와 X_{rS}도 나타내었다. 그림 4.10에서 X_{vS}는 저함수율과 고함수율 영역을 일부 제외하고는 대부분 함수율 범위에서 일정함을 알 수 있다.

X_{vS}/G_0 비는 첨가되는 액체수의 단위체적당 목재체적의 증가를 나타낸다. 여기서 G_0는 전건체적 비중이다. Keylwerth(1964)는 이 비를 비체적팽윤(specific volume swelling)이라고 정의하였다. 그는 X_{vS}를 $(1/v_0)(dv/dm)$으로 정의하였기 때문에 그의

정의는 $0.01\,(X_{vS}/G_0)$와 같다. 이 책에서 비함수율 팽창계수(specific moisture expansion coefficient)를 MX로 나타내기로 한다. 따라서

$$MX = \frac{X_{vS}}{G_0} = \frac{1}{v_0 G_0}\frac{dv}{dm} \tag{4.27}$$

G_0는 목재 전건밀도와 액체수 밀도의 비이므로 그 단위는 액체수 체적당 목재 체적이다. 계수 MX는 $v_0 G_0 = v_m G_m$이므로 함수율 m에서 팽윤체적 v_m 기준하여 비중 G_m으로 나타낼 수도 있다.

$$MX = \frac{1}{v_m G_m}\frac{dv}{dm} \tag{4.28}$$

세포벽이 완전 포화될 때인 섬유포화상태에서

$$MX = \frac{1}{v_f G_f}\frac{dv}{dm} \tag{4.29}$$

세포내강이 일정하고 세포벽의 팽윤이나 수축이 첨가되거나 제거되는 액체수의 체적과 같다면 MX 크기는 1이다.

식 (4.27)-(4.29)에 주어진 계수 MX는 기울기 dv/dm이 일정하지 않기 때문에 함수율에 따라 변할 수 있다. 함수율 m_1에서 m_2까지 유한범위에서 MX의 평균값 $\overline{MX}$는 식 (4.27)로부터 다음과 같이 나타낼 수 있다.

$$\overline{MX} = \frac{1}{v_0 G_0}\frac{v_2 - v_1}{m_2 - m_1} \tag{4.30}$$

이와 유사한 식을 식 (4.28)과 (4.49)로부터 구할 수 있다.

전건목재를 물에 침지시킬 때 비함수율 팽창계수의 평균값 $\overline{MX_f}$는 식 (4.30)에서 v_1, v_2 대신에 v_0, v_f, 그리고 m_1, m_2 대신에 0, m_f를 치환시키면 된다. 이러한 경우

$$\overline{MX} = \frac{1}{v_0 G_0}\frac{v_f - v_0}{m_f} \tag{4.31}$$

식 (4.31)의 사용 예는 다음과 같다. 전건재 질량은 2kg, 전건체적 비중 G_0는 0.5, 섬유포화점은 30%인 시편을 물에 침지시켰다. 따라서 전건체적은 $4l$이다. 세포내강 크기가 일정하여 목재팽윤은 흡습된 물의 체적과 같다면, 함수율 30%에서 목재체적은 $4l + 0.6l$

$= 4.61l$가 된다(그림 4.11a). 평균 수분팽챙계수 $\overline{X}_{vS}$(식 4.9)는

$$\overline{X}_{vS} = \frac{1}{v_0}\frac{\Delta v}{\Delta m} = \frac{1}{4}\frac{0.6}{0.3} = 0.5 \ (\%/\%)$$

체적변화 $v_f - v_0 = 0.6l$는 목재에 흡습된 액체수의 체적과 같기 때문에 비팽창계수의 평균값 $\overline{MX}_f$(=$\overline{X}_{vS}/G_0$)는 0.5/0.5 또는 1.0이다.

세포벽 팽윤의 1/2($0.3l$)이 세포내강쪽으로 나머지 1/2이 세포내강 바깥쪽으로 일어난다면 $\overline{X}_{vS}$는 0.25가 된다(그림 4.11b). 이러한 경우 $\overline{MX}_f$는 0.25/0.5 또는 0.5이다.

반대로 세포내강이 $0.3l$정도 팽창한다면 목재의 외부팽윤은 $0.9l$이다(그림 4.11c). 해당 $\overline{X}_{vS}$와 $\overline{MX}_f$는 각각 0.75와 1.5이다.

4번째 시나리오는 세포내강의 백분율 팽창이 세포벽 자체와 같다고 가정하는 것이다. 이러한 경우 세포내강은 세포벽의 2배인 $1.2l$ 팽창한다. 왜냐하면 세포내강의 체적이 세포벽 체적의 2배이기 때문이다(그림 4.11d). 목재의 외부팽윤은 $0.6+1.2=1.8l$, $\overline{X}_{vS}$와 $\overline{MX}_f$는 각각 1.5와 3.0이다. 이것은 세포벽 구조가 균질한 경우에 해당된다.

이상의 가상 시편에서 전체 함수율 범위인 0%에서 섬유포화점까지에 대한 $\overline{X}_{vS}$와 $\overline{MX}_f$가 이용되었다. Keylwerth(1964)는 여러 수종에 대한 함수율에 따른 MX 또는 X_{vS}/G_0 곡선을 조사하였다(그림 4.12). 수종중 일부는 세포내강이 수축을 하여 MX가 1보다 작았다(그림 4.11b). MX가 1보다 큰 수종은 내강이 재흡착과정에서 팽창하였다

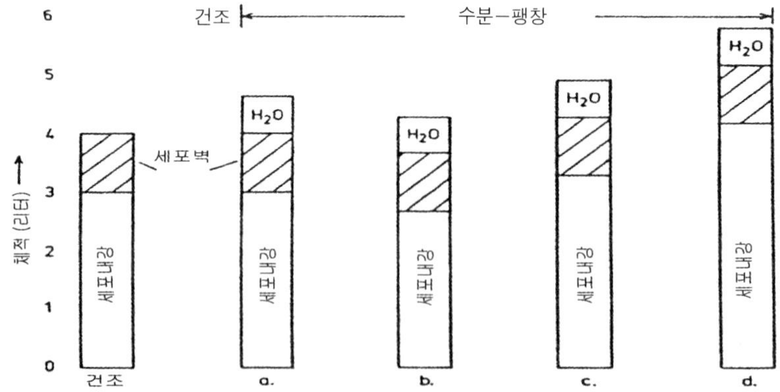

그림 4.11 세포내강 변화의 4가지 경우에서 수분수착으로 인한 목재의 변화를 나타내는 모식도. a 내강일정, b 내강수축, c 내강 약간 팽창, d 세포벽과 동일한 백분율로 내강팽창(본문 참조)

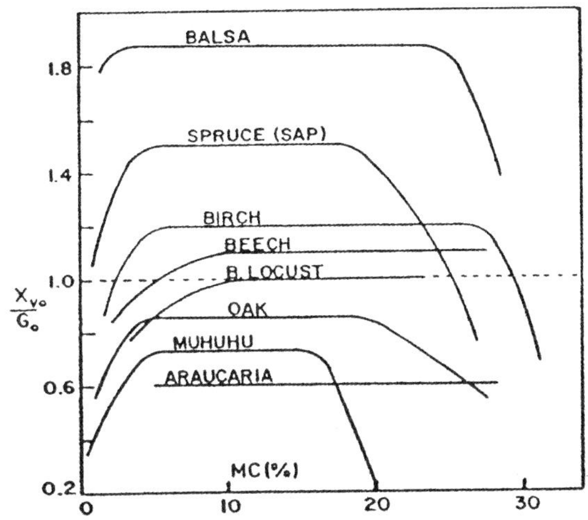

그림 4.12 여러 수종의 목재함수율에 따른 비체적 수분팽창계수 MX. X_{vS}/G_0의 변화(Keylwerth 1964)

(그림 4.11c). locust(그림 4.12)의 경우 대부분 함수율 범위에서 MX는 1이었으므로, 세포내강은 거의 일정하다고 생각된다(그림 4.11a).

그림 4.12에서 수종간 최대함수율에 차이가 있음을 알 수 있다. 가장 큰 최대함수율이 M_f 라면 임의 수종의 곡선아래 면적을 M_f 로 나누면 그 목재의 평균 $\overline{MX}_f$ 를 구할 수 있다. black locust의 경우 저함수율에서 MX값이 1보다 작으므로 $\overline{MX}_f$ 값은 1보다 작다. 각 수종의 경우 전체함수율 범위에서 평균값 $\overline{MX}_f$ 는 그림 4.12에서 보는 바와 같이 MX 최대값보다 더 작다.

식 (4.5)에서 v_1과 v_2 대신에 v_0와 v_f로 치환한 후 식 (4.31)을 결합하여 전체 체적팽윤 S_{vf}와 $\overline{MX}_f$ 의 관계를 나타내면

$$S_{vf} = \overline{MX}_f \, (M_f G_0) \tag{4.32}$$

따라서 체적함수율 팽창계수 평균 $\overline{MX}_f$ 는 1, 즉 세포내강의 크기가 일정하다면 식 (4.22)에 의한 관계 $S_{vf} = M_f G_0$ 가 성립된다. 수종 전체평균은 1에 가까우나 일반적으로 각 수종의 $\overline{MX}_f$ 는 1이 아니다. 또한 M_f 자체가 수종에 따라 다르므로 S_{vf}/G_0 또는 s_{vf}/G_f 를 결정하는 $\overline{MX}_f$ 와 M_f 의 곱은 수종에 따라 다르고 동일 입목내 시편간에도 차이가 있다.

4.5 목재의 수분팽창 방향성

목재는 수축뿐만 아니라 기타 물리적 성질이 직교성이므로 체적수축 측정만으로는 목재에서 발생하는 수축을 설명하기 곤란하다. 3 주요방향(섬유, 방사, 접선)에서 수축차(differential shrinkage) 원인에 대해 살펴보도록 하자. 현 시점에서 보통목재의 경우 섬유포화상태에서 전건상태까지 섬유방향 수축 s_l이 0.1－0.3%로 가장 작다고 말할 수 있다. 동일한 함수율 변동범위에서 대부분 목재의 방사방향 전수축율은 3－6%, 접선방향은 6－12%이다.

체적수축 s_v는 3주요방향 수축의 합보다 약간 작다. 장방형 시편에 대한 정확한 식(Greenhill 1936)은

$$\begin{aligned} s_v &= 100\,[1-(1-0.01s_l\,)(1-0.01s_r\,)(1-0.01s_t\,)] \\ &= s_l + s_r + s_t - 0{,}01\,(s_l s_r + s_r s_t + s_t s_l\,) + 0.0001 s_l s_r s_t \end{aligned} \tag{4.33}$$

여기서 수축은 백분율이다. 섬유방향수축 s_l과 s_r 또는 s_t의 곱의 항을 제거하면 식은 약간 정확성이 감소하지만 간단한 식을 얻을 수 있다. 성숙재의 경우 s_l은 매우 작기 때문에 s_r이나 s_t가 크더라도 그 곱의 항은 무시할 만큼 작다. 이와 같이 식 (4.33)을 단순화시키면

$$s_v \cong s_l + s_r + s_t - 0.01 s_r s_t \tag{4.34}$$

이 식은 보통 목재의 s_r 또는 s_t의 범위에서 상당히 정확하다. 마지막 항인 $s_r s_t$를 무시하면 식은 더 간단한 형태로 된다.

$$s_v \cong s_l + s_r + s_t \tag{4.35}$$

또는 s_l이 s_r 또는 s_t에 비해 무시할 정도로 작다면

$$s_v \cong s_r + s_t \tag{4.36}$$

s_r 또는 s_t의 크기에 따라 식 (4.35)의 오차크기가 좌우된다. 보통 s_t는 s_r의 2배 정도이며, s_t/s_r을 T/R비라고 한다. 표 4.2는 보통 목재의 s_v 범위에서 식 (4.33)과 (4.34)로 계산한 s_v값을 나타내고 있다. 이 때 T/R비는 1, 2, 3이고 s_l이 s_r 또는 s_t에 비해 매우 작다고 가정하였다. 수축이 증가하고 T/R비가 감소함에 따라 정밀식과 근사식에 따

표 4.2 T/R비가 1, 2, 3인 경우 식 (4.34)와 식 (4.33)에 의한 백분율 체적수축 s_v

s_v 계산값 근사 식 (4.34)	엄밀 식 (4.33)		
	$T/R=1.0$	$T/R=2.0$	$T/R=3.0$
0.00	0.00	0.00	0.00
3.00	2.98	2.98	2.98
6.00	5.91	5.92	5.93
9.00	8.80	8.82	8.85
12.00	11.64	11.68	11.73
15.00	14.50	14.50	14.58

른 체적수축 계산값의 차이가 증가함을 알 수 있다.

이제까지 체적수축과 방향별 수축간의 관계에 대해 살펴보았다. 지금부터는 초기건조 후 함수율에 따른 치수변동의 일반사항에 대해 살펴보기로 하겠다. 수축의 경우와 같이 체적수축과 방향별 치수변동을 구분할 필요가 있다. X_v는 식 (4.7)에서 체적 함수율 팽창계수이다. 방향별 함수율팽창계수도 유사한 식으로 나타낼 수 있다.

$$X_l = \frac{1}{l}\frac{dl}{dm} \tag{4.37}$$

$$X_r = \frac{1}{r}\frac{dr}{dm} \tag{4.38}$$

$$X_t = \frac{1}{t}\frac{dt}{dm} \tag{4.39}$$

방향별 습도팽창계수(directional humidity expansion coefficient) Y_l, Y_r, Y_t의 해당 식은

$$Y_l = \frac{1}{l}\frac{dl}{dh} = ZX_l \tag{4.40}$$

$$Y_r = \frac{1}{r}\frac{dr}{dh} = ZX_r \tag{4.41}$$

$$Y_t = \frac{1}{t}\frac{dt}{dh} = ZX_t \tag{4.42}$$

여기서 $Z = dM/dH = dm/dh$는 식 (4.13)에서처럼 수착등온선의 유효기울기이다.

목재는 함수율 변화에 따라 치수변동이 이방성이라는 사실은 이미 지적한 바 있다.

보통 목재는 섬유방향에서 치수변동이 가장 안정적이다. 다행스럽게도 목재는 섬유방향으로 응력이 작용될 때 가장 역학적 강도가 크다. 예를 들면 건축물의 마루에서 목제보(wooden beam)는 내부 압축응력과 인장응력이 섬유방향으로 최대가 되도록 배열된다. 마찬가지로 보의 길이방향에서 수분팽창이 가장 작아 길이변화가 적다. 가장 치수가 큰 방향이 섬유방향이 되도록 하여야 하므로 목재가 덮개나 마루바닥재로 사용될 때도 중요하다. 그러므로 목재의 섬유방향 수축에 미치는 영향인자에 대해 먼저 살펴본 후 방사방향과 접선방향인 횡방향 수축에 대해 논의하고자 한다.

4.5.1 섬유방향 수분팽창

보통 성숙재의 섬유방향 또는 축방향 수분팽창은 횡방향보다 10－20배 정도 더 작다. 예를 들어 보통 성숙재를 생재에서 전건상태까지 건조하면 초기수축은 0.1－0.3% 정도이다. 섬유방향에서 負수축(negative shrinkage)이 발생하는 경우도 있다. 즉 생재상태보다 기건상태에서 목재가 더 긴 경우가 해당된다(Hann 1969). 그러므로 통직한 노령수(older tree) 외주부분의 성숙재(mature wood)는 섬유방향 수축이 매우 작아 사용상 수축으로 인해 문제가 발생되지 않는다. 그렇지만 유령수(young tree)나 노령수의 수(pith) 부근의 미성숙재(juvenile wood)는 성숙재에 비해 섬유방향수축이 훨씬 더 크다. 그 이유는 미성숙재와 성숙재간 세포벽의 S2층 피브릴 경사각의 차이 때문이다. 최근 미성숙재를 다량 포함하고 있는 유령수의 사용이 증대되고 있으므로 섬유방향 수착에 관한 관심이 증대되고 있다. 또한 침엽수에서 압축재, 활엽수에서 인장재인 이상재(reaction wood)는 섬유방향 수축이 매우 크다(Panshin과 de Zeeuw 1980). 그러나 이상재 이용이 증대되고 있으므로 이에 대해 살펴보고자 한다.

Koehler(1960)는 섬유방향 수축이 과도하다고 생각될 수 있는 3가지 조건에 대해 설명하였다.

1. 과도한 수축이 일어나 기둥재와 인접 부재간 틈새가 발생하거나 마루바닥과 외벽재(siding)에서 버트 조인트(butt joint) 틈새가 벌어질 때
2. 과도한 수축으로 인해 제재목에 측면굽음이나 crossbreak가 생기고 단판에서 waviness가 생길 때
3. 제재목에 응력이 발생하여 종절(ripping)이나 횡절(crosscutting)시 톱물림(pinching)이 생기고 종절이나 기계평삭시 섬유방향 균열(cracking)이 생길 때

과도한 수축으로 인해 사용상 문제가 될 수 있는 다른 예들도 있다. 예를 들어 이상재나 미성숙재는 섬유방향 수축이 매우 크므로 제재목의 한쪽 면에 이들이 포함되면 섬유방향 측면굽음이나 길이굽음이 발생하게 된다. 목제 트러스의 하현재(lower chord member)에 미성숙재를 사용하면 함수율 계절변동에 의한 이들 부재의 과도한 수분팽창으로 인해 아치모양으로 구부러지는 현상(arching)이 발생하게 된다(Gorman 1985).

목재 섬유방향 수축의 영향인자에 대한 여러 가지 이론이 있다. 대부분의 이론은 섬유방향 세포의 세포벽 S2층 피브릴 경사각에 기준을 두고 있다. Cockrell(1946)은 섬유방향 수축을 설명하기 위해 단순 격자구조(lattice structure)를 제안하였는데, 부분적으로 설명이 가능하였다. Barber(1968)는 좀 더 정량적인 이론을 제안하였는데, Barber와 Meylan(1964) 의 초기이론을 개선시킨 것이다. 이들 이론은 목재 섬유세포의 세포벽이 무정형 흡습성 매트릭스로 구성되어 있으며 여기에 결정형 마이크로피브릴이 평행하게 삽입되어 있어 세포 축방향으로 수분팽창을 억제하는 모델에 근간하고 있다. 그 후 Barrett 등(1972), Cave(1972), Cousins(1976)의 이론은 세포벽의 조성성분인 셀룰로오스, 헤미셀룰로오스, 리그닌의 거동으로 좀 더 완벽하게 설명을 하였다. Barber와 Meylan(1964) 및 Barber(1968) 이론에 대해 먼저 설명한 후 Cave 이론에 대해 살펴보고자 한다.

초기모델인 Barber와 Meylan(1964)의 모델은 모든 피브릴은 세포 종축에 각도 θ로 동일하게 배열되어 있으며 세포 횡단면은 정사각형이라고 가정한다(그림 4.14). 인접 세포벽간 피브릴 경사각 θ가 동일하지만 반대방향으로 세포벽들이 서로 결합되어 있기 때문에 각 세포가 팽윤할 때 비틀림이 발생되지 않는다.

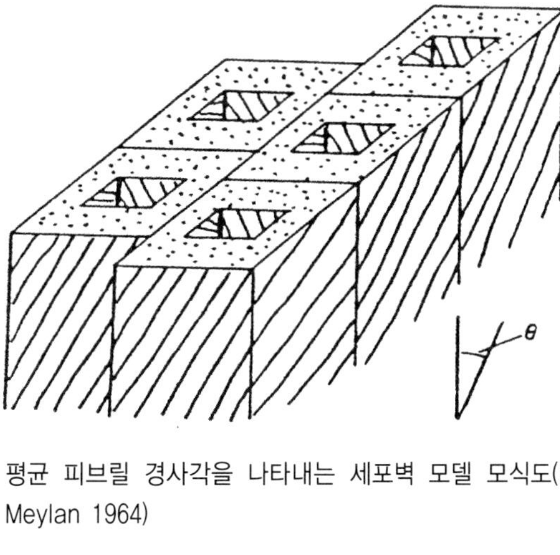

그림 4.14 평균 피브릴 경사각을 나타내는 세포벽 모델 모식도(Barber와 Meylan 1964)

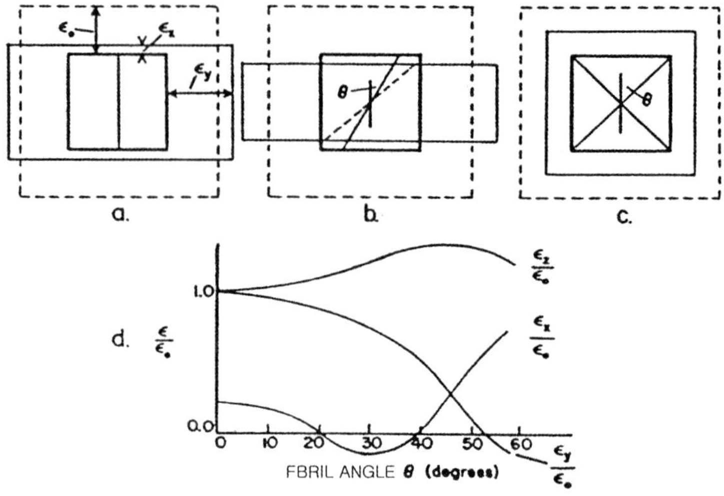

그림 4.15 피브릴 경사각에 따른 X(ϵ_x)와 Y(ϵ_y) 방향에서 팽윤 이방성을 나타내는 모식도. a 0°, b 30°, c 45°, d 0−60°(Barber와 Meylan 1964).

이방성 팽윤에 포함된 원리는 그림 4.15를 참조하면 쉽게 알 수 있다(Barber와 Meylan 1964). 그림 a, b, c에서 내부 정사각형은 세포벽중 한 단면의 원래 건조 치수를 나타낸다. a에서 수직 실선은 b와 c에서 경사 실선은 마이크로피브릴을 나타낸다. 마이크로피브릴은 길이방향 치수변동이 적으므로 마이크로피브릴 축방향으로 무정형 영역의 팽윤을 부분적으로 억제하게 된다. 점선으로 나타낸 외부 정사각형은 팽윤을 억제하는 마이크로피브릴이 존재하지 않을 때 세포벽 단면의 팽윤된 모양이다. 그와 같은 경우 a, b, c 모두 치수가 동일하며 등방성 팽윤이 이에 해당된다.

그림 4.15a와 같이 마이크로피브릴이 세포축에 평행한 경우($\theta = 0^o$), 마이크로피브릴이 섬유방향으로 팽윤을 억제하므로 세포 축방향 팽윤이 횡방향보다 작다. 세포단면의 전체 팽윤형상은 직사각형을 띠게 되는데, 세포 축방향 팽윤은 마이크로피브릴의 인장강도가 크므로 미소하다. 그렇지만 포아송 효과로 인해 전체 팽윤체적은 등방성의 경우와 거의 동일하므로 횡방향 팽윤은 등방성의 경우보다 더 크다. 그러나 2장에서 설명한 Barkas 효과로 인해 전체 팽윤은 약간 감소하게 된다.

그림 4.15b에서 전건재의 마이크로피브릴 경사각 θ는 경사실선과 세포축간의 각도로 30°이다. 팽윤후 마이크로피브릴은 점선으로 나타낸 위치로 이동이 된다. 매트릭스 재료의 팽윤에 따른 인장응력으로 인해 마이크로피브릴은 약간 신장이 된다. 그렇지만 팽윤과정에서 피브릴 경사각 증가로 인해 마이크로피브릴 길이인 수직요소는 실제적으로

감소하지만 수평 또는 횡요소는 증가하게 된다. 단면의 팽윤형상은 b와 같이 직사각형을 띠게 된다. 세포 축방향 길이가 실제적으로 감소하여 負팽윤(negative swelling)이 일어나게 된다. 횡방향 팽윤은 경사각 θ가 0°인 경우보다 더 크다.

그림 c와 같이 경사각 θ가 45°인 경우, 섬유방향과 횡방향의 팽윤은 등방성과 유사한 경향을 갖는다. 팽윤은 마이크로피브릴이 존재하지 않는 점선의 경우보다 더 작지만, 그 형상은 유사하다.

a, b, c 경우 모두 세포벽 두께방향으로 억제가 되지 않으므로 두께방향 팽윤은 매우 크다는 점에 유의해야 한다. 그렇지만 세포벽 한 면의 두께증가 크기는 그 면과 직각인 인접 세포벽의 두께증가 크기와 동일하다. 그러므로 이 모델에 따른 모든 피브릴 경사각의 경우 전체 세포의 횡단면 형상은 팽윤 후 정사각형을 유지하게 된다.

그림 4.15d는 3주축방향의 각각에서 마이크로피브릴이 존재할 때 기대팽윤 ϵ과 마이크로피브릴 억제효과가 없는 매트릭스에서 등방성 팽윤 ϵ_0의 비인 ϵ/ϵ_0가 어떻게 변화되는지를 정성적으로 나타낸 것이다. 먼저 ϵ_x/ϵ_0를 살펴보면 수직방향의 팽윤 ϵ_x가 30°까지 피브릴 경사각이 증가하면 감소하고 30°이상에서는 증가한다. θ=20°~40° 범위에서 팽윤은 약간 "−"를 나타내는데, 목재의 함수율이 증가하면 섬유방향으로 수축이 발생하는 것을 의미한다.

횡방향 팽윤비 ϵ_y/ϵ_0는 그림 4.15c에서 보는 바와 같이 피브릴 경사각이 0°일 때 최대이고 30°까지 서서히 감소하다가 30° 이상부터 급속히 감소하며, θ=45°에서 ϵ_x/ϵ_0와 같아진다. 두께방향 팽윤비 ϵ_z/ϵ_0는 θ=0°에서 횡방향 팽윤비 ϵ_y/ϵ_0와 동일하나 θ가 증

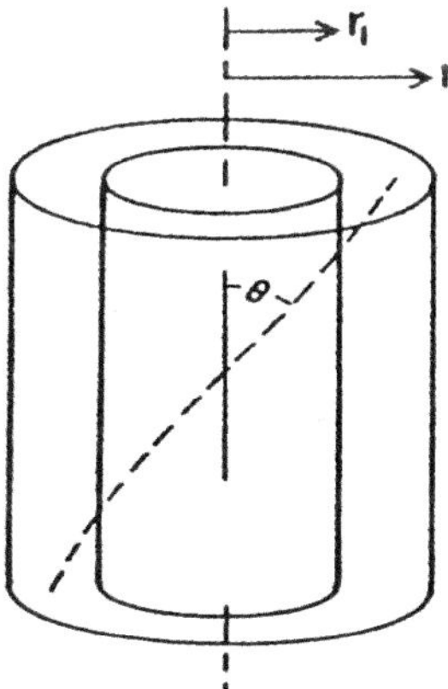

그림 4.16 원주 세포 모델. r_1 : 내경, r_2 : 외경, θ : 피브릴 경사각 (Barber 1968)

가하면 횡방향 팽윤비와는 달리 ϵ_z/ϵ_0도 증가하게 된다.

그림 4.16과 같은 Barber(1968)의 개선된 세포모델은 2가지 면에서 초기모델과 차이가 있다. 횡단면은 원형이고 실린더 바깥쪽에 얇은 억제층(constraining sheath)이 있어 횡방향 수축을 감소시키게 된다. 그러므로 세포벽은 2층, 즉 얇은 억제층인 S1층과 주층(dominant layer)인 두께가 $(r_2 - r_1)$인 두꺼운 S2층으로 구성되어 있다고 가정한다(그림 4.6). 여기서 r_1과 r_2는 세포벽의 외경과 내경으로 S2층의 반경과 거의 같다. Barber는 식 유도과정의 편의상 S2층의 두 셋트의 마이크로피브릴이 서로 반대방향으로 배열되어 있지만, 세포축에 대한 각도 θ는 동일하다고 가정하였다. 따라서 하나의 단리세포에서 비틀림 경향을 방지하여 두 인접 세포벽의 마이크로피브릴이 서로 반대방향으로 배열(그림 4.14)되어 중간층에 의해 서로 연결된 것과 동일한 효과가 있다.

Barber(1968) 및 Barber와 Meylan(1964)에 의해 유도된 식은 여기서 설명하지 않기로 하겠다. 그렇지만 Barber의 계산결과중 일부는 그림 4.17과 같이 6개 곡선형태로 되어 있다. 모든 곡선은 억제층 S1층의 강성(rigidity)은 마이크로피브릴과 평행방향인 S2층의 1%에 불과하다는 가정에서 계산된 것이다. 이것은 외장의 마이크로피브릴 배열방향은 세포축에 수직이고 신장억제의 전체강성은 S2층의 1%라는 것을 의미한다. 그 이유는 외장이 얇아 마이크로피브릴 체적이 작기 때문이다.

그림 4.17의 곡선중 2개는 그림 4.15d와 같은 방식으로 섬유방향 팽윤에 대한 ϵ_x/ϵ_0과 정성적으로 유사하다. 두 곡선의 E/S 비가 서로 다르다. 여기서 E는 팽윤 매트릭스

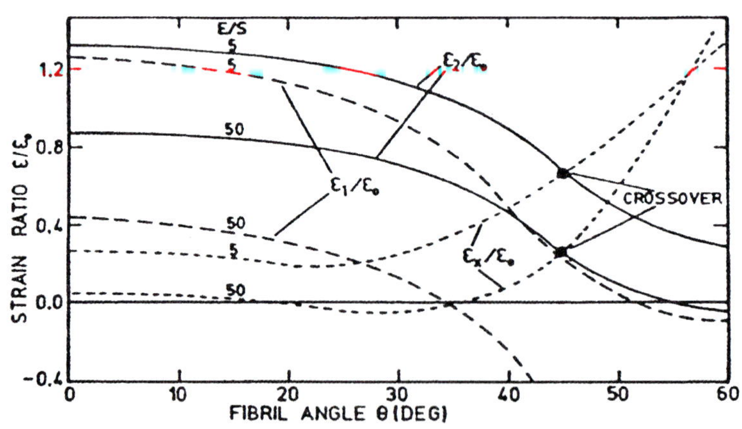

그림 4.17 억제외장(restraining sheath)의 유효 탄성계수와 팽윤 세포벽물질의 강성의 비 E/S와 경사각에 따른 섬유방향 ϵ_x/ϵ_0, 세포 횡방향 내경 ϵ_x/ϵ_0, 세포 횡방향 외경 ϵ_x/ϵ_0의 변형율 비 ϵ/ϵ_0 변화(Barber 1968)

에 의한 신장에 저항하는 마이크로피브릴의 유효 탄성계수, S는 팽윤 매트릭스의 전단변형의 저항도에 비례하는 강성 또는 전단탄성계수이다. 상대 강성비 E/S가 크면 경사각이 작을 때 상대 섬유방향 팽윤이 작다. 그 이유는 팽윤 매트릭스에 비해 마이크로피브릴의 강성이 클수록 경사각 θ이 작을 때 섬유방향 팽윤이 증가하게 되기 때문이다. 또한 경사각이 작을 때 섬유방향 팽윤 ϵ_x 계산값은 등방성 매트릭스의 기대 팽윤 ϵ_0의 수분의 일에 불과하다. 경사각 θ가 0°에서부터 증가됨에 따라 섬유방향 팽윤은 0에 접근하여, 실제적으로는 "−"가 되는데 30° 부근에서 최소가 되며 그 후 급격히 증가한다.

그림 4.17은 E/S에 따른 ϵ_2/ϵ_0의 두 곡선이 나타나 있다. 여기서 ϵ_2는 마이크로피브릴 억제시 외경(r_2) 횡방향 팽윤의 계산값이고, ϵ_0는 등방성 매트릭스의 외경 횡방향 팽윤 기댓값이다. 경사각이 작을 때 팽윤 계산값 ϵ_2는 등방성 팽윤 ϵ_0보다 상당히 더 크다. 경사각 25°부근까지 거의 일정하다가 급속히 감소하여 경사각 θ가 45°부근에서 ϵ_x/ϵ_0의 상승곡선과 교차하게 된다.

세 번째 두 곡선은 ϵ_1/ϵ_0를 나타낸다. 여기서 ϵ_1는 세포내강의 팽윤 또는 내경 r_1의 증가이다(그림 4.16). 대부분의 경우 상대팽윤 ϵ_1은 ϵ_2보다 더 작다. 억제외장(restraining sheath)의 강성이 크면 E/S가 클 때 ϵ_1은 0에 가깝게 된다. 이미 설명한 바 있는 것 같이 이러한 현상은 함수율 변화과정에서 세포내강이 거의 일정하게 유지되는 수종의 경우가 해당된다.

피브릴 경사각이 섬유방향, 횡방향 수축에 미치는 영향과 경사각이 클 때 섬유방향과 횡방향 수축의 교차현상에 대한 실험결과는 그림 4.18과 같다(Meylan 1968). *Pinus jeffreyi*의 섬유방향과 접선방향 수축 및 마이크로피브릴 경사각간의 관계를 나타낸 것

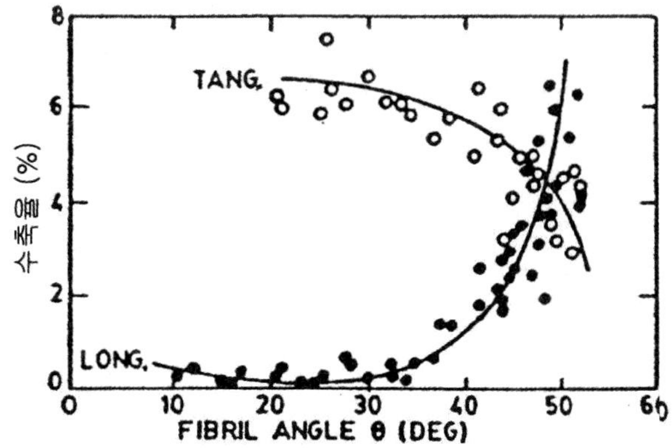

그림 4.18 평균 피브릴 경사각에 대한 *Pinus jeffreyi*의 섬유방향과 접선방향 수축의 측정값과 fitting 곡선(Meylan 1968)

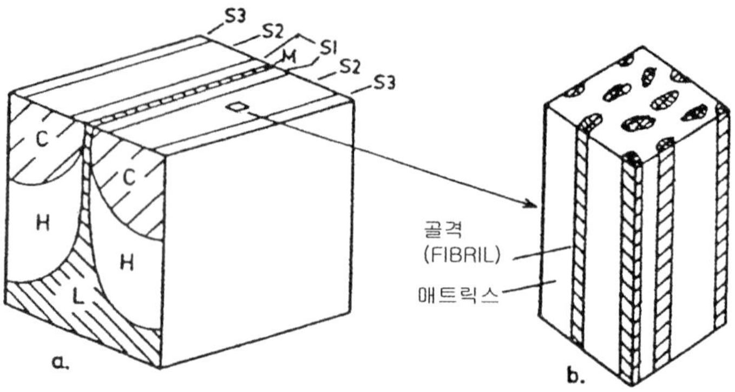

그림 4.19 모식도. a 두 연속 세포벽의 7층. 상대 수직크기 C, H, L은 임의 세포벽에서 셀룰로오스, 헤미셀룰로오스, 리그닌의 상대분포이다. b 각 층을 세분화한 골격과 매트릭스(Barrett 등 1972)

이다. 두 수축요소가 동일한 교차점은 마이크로피브릴 경사각 45°−50° 사이에서 발생한다. 곡선 모양은 Barber(1968)에 의해 유도된 이론 곡선과 유사하다(그림 4.17). 정확한 형상은 정량적으로 산출이 어려운 인자에 의해 좌우되지만 일반 경향은 잘 일치한다.

Barrett 등(1972)은 침엽수 가도관의 이상모델로 침엽수의 섬유방향 수분팽창을 예측하는 식을 유도하였다. 그들은 목재구조를 복합 재료로 다루는 재료역학적 접근을 이용하여 식을 구성하였다. 그들의 모델은 7층으로 구성되는데 중간층(M)과 2층의 1차벽(P)을 결합해 하나의 단층(MP)으로 가정하였다. 나머지 6층은 두 연속 가도관의 각 2차벽의 S1층, S2층, S3층으로 구성된다(그림 4.19a). 그들은 7층의 두께, 화학적 조성, 피브릴 경사각이 수분팽창에 미치는 영향을 알기 위해 이중 세포벽(double cell−wall) 모델을 이용하였다. 두 연속벽을 이중 세포벽으로 가정함으로써 Barber와 Meylan (1964)에 의해 이용된 단순모델(그림 4.14)과 같이 전단억제와 대칭성에 의해 모델을 단순화시켰다.

7층의 각각은 골조와 매트릭스 두 요소로 나누어진다(그림 4.19b). 골조는 헤미셀룰로오스와 결합된 셀룰로오스 마이크로피브릴로 되어 있다고 가정된다. 그러므로 골조는 탄성과 수분팽창 성질이 이방성을 띠며 횡방향보다 피브릴 축방향의 탄성계수는 약 10배 크고 수분팽창계수는 약 40배 크다. 또한 탄성계수와 포아송비는 3 주축면에서 다르다고 가정하였다. 매트릭스는 리그닌과 헤미셀룰로오스의 균질혼합물이며 탄성과 수분팽창 성질이 등방성이라고 가정하였다.

표 4.3 그림 4.20 곡선계산에 이용된 이중세포벽 모델 특성(Barrett 1972)

조성(%)[a]			추재		조재		압축목재	
층	골격	매트릭스	%	각도	%	각도	%	각도
(M+P)	10	90	7	90°	15	90°	7	90°
S1	50	50	8	80°	30	80°	28	80°
S2	50	50	80	θ	40	θ	65	θ
S3	50	50	5	70°	15	70°	–	–

수분팽창은 식 (4.40)–(4.42)으로 정의되는 습도팽창계수로 계산하였다. 평형–변형율 적합관계(compatibility relation)를 이용하여 주어진 습도범위에서 각 층의 수분팽창 변형율을 계산하였다. 그 다음에 각 층의 수분팽창으로부터 각층의 강성, 팽창계수, 상대두께를 고려하여 전체 세포벽의 전체 외부 수분팽창을 계산하였다. 각 층의 강성과 팽창계수는 세포조성과 세포축에 대한 마이크로피브릴 경사각에 따라 다르다.

Barrett 등 (1972)은 표 4.3의 데이터를 이용해 전형적인 침엽수 조재와 만재의 섬유방향(Y_1)과 횡방향(Y_x)의 습도팽창계수 기대값을 계산하였으며, 또한 압축이상재에 대한 것도 계산하였다. 이들 계수를 계산하기 위해 그들은 골조와 매트릭스 요소의 습도팽창계수(Y)뿐만 아니라 영계수, 전단탄성계수, 포아송비에 대한 다른 자료의 값을 이용하였다. 골조의 경우 이들 계수는 세 직교축에서 서로 다르지만 등방성 매트릭스 경우는 모든 방향에서 동일하다.

그림 4.20은 표 4.3에 나타낸 가도관 종류에 대해 S2층의 피브릴 경사각에 따른 Y_1과 Y_x 변화를 나타낸 것이다. 압축이상재는 S3층이 존재하지 않는 것으로 가정한다(Panshin과 de Zeeuw 1980). 각 그림에서 수직 점선은 S2층의 평균 피브릴 경사각으로 만재, 조재, 압축이상재의 경우 약 10°. 40°, 40°이다. 곡선으로부터 여러 가지 결론을 얻을 수 있다.

1. S2층 평균 피브릴 경사각이 증가하면 섬유방향 수분팽창은 증가하고 횡방향 팽창은 일반적으로 감소한다.
2. 전형적인 조재(피브릴 경사각 40°)의 섬유방향 수분팽창은 만재(피브릴 경사각 10°)보다 훨씬 더 크며, 횡방향 팽창은 그 반대이다.
3. 전형적인 압축이상재의 수분팽창은 조재와 유사하지만 약간 감소된다. 그 이유는 리그닌이 많고 셀룰로오스가 적기 때문이다.

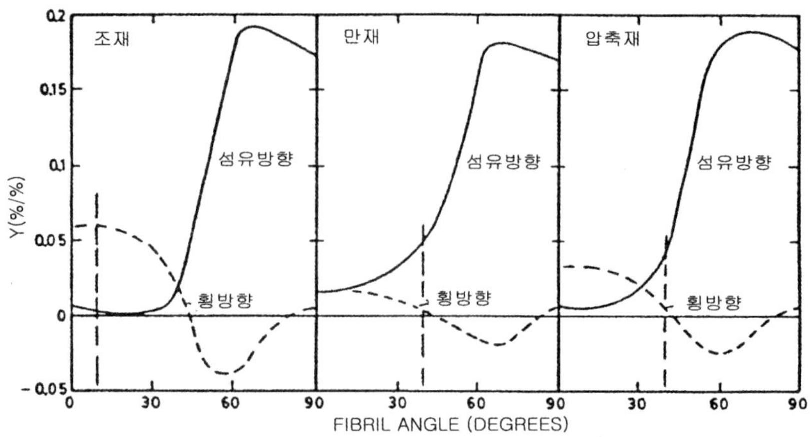

그림 4.20 조재, 만재, 압축재의 피브릴 경사각에 따른 섬유방향과 횡방향 습도팽창계수 Y의 변화(Barrett 등 1972)

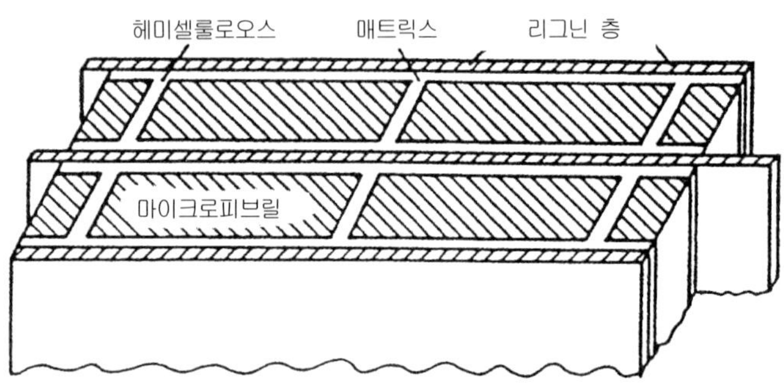

그림 4.21 헤미셀룰로오스 매트릭스에 삽입되어 있는 평행 셀룰로오스 피브릴로 구성된 골조-매트릭스 모델의 모식도(Cave 1978a, b)

Cave(1978a,b)는 Barrett 등(1972)은 보다 좀 더 복잡한 세포구조 모델을 이용하였다. 그는 골조 매트릭스 모델(그림 4.19b)을 평행 셀룰로오스 마이크로피브릴이 헤미셀룰로오스 매트릭스에 삽입되어 있는 하나의 배열(array)로 대체하였다. 이 배열은 리그닌 미세층(microlayer)에 의해 결합된다(그림 4.21). 각 세포벽 층, 중간층(M), 1차벽(P), 2차벽의 S1층, S2층, S3층은 리그닌 미세층에 의해 결합된 "기본 세포벽 요소"의 배열들로 구성된다. Cave는 Barrett 등의 모델과 유사한 이중세포벽 모델을 이용하였다(그림 4.19a). 따라서 두 물리적 모델은 이상에서 설명한 바와 같이 세포벽 각층의 구성 조직면에서 주로 차이가 난다.

Cave(1972, 1975)는 초기연구에서 복합재료의 요소체적의 내외부응력, 전체강성 C,

전체변형율 $\Delta\epsilon$ 의 관계를 설명하기 위해 다음과 같은 연속체 식을 이용하였다. 셀룰로오스나 다당류 요소의 연속체 식은

$$C\Delta\epsilon = F_m\left[C_m\Delta\epsilon_0 - \Delta C_m\left(A_m\epsilon - \epsilon_0\right)\right] + \Delta\sigma \tag{4.43}$$

등방성 리그닌 요소의 경우, 요소의 전체 변형율에 대한 매트릭스 변형율의 비인 A_m 이 1이고 매트릭스 체적분율 F_m 이 1이므로 식 (4,43)은

$$C\Delta\epsilon = C\Delta\epsilon_0 - \Delta C(\epsilon - \epsilon_0) + \Delta\sigma \tag{4.44}$$

식 (4.43)과 (4.44)에서 C, ϵ, σ는 강성, 변형율, 응력의 텐서량이다. ϵ_0는 팽윤에 대한 억제가 없을 때 수분수착으로 인한 매트릭스 변형율이다. 식 (4.43)에서 강성 C_m은 매트릭스에 대한 것이다.

Cockrell(1947), Kelsey(1963), Hann(1969), Meylan(1972), Espenas(1974) 등과 같은 여러 연구자는 목재의 섬유방향 수분팽창은 함수율의 비선형 함수인 경우가 많다고 보고하였다. Meylan은 *Pinus radiata*의 경우 수분팽창이 고함수율에서보다 저함수율에서 증가가 더 크다고 하였다. 다른 말로 하면 식 (4.37)로 정의되는 섬유방향 함수율 팽창계수 X_l이 함수율 증가에 따라 감소하였다. Cave(1978a)는 거의 지수적으로 감소되었으며 목재의 수착미분열 Q_s [식 (2.41)]과 섬유방향 탄성계수 E_l(1.5절)의 함수율에 따른 지수감소와 유사하였다.

Cave는 Q_s, X, E의 함수율에 따른 지수감소는 Peirce 수착모델(3.2.4절)에 의한 전체함수율 m의 증가에 따른 알파수 m_a 양의 지수증가와 관련이 있다고 제안하였다. Cave(1978a)는 알파수 대신에 고에너지수(high energy water)라는 용어를 사용하였는데, 그 이유는 베타수 또는 약결합수(weakly bound water)보다 더 강력하게 결합되어 있기 때문이다. 3.2.4절에서 설명한 바와 같이 알파수는 Hailwood–Horrobin 수착모델의 수화수 m_h와 유사하며 Dent 모델의 1차수 m_1과 유사하다.

Cave(1978a,b)는 섬유방향 수분팽창은 흡착수의 전체 양이 아닌 고에너지수 또는 알파수의 양에 비례한다고 가정하여 그의 섬유방향 수분팽창 모델을 수정하였다. 이러한 가정으로 그는 Meylan(1972)이 *Pinus radiata*에 대해 실험적으로 구한 것과 유사한 함수율 팽창곡선을 계산하였다(그림 4.22).

이러한 계산을 하기 위해서는 셀룰로오스 피브릴뿐만 아니라 리그닌과 헤미셀룰로오스와 같은 모델 요소의 강성과 수분팽창 성질을 가정할 필요가 있었다. Cave는 2차벽

의 S1층과 S2층을 중간층(M), 1차벽(P)와 결합시켜 평균 섬유경사각은 70°인 결합층(binding layer) 또는 후프층(hoop layer)을 형성시켰다. Barber(1968)와 Barrett 등(1972)의 모델과 같이, S2층이 주층으로 그림 4.22에 나타낸 것처럼 피브릴 경사각을 변화시켜 계산하였다.

침엽수의 경우 압축재이고 활엽수의 경우 인장재인 이상재의 섬유방향 수분팽창이 큰 주 원인은 세포벽의 마이크로피브릴의 경사각이 크기 때문이다. 여러 연구자들에 따르면 가도관의 S2층 마이크로피브릴 경사각이 크고 두께가 두껍기 때문에 압축재의 축방향 수분팽창이 크다고 한다(Harris와 Meylan 1965, Boyd 1977, Harris 1977). 인장재의 경우 S2층의 두께가 감소하고 S1층의 경사각이 큰 것이 섬유방향 치수변동이 큰 주 원인이라 생각된다. Norberg와 Meier(1966)에 따르면 젤라틴 층(gelatinous layer)은 셀룰로오스 마이크로피브릴의 축방향 배열과는 달리 섬유방향 치수변동에 영향을 미치지 않는다.

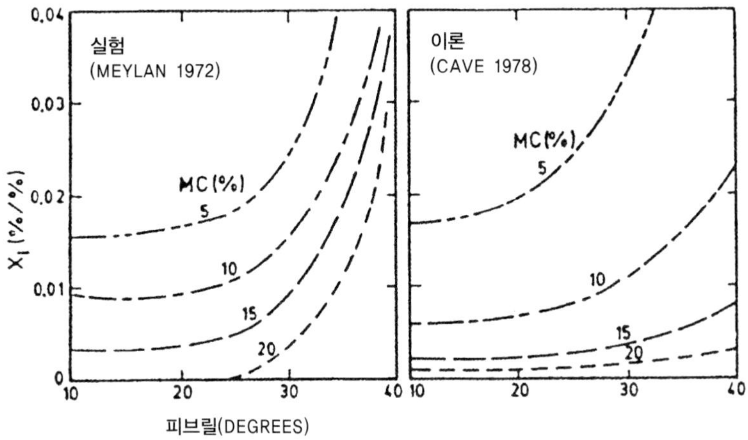

그림 4.22 피브릴 경사각과 함수율에 따른 섬유방향 함수율팽창계수 X_l 의 측정값(Meylan 1972)과 이론값(Cave 1978a,b)의 비교

표 4.4 평균 세포의 모델(Cave 1976)

		S2층	결합층	중간층
Cellulose	vol. %	50.4	50.4	0
Hemicellulose	vol. %	25.2	25.2	0
Pectic 다당류	vol. %	–	–	15.8
Ligin	vol. %	24.4	24.4	84.2
층 체적	vol. %	76.2	12.4	11.4
평균 피브릴 경사각	–	경우에 따라 다름	70°	–

4.5.2 방사방향과 접선방향 수분팽창

목재의 섬유방향 수분팽창은 섬유경사각 θ이 과도하게 큰 경우를 제외하고는 목리 횡방향보다 10－20배 더 작다는 것은 이미 설명한 바 있다. 그리고 횡방향 수분팽창에서 이방성이 상당히 큰데, 접선방향이 방사방향 수분팽창보다 약 2배 더 크다. 이러한 이방성은 초기건조와 일련의 사용과정에서 제재목의 틀어짐(warping)과 밀접한 관계가 있다.

수분팽창시 횡방향 이방성을 발생시키는 메커니즘에 대해 논의하기 전에 일부 실제 영향에 대해 먼저 살펴보기로 하겠다. 그림 4.23은 접선방향/방사방향 수축 이방성으로 인해 흔히 발생되는 전형적 원목의 횡단면에서 제재목의 위치별 횡방향 틀어짐의 일부 형태를 나타내고 있다.

판목재 a에서 가장 현저한 변화가 일어나는데 건조후 너비굽음(cupping)이 발생된다. 굽음이 발생되지 않도록 건조중 판재에 힘을 작용시키면 너비굽음을 감소시킬 수 있다. 그렇지만 잔류응력으로 인해 너비굽음을 완전히 제거할 수는 없다. 표면이 편평한 판재가 요구될 때에는 너비굽음이 발생된 면을 상당히 평삭가공을 하여야 하므로 두께가 얇아지고 폐설(廢屑)이 다량 발생하게 된다. 또한 주위습도가 변화되는 환경에 노출되면 판목재는 습도변화에 따라 주기적 너비굽음이 발생하게 된다.

정목재 b는 너비굽음이 발생되지 않는다. 정목재가 치수안정면에서 가장 바람직하지만 원목의 실제 제재시 1－2개 이상의 완전한 정목재를 얻는 것은 곤란하며 제재목의 연륜배열은 c와 같이 a와 b의 중간인 경우가 대부분을 차지한다. d와 같이 수가 중앙에 있는 판재는 두 가장자리에 비해 중앙의 수축이 작아 약간 凸면을 띠게 된다. e와 같은

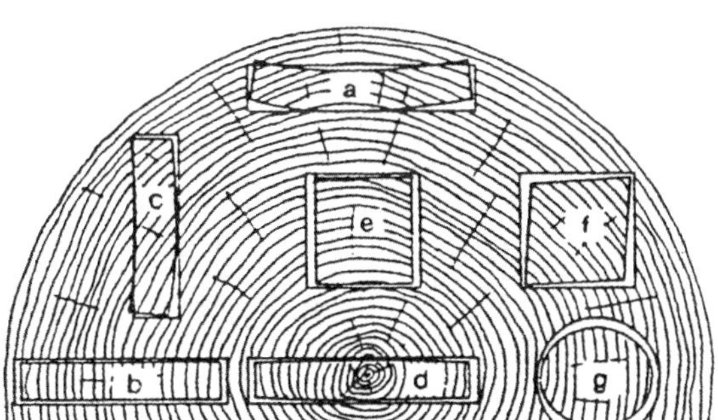

그림 4.23 원목 위치에 따른 건조후 판재, 정각재, 원형재의 단면변화 (US For Prod Lab 1974)

정각재(square timber)는 건조후 직사각형이 되지만 f는 다이아몬드형이 된다. g와 같은 원형재는 타원형으로 변형된다.

Hsu와 Tang(1975)은 그림 4.23과 같은 형태의 응력이 없는, 즉 제재목 수축이 억제되지 않고 건조중 수분경사가 없는 제재목 횡단면 변형도를 계산하는 식을 유도하였다. 양해(explicit solution)를 구하기 위해서 수분경사의 영향을 무시하였다. 그림 4.23a와 같이 수로부터 표층까지 거리가 r인 판목재(그림 4.24)의 경우 너비굽음 크기는 너비굽음 d와 판재의 원래 폭 w의 비로 나타내었다.

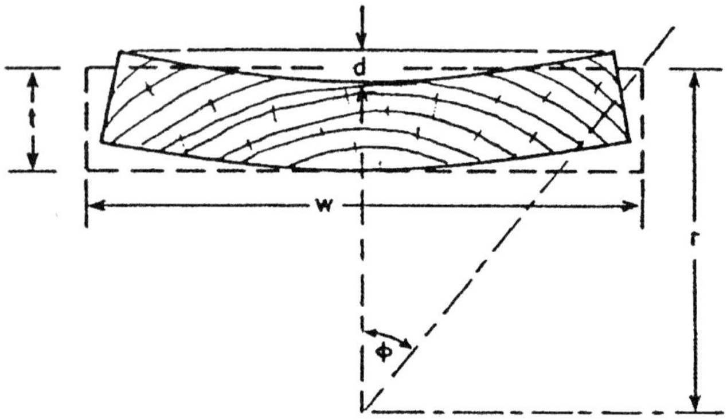

그림 4.24 너비굽음 d와 판재 원래 폭 w의 비로 정의된 너비굽음 크기를 나타내는 모식도(Hsu와 Tang 1975)

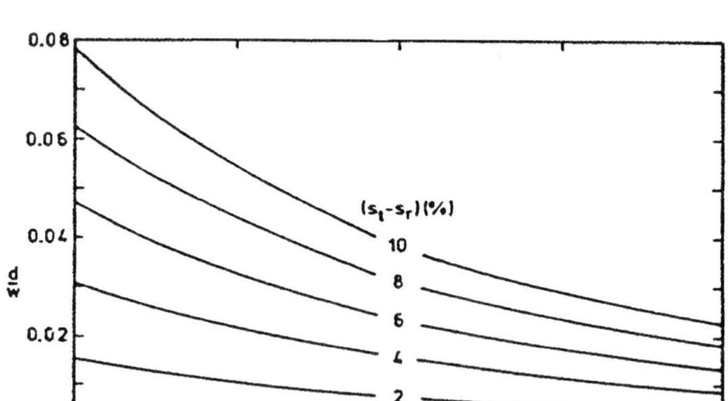

그림 4.25 접선방향 s_t과 방사방향 s_r 수축간의 차이에 대한 너비굽음 비 d/w와 r/w관계를 나타내는 이론적 곡선(Hsu와 Tang 1975)

$$\frac{d}{w} = 0.005\,(s_t - s_r)tan^{-1}(\frac{w}{2r}) \tag{4.45}$$

여기서 s_t와 s_r은 접선방향과 방사방향의 퍼센트 수축이고 arctan($w/2r$)은 각도 ϕ이다(그림 4.24).

식 (4.45)에 따르면, 너비굽음 크기 d/w는 접선방향과 방사방향 수축의 차이와 $tan\phi$에 비례한다. 판재 폭 w이 주어진 경우 너비굽음은 수로부터 외층까지 거리 r에 따라 감소한다. 그림 4.25는 d/w가 r/w과 방향별 수축차 $s_t - s_r$에 따라 변화되는 것을 나타낸다. Hsu와 Tang(1975)은 식 (4.45)는 수가 포함되지 않은 판목재에만 해당된다고 하였다. 수가 포함되면 내부응력이 발생하여 계산결과가 부정확해진다. 그림 4.25로부터 너비굽음은 수근처와 $s_t - s_r$가 작을수록 감소됨을 알 수 있다.

또한 Hsu와 Tang(1975)은 너비굽음을 방지하는데 필요한 억제력의 크기를 계산하였다. 이 때 횡단면을 스팬(span)이 w인 단순지지보(simply supported beam)로 가정하고 스팬의 중앙에 작용하는 집중하중 P를 억제력으로 가정하였다. 단순보 이론을 적용해 상층과 하층 중앙에서 발생하는 최대응력을 계산하였다.

$$S_{\max} = \frac{0.03Eh\,(s_t - s_r)}{w}tan^{-1}(\frac{w}{2r}) \tag{4.46}$$

여기서 E는 목재의 접선방향 탄성계수이고 h는 판재의 두께이다. 식 (4.46)은 단지 $S_{\max}$의 크기만 나타낸다. 실제 응력은 응력완화와 같은 레오로지(rheology) 인자들로 인해 계산값보다 작다. 그렇지만 수분경사와 관련된 다른 인자의 영향으로 인해 더 큰 응력을 필요로 한다. 특히 수피방향쪽 면에 대해서 그러하다.

기타 여러 연구자들은 건조중 수축거동을 수학적으로 해석하였다. 예를 들어 Imata (1975)는 매핑이론(mapping theory) 개념을 적용하여 *Cryptomeria japonica*의 건조중 응력 크기와 분포를 계산하였다.

횡방향 수분팽창의 상이(differential transverse hygroexpansion)를 일으키는 메커니즘은 목재과학의 문헌에서 상당히 논란이 되는 주제이다. Boyd(1974)는 76편의 관련 논문을 인용하여 고찰한 바 있다. 이보다 초기 고찰은 Pentoney(1953), Bosshard (1956), Kelsey91963), Stamm(1964), Crews(1965), Kollmann과 Cote(1968) 등의 논문이 있다.

Pentoney(1953)는 횡방향 이방성을 설명하기 위해 제안된 이론을 3그룹으로 나누었다. 첫 번째는 여러 조직과 세포 종류의 배열과 같은 전체 목재구조(gross wood structure)의 변이와 관련 있다. 두 번째는 피브릴 배열의 변이이고 세 번째는 세포벽층의 변이와 관련 있다. Boyd(1974)는 이론들을 약간 다르게 구분하였지만 일반적으로 Pentoney의 3범주에 속한다.

전체목재구조에 따른 횡방향 수분팽창 이방성에 대한 설명은 두 가지가 있다. 가장 오래되고 널리 알려진 것은 방사조직 억제이론(ray restraint theory)이다. 방사방향으로 배열된 방사조직은 주위 섬유방향 조직보다 방사방향의 수축과 팽윤이 더 작다고 가정한다(그림 4.26). 그리고 세포가 방사방향으로 배열되어 인접 조직보다 강도가 크므로 방사방향 팽창을 억제한다고 가정한다. 두 번째는 조만재 이론(earlywood－latewood theory)으로 만재가 조재보다 접선방향의 수축이 더 크고 강도도 크다고 가정한다. 따라서 조재의 접선방향으로 수축을 증가시키고 포아송 효과로 인해 방사방향 수축은 감소시키므로, 접선방향 수축이 방사방향보다 커지게 된다. 방사조직 억제이론에 대해 먼저 살펴보도록 한다.

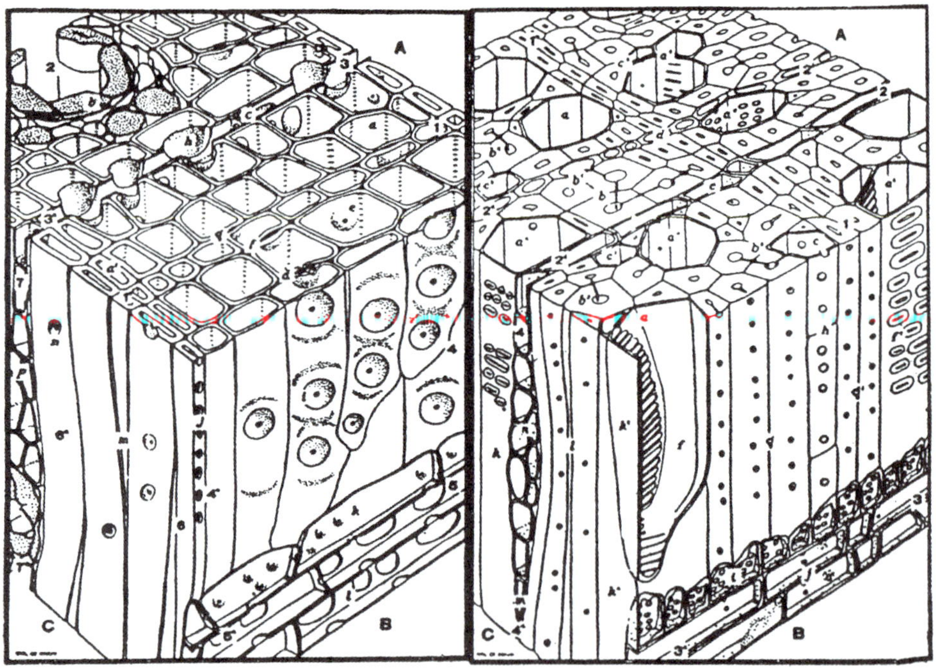

그림 4.26 전형적인 침엽수 *Pinus strobus* L. (좌, 200×)와 활엽수 *Liquidambar styraciflua* L.(우, 160×)의 모식도. 3 단면은 횡단면 A, 방사단면 B, 접선단면 C로 구성된다. 일부 방사조직이 방사단면 하단에 나타나 있음. 2차 방사조직이 A와 C면에 나타나 있음(Panshin과 de Zeeuw 1980)

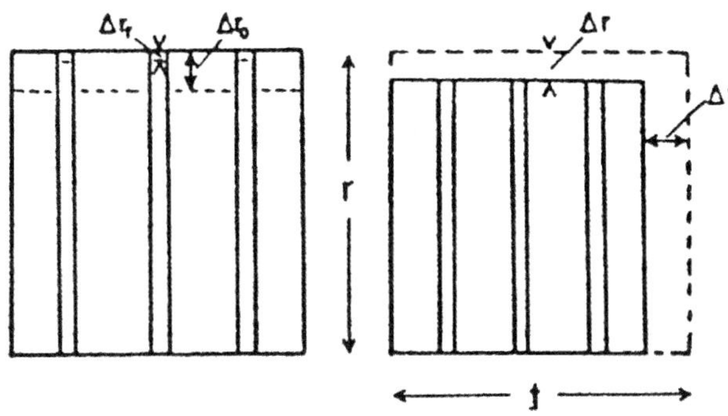

그림 4.27 수축이방성의 방사조직 억제이론을 나타내는 모델의 모식도. a 단리된 방사조직 Δr_r과 무방사조직 Δr_0의 방사방향 수축, b 전체목재의 방사방향 Δr과 접선방향 Δt 수축

방사조직 억제이론은 섬유방향 조직과 방사조직의 가상 횡단면을 나타낸 그림 4.27을 참조하면 잘 이해될 수 있다. 단리된 방사조직의 방사방향 수분팽창 계수 X_{rr}은 무방사조직(ray-free)인 섬유방향 조직의 방사방향 계수 X_{r0}보다 작다고 가정한다. 방사조직을 포함한 전체목재의 방사방향 수분팽창 계수 X_r은 X_{rr}과 X_{r0}의 중간값으로, 방사조직과 무방사조직의 상대강성에 따라 다르다. 다음과 같은 식으로 근사적으로 구할 수 있다.

$$X_r = \frac{X_{rr} V_r + X_{r0} V_0 K_{0r}}{V_r + V_0 K_{0r}} \tag{4.47}$$

여기서 K_{0r}은 방사방향에서 무방사조직과 방사조직의 탄성계수 비 E_0/E_r, V_0와 V_r은 무방사조직과 방사조직의 체적분율이다.

식 (4.47)은 McIntosh(1955)에 의해 주어진 식보다 간단한 근사식이다. 그의 식은 방사조직의 백분율 방사방향 수축 s_{rr}과 무방사조직의 백분율 수축 s_{r0}의 항으로 백분율 수축 s_r을 나타낸다는 면에서도 약간 차이가 있다. McIntosh는 red oak와 미국산 beech로부터 단리된 방사조직과 마이크로톰으로 조제한 방사조직의 체적분율 V_r을 변화시켜 수축 s_r을 측정하였다. 그는 두 셋트의 s_r, V_r, s_{r0}의 측정값을 식에 대입하여 s_{r0}와 E_0/E_r을 계산할 수 있었다. 그가 beech에 대해 구한 결과는 그림 4.28과 같다.

표 4.5에 나타난 무방사조직의 방사방향 수축 계산값과 전체목재와 방사조직 자체의 방사방향 수축의 측정값을 비교해 보는 것이 유익하다. 이들 조사된 활엽수에 있어 방사조직 억제 메커니즘이 적어도 횡방향 수축이방성과 관련된 인자의 하나라는 것은 명

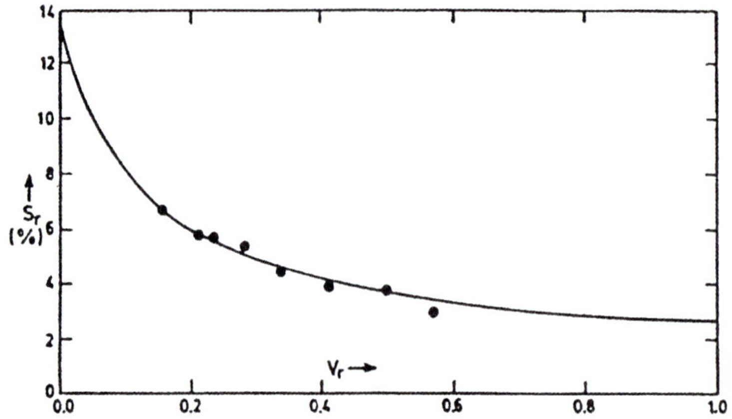

그림 4.28 방사조직 체적분율 V_r에 대한 방사방향 수축 s_r의 측정값과 계산곡선. McIntosh(1955)가 beech의 $E_0/E_r = 0.124$ 라고 가정하여 구하였으며 E_0와 E_r은 무방사조직 탄성계수와 방사조직의 탄성계수이다.

표 4.5 습윤재에서 전건상태까지 목재 방사조직, 무방사조직 목재(rayless wood), 방사조직 포함 목재의 백분율 방사방향 수축율

출처	수종	방사방향 수축율 (%)a			
		S_{rr}	S_{r0}	S_{r0}'	S_r
Greenhill 1944	*Casuarina iukmanni*	1.2	–	–	3.3
	Grevillea robusta	1.2	–	–	3.7
	Xylomelum pyriforme	0.7	–	–	2.0
	Quercus sp.	3.2	–	–	4.9
Lindsay와 Chalk 1954	*Quercus ilex*	3.1	–	6.0	–
	Cardwellia sublimis	0.9	–	3.5	–
	Helicia terminalis	0.8	–	1.9	–
Morschauser와 Preston 1954	*Quercus borealis*	2.5	12.0	–	5.1
McIntosh 1955	*Quercus borealis*	2.6	6.8	4.8	–
	Fagus grandifloia	2.3	12.7	6.7	–
Wijesinghe S. de 1959	*Arctocarpus integra*	1.3	4.8	–	3.8
	Canarium zeylanicum	0.2	4.0	–	3.4
	Acer pseudoplatanus	3.8	4.9	–	4.3
Schniewind와 Kersavage 1962	*Quercus kelloggii*	2.1	–	5.8	3.0

[a] S_{rr} : 단리된 방사조직, S_{r0} : 무방사조직 목재, S_{r0}' : 광방사조직은 없으나 협방사조직은 있는 목재, S_r : 모든 방사조직을 포함한 목재

확히 알 수 있다.

Crews(1965)는 미국산 활엽수 5수종에 대해 조사한 결과 방사조직 형상이 T/R 수축비에 영향을 미치는 한 인자라는 것을 밝혀내었다. 높이가 낮고 폭이 넓은 방사조직은 방사방향 수축이 작다. Crews는 폭이 좁은 방사조직의 상대 비효율성의 원인은 방사방향의 강성이 작기 때문이라고 하였다. 또한 그는 목재의 전체 비중이 클수록 방사조직의 방사방향 수축의 유효성은 감소한다고 하였다. 이것은 식 (4.47)과 일치한다. 왜냐하면 주어진 방사조직 체적의 경우 목재비중이 증가할 수록 K_{0r}과 X_{r0}는 증가하므로 방사방향 계수 X_r이 증가하기 때문이다.

방사조직의 방사방향 수축이 감소하는 원인은 명확한 증거는 없지만 방사조직의 피브릴 배열과 관련 있을 수 있다. 또 다른 가능성은 방사조직의 흡습성이 섬유방사 조직보다 작아 전체 수축을 감소시킬 수 있다. 예를 들어 Morschauser와 Preston(1954)은 *Quercus borealis*의 방사방향 수축 변곡점 측정 결과 섬유방향 조직은 25.57%인 반면에 방사조직의 섬유포화점 M_r은 17.63%에 불과하였다고 한다.

이상의 설명에서 접선방향 수축이나 접선방향과 방사방향의 결합 또는 포아송 효과로 인한 섬유방향 수축에 대하여 언급이 되지 않았다. 방사조직 억제로 인해 섬유방향 조직의 방사방향 수축이 감소되면 섬유방향 조직에 대한 포아송비 효과로 인해 접선방향 수축이 증가하게 된다. 방사조직의 방사방향 수축이 증가하면 방사조직의 접선방향 수축이 증가되므로 방사조직 자체에 의해서도 동일한 영향을 부분적으로 미칠 수 있다. 그렇지만 이것은 섬유방향 세포의 축에 평행한 방사방향 수축의 감소가 큰 것으로 인해 발생되는 방사조직의 접선방향 수축의 증가보다 작다. 이것은 다음 2가지 원인에 기인된다. 첫 번째, 방사조직의 억제는 방사방향에서보다 목재 목리에 평행방향에서 더 크다. 그 이유는 목재의 섬유방향 수축이 작아 목리 평행방향으로 방사조직의 수축이 작기 때문이다. 두 번째, 세포 축이 방사방향으로 배열되므로 포아송비는 방사-접선면보다 섬유-접선면에서 더 크다.

Boyd(1974)는 방사조직 억제 메커니즘은 횡방향 수분팽창 이방성의 주요 인자가 아니라고 결론지었다. 이것은 Nakato(1958)가 보고한 것처럼 침엽수에는 해당될 수 있다. 그러나 활엽수의 경우에는 방사조직 억제가 주 원인이라는 증거가 매우 많다.

횡방향 팽창 이방성을 설명하는 조만재 상호작용이론은 Kollmann(1936)이 Mörath 논문을 참조하였기 때문에 Pentoney(1953)에 의해 Mörath 이론이라 불리우고 있다. 그렇지만 Erickson(1955)은 이론에 대한 일반 아이디어는 Wagner(1917)와 Forsaith(1926)

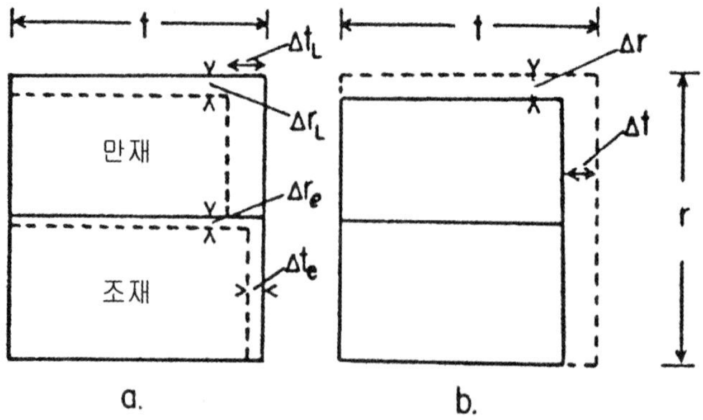

그림 4.29 이방성 수축의 조재-만재 상호작용 이론에 이용된 모델의 모식도. a 단리된 조재(Δr_e, Δt_e)와 만재(Δr_l, Δt_l)의 방사방향과 접선방향 수축, b 전체목재의 방사방향(Δr)과 접선방향(Δt)의 수축.

으로 거슬러 올라가야 한다고 하였다.

이 이론(그림 4.29)에 따르면 온대산 대부분 목재는 방사방향으로 조재와 만재가 교대로 배열되므로 접선방향 팽창이 방사방향보다 크다. 특히 침엽수 경우가 심하다. 만재의 수분팽창은 조재보다 크고 만재의 강도가 조재보다 더 크다. 그러므로 만재의 강한 접선방향 띠(band)는 조재의 약한 밴드에 힘을 작용시켜 접선방향으로 만재만큼 팽창을 시킨다. 그렇지만 방사방향에서 전체팽창은 두 요소 팽창의 가중평균과 같다. 접선방향의 과도한 팽창으로 인한 포아송 효과에 의해 조재의 방사방향 치수가 감소되므로, 실제 팽창은 가중평균치보다 작다. 또한 만재의 접선방향 팽창이 과도한 접선방향 팽창에 대한 조재의 저항으로 약간 감소되므로 만재의 방사방향 팽창이 약간 감소한다.

조재 상호작용 이론에 따른 만재의 방사방향 팽창의 기댓값은 식 (4.47)과 유사한 근사식과 가정으로 유도될 수 있다. 그 결과는

$$X_t = \frac{X_{te} V_e + X_{tl} V_l K_{le}}{V_e + V_l K_{le}} \tag{4.48}$$

여기서 K_{le}는 만재의 탄성계수(E_l)와 조재의 탄성계수(E_e)의 비인 E_l/E_e이고, V_e와 X_{te}는 단리된 조재의 체적분율과 접선방향 팽창계수이며 V_l과 X_{tl}은 만재에 대한 것이다.

방사방향 계수 X_r의 기대값도 근사식으로 나타낼 수 있다. 이 식은 포아송비 효과로 인해 약간 더 복잡하다. 조재와 만재의 포아송비 U가 동일하다면

$$X_r = X_{re}V_e + X_{rl}V_l + \frac{V_eV_lU(X_{tl} - X_{te})(1 - K_{le})}{V_e + V_lK_{le}} \tag{4.49}$$

여기서 부가항 X_{tl}과 X_{te}는 단리된 만재와 조재의 접선방향 계수이다. T/R 수축비인 X_t/X_r 기댓값은 식 (4.48)을 식 (4.49)로 나누어 구할 수 있다.

Pentoney(1953)는 계수 X가 아니라 단리된 조재와 만재의 전체 방향별 수축 s_{re}, s_{rl}, s_{te}, s_{tl}의 항으로 T/R 수축비 기대값에 대한 좀 더 정확한 식을 나타내었다. T/R비에 의한 이들 식은 다음과 같이 가정하면 상기 식들과 거의 유사하다.

$$100 - s_{te} \cong 100 - s_{tl} \tag{4.50a}$$

$$100 - s_{re} \cong 100 - s_{rl} \tag{4.50b}$$

여기서 수축은 퍼센트이다.

Ylinen과 Jumppanen(1967)은 조만재 상호작용 이론에 대한 좀 더 정확한 식을 개발하여 검토하였다. 그들은 이론을 섬유방향 수축으로 확장시켰는데, 보통 관찰되는 바와 같이 조재의 섬유방향 수축이 만재보다 크다고 가정하였다.

Pentoney(1953)는 실험적으로 춘추재 상호작용 이론을 검토하였는데, 미송의 단리된 조재와 만재의 접선방향과 방사방향의 수축을 측정하여 전체 목재의 수축과 비교하였다. 그 결과는 표 4.6과 같다. 만재의 접선방향 수축이 조재로부터 단리된 것이나 부착된 것 모두 거의 동일하다는 것을 알 수 있다. 조재가 만재에 부착되어 있으면 강한 만재와 거의 동일한 정도로 접선방향으로 수축이 되게 힘이 작용된다. 또한 조재의 방사방향 수축은 조재가 만재에 부착되어 있으면 감소된다. 단리된 조재는 단리된 만재보다 접선 및 방사방향의 수축이 훨씬 더 작다. 그리고 단리된 조재의 T/R비는 2에 가까우나 단리된 만재의 T/R비는 1보다 약간 더 작다. 조재의 T/R비가 큰 것은 조만재 상호작용외의 다른 메커니즘이 조재에 작용되기 때문이라 생각된다.

Vintila(1939)의 침엽수 4수종에 대한 초기연구는 Ritter와 Mitchell(1952), Brown (1957), Erickson(1955)의 연구와 마찬가지로 이방성 횡방향 수축에 대한 조만재 상호작용 이론을 뒷받침하며, 그 중 일부 데이터는 표 4.7과 같다. 단리된 조재의 T/R비가 만재에 비해 크다는 Vintila의 결과는 Pentoney의 결과와 일치한다. 이것은 Kollmann

표 4.6 Douglas-fir의 단리된 만재, 조재와 전체 목재의 접선방향(T)와 방사방향(R)에서 평균 백분율 수축율

출처	만재			조재			전체목재		
	T	R	T/R	T	R	T/R	T	R	T/R
Pentoney (1953)	7.2	8.9	0.8	4.8	2.4	2.0	7.2	4.4	1.7
Vintila (1939)	9.9	10.9	1.1	5.7	2.9	2.0	8.2	5.2	1.6
Quirk (1984)a	14.4	14.2	1.0	6.6	0.6	6.4	8.9	4.7	1.9

[a] 전건재의 수침지 팽윤

표 4.7 단리된 조재와 만재의 접선방향(T)와 방사방향(R)에서 백분율 수축율[a]

출처	수종	만재			전체목재		
		T	R	T/R	T	R	T/R
Vintila 1939	Douglas-fir	10.9	9.8	1.1	5.7	2.9	2.0
	Pine	11.3	8.2	1.4	8.0	2.9	2.8
	Larch	12.2	10.2	1.2	7.1	3.2	2.2
	Fir	8.8	6.2	1.4	5.0	2.4	2.1
Pentoney 1953	Douglas-fir	7.8	9.8	0.8	5.0	2.4	2.1
Browne 1957a	Douglas-fir	8.6	12.3	0.7	6.7	5.6	1.2
	S.Y. pine	7.3	13.0	0.6	6.4	7.7	0.8
Ritter와 Mitchell 1952	Lodgepole pine	9.3	-	-	6.6	-	-
Erickson 1955	Douglas-fir	9.3	-	-	4.3	-	-
	W. red cedar	7.4	-	-	3.9	-	-

[a] Browne (1957)의 백분율 팽윤에 대한 데이터

(1936)이 처음으로 발견한 바와 같이 목재 밀도가 증가하면 T/R비가 감소되는 현상과 관계가 있다.

Quirk(1984)는 광학기술을 이용해 추출물을 제거한 미송의 수분포화와 전건상태의 밀도, 세포벽 면적과 두께, 세포내강 면적을 측정하였다. 이로부터 그는 세포면적, 둘레, 접선과 방사방향 치수의 수축을 계산하였다. 그 중 일부 결과는 표 4.6과 같으며, 단리된 만재의 방사방향 수축이 매우 크게 나타났고 반대로 단리된 조재는 매우 작게 나타났지만 Pentoney와 Vintila의 결과와 유사한 경향을 나타내었다. 이와 같이 과도한 값을 나타낸 원인이 추출물의 제거에 의한 것인지 측정기술에 기인하는 것인지는 확실하지 않다. Quirk는 자신의 연구결과는 Mörath(1932)의 조만재 상호작용 이론과 일치하지만 다른 메커니즘이 포함될 수 있다고 하였다. 예를 들어 그는 조재 세포내강은 건조

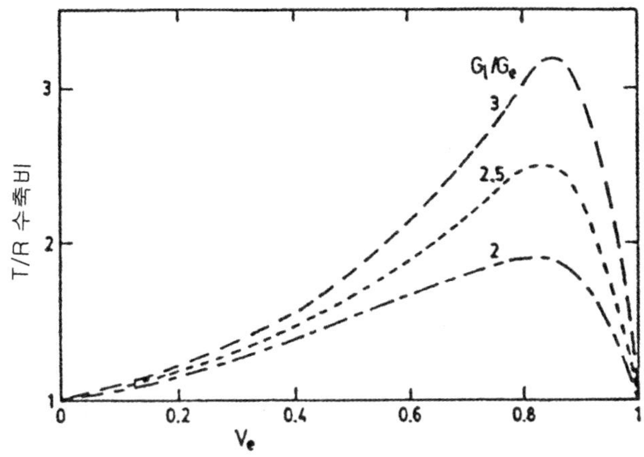

그림 4.30 조재-만재 상호작용 메커니즘에 의한 여러 G_l/G_e비에 따른 조재 체적분율 V_r의 함수로서 T/R 수축비의 계산곡선.

중 실제적으로 팽창하지만 만재는 수축을 한다고 하였다. 그는 조재 세포 2차벽의 목화된 중간층의 비율이 크기 때문이라고 하였다. 이러한 경우 중간층이 상대적으로 강성이 크고 흡습성이 작기 때문에 수축에 대한 저항성이 크기 때문이라 생각된다. 이것은 횡방향 수축이방성에 대한 목화된 중간층의 역할에 관한 Bosshard(1963) 이론을 지지하는 경향이 있다.

가상 횡방향 팽창계수 X_t와 X_r 및 해당 T/R비는 조재와 만재의 팽창계수와 K_{le}를 안다면 식 (4.48)과 (4.49)를 이용해 조만재 체적분율에 따라 계산할 수 있다. K_{le}는 목리 횡방향 탄성계수가 $G^{2.25}$에 비례하므로 $E_l/E_e=(G_l/G_e)^{2.25}$의 관계로부터 근사적으로 구할 수 있다. 그림 4.30은 식 (4.48)과 (4.49)를 이용해 계산한 조재 체적분율 V_e와 G_l/G_e의 함수로서 T/R비 곡선이다. 여기서 단리된 조재와 만재의 T/R=1, $(G_l+G_2)/2$=0.5라고 가정하였다.

피브릴 경사각이 횡방향 수축이방성에 미치는 영향은 이미 설명한 바 있다. Ritter와 Mitchell(1952), Frey-Wyssling(1940a,b)에 따르면 방사벽의 피브릴 경사각이 접선벽보다 15°정도까지 크다고 한다. Ritter와 Mitchell은 방사벽의 피브릴 경사각이 큰 이유는 결정영역의 환상배열(circular orientation) 또는 접선벽에 많은 벽공의 주변 마이크로피브릴에 기인된다고 하였다. 이러한 것은 침엽수에 특히 해당된다.

Pentoney(1953)는 Cockrell(1947)에 의해 제안된 모델로 계산한 결과 15° 정도의 피브릴 경사각 차이로 목재의 T/R비 차이를 설명할 수 없다고 하였다. Pentoney에 따르면 접선방향이나 방사방향 수축은 피브릴 경사각의 코사인에 비례한다. 그는 방사벽의 피브릴 경사각이 평균 30°이고 방사벽이 15°라면 T/R비는 $cos15^o/cos30^o$=1.11로 일반적으로 관찰되는 값인 2보다 훨씬 더 작다고 하였다. 그렇지만 Barber와 Meylan (1964)의 단순모델(4.5.1절)로 계산하면 접선벽의 팽창이 방사벽보다 작으므로 T/R비는 증가한다. 그림 4.15d로부터 피브릴 경사각이 15°(접선벽)에서 30°(방사벽)로 증가하면 횡방향 팽창이 감소하고 해당 벽의 두께감소를 수반하게 됨을 정량적으로 알 수 있다. 또한 이 그림은 두 벽의 상대치수변화를 나타내고 있다. 이러한 영향을 좀 더 정량적으로 설명하기 위해서는 Barber와 Meylan(1964)의 연구를 살펴봐야 한다.

또한 Boyd(1974)는 방사벽과 접선벽의 피브릴 경사각 차에 따른 영향을 검토하였다. 그는 이 영향으로 침엽수 조재의 횡방향 수분팽창의 차의 약 15%, 만재의 경우에는 약 2% 정도 설명할 수 있다고 하였다. 조재와 만재의 결합부, 즉 전체목재에 대한 영향은 10% 이하이다.

횡방향 수축이방성을 설명하는 세 번째 이론은 여러 세포벽 층들의 배열과 팽윤특성에 근간을 둔다.

Frey－Wyssling(1940a,b)은 복합중간층(compound middle lamella)의 변이가 목재의 횡방향 수축이방성을 일으킨다고 제안하였다. 예를 들어, 그는 방사방향에서보다 접선방향에서 단위길이당 횡벽(cross wall)이 더 많으므로 중간층이 더 많다(그림 4.31a)는 것을 밝혀내었다. 그리고 그는 각 중간층의 두께가 접선벽보다 방사벽에서 더 크다고 하였다. 그는 2차벽에서보다 중간층에서 두께 수축이 크므로 방사방향보다 접선방향의 수축이 크다고 제안하였다. 중간층에 고농도의 수분팽창 펙틴 물질이 존재하므로 팽윤이 크다. 이 이론은 아직 확인되지 않았으며, Crews(1965)에 따르면 Matsumoto(1950)는

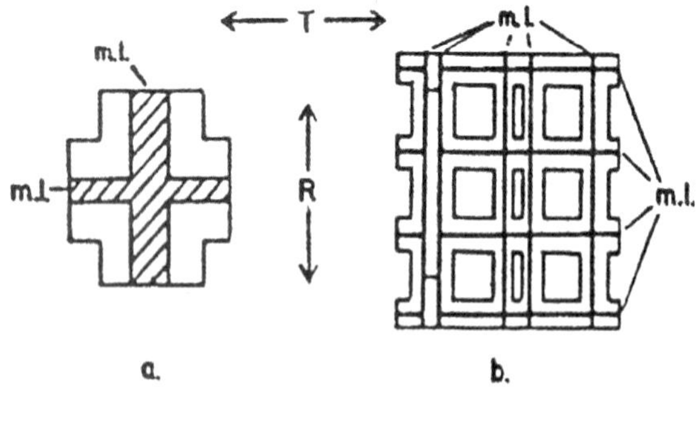

그림 4.31 횡방향 수축이방성 모델. a 접선벽보다 방사벽의 중간층이 두꺼움, b 접선벽보다 방사벽의 방사벽의 숫자가 많아 중간층도 많음(Pentoney 1953)

중간층에서 수축이 거의 일어나지 않고 대부분의 수축은 2차벽에서 일어난다고 하였다.

Bosshard(1956)는 섬유방향 세포의 접선벽보다 방사벽에 리그닌이 많다고 하였다. 그러므로 리그닌은 홀로셀룰로오스보다 강성이 크고 흡습성이 작기 때문에 방사방향 수축이 감소하게 된다. Kato와 Nakato(1968) 같은 다른 연구결과에 의하면 침엽수의 방사벽은 접선벽보다 목화(lignification)가 많이 이루어졌다고 한다. Boyd(1974)는 그 이유는 세포성장과정에서 목화와 방사방향 생장(방사벽)이 동시에 발생하기 때문이라고 하였다. 그는 이 단계에서 리그닌 전구체(precursor)가 방사벽의 마이크로피브릴 사이에 공간을 차지한 다음 고분자화하여 영구적인 팽윤제(bulking agent)를 형성하게 된다고 가정하였다. 리그닌이 방사벽의 강성을 증가시켜 수분팽창에 저항을 하게 된다.

Boyd(1974)는 Kato와 Nakato(1968)의 목화이론을 뒷받침하는 증거를 추가로 얻을 수 있었다. Kato와 Nakato는 T/R 수분팽창비가 무방사조직 *Cryptomeria japonica* 조재의 방사벽과 접선벽의 목화 비와 거의 동일하고 평균 T/R비는 1.9라고 하였다. 만재에 대해서도 유사한 해석을 한 결과 목화비와 비례관계는 있지만 T/R비는 0.6으로 매우 작았다. Boyd는 무방사조직 만재의 T/R비가 작은 원인은 접선방향(방사벽)보다 방사방향(접선벽)의 세포벽 전체두께가 두껍기 때문이라고 하였다. 만재 가도관의 세포벽은 조재보다 훨씬 더 두꺼운데, 대부분 횡방향 수분팽창과 연관 있는 S2층이 훨씬 두껍다(그림 4.32).

Quirk(1984)는 광학 측정법으로 리그닌이 많은 중간층이 미송 가도관의 횡방향 수분팽창 감소에 미치는 상대 유효성을 밝혀냈다. 생재에서 전건상태까지 수축과정에서 조재 세포내강은 2% 팽창하지만 세포 전체 횡단면적은 7% 감소하였다. 반대로 만재 내강은 2% 수축하고 세포 전체는 27% 수축하였다. 목화가 많이 된 중간층은 세포벽이 얇은 조재의 수축을 감소시키지만 세포벽이 두꺼운 만재세포의 감소에는 덜 효율적이기 때문이다.

Quirk에 의한 미송의 조재와 만재의 생재체적 비중 G_f 는 각각 0.28과 0.80이다. 조재와 만재의 G_f 에 대한 체적수축 s_{vf} (면적수축은 체적수축은 동일하다고 가정)의 s_{vf}/G_f 비는 7/0.28과 27/0.80, 또는 25%와 34%인 것을 주목할 필요가 있다. 이 값들은 수축과정에서 세포내강의 체적이 일정하고 세포벽 수축은 제거된 물의 체적과 동일하다고 가정하는 식 (4.23)에 따른 M_f 추정치이다.

조재 세포내강의 체적팽창은 세포내강 횡면적 팽창의 2% 이하이다. 조재의 경우 S2층의 경사각이 상대적으로 크기 때문에 세포벽의 섬유방향과 세포내강의 수축이 지배적

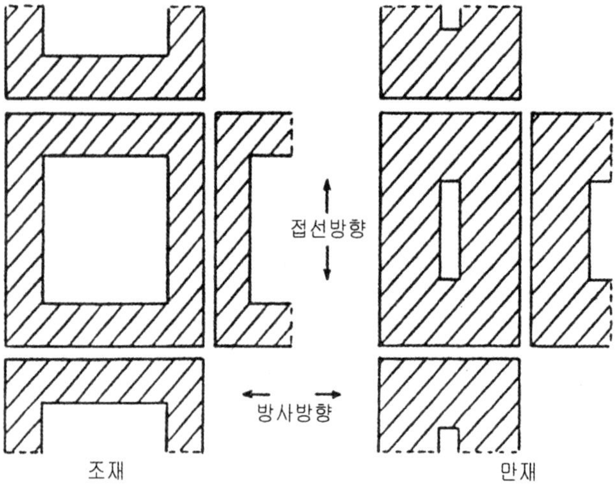

그림 4.32 모식도. a 조재세포에서 얇은 접선벽과 방사벽, b 방사방향의 두꺼운 접선벽(Boyd 1974)

이기 때문이다.

Boutelje(1973)는 *Pinus sylvestris*와 *Pices abies*에서 횡방향 수축이방성을 지배하는 가장 중요한 인자는 "조직내 이방성 세포벽의 기하학적 분포"라고 하였다. 그는 수분팽창은 조직이 강성이 큰 방향에서 가장 작다고 하였다. 그는 Keylwerth(1951)의 방향별 탄성계수비 E_r/E_t 와 수분팽창계수비 X_t/X_r 간의 정의 관계(positive relationship)를 인용 하였다. 따라서 어떤 의미에서 이것은 두 방향에서 리그닌 분포와 일치한다.

이상의 논의로부터 목재의 횡방향 수축이방성을 일으키는 메커니즘은 여러 가지가 있고 모든 목재에 동일하지 않다는 것을 명확히 알 수 있다. 그리고 개발된 여러 메커니즘의 상대적인 중요성은 상당한 이론의 여지가 있다.

T/R 비가 전체 흡습 함수율 범위에서 일정하지 않다는 보고도 있다. 예를 들어 Kelsey(1956)와 Ecklund(1961)는 방사방향의 수축 변곡점(건조중 수축측정으로 겉보기 FSP 결정)이 접선방향보다 더 낮다고 보고하였다. Keylwerth(1962, 1964)는 여러 수종의 경우 팽윤과 함수율의 선형관계가 방사방향보다 접선방향에서 고함수율 영역까지 지속된다고 하였다. Goulet와 Fortin(1975)은 sugar maple에서 유사한 현상을 보고하였다. Hittmeier(1967)는 수분 흡착과정에서 Engelmann spruce의 방사방향 팽윤이 접선방향보다 저함수율에서 최대값에 도달하는 것을 발견하였다. 또한 Noack 등(1973)은 저함수율 영역에 비해 고함수율에서 대부분 수종의 접선방향 치수변동이 방사방향보다 더 크다고 보고하였다.

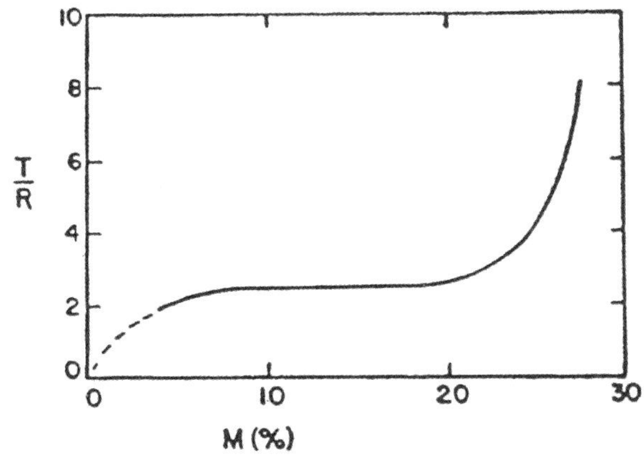

그림 4.33 유럽산 beech의 함수율에 따른 T/R 수축비의 변화(Keylwerth 1962)

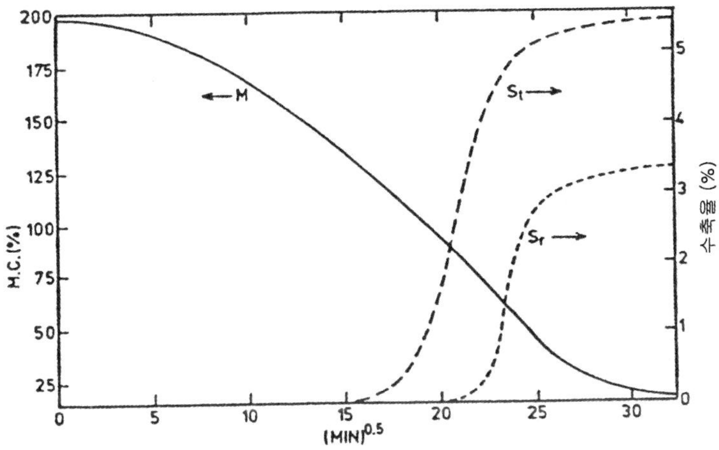

그림 4.34 basswood의 건조시간의 평방값에 대한 접선방향(S_t)과 방사방향(S_r) 수축 및 함수율 변화(Chomcharm과 Skaar 1983a).

Chomcharn과 Skaar(1983b)는 basswood, yellow birch, cherry의 원형 디스크(직경 2㎝, 섬유방향 두께 0.4㎝)를 생재상태에서 25℃와 상대습도 77% 조건에 평형에 이를 때까지 건조하여 접선방향과 방사방향 수축을 측정하였다. 그들은 이들 3수종에 있어 방사방향 수축이 접선방향에 비해 지연되는 현상을 발견하였다. 그들은 Morschauser와 Preston(1954)이 oak에 대해 보고한 바와 같이 방사조직의 겉보기 섬유포화점이 더 낮기 때문이라고 설명하였다. 또한 그들은 방사조직의 건조속도가 섬유방향 조직보다 더 느리기 때문에 방사방향 수축의 지연이 발생되었다고 하였다. 이러한 현상은 생재 활엽수 시편에서 방사조직과 같은 유세포(parenchyma cell)는 상대습도 93%에서도 자유수가 존재한다는 Hart(1984)의 연구 결과와 일치한다.

후속실험에서 Chomcharn과 Skaar(1983b)는 이미 상대습도 77%의 조건에 평형에 도달된 동일한 시편을 25℃, 상대습도 77%와 45% 범위에서 정현적으로 변화되는 조건에 방치시켰다. 그들은 사이클마다 주기가 다른 습도 사이클에서 접선방향과 방사방향 치수뿐만 아니라 함수율을 기록하였다. 수축 변곡점(intersection point) M_i, 즉 접선방향과 방사방향 수분팽창인 수축이 개시되는 함수율 추정값을 계산하였다. 접선방향과 방사방향의 M_i는 birch의 경우 36%와 29%, basswood의 경우 37%와 30%로 나타났다. 수축 변곡점 M_i는 방사방향보다 접선방향 수분팽창이 더 높은 값을 나타내었는데, 이상에서 설명한 다른 연구결과와도 잘 일치된다. cherry의 M_i가 예외적으로 높은 값을 나타내는 이유는 Hart(1984)에 의해 보고된 바와 같이 유세포의 수분보류(moisture retention)가 큰 것과 관련 있다.

Chomcharn과 Skaar(1983b)는 정적 및 동적 조건에서 함수율 팽창계수 X_t, X_r과 습도팽창계수 Y_t, Y_r을 계산하였다. 정적 값은 사이클 시험 개시와 종료시 함수율, 상대습도 및 치수로부터 계산하였고 동적 값은 사이클 시험중 측정된 이들 파라미터로부터 구하였다.

접선방향과 방사방향에서 동적 습도팽창계수 Y_{td}와 Y_{rd}[식 (4.41)와 식 (4.42)]는 그림 4.35와 같이 사이클 주기가 크면 증가하였다. Y_{td}와 Y_{rd}의 함수율 0%로 외삽값은 사이클 주기가 매우 길어 시편 함수율이 균일하다고 가정될 때 기대값이다. 다른 말로

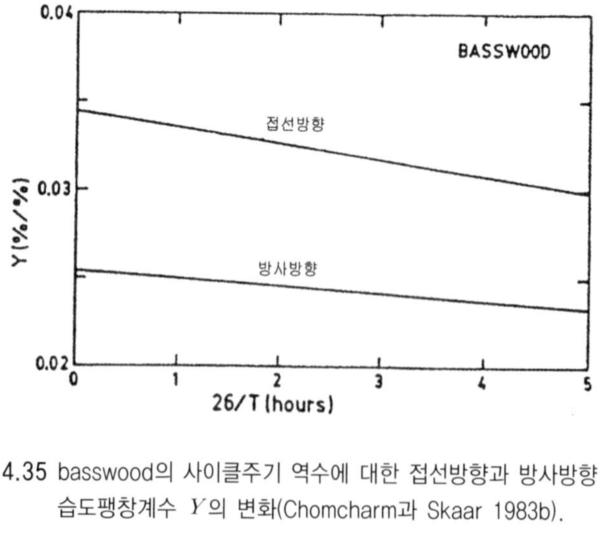

그림 4.35 basswood의 사이클주기 역수에 대한 접선방향과 방사방향 동적 습도팽창계수 Y의 변화(Chomcharm과 Skaar 1983b).

하면, 수분경사가 없고 시편내 함수율이 정현적으로 변동되지만 시간에 따라 균일하다는 것이다. 동적 X_{td}와 X_{rd}의 계산에도 유사한 과정이 적용되었다.

X와 Y의 정적 및 동적 값은 표 4.8과 같으며 Y/X 비인 Z값은 식 (4.41)과 (4.42)에 의해 정의되는 수착등온선의 유효기울기 dM/dH와 같다. 표 4.8의 데이터로부터 X_t와 X_r의 정적 및 동적 값은 거의 같다는 것을 알 수 있다. 그렇지만 Y_t와 Y_r의 동적 값은 정적 값의 1/2 이하이다. 수착이력이 커서 사이클 수착과정에서 수착등온선의 유효 기울기 dM/dH가 크게 감소시키기 때문이라 생각된다. 그림 4.36은 이와 같은 현상을 나타내고 있다. 타원의 장축 기울기는 사이클 수착에서 dM/dH 평균값을 나타내는데, 조사된 상대습도 범위에서 흡착 및 탈착 등온선의 기울기보다 상당히 작다. 동적 기울기는 주기 T_0가 길면 증가하지만 정적 평형등온선(equilibrium isotherm)보다 상당히 더 작다.

표 4.8 basswood의 함수율(X)과 상대습도(Y) 팽창계수와 수착등온선의 유효 기울기(Z)의 계산 평균값(Chomcharn과 Skaar 1983b)

	접선방향		방사방향	
	정적	동적	정적	동적
X(%/%)	0.246	0.339	0.231	0.182
Y(%/%)	0.0731	0.0346	0.0688	0.025
Z(%/%)	0.298	0.102	0.298	0.137

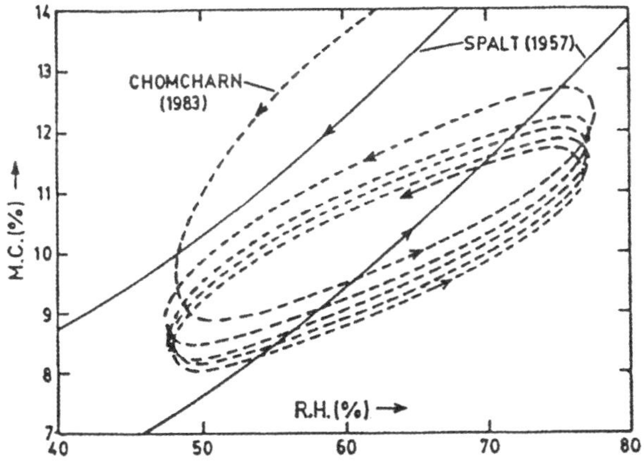

그림 4.36 주기 5.33h인 여러 사이클에서 상대습도 H에 따른 함수율 M의 동적변화(Chomcharm과 Skaar 1983b). 두 실선은 Spalt (1957)에 의해 나타낸 탈착과 재흡습 등온선 일부이다.

이상에서 설명한 주기적 습도변화에 따른 목재의 수분팽창은 Stevens(1963)에 의해 변동(movement)이라고 정의되었다. Stevens가 언급한 바와 같이 주어진 범위의 상대습도 변화에서 변동은 생재의 초기건조에 비해 더 작다.

4.6 수분팽창과 역학적 응력

목재의 수축과 그에 따른 수분치수 변동(hygrodimensional change)은 역학적 응력에 약간 영향을 받는다. 이들 응력은 여러 원인으로 인해 발생되는데, 수분경사, 기계적 억제, 조직 팽윤 이방성, 세포벽 자체내의 이방성 등이다. 이들 원인에 의해 Barkas 효과(2.7절)에 의한 EMC 자체가 변화되는 간접적 또는 역학적 탄성 또는 비탄성 변형으로 인한 직접적으로 치수변동에 영향을 미치게 된다. 목재의 수분변화과정에서 응력을 완전히 제거하는 것은 실제적으로 불가능하다. 특히 이방성으로 인한 영향이 그러하다. 이들 응력 형태가 치수변동에 미치는 영향에 대해 각각 살펴보고자 한다.

수분경사(moisture gradient)는 초기건조과정뿐만 아니라 후속 사용과정의 일반 조건에서 항상 존재한다. 왜냐하면 대기 습도와 온도는 주기적 또는 임의적으로 변하기 때문이다. 제재목 건조와 관련되는 응력은 일부 상세하게 연구되어 왔으며 실제적으로 대부분 제재목-건조 스케줄의 기본이 된다.

건조과정에서 제재목의 횡방향 잔류응력을 측정하는 일반방법은 그림 4.37과 같다. 횡단면을 표층에 평행하게 여러 층으로 분할한다(그림의 경우 10층). 여러 건조단계에서 섬유방향 길이가 2㎝인 제재목의 단면을 절단한다. 이 단면의 절단하고자 하는 10개 위치의 폭을 각각 측정한다. 그 다음에 10층으로 제재한 후 각 층의 폭을 다시 측정한다. 그 다음 각층의 함수율을 전건법으로 계산한다.

분할 전후에 측정한 폭의 차이를 분할전 폭으로 나눈 것이 해당층의 변형율이다. 응력은 각 변형율에 폭방향 영계수를 곱하여 구한다.

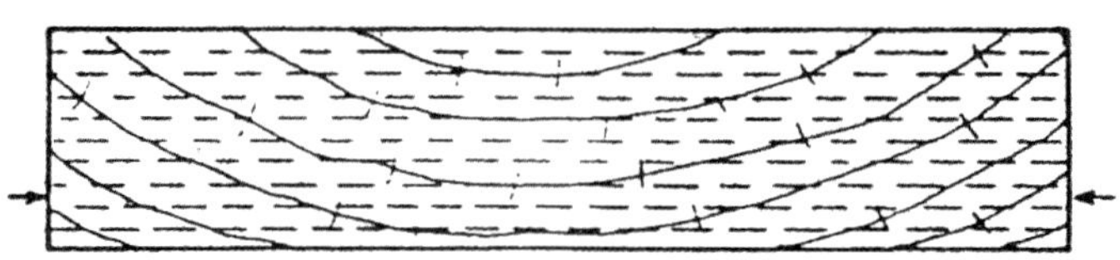

그림 4.37 함수율과 건조응력을 측정하기 위해 건조재 횡단면의 분할을 나타내는 모식도

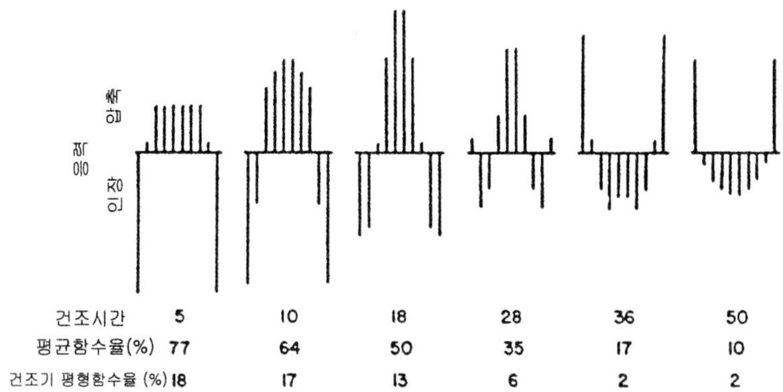

그림 4.38 여러 건조단계에서 건조재 두께방향의 잔류응력 분포. 표층은 건조 5일후 인장, 50일후 압축(McMillan 1958)

그림 4.38은 일반 인공건조 과정에서 제재목의 시간경과에 따른 횡방향 잔류응력을 나타낸다(McMillan 1958). 잔류응력은 이상에 설명한 일반방법으로 구해졌다. 그림 4.38은 건조 6단계에서 각각의 함수율과 건조응력의 시간경과에 따른 변화에 대한 매우 유용한 정보를 나타내고 있다. 각 단계에서 제재목 두께는 수평축에 잔류응력은 수직축으로 나타내었다. 또한 건조시간, 평균 목재함수율, 인공건조기 공기의 평형함수율(EMC)도 나타나 있다.

일반 건조의 초기단계에서 표층은 섬유포화점 이하로 건조되어 일부 흡습 수축이 발생한다. 그렇지만 표층의 수축은 섬유포화점 이상인 습한 내층에 의해 저항을 받게 된다. 그 결과 그 상황은 그림 4.38의 건조 5일 후와 같이 발생된다. 여기서 목재 외층은 심한 인장응력이 작용되지만, 그 반면에 내층은 약한 압축응력이 작용된다. 장시간의 건조와 응력작용상태에서 목재의 강한 크립성(creep) 때문에 목재 외층은 인장으로 인해 신장 또는 셋트(set)가 일어나서 건조경사가 없는 목재보다 수축이 더 작다. 이러한 현상은 섬유방향에 비해 특히 횡방향의 경우가 더 심하다.

건조초기단계에서 발생하는 인장응력으로 인해 제재목 표층에 할렬(check or small crack)이 발생할 수 있다. 건조후기에는 일반적으로 할렬이 닫혀 눈에 보이지 않게 되지만 목재의 후속 사용에 있어 바람직하지 못하다. 특히 표층이 주기적 습도조건에 노출되는 경우 그러하다. 그리고 건조후 표층을 불투명 또는 투명 도장하는 경우 표면할렬로 인해 문제가 될 수 있다. 왜냐하면 할렬 틈새로 도료가 침투하여 표면할렬이 육안으로 확인이 가능할 정도이기 때문이다. 이러한 현상은 투명도장에서 더 심하다.

그림 4.38의 건조개시 10일과 18일 후와 같이 건조가 계속되면 중간층(intermediate

layers)[1)]이 건조되어 수축이 일어나므로 내부 압축응력은 증가하게 된다. 그렇지만 최외층의 인장응력은 감소한다. 그 이유는 최외층의 인접층이 건조가 덜 이루어진 내층에 비해 상대적으로 더 많이 수축하려고 하므로 인접층에 약간의 인장응력이 발생되기 시작하기 때문이다. 28일후 외층은 압축응력 상태로 전환되고 후속 건조과정에서 계속 압축상태를 유지하게 된다. 그 이유는 외층은 인접층(중간층)에 비해 건조초기과정에서 인장으로 인해 신장되거나 심한 셋트가 발생되기 때문이다. 그러므로 중간층이 섬유포화점 이하로 건조됨에 따라 인접 표층의 함수율이 더 낮더라도 중간층은 표층보다 더 많이 수축하려고 하는 경향을 갖는다. 마지막으로 50일후 목재가 거의 균일하게 건조되면 그림 4.38과 같이 5일후의 응력분포와 반대가 된다. 이러한 최종 응력분포는 소위 표면경화 건조목의 특징이 된다.

표면경화(casehardening)란 용어는 표층이 표면경화가 없는 목재보다 역학적으로 더 단단하다는 것을 의미하는 것은 아니다. 그 용어는 실제적으로 잘못 사용되고 있는 것이지만 제재목 건조과정에서 함수율 경사로 인해 발생되는 응력과 외층표면을 강화시키기 위해 제조과정의 일부로 금속 표층부근에 온도경사를 갖게 하여 발생되는 응력의 유사성 때문에 금속가공(metallurgy) 분야의 용어를 그대로 차용한 것이 아닌가 생각된다.

제재목을 두께를 얇게 再제재하지 않는 경우에는 표면경화는 중대한 문제가 되지 않는다. 그러나 표면경화재를 제재하면 표면에 너비굽음(cupping)이 발생하게 된다. 예를 들어 일반 건축재의 경우에는 거의 문제가 되지 않는다. 필요하다면 제재목을 건조말기에 단시간 고습과 고온 조건에 노출시켜 표면경화를 제거할 수 있다. 이와 같은 처리로 인해 원래 표면경화를 일으켰던 크립의 반대효과를 가져와 표층에 압축응력이 발생하게 되므로, 적절히 처리하면 응력이 없는 제재목이 된다. 표면경화를 너무 고습에서 장시간 과도하게 처리하면 목재는 역표면경화(reverse casehardening)가 일어나게 된다. 이것은 용어가 의미하는 바와 같이 제재목에 응력전환(reverse stresses)이 일어난 상태이다. 다른 말로 하면 표층은 압축셋트가 되어 균일건조된 목재의 내층의 비해 인장상태에 있게 된다.

표면경화가 있는 보통 건조재의 외층은 인장셋트가 있고 신장상태에 있다. 따라서 응력이 없는 목재보다 외층의 수축이 작은 경향이 있다. 그렇지만 내층은 건조 초기단계에서 압축을 받으므로 응력이 없는 목재보다 수축이 더 큰 경향이 있다. 표층에 인장셋트가 있는 것보다 압축이 있는 내층의 체적이 훨씬 더 크다. 그러므로 보통 표층의 인

1) 표면(surface)과 중앙(core)의 사이에 있는 층

장셋트가 압축셋트보다 현저히 더 크지만 판재 폭방향 전체수축은 압축셋트에 의해 좌우된다. McMillen(1958)에 따르면 건조과정에서 저온과 저습 조건을 적용하면 판재 내층의 압축셋트 크기에 따른 수축을 최소화시킬 수 있다고 한다.

Espènes(1971)은 온도 32.2°, 65.6°, 82.2°, 93.3°, 101.7℃에서 EMC가 6%, 9%, 12%가 되도록 상대습도를 조절하여 생재상태에서 건조된 미송, western hemlock, red alder의 횡방향 수축을 비교연구 하였다. 그 결과 건조과정에서 온도가 높을수록 수축이 큰 것으로 나타났다. 12% EMC 조건에서 건조된 시편의 경우 그 차가 가장 크게 나타났다. 예를 들어 101.7℃에서 건조된 재료의 접선방향과 방사방향 수축은 32.2℃에서 건조된 것에 비해 미송은 각각 33%와 51%, western hemlock 65%와 82%, red alder의 경우는 130%, 137% 증가하였다. 이들 차이의 일부는 고온에서 건조와 관련된 흡습성 저하에 기인한다.

목재내 수분경사로 인해 발생되는 응력의 효과에 대한 또 다른 증거는 그림 4.39와 같다(Hittmeier 1976). 이것은 전건재를 20℃ 증류수에서 침지시킨 후 시간에 따른 분율 접선방향과 방사방향 팽윤(팽윤시간 t와 전체팽윤의 비)의 자승을 나타낸다. 곡선중 2개는 판목시편(flat−sawn sample)으로 치수는 3×3×0.3㎝(L×T×R), 나머지 두개는 정목시편(quater−sawn sample)으로 3×3×0.3㎝(L×R×T)이다.

그림 4.39로부터 판목과 정목 시편 모두 폭방향 팽윤 속도는 두께방향에 비해 지연이 됨을 알 수 있다. Hittmeier에 따르면 대부분의 수분확산이 두께방향으로 일어나기 때문이라고 한다. 침지 초기단계에서 외층은 물을 흡습하여 팽윤하려고 한다. 함수율이

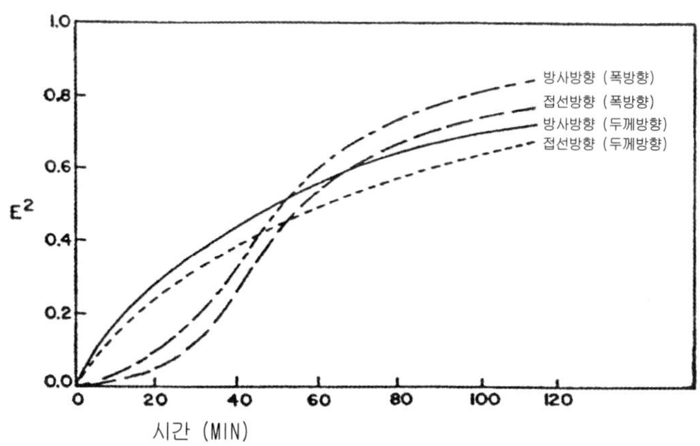

그림 4.39 폭방향과 두께방향의 시간에 따른 방사방향과 접선방향 분율 팽윤의 자승(E^2). 폭방향의 지연 팽윤은 폭방향에서 건조응력에 기인된다(Hittmeier 1976).

낮은 내층이 함수율이 높은 표층보다 탄성계수가 더 크기 때문에 외층의 폭방향 팽윤이 억제가 된다. 함수율이 높은 표층의 포아송비 효과(Poisson ratio effect)로 인해 팽윤이 두께방향으로 일어나게 되어 응력이 없는 경우보다 약간 더 큰 팽윤이 발생하게 된다. 나중에 목재 내층의 함수율이 증가하면 폭방향 팽윤속도는 두께방향보다 더 급속히 증가하게 된다. 목재의 응력패턴은 제재목의 일반적인 건조과정과 반대이다. Hittmeier는 횡단면 시편으로 유사한 실험을 실시하였다. 이러한 경우 물이 시편 중심의 세포내강에 거의 동시에 침투되고 세포벽의 침투속도가 시편두께 전체에서 거의 동일하기 때문에 억제영향이 없었다.

이상에서 언급한 현상은 Hermans(1946)에 의해 관찰된 것과 유사하다. 그는 초기에 전건상태인 셀룰로오스 섬유를 물에 침지시킨 후 시간에 따른 길이와 직경 변화를 측정하였다. 그는 직경(Hittmeier 실험에서 두께와 유사)이 물에 침지 직후부터 증가하는 사실에 주목하였다. 그렇지만 길이(Hittmeier 실험에서 폭과 유사)는 일부 물이 섬유 중앙까지 침투될 때까지인 10분간 거의 변화되지 않았다. 그 후 길이는 직경팽윤보다 더 급속히 증가하였다. Hermans는 water boundary의 섬유 시편으로 침투를 연구하였는데 길이증가는 경계(boundary)가 섬유의 중앙에 침투될 때 거의 동시에 일어난 사실에 주목하였다.

Sadoh와 Christensen(1967)은 *Araucaria cunninghamii*의 섬유방향 수축과 팽윤에 대한 연구에서 이력효과를 발견하였다. 그들은 그 원인의 하나는 건조와 관련된 응력때문이라고 하였다. 마이크로톰(microtom)으로 절삭한 매우 얇은 절편의 경우에도 그러한 현상이 발생되었다.

레오로지 또는 비탄성 변형으로 인해 기계적 억제가 흡습성 치수변동에 미치는 영향은 목재에서 매우 현저하다. 이미 설명한 바와 같이 물론 기계적 억제는 표면경화의 원인이 된다. 기계적 억제하에서 비탄성변형은 여건에 따라 유리할 수도 있고 불리할 수 있다. 예를 들어 기계적 억제를 이용하여 건조중 사주목리(diagonal grain)나 수축이방성으로 인한 너비굽음(cup), 비틀림(twist), 길이굽음(bow), 측면굽음(crook)을 방지한다. Koch(1971)는 과도한 섬유방향수축으로 인해 측면굽음(crook), 길이굽음(bow), 비틀림(twist)이 일어나기 쉬운 southern yellow pine 미성숙재로부터 2×4인치 통직재를 얻기 위해 유사한 기술을 이용하였다.

치수변동이 억제되는 목재를 주기적 수분변화에 노출시킬 때 역학적 응력이 수축에 미치는 유해영향이 가장 현저하다. 예를 들어 이러한 영향은 년간 실내습도 변동이 현저한 온대기후의 실내 목재 마루바닥에서 나타난다. 마루바닥 설치 후 상대습도 사이클에서 가장 높은 함수율보다 낮은 함수율상태에서 긴밀하게 설치되면 사이클중 고습에서 횡방향 압축응력이 작용하게 된다. 이로 인해 마루바닥재에 좌굴(buckling)이 발생할 수 있지만 마루바닥이 적절히 고정되어 있다면 전절에서 설명한 것과 유사하게 목재가 완화되고 압축셋트가 발생하게 된다. 임의 주어진 함수율에서 각 판재의 횡방향 치수는 설치시보다 더 작아진다. 그러므로 판재간 공간이 생겨 마루바닥의 외관을 저해한다.

또한 주기적 수분변동을 겪는 목재의 연결부가 느슨해지는 것이 억제팽윤으로 인한 압축셋트 생성에 의해 가속화된다. 억제팽윤이 일련의 목재치수에 미치는 영향의 예는 목제 도끼자루와 기타 손잡이를 견고하게 끼워져 있도록 물에 침지시킨 것이 나중에 느슨해지는 경우이다. 목제손잡이가 공구에 의해 팽윤이 억제되어 견고하지만 시간이 지남에 따라 과도한 압축셋트가 일어나 응력이 완화된다. 따라서 망치나 도끼에 끼워진 손잡이는 수축하여 보통 대기조건에 노출시킨 원래치수보다 더 작아진다. 그림 4.40은 이상에서 언급한 바와 같은 한 사이클에서 목재의 일련의 치수변화를 나타낸다.

Tiemann(1944)은 건조중 1차원으로 수축이 억제되는 목재에서 유사한 영향을 설명한 바 있다. 이러한 경우 목재는 인장셋트가 있는 억제방향으로 신장되어 비억제 목재보다 억제방향에서 치수가 더 크다.

macroscopic 조직 이방성의 영향으로 인한 역학적 응력의 발생은 이방성 수축이론과 연관하여 이미 설명한 바 있다. 방사조직 억제와 조만재 상호작용 이론은 각 조직의 이방성과 조직의 수축차로 인한 역학적 응력에 근간을 두고 있다.

세포벽 자체의 수축 이방성도 논의되었다. 그렇지만 수분 재흡착 과정에서 팽윤압이

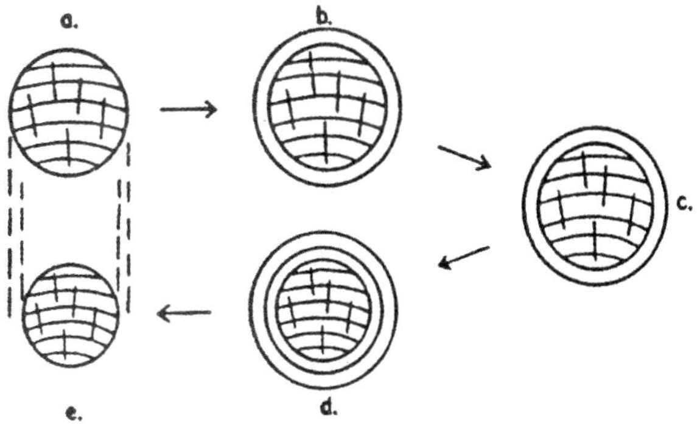

그림 4.40 강철제 링으로 횡방향 팽윤이 억제된 목재 나무못(dowel)의 압축 셋트 생성. 잔류압축 셋트로 인해 시편의 직경 차이가 발생

매우 크다면 세포벽은 분산되어 수분 용액이 된다. 그 다음 진용액의 경우와 같이 상대증기압 1에서 무한팽윤이 일어나게 된다. 다행스럽게도 이와 같은 현상은 두 가지 이유 때문에 실제 발생되지 않는다. 첫째, 수분이 셀룰로오스 결정영역에 침투되지 않고 둘째로는 수분으로 인한 보통 팽윤과정에서 셀룰로오스 체인이 파단될 정도의 응력이 작용되지 않아 세포벽의 본래 형태가 유지되기 때문이다. 또한 세포벽의 S1층과 S3층은 세포축과 S2층의 마이크로피브릴 경사각에 거의 수직이므로 S2층의 팽윤을 억제하여 세포와 전체목재의 외부 치수변동을 감소시키기 때문이다. 이미 언급한 바와 같이 리그닌의 강화효과로 인해 팽창이 감소될 수 있다.

4.7 목재의 수분팽창 감소

목재는 대기 습도의 변화에 민감하므로 특히 수분팽창으로 인해 초기 건조와 일련의 사용과정에서 많은 문제가 야기될 수 있다. 그러므로 대기습도 변화에 따라 목재가 수축과 팽윤하는 고유경향을 감소시키기 위한 실제적이고 경제적인 방법에 대해 많은 연구가 이루어졌다. 이들 연구결과는 여러 문헌에 요약되어 있는데, Stamm(1964, 1977), Rogers(1967), Kollmann 등(1975), Goldstein(1977), Bariska(1979), Feist와 Hon(1984), Meyer(1984) 등의 논문에 잘 나타나 있다. 현재 이 책에서는 목재의 고유 수분팽창 특성에 대해 목재의 안정화에 대한 기본원리에 대해 일반적 논의로 제한된다. 수축 감소면에 초점을 맞추었지만 팽윤에도 동일한 원리가 적용된다.

Kollmann 등 (1975)에 따르면 Stamm은 목재의 수분팽창을 감소시킬 수 있는 5가지 방안을 제시하였다.

1. 단판의 직교적층 – 합판 등
2. 수분저지 도장
3. 흡습성 감소시키는 열처리
4. 목재성분의 가교결합시키는 화학처리
5. 수축감소를 일으키는 팽윤제로 화학처리

이들 5가지 방법에 대해 상기 순으로 논의하고자 한다.

처리방법에 대해 자세히 알아보기 전에 여러 처리의 유효성(effectiveness) 계산에 사용되는 인자를 정의할 필요가 있다. 가장 널리 사용되는 인자는 백분율 수축 감소인 항

수축능(anti- shrinkage efficiency, ASE)으로 다음과 같이 정의된다.

$$ASE(\%) = \frac{S - S_x}{S} \times 100 \tag{4.51}$$

여기서 S과 S_x는 각각 임의 상대습도 범위에서 처리전과 처리후 수축이다. 일반적으로 수침지와 전건상태간의 수축을 측정하는 것이 가장 편리하다. 임의 두 상대습도 범위에서 흡습성 감소로 ASE를 정의하는 경우도 있다.

$$ASE(\%) = \frac{\Delta M - \Delta M_x}{\Delta M} \times 100 \tag{4.52}$$

여기서 ΔM과 ΔM_x는 미처리재와 처리재의 두 상대습도간 함수율변화이다. 미처리재와 처리재의 함수율팽창계수 $\overline{X}$가 같다면 식 (4.51)과 (4.52)는 주어진 상대습도 범위에서 그 결과는 동일하다. 수축은 보통 1차원으로 측정되며 접선방향의 치수를 측정하는 경우가 많다.

직교적층단판(crosslaminating veneer)과 이를 접착한 합판의 횡방향과 섬유방향 수분팽창은 거의 같으며 접착전 단판의 횡방향 팽창의 수분의 일로 감소된다. 그 이유는 섬유방향 탄성계수가 횡방향보다 약 20배 크기 때문이다. 로타리 절삭단판의 횡방향은 접선방향으로 팽창되기 때문에, 이를 이용해 제조된 합판의 팽창감소가 특히 크다.

합판의 주축방향 수분팽창계수 X의 계산 근사식은

$$X = \frac{\sum X_i E_i d_i}{\sum E_i d_i} \tag{4.53}$$

여기서 X_i, E_i, d_i는 두 주면방향(principal surface direction)에 따른 수분팽창계수, 탄성계수, 각 단판의 두께이다. 예를 들어 로타리절삭 단판이 3층으로 구성되고 중앙단판의 두께는 양 표면단판의 두께의 합과 같은 균형구조(balanced construction)인 합판의 경우, 식 (4.53)은 다음과 같이 나타낼 수 있다.

$$X = \frac{\sum X_l E_l + X_t E_t}{\sum E_l + E_t} \tag{4.54}$$

나 시험시 목재의 역학적 성질에 영향을 미치게 된다는 점이다. HTD가 흡습성 변화에 따라 목재의 역학적 성질에 미치는 영향을 조사하는 방법은 두 가지가 있다. 하나는 주어진 습도조건과 평형상태의 목재 성질을 비교하는 것이다. 이것을 일정습도조건(CHC, constant humidity condition)이라 한다. 두 번째 방법은 일정함수율조건(CMC, constant moisture condition)이라 부르는 것으로 동일한 함수율에서 목재의 성질을 비교한다. 대부분의 시험은 동일한 습도조건에서 평형에 도달한 시편에 대해 실시되므로 계산값을 동일한 함수율 조건으로 보정을 할 필요가 있다. 목재의 함수율－강도 관계를 파악한 후 보정을 하게 된다. 예를 들어 휨강도는 목재 함수율 1%당 약 4% 증가한다(표 1.7).

고온이 역학적 성질에 미치는 영향에 대한 연구는 CMC 또는 CHC 값으로 되어 있다. HTD의 목재 역학적성질에 대한 영향을 조사할 때, 두 방법간의 차이를 명확히 하는 것이 중요하다. 목재의 열분해 기본 메커니즘의 관점에서 볼 때 CMC 방법이 가장 적당하지만 사용중 목재의 강도에 대한 HTD 영향을 조사시 CHC 방법이 더 실질적이다. 그렇지만 Stamm 등(1955)에 따르면 열처리에 의한 안정화는 영구적이지만 CHC 경우에 있어 흡습성 영구 감소율을 파악하는 것이 중요하다.

먼저 절에서 무결점재(clear defect－free wood)의 강도에 대해서만 논의하였다. 그렇지만 대부분의 제재목은 여러 결점이 있으며 HTD가 결점으로 인한 강도감소에 미치는 영향은 잘 알려져 있지 않다. 예를 들어 옹이주위 조직은 역학적 성질면에서 무결점재보다 HTD에 의해 더 심하게 손상될 수 있다. 그러나 고온이 작용되면 연화효과에 따른 응력감소로 인해 옹이주위 불연속성 효과를 감소시킬 수 있다.

화학적 처리로 흡습성을 감소시키는 방법은 두 가지가 있는데, 기본 접근방법에 차이가 있다. 한 가지는 목재가 물에 노출될 때 목재가 팽윤이 되지 않을 정도의 충분한 강도를 지니도록 목재의 구조적 성분에 가교를 일으키는 것이다. 다른 경우로는 목재에 팽윤제인 화학약품을 주입시켜 목재를 거의 완전 팽윤상태로 유지시키는 것이다.

목재의 세포벽은 셀룰로오스 네트워크의 가교와 상호엉김(interwining)으로 인해 수분 수착과 팽윤이 제한된다는 사실은 2.6절에서 이미 설명한 바 있다. 부가 가교로 인해 세포벽의 수분 수착점이 감소하고 부가적으로 팽윤 억제가 일어나면 수분팽창이 감소하게 될 것이다. 이것이 화학적 처리제로 가교를 일으키는 원리이다.

Stamm(1964, 1977)에 따르면 목재의 가교제로 포름알데히드가 매우 성공적으로 사용되고 있다고 한다. 처리전 목재의 함수율은 낮아야 하며 강한 무기산의 존재하에서 포름알데히드 증기로 처리하는 것이 가장 적절하다. 목재 전건무게 기준 4% 포름알데히드 정착시 식 (4.51)에 따른 항수축율은 70%로 매우 높은 편이다. 그러나 인성과 마모저항은 81%와 95%로 감소된다. 인성과 리질리언스(resilience)는 흡습성과 관련 있으므로, 처리에 의해 흡습성이 감소되면 일반적으로 역학적 성질도 감소된다.

목재의 팽윤 처리에 수용성과 비수용성인 두 종류의 화학약품이 사용된다. 수용성 화학약품은 보통 목재와 반응성이 없으며 팽윤 세포벽의 물을 치환시키거나 세포벽의 습도나 물의 활동도를 감소시켜 습도팽창계수를 감소시키게 된다. 반대로 비수용성 화학약품은 세포벽과 반응하여 고분자화로 인한 영구결합을 형성한다. 수용성 화학약품 처리에 대해 먼저 살펴보기로 한다.

목재의 흡습성을 감소시키기 위해 염화물(salts), 당류(sugars), 폴리에틸렌 글리콜과 같은 여러 수용성 팽윤용 화학약품이 사용된다. 이와 같은 일정농도를 갖는 화학약품의 수용액에 목재를 침지시키면 세포벽에 침투하여 물을 치환시키게 된다. 잔류수의 활동도 감소와 화학약품의 충전효과(bulking effect)로 인해 목재는 상대적으로 낮은 대기습도에서 거의 팽윤상태에 있게 된다.

그림 4.41은 여러 염용액에 침지된 얇은 Sitka spruce의 상대증기압과 함수율에 따른 백분율 체적수축을 나타낸 것이다. 각 경우 시편의 활동도가 각 염의 포화용액의 물의 활동도와 같으면 수축이 개시된다. 이러한 단순한 염처리에서 문제는 목재표면의 상대습도가 수축개시 상대습도보다 더 크고 염이 부식성이 있다는 점이다. 염을 이용한 제재목의 표면처리는 건조과정에서 표면할렬을 감소시키기 위해 이용된다. 농도가 다른

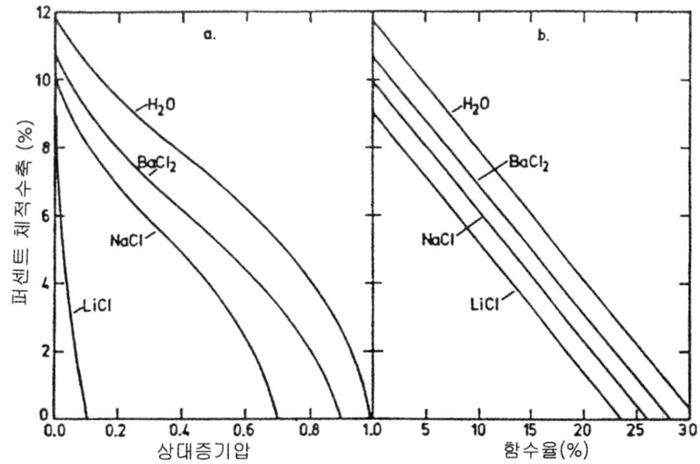

그림 4.41 여러 염용액에 침지후 Sitka spruce 횡단면의 상대증기압 h와 함수율 M에 따른 퍼센트 체적수축 s_v 변화(Stamm 1977)

당 용액이 이용되고 있다. 이것은 부식성은 없지만 목재를 부후시키는 생물체를 유인하고 도장처리가 어려운데, 그 이유 중 하나는 고습에서 목재표면에 수분이 많기 때문이다. 생물체 침해를 방지하기 위해 독성물질을 용액에 첨가하는 경우도 있다.

분자량이 1000 이하인 polyethylene grycol(PEG)은 생재의 수축방지에 매우 효과적으로 이용되고 있다. Stamm(1977)은 농도(무게비)가 30%인 분자량 1000인 PEG 수용액에 생재를 침지시키는 것이 효과적이라고 하였으며, 목재의 투과성과 노출면의 목리방향에 따라 침지시간을 변화시키면 된다고 하였다. 이러한 기술은 입목의 할렬(check and split) 방지에 특히 효과적이다.

PEG 처리 목재는 액체수에 노출되지 않는한 팽윤상태에 있게 된다. 액체수는 PEG를 목재 밖으로 걸러내는 역할을 한다. 도장은 폴리우레탄 타입이 가장 적합하다. 일반대기조건에 노출될 때 열화되는 조각이나 고고학적 공예품에 적합한 기술이다.

여기서 살펴보는 화학적 처리의 마지막 형태는 bulking agent로서 불용성 화학약품(insoluble chemicals)의 사용이다. 여기서 사용되는 일반적인 방법은 목재를 적당한 용매에 용해시킨 저분자량 수지로 함침 시킨 후 열이나 핵방사로 수지를 고분자화 시키는 것이다. 필요한 경우 촉매(catalyst)를 넣기도 한다.

페놀, 레조시놀, 멜라민, 푸르푸릴 알코올 등과 같은 여러 수용성 수지계를 사용하기도 한다(Stamm 1977). 페놀-포름알데히드 수지계로 처리한 목재는 Impreg라고 부른다. 두꺼운 제재목을 처리하는 것은 어렵기 때문에 일반적으로 단판에 처리한 후 적층시켜 두꺼운 부재를 만든다. 그와 같이 처리된 목재는 일부 역학적 성질이 개선되지만 인성과 같은 일부 성질은 감소하게 된다.

비수용성 화학약품으로 목재를 처리하는 방법 중 하나는 아세틸화(acetylation)이다. 방향족 화합물이나 염소화 탄화수소에 용해시킨 무수초산으로 목재를 함침시키는데, 가열실린더내에서 약 12시간 가압하여 처리한다. 항수축율이 70-80%에 이른다. 그렇지만 경제적 이유로 인해 상업화되지는 않았다.

목재 치수안정에는 기타 화학적 처리방법이 이용되고 있다. Meyer(1984)는 이들 방법중 일부를 고찰하였는데, 비닐모노머(vinyl monomer) 이용에 주안점을 두었다. 목재-고분자 복합체(composites)를 만드는데 이용되는 메틸-메타크릴레에트가 대표적인데, 목재 세포내강에 모너머를 도입시켜 고분자화시키게 된다. 감마선 조사와 열을 이용해 수지를 고분자화시키게 된다. 음악기기와 스포츠 용품에 주로 사용된다. 이러한 경우 목재는 수지 메트릭스로 충진된 새로운 재료의 골조역할을 하게 된다.

제5장

목재 세포벽내 수분이동

5.1 서론

목재는 생재상태에서 처음 건조되는 과정이나 건조후 사용과정에서 함수율이 계속적으로 변화한다. 건조후 사용과정에서 함수율 변화는 산발적이거나 주기적인 대기 습도와 온도의 변화에 기인한다. 그러므로 최종 제품형태의 목재에서도 함수율 경사는 존재하는 것이 보통이다.

3장에서 설명한 바와 같이 목재수분은 3가지 형태, 즉 세포내강과 세포벽내에서 모세관수, 세포내강 수증기, 세포벽내 결합수로 존재한다.

목재가 섬유포화점 이상일 때 생재와 같이 세포내강에 액체수가 존재한다. 이러한 경우 모세관력과 관련 열역학적 포텐셜 경사로 인해 액체 유동(liquid flow)이 발생하게 된다. 그 유동속도는 모세관력이나 포텐셜 경사의 크기와 목재 투과성의 결합으로 결정할 수 있다. 특히 세포간 유동속도의 경우 그러하다. 이러한 주제에 대한 것은 Siau(1984)에 의해 다루어진 바 있으므로 여기서는 그 주요사항에 대해 다루지 않기로 하겠다.

수증기압과 전체 압력경사에 따른 세포내강을 통한 수증기이동도 수분이동에 있어 중요하다. 특히 고온에서 투과성이 큰 목재의 경우에 있어 그러하다. 목재의 고온건조시 모세관력으로 인한 역압(back pressure)보다 큰 증기압이 목재내에 발생되어 액체수를 목재 밖으로 빠져나가게 한다. 특히 섬유방향으로 이동이 크다. 그렇지만 실온 부근과 같은 저온에서 수증기이동은 전체 횡방향 이동에 대하여 기여하는 바가 매우 작다. 이것은 세포간 세포벽을 통한 자유수 이동이 세포내강을 통한 이동보다 100－1,000배 느리기 때문에 세포벽 이동이 전체 이동속도를 지배하게 되기 때문이다(Choong 1965).

Stamm(1946)은 최초로 흡습범위에서 목재 내 수분이동을 예측하기 위한 전기상사모델(electrical analog model)을 제안하였다. 그가 제안한 간단한 회로형태는 그림 5.1과

같은 수분이동 해당 경로를 나타내는 목재세포의 횡단면 모식도이다. 전기회로는 4가지 저항으로 구성되는데

R_1 : 평행 세포벽의 저항,

R_2 : 세포내강의 저항,

R_3 : 연결 세포벽간 저항,

R_4 : 벽공구 저항

밀도가 보통인 목재의 경우 R_1은 R_3-R_4 병열과 R_2의 직열 연결 저항보다 더 크다. 또한 세포내강에서 수증기 이동이 매우 빠르기 때문에 R_2는 R_3-R_4 병열 연결보다 훨씬 더 작다.

저항 R_4는 목재내 부위와 목재종류에 따라 매우 다르다. 그 값은 세포간 벽공구의 크기와 개수에 따라 다르며 액체나 기체의 목재 횡방향 투과성으로 측정할 수 있다(Siau 1984). R_4의 변동이 크고 R_3에 비해 크기 때문에 Siau는 목재내 수분확산 모델에서 R_4를 배제시켰다. 그러나 그는 횡방향 투과성이 큰 수종의 경우, 특히 저함수율과 고온에서는 R_4를 포함시켜야 한다고 하였다.

세포벽을 통한 결합수 이동이 흡습 함수율 범위에서 가장 중요한 이동 메커니즘으로 논의의 여지가 가장 크다. 따라서 현재 논의는 주로 세포벽을 통한 결합수 이동 메커니즘에 대해서만 제한하고자 한다. 다른 두 메커니즘에 대해 흥미 있는 독자는 Stamm (1946, 1964)과 Siau(1984)의 책을 참고하기 바란다.

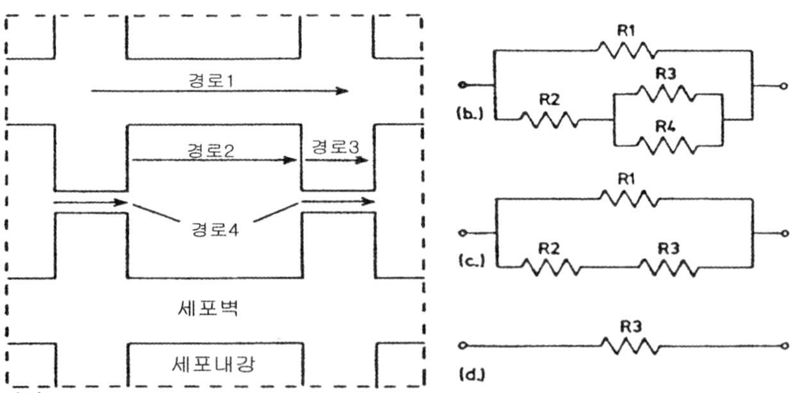

그림 5.1 모식도 : a 하나의 세포를 통한 횡방향 수분운송의 4가지 주요 경로. b 상사 전기저항회로. c 벽공(경로 4)을 무시할 때 전기회로. d 경로 3에 따른 이동 속도가 지배적일 때 회로.(Siau 1984)

5.2 등온 수분확산

목재내 함수율 이동에 관한 실험적 연구는 등온적, 즉 일정한 온도조건에서 실시되었다. 엄밀히 말하자면 수분이동과정에서 물분자에 에너지의 전달로부터 기인한 약간의 열전달이 이루어진다. 이로 인해 확산 열효과(diffusion thermo−effect)라는 경미한 온도차가 발생되지만(5.3절) 본 절에서는 다루지 않기로 하겠다.

5.2.1 결합수 확산의 일반 메커니즘

역사적 이유로 인해 목재와 기타 재료내에서 수분이동에 대한 대부분의 해석은 그 과정을 정량화하는데 Fick 법칙을 적용하였다. 정상상태에 대한 1차원 Fick 법칙은

$$J = -D\frac{\partial c}{\partial x} \tag{5.1}$$

여기서 J는 수분의 정상상태 경사(flux, g/㎠ · s), $\partial c/\partial x$는 목재내 물의 농도 c(g/cc) 경사, D(㎠/s)는 Fick 법칙에 적용되는 비례계수이다.

Fick 법칙을 적용하는데 있어 논란이 되는 점은 이동을 일으키는 포텐셜이 농도 c라는 가정이다. Babbitt(1950)은 농도보다 더 근본적인 포텐셜 경사가 포함되어야 한다고 하였다. 또한 그는 확장압(spreeding pressure) 경사가 세포막내 수분이동에 실질적 추진력이라고 제안하였다(5.2.6절). 증기압, 화학포텐셜 등과 같은 다른 포텐셜도 제시될 수 있으므로, 이 절에서 다루고자 한다. 이들 포텐셜은 식 (5.1)의 D와 유사하게 특정 운송계수 K로 나타낼 수 있다.

Fick 제1법칙과 관련된 여러 수분포텐셜, 포텐셜 경사 및 운송계수를 표 5.1에 나타내었다. 각 운송계수 K는 농도 c에 관한 추정 포텐셜 변화율을 안다면 Fick 법칙 계수 D와 관련지을 수 있다는 점에 유의할 필요가 있다. 또한 운송계수들은 상호간에 관련이 있다. 계수 v의 흥미롭고 유용한 성질은 Fick 제2법칙에 그대로 적용할 수 있다는 것이다. 그러나 운송계수 K는 다른 파라미터와 결합하여 표시된다.

$$\frac{\partial c}{\partial t} = \frac{\partial}{\partial x}\left(D\frac{\partial c}{\partial x}\right)$$

결합수 이동에 대한 특정 모델을 논의하기 전에 먼저 일반 열역학 관계식을 적용할 수

표 5.1 목재에 사용되는 수분운송계수, 추정 포텐셜, 그리고 확산계수 D와 관계

추정 포텐셜	기호 (단위)	운송계수 (단위)	확산계수 D와 관계
수분농도	c (g/㎤)	$D=-\dfrac{J}{\partial c/\partial x}$ (㎠/s)	$D=D$
분율 함수율	m (g/g)	$K_m=-\dfrac{J}{\partial m/\partial x}$ (g/㎝/s)	$K_m=D\dfrac{\partial c}{\partial m}$
증기압	P (erg/㎤)	$K_p=-\dfrac{J}{\partial p/\partial x}$ (g·㎠/erg/s)	$K_p=D\dfrac{\partial c}{\partial p}$
수분 활동도	h (ratio)	$K_h=-\dfrac{J}{\partial h/\partial x}$ (g/㎝/s)	$K_h=D\dfrac{\partial c}{\partial h}$
화학 포텐셜	μ (erg/mol)	$K_\mu=-\dfrac{J}{\partial \mu/\partial x}$ (g·mol/㎠/erg/s)	$K_\mu=D\dfrac{\partial c}{\partial \mu}$
삼투압	π (erg/㎤)	$K_\pi=-\dfrac{J}{\partial \pi/\partial x}$ (g·㎠/erg/s)	$K_\pi=D\dfrac{\partial c}{\partial \pi}$
확장압	ϕ (erg/㎠)	$K_\phi=-\dfrac{J}{\partial \phi/\partial x}$ (g·㎝/erg/s)	$K_\phi=D\dfrac{\partial c}{\partial \phi}$

있는 Fick 법칙에 근간한 일반모델에 대해 살펴본 후, 기타 모델과 그들 관계에 대해 살펴보고자 한다.

수분수착에 대한 논의에서 결합수는 세포벽내 수착점(sorption site)이나 그 부근에서 흡착되어 물 분자에 강한 인력이 작용하고 있다고 설명하였다(3장). 인력은 대부분 목재의 극성 수산기와 물 분자간의 수소결합으로부터 기인된다(3장).

본 논의에서 물분자는 이들 수착점에 결합되는데 임의 특정 수착점 부근에 함수율에 따라 하나 또는 여러 개의 물 분자가 결합되어 있다는 사실을 고찰하고자 한다. 설명의 편의상 수착점당 물 분자의 개수는 함수율 7%의 경우 평균 한 개라 생각하기로 하자. 이것은 함수율 0%에서 모든 수착점에 물 분자가 없다는 의미이다. 함수율 7%, 14%, 21%, 28%의 경우 수착점당 물 분자 수는 각각 1, 2, 3, 4이다. 이 가정은 편의에 따른 것으로 수착점의 개수나 각 수착점에 몇 개의 물분자가 결합되어있는지는 알려져 있지 않다(3장).

그림 5.2a는 상기 모델에 따라 함수율 경사가 있는 목재 세포벽내 수분분포를 나타내는 가상도이다. 다른 함수율 수준에서 5개의 수착점이 있다. 또한 각 수착점에 포텐셜 에너지 골(well)이 있고 여러 함수율 수준에서 수증기, 액체, 흡습 형태에서 물의 에너지 수준이 그림에 나타나 있다. 이들 포텐셜 에너지 골에서 물 분자는 평형 위치에 대해 연

속적으로 진동을 하고 평균 진동에너지는 RT에 비례한다.

목재 함수율이 0%, 7%, 14%, 21%, 28%인 결합수의 에너지 골은 그림 5.2a와 같다. 이 경우 섬유포화점이 28%이라 가정하면 M_f 에서 결합수의 엔탈피와 액체수의 엔탈피는 동일하게 된다.

그림 5.2a로부터 함수율 14%시 물 분자 에너지는 목재에서 증발하기 위한 엔탈피 $H_v - H_s$ 의 차와 같다는 것을 알 수 있다. 이 에너지 차는 함수율 14%시 ΔH_v cal/mol 과 같다. 동일 물분자가 액체형태에서 벗어나기 위해서는 $\Delta H_s = H_w - H_s$ 보다는 작지만 부가에너지(additional energy)를 가져야만 한다.

두 골을 분리하는 에너지 장벽(barrier)보다 큰 에너지를 얻으면 14%에서 7% 수착점으로 물분자가 점프할 수 있다. 이 장벽의 높이를 활성화 에너지 E_s 라 하고 몰기준으로 1 몰의 물분자가 한 수착점에서 다른 수착점으로 점프하는데 필요한 에너지를 말한다. 따라서

$$E_s = H_a - H_s$$

여기서 H_a 는 활성화된 물분자의 에너지 수준으로 그림 5.2a에서 에너지 피크를 연결하는 수평선에 해당된다.

그림에서 보는 바와 같이 14%→21% 지점으로 점프하기 위해서는 14%→7% 지점으로 점프하기 위한 동일한 크기의 물분자 에너지가 에너지 장벽 E_s보다 커야만 한다. 그렇지

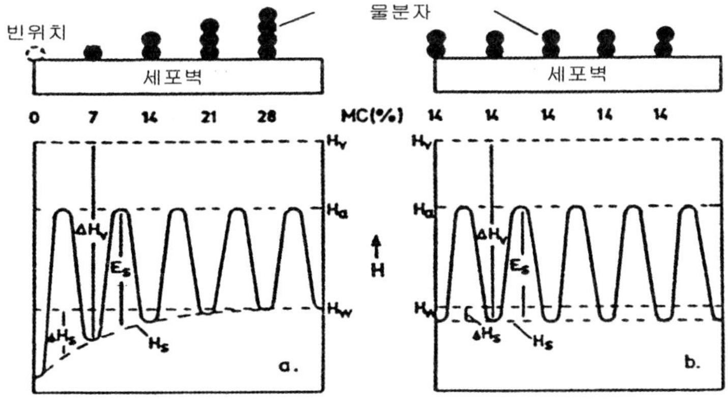

그림 5.2 세포막에서 함수율분포가 에너지 수준 H_a, H_w, H_s , 그리고 활성화 에너지 E_s 에 미치는 영향을 나타내는 가상모델. a 불균일 함수율 분포, b 균일 함수율 분포

만 21% 지점으로부터 물분자도 다른 지점으로 점프하지만 그 에너지 장벽 또는 활성화 에너지는 더 작다. 그러므로 14%→21%에 비해 21%→14% 지점으로 단위시간당 더 많은 물분자가 이동하게 된다. 마찬가지로 7%→14%에 비해 14%→7% 지점으로 더 많은 분자가 점프하게 된다.

그림 5.2a를 살펴보면 결합수 이동이 생기는 이유와 그 방향을 알 수 있다. 함수율이 낮은 목재는 함수율이 높은 목재에 비해 에너지 지점이 더 낮다. 그러므로 물분자는 목재내 모든 결합수 분자지점의 에너지수준이 동일해질 때까지 건재쪽으로 이동하는 경향을 나타내게 된다. 이것은 정적평형이 아니다. 왜냐하면 물분자 정적에너지의 불규칙한 분포로 인해 물분자가 계속해서 한 수착지점에서 다른 지점으로 점프하기 때문이다, 그렇지만 거시관점에서 목재내 평균함수율은 일정한 경향을 나타낸다.

그림 5.2b는 균일한 함수율 14%인 평형조건에서 해당 수착점의 함수율분포와 포텐셜 에너지 수준을 나타내고 있다. 모델에 따르면 각 수착점은 두 개의 물분자를 포함하고 포텐셜 에너지 골은 모두 임의 수착쌍간 장벽의 높이가 같은 동일한 에너지수준에 있다. 이러한 경우 주어진 물분자는 한 방향에서 다른 방향으로 점프하기 용이하다. 함수율이 거시관점에서 균일하더라도 각 수착점이 동일한 수의 물분자를 지닌다는 것은 불가능하다. 왜냐하면 물분자는 계속해서 한 수착점에서 다른 수착점으로 점프하고 수착점간에 에너지나 인력의 크기가 서로 다르기 때문이다.

우리는 지금까지 그림 5.2와 같은 가상 수분경사에서 수분이 이동하는 방향에 대해서만 논의하였다. 강에서 액체상태 물은 위치에너지가 적은 낮은 곳으로 흐르는 것과 유사하게 수분은 내리막(downhill), 즉 자유에너지가 감소하는 방향으로 이동하게 될 것이다. 그러나 이동속도는 에너지 장벽 E_s의 높이에 의해 좌우된다. 왜냐하면 물 분자가 장벽을 넘을 만큼 충분한 동적 에너지를 지닐 가능성은 장벽의 높이에 반비례하기 때문이다. 그러므로 에너지 장벽이 작다면 이동속도 또는 한 수착점에서 다른 수착점으로 점프하는 속도는 더 크다고 할 수 있다. Stamm(1959)이 정상상태 조건에서 목재내 결합수 이동에 대해 측정한 결과, 주어진 농도경사에서 이동속도는 목재 저함수율에서보다 고함수율에서 더 빠르게 나타났다(그림 5.3). 그러므로 그림 5.2 모델에서 활성화 에너지 E_s에 비례하는 에너지 장벽은 저함수율에서 더 크다고 할 수 있다.

그림 5.2a는 함수율 변화에 따른 에너지 장벽높이가 약간 변화되는 것만을 나타내지만 그림 5.3은 함수율 증가에 따라 확산계수 D가 크게 변화되는 것을 나타내고 있다. 그 차이가 큰 이유는 에너지 장벽의 높이 E_s와 수착점간 분자의 점프속도간에는 지수함수

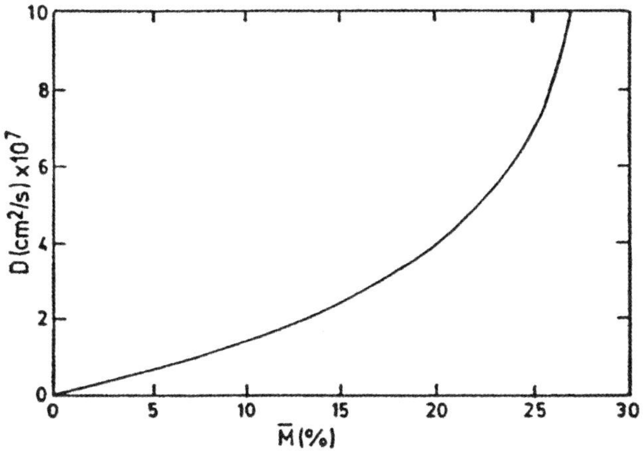

그림 5.3 Sitka spruce 세포벽의 평균 함수율에 따른 26.7℃에서 섬유방향 결합수 확산계수 D_b

관계가 있기 때문이며 점프속도는 운송계수와 직접 비례한다. Fick 법칙과 같이 농도경사를 가정하면 확산계수 D (표 5.1)가 분자점프 속도에 비례하는 적절한 운송계수이다.

Arrhenius 식은 D 와 E_s 간의 관계를 나타낸다.

$$D = D_0 exp\left(-\frac{E_s}{RT}\right) \tag{5.2}$$

여기서 D_0는 상수이며 수착점의 농도와 분포에 따라 다르다. 식 (5.2)에 따르면 E_s가 미소하게 변하여도 등온과정의 경우 D 는 크게 변할 수 있다.

목재의 온도와 함수율에 따른 D 의 변화를 안다면 식 (5.2)는 E_s를 계산하는데 이용될 수 있다. 식 (5.2)를 E_s에 대해 정리하면

$$E_s = -R\frac{dln(D)}{d(1/T)} \tag{5.3}$$

$$E_s = RT^2\frac{dln(D)}{dT} \tag{5.4}$$

Stamm(1964)과 Choong(1965)은 여러 연구결과를 토대로 D 의 대수와 Kelvin 온도의 역수는 선형비례 관계가 있다고 하였다(그림 5.4). 식 (5.3)을 이용해 활성화 에너지를 계산하면 8.5㎉/mol이 된다. 이용된 데이터가 전체목재시편에 대한 것이지만 Siau(1984)에 의하면 수분운송속도는 세포측벽(cross walls)으로의 결합수 이동속도에 의해 크게 좌우

된다. 이러한 사실은 모든 경우, 특히 횡방향 투과성이 큰 수종에 대해서는 해당되지 않는다. 그 이유는 세포측벽의 벽공구(pit opening)를 통해 상당한 유동이 발생할 수 있기 때문이다. 결합수 이동을 제한시킨 상태에서 온도와 함수율이 횡방향 확산에 미치는 영향은 결합수 확산에 대한 영향과 동일하다고 하였다.

Kawai 등(1980)은 일본산 *Chamaeyparis obtusa*의 섬유방향 확산에 대한 활성화에너지를 계산한 결과, 8.1－8.7㎉/mol로 나타나 이전에 언급한 값과 잘 일치하였다. 섬유방향 세포벽에서 결합수 확산이 이동속도를 제한하는 것은 명확하다. 그들은 여기서 논의되는 것과 유사한 활성 확산에 대한 모델에 대해 검토한 결과 결합수 이동에 대한 근본 추진포텐셜은 화학적 포텐셜(5.2.5절)이라고 하였다. 건조중 함수율분포를 비파괴적으로 측정하기 위해 soft X－ray densitometry를 사용하였다.

Stamm(1959)이 제시한 그림 5.3에서 26.7℃에서 함수율이 증가하면 Sitka spruce의 섬유방향 결합수 확산 D의 증가는 매우 크다는 것을 알 수 있다. 함수율 5－25% 범위에서 D는 함수율에 따라 지수함수적으로 변하는 것을 알 수 있다. 이를 경험식으로 나타내면

$$D = 0.40 \times 10^{-7} exp\,(0.11M) \tag{5.5}$$

함수율 M의 함수로서 E_s를 계산하기 위해서는 여러 일정 함수율과 일정 온도에서 D를 측정할 필요가 있다. 그러한 데이터는 없지만 D가 일정 함수율에서 온도의 함수라면 그 관계를 추정할 수 있다. 예를 들어 Choong(1965)과 Stamm(1959)은 평균 함수율

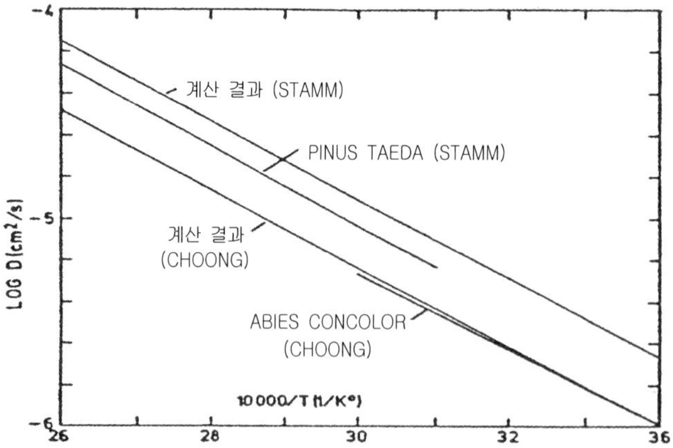

그림 5.4 Kelvin 온도 역수에 따른 $log(D)$에 대한 계산과 측정 결과.
Pinus taeda Stamm(1964), *Abies concolor* Choong (1965)

10%에서 목재의 활성화 에너지는 Arrhenius 식[식 (5,2)]를 적용한 결과 8500㎈/mol이라고 보고하였다. Choong은 전체목재에 대해 측정을 하였지만 Stamm(1964)과 Siau(1984)가 계산한 바와 같이 매우 낮은 함수율을 제외하고 횡방향 확산은 주로 세포벽 확산에 의해 제한되기 때문에 온도영향은 세포벽과 거의 동일하다,

식 (5.2)에서 D_0값은 함수율 10%에서 식 (5.5)의 D값을 구한 후 식 (5.2)에 E_s값 8500㎈/mol와 온도 T 300K를 대입하여 추정할 수 있다. 따라서 식 (5.5)로부터

$$D = 0.40 \times 10^{-7} exp\,(0.11 \times 10\,) = \ 1.2 \times 10^{-7} \text{ ㎠/s}$$

그리고 식 (5.2)로부터

$$D = 1.2 \times 10^{-7} exp\,(8500/1.9874/300\,) = \ 0.19 \text{ ㎠/s}$$

이 D_0값을 식 (5.2)에 대입하면, Sitka spruce의 섬유방향 확산계수는

$$D = 0.19 exp\,(-\frac{E_s}{RT}\,) \tag{5.6}$$

온도 T=300K에서 식 (5.5)와 (5.6)의 D를 같다고 놓으면 활성화 에너지 E_s의 함수율 의존성을 계산할 수 있다. Stamm(1959)의 데이터에 근간한 경험식은

$$E_s = 9600 - 170M + 6.95M^2 - 0.160M^3 \text{ (㎈/mol)} \tag{5.7}$$

Siau(1984)는 함수율 5−25% 범위에서 적절한 값을 나타내는 식 (5.7)의 근사식 $E_s = 9200 - 70M$을 이용하였다. 이를 이용하면 식 (5.6)은

$$D = 0.19 exp\,(-\frac{9200 - 70M}{RT}\,) \text{ ㎠/s} \tag{5.8}$$

식 (5.8)은 Sitka spruce 세포벽의 섬유방향 확산계수 D를 추정하는데 이용될 수 있다. Stamm(1960)은 섬유방향 D가 세포벽 횡방향보다 약 2.5배 크다고 하였다. 그러므로 식 (5.8)의 우측항 0.19를 2.5로 나누면 0.076이 되는데, Siau(1984)에 의한 횡방향 확산의 0.07과 근사하다. 그림 5.5는 식 (5.6), (5.7) 및 식 (5.6)에서 상수항 0.076을 적용하여 구한 함수율과 온도에 따른 횡방향 확산계수에 대한 곡선이다.

세포벽이 수분포화상태로 가까워짐에 따라 겉보기 활성화에너지는 물 자체의 확산계수 D_w의 E_s값에 근사해진다. Stamm(1946)은 액체수의 점도 η_w와 Einstein 확산식을

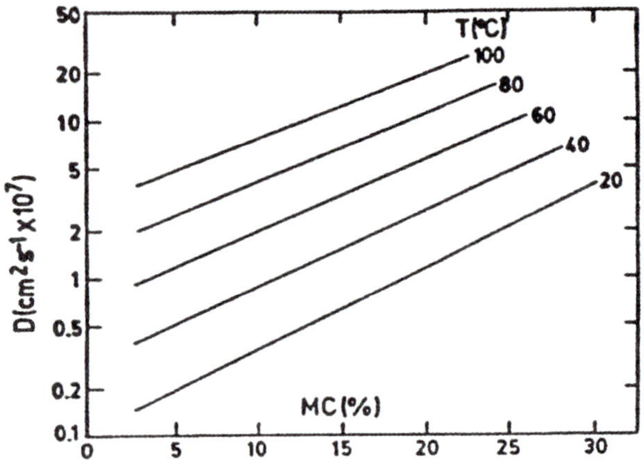

그림 5.5 여러 온도에서 목재 함수율 M에 따른 횡방향 결합수 확산계수 D (로그 스케일)의 식 (5.8)에 의한 계산곡선

이용하여 목재 세포벽을 통한 결합수 이동의 D를 처음으로 구하고자 하였다.

$$D_w = \frac{kT}{6\pi r \eta_w} \tag{5.9}$$

여기서 k는 기체상수 R를 Avogadro 수(6.02×10^{23} 분자/mol)로 나눈 값이고 r은 물분자의 반경이다. Stamm(1959)이 나중에 이 모델이 부적절하다고 하였으나 Einstein 확산식은 현재의 논의상 유용하다. 왜냐하면 D가 η에 반비례, 즉 $D\eta$는 식 (5.9)에서 T의 직접적인 작은 영향을 제외하고는 온도에 따라 거의 일정하기 때문이다.

Jost(1960)는 액체의 상수 $D\eta$의 관계를 이용하여 Arrhenius 식을 액체(또는 고체)의 확산에 "hole 이론"을 적용하여 구한 활성화에너지는 동일한 액체의 점도 η 변동에 대한 동일한 식을 적용하여 구한 활성화에너지와 거의 같다고 하였다. 이것은 액체에서 hole을 형성하는데 필요한 에너지가 확산에서와 마찬가지로 점도에 가장 큰 영향을 미치기 때문이다.

Jost(1960)는 D와 T의 관계를 식 (5.2)와 같이 나타내었다.

$$D = D_0 exp\left(-\frac{E}{RT}\right) \tag{5.10}$$

여기서 D_0는 상수이다. 식 (5.9)에서 D와 η을 서로 바꾸고 식 (5.10)의 D를 식 (5.9)의 D에 치환시키면, 그 결과는

$$\eta = \frac{D_0 kT}{6\pi r} exp\left(\frac{E}{RT}\right) \tag{5.11}$$

식 (5.10)과 식 (5.11)을 비교하면 지수항에 비해 무시할 정도로 작은 kT항에서 T를 제외하고 D와 $1/\eta$에 미치는 온도의 영향은 동일하다.

액체수 점도에 대한 활성화에너지 E는 Jost(1960)에 따르면 4－5 ㎉/mol이다. 그러므로 D_w의 활성화에너지도 유사해야만 한다. 식 (5.7)의 E_s값을 섬유포화점 30%까지 외삽시키면 6.4 ㎉/mol로 추정된다. 액체수 self－diffusion 계수의 활성화 에너지 범위에서 함수율이 32%, 34%, 36%인 경우 E_s값 6.0, 5.6, 5.0 ㎉/mol로 급격히 감소된다. Nelson(1984)에 따르면 물의 활성화 에너지 E_w는 5.3 ㎉/mol이다.

5.2.2 Erying 절대반응속도론

화학적 동역학인 절대반응이론(absolute reaction theory)으로 확산과정을 맨 처음 다룬 사람은 Erying(1936)으로 그는 액체의 확산에 적용하였다. 여기서 설명되는 바와 같이 Erying 이론의 단축 형태를 Jost(1960)가 적용하였다.

이 이론에서 확산계수 D는

$$D = l^2 r \tag{5.12}$$

여기서 l은 확산되는 분자의 축차 평형위치간 거리, r은 속도상수로 초당 점프 개수이다. 속도상수 r은

$$r = \frac{kT}{h} exp\left(\frac{T\Delta S^* - \Delta H^*}{RT}\right) \tag{5.13}$$

여기서 k는 볼츠만 상수, h는 프랑크 상수, ΔS^*와 ΔH^*는 각각 활성화 엔탈피와 엔트로피이다. 식 (5.12)와 식 (5.13)으로부터 확산계수 D는

$$D = l^2 \frac{kT}{h} exp\left(\frac{T\Delta S^* - \Delta H^*}{RT}\right) \tag{5.14}$$

식 (5.6)의 경험적 활성화에너지 ΔE^*는 $\Delta H^* + RT$와 같다. 그림 5.6은 이러한 해석에 근간하여 에너지 항 H_s, H^*, RT, ΔH^*, ΔE_s^*간의 관계를 도식적으로 나타내고 있다. 절대온도 0K에서 ΔE_s^*가 온도에 따라 일정하다면 RT=0이므로 ΔE_s^*와 ΔH^*는 같다.

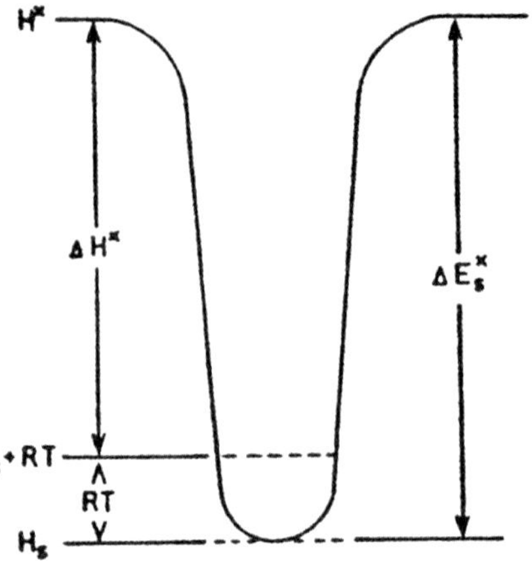

그림 5.6 H_s, H^*, RT, ΔH^*, ΔE_s^* 간의 관계를 나타내는 모식도

활성화 분자의 Gibbs 자유에너지 변화 ΔG^*는 다음과 같이 정의할 수 있다.

$$\Delta G^* = \Delta H^* - T\Delta S^* \tag{5.15}$$

또는 식 (5.14)에서 $A = l^2(kT/h)$라고 놓으면

$$D = Aexp(-\frac{\Delta G^*}{RT}) \tag{5.16}$$

엔트로피 변화 $T\Delta S^*$를 안다면 자유에너지 변화 ΔG^*를 계산할 수 있다. 이것은 다른 확산 시스템의 ΔH^*에 비해 작다. D와 ΔE_s를 안다면 추정할 수 있다. 식 (5.14)에서 ΔH^* 대신에 $\Delta E_s - RT$를 대입하면

$$D = Aexp(-\frac{T\Delta S^* - \Delta E_s + RT}{RT}) \tag{5.17}$$

이 식을 $T\Delta S^*$항에 대해 정리하면

$$T\Delta S^* = \Delta E_s - RT(1 - ln\frac{D}{A}) \tag{5.18}$$

함수율 15%에서 식 (5.18)의 항은 다음과 같이 계산할 수 있다. ΔE_s는 8500 ㎈/mol, RT는 실온에서 600 ㎈/mol, D는 그림 5.3으로부터 2×10^{-7} ㎠/s, kT/h는 약 6×10^{12}/s, Dent 수착등온 모델에 따른 수착점간 평균거리인 l은 5×10^{-8}㎝이다. 이들 값을 식

(5.18)에 대입하면 $T\Delta S^*$는 1200 ㎈/mol로 RT값의 2배이다.

상기 주어진 계산에 따르면 활성화 분자의 엔탈피 증가 ΔH^* 대부분은 식 (5.15)에 따르면 자유에너지 증가 ΔG^*에 기인한다. 현재 예에서 ΔH^* 크기는

$$\Delta H^* = \Delta E^* - RT \tag{5.19}$$

약 8500－1200 또는 7300 ㎈/mol이다. 그러므로 $T\Delta S^*$=1200 ㎈/mol이므로 식 (5.15)로부터 ΔG^*는 약 6100 ㎈/mol이다.

5.2.3 함수율 추진력

함수율 경사에 근간한 수분운송계수 K_m은 상수인 Fick 법칙에 따른 계수 D와 관련이 있다. 기울기 dc/dm 또는 dc/dM(표 5.1)은 함수율이 증가하면 목재 팽윤으로 인해 약간 감소한다. 그 관계는

$$K_m = 100K_M = DG_m e_w = Dd_m \tag{5.20}$$

여기서 G_m은 함수율 M 또는 m일 때 팽윤체적 기준 목재나 세포막의 비중, ρ_w는 물의 밀도, d_m은 밀도지수[식 (4.17)]이다.

목재내 수분이동을 나타내기 위해 계수 K_m이나 K_M, 그리고 dm/dx 또는 dM/dx를 사용하는 것은 형태면에서 Fick 법칙과 동일하다.

5.2.4 증기압 추진력

수분이동의 추진 포텐셜이 증기압이라면 운송계수 K_p가 적용된다. 이 형태의 계수는 증기차단막(vapor barrier)으로 사용되는 고분자 필름과 같은 고체 무공재료(non－porous material)내 증기이동을 나타내기 위해 널리 사용된다. 투과상수라 불리는 경우도 있는데, 함수율이 아닌 증기압만 측정하면 되므로 상대적으로 계산하기가 쉽다.

이러한 경우 투과성이란 용어는 목재에서 보통 사용되는 의미와 다르다는 것에 유의해야 한다. 투과성이란 일반적으로 전체 압력경사하에서 다공성시스템(porous system)내에 유체가 전도되는 목재와 같은 재료에서 다공성 네트워크의 유효성을 의미한다. 유체는 세포벽 물질이 아니라 다공성 시스템 내에서 이동된다고 가정된다. 즉 결합수로서

세포벽에 흡착되어 전달되는 것이 아니다.

현재의 논의에서 수증기는 세포벽에 응축이 되어 있으며 결합수 형태로 확산이 되어 반대면(opposite surface)으로 증발한다고 가정한다[여기서는 다공성매체를 통해 흐른다는 Darcy 법칙이 사용되지 않는다(Siau(1984)]. 투과성 계수 K_p는

$$K_p = -\frac{J}{(dp/dx)} \tag{5.21}$$

여기서 J는 측정된 수분 flux(g/㎠s), p는 수증기 분압이다. K_p와 D의 관계(표 5.1)는

$$K_p = D\frac{dc}{dp} \tag{5.22}$$

Henry 용해도 법칙을 따르고 c가 p의 선형함수라면 $\partial c/\partial p$는 용해도 S라고 정의할 수 있다. 고분자 필름의 증기운송특성 연구에서는 투과성 계수 K_p 대신에 기호 P를 사용하는 것이 일반적이다. 이러한 경우 용해도 S가 상수라면 식 (5.22)는

$$P = DS \tag{5.23}$$

dc/dp항은 목재의 수착등온선 기울기 dm/dh와 선형관계가 있으므로

$$\frac{dc}{dp} = \frac{G_m \rho_m}{p_0}\frac{dm}{dh} \tag{5.24}$$

그러므로 dm/dh가 Simpson(1982)에 의해 그림 5.7과 그림 5.8에 나타낸 바와 같이 상

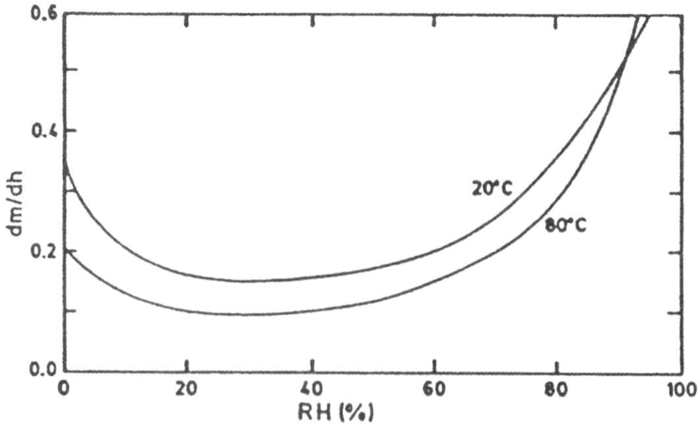

그림 5.7 온도 20℃와 80℃에서 상대습도에 따른 기울기 dm/dh의 변화 (Simpson 1982)

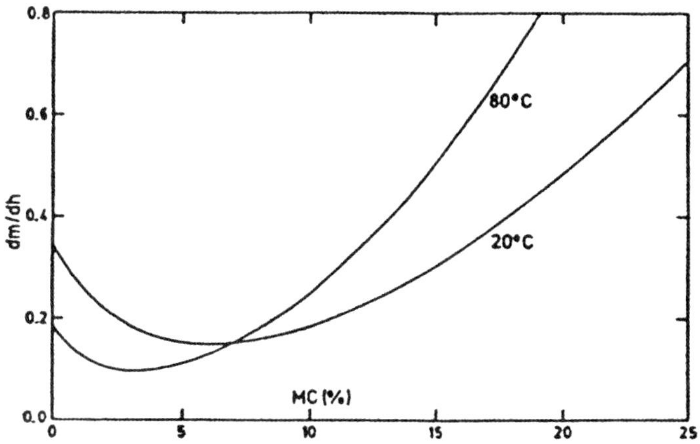

그림 5.8 온도 20℃와 80℃에서 목재함수율에 따른 기울기 dm/dh의 변화(Simpson 1982)

대습도, 목재함수율, 온도에 따라 복잡한 형태로 변화되기 때문에 dc/dp는 일정하지 않다. 또한 비중 G_m은 m이 증가하면 약간 감소한다.

K_p 측정법은 2가지 방법이 있다. 첫 번째 방법으로는 시편의 한쪽면을 대기에 노출시킨다. 한쪽면의 수증기 분압 p가 다른 쪽면보다 더 크므로 시편내에 증기압 경사가 발생된다. vapometer cup(그림 5.9)이 사용되는데 시편으로 개구변을 밀폐시키고 가장자리면으로부터의 손실을 방지하기 위해 가장자리를 밀봉시킨다. 컵내 수용액의 증기압 p_1은 일정하게 유지되고 대기에 노출되는 바깥면의 증기압 p_2는 p_1과 크기는 다르지만 일정하다. flux J는 적절한 시간간격으로 컵의 무게변화로 간단히 측정할 수 있으며 수증기 투과성 계수 K_p의 평균값 $\overline{K_p}$는 식 (5.21)로부터

$$\overline{K_p} = -J\frac{L}{p_2 - p_1} \tag{5.25}$$

여기서 L은 시편두께이다. 증기압 p_1을 균일하게 유지시키기 위해서 컵내의 용액과 공기를 잘 저어주는 것이 중요하다. 특히 투과성이 큰 재료인 경우 그러하다. 컵내에 용액이 아닌 순수한 물(pure water) 또는 건조제(dessicant)를 사용하는 경우도 있다.

두 번째 방법은 대기 가스를 사용하지 않고 수증기만을 사용하는 것이다. 시편의 각면에 진공을 걸어 시편의 한 면이나 양면에 수증기를 주입시킨다. 각 면의 증기압 p_1과 p_2는 일정하게 유지시킨다. 수분원(water source)의 무게변화로 시편 양면의 정상상태

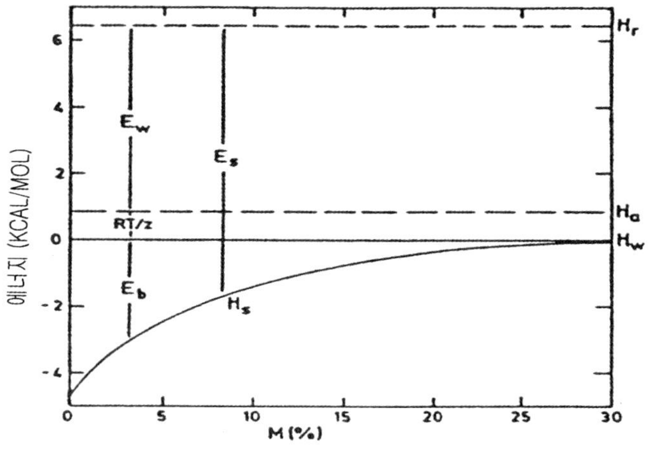

그림 5.16 목재함수율에 따른 상대에너지 수준의 비교. H_w : 액체수, H_s : 흡착수, H_a : 해리수(dissociated water), H_r : 완전 활성수 (Nelson 1986a,b,c)

위는 0.65－0.85이므로 E_z 는 실온에서 약 800 ㎈/mol이다. Nelson(1986a,b,c)은 E_z 를 "액체상태에서 활성상태까지 에너지 변화"라고 정의하였다. 이상에서 언급한 바와 같이 함수율에 따라 약간 변화된다.

또한 Nelson은 세포벽의 일부만이 물과 결합할 수 있다는 사실을 나타내기 위해 不正인자(tortuosity factor) S를 도입하였다. 따라서 식 (5.62)는

$$D_s = \frac{D_0}{S} exp\left(-\frac{E_s}{RT}\right) \tag{5.65}$$

여기서 S는 전건 세포벽은 약 2.0, 섬유포화점에서 1.7이다. 그의 D_s 예측값은 그림 5.15와 같이 Skaar와 Babiak(1982)의 데이터보다는 Stamm(1959)의 데이터와 잘 일치한다.

그림 5.16은 Nelson(1986a,b,c)의 해석에 의한 것으로 흡착, 액체, 해리, 활성 등 4가지 상태의 물의 상대에너지 수준을 나타낸다. 또한 이들 수준의 차이인 엔탈피와 활성화에너지도 나타나 있다. 액체수의 평균 엔탈피는 그림에서 기준수준을 0으로 잡은 것이다. 증기 엔탈피 수준(H_v)은 그림에는 나타내지 않았지만 액체수(H_w)보다 약 10 ㎉/mol 더 크다.

5.3 비가역 열역학과 비등온 확산

5.3.1 서론

먼저 논의에서는 온도경사를 무시하는 등온수분확산에 대해서만 국한하여 설명되었다. 대개의 목재 건조과정에서 온도경사는 존재하므로 열과 수분의 연성운송(coupling of heat and mass transport)이 일어나게 된다. 그러한 현상을 열확산(thermal diffusion) 또는 Soret 효과라 한다. 이것은 수분이 온도경사가 있는 목재에서 확산이 일어나는 과정을 말한다. 다시 말하자면 목재에 온도경사가 있을 때에는 그림 5.17(Johnson 1977)과 같이 함수율이 균일하지 않고 불균일한 함수율 분포로 접근하게 된다. 이러한 수분과 온도 분포의 연성은 Voigt 등(1940), Choong(1963), Siau와 Babiak(1983), Siau 등(1986) 등 여러 연구자에 의해 확인된 바 있다.

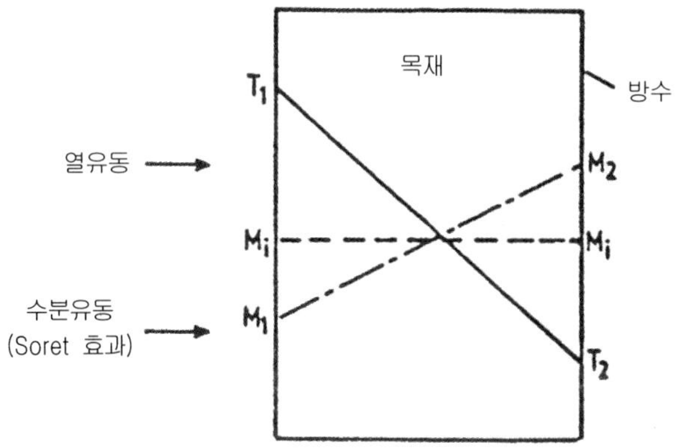

그림 5.17 온도경사가 있는 목재에서 수분과 온도 분포곡선. 열은 높은 온도에서 낮은 온도쪽으로 유동이 일어나고 수분은 Sorret 효과에 의해 동일한 방향으로 이동하는 경향을 갖는다(Johnson 1977).

5.3.2 연성 유동 관계식의 유도

Johnson(1975)은 목재내 열과 수분 운송에 관계하는 연성계수를 관행 운송계수 항으로 정의하였다. 그는 이들 계수가 비가역 열역학 원리에서 비롯되는 계수와 반드시 같지는 않다고 하였다. 그 이유는 추정되는 추진력이 보통 서로 다르기 때문이다. 그러나 연성계수를 목재에서 열과 수분 운송에 대한 고전적 방법과 관련지을 수 있다.

여기서 유도되는 식과 이론적 기초는 DeGroot(1950), Van Rysselberghe(1963), Prigogine(1961) 등 여러 연구자에 의해 더 상세히 다루어진 바 있다. 열과 수분의 운송은 여기서 가정하는 바와 같이 실제 열역학적 평형이 존재하지 않기 때문에 정상상태[1] (steady state) 조건에서도 가역과정이 아니다. Prigogine은 정상상태 전도를 정상 비평형상태 과정(stationary nonequilibrium state process) 또는 간단히 정상상태과정(stationary−state process)이라고 하였다. 그러한 과정에서 엔트로피는 일정속도로 연속하여 생성된다.

정상상태 조건에서 엔트로피 생성(entropy production)은 열전도 Fourier 법칙의 정상상태식으로 용이하게 나타낼 수 있다. 단면적이 A이고 두께가 dx인 요소체적 dV를 통해 온도경사 dT/dx 영향하에서 정상상태 열 flux J_q가 흐르고 있다고 가정하자(그림 5.18a). Fourier 법칙에 따른 1차원 식은

$$J_q = \frac{1}{A}\frac{dq}{dt} = -K_q\frac{dT}{dx} \tag{5.66}$$

여기서 K_q는 매체의 열전도도이다. 보통 목재에서는 함수율 경사가 존재하지만, 현재로서는 함수율 경사가 없다고 가정할 것이다.

정상상태 조건에서 열유동 속도 dq/dt는 x와 $x+dx$에서 동일하다. 전체 에너지나 엔탈피는 변화되지 않는다. 그렇지만 출구면에서 온도 T_{x+dx}는 입구면에서 온도 T_x보다 낮기 때문에 에너지 감쇠가 일어난다. 그러므로 에너지 q의 감쇠로 인해 체적요소내

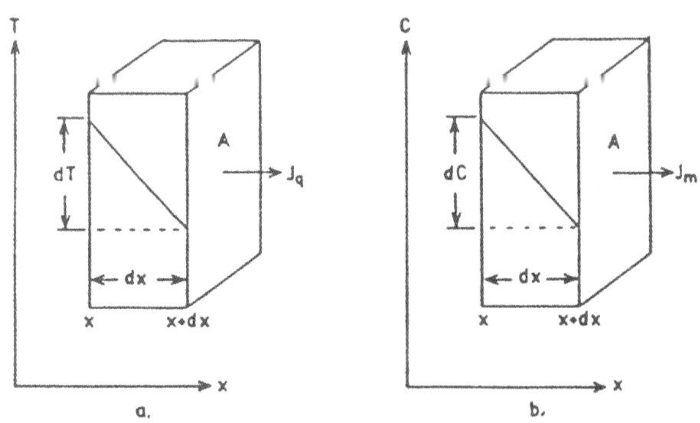

그림 5.18 1차원 유동에 대한 체적요소. a 온도경사로 인한 열, b 수분농도 경사로 인한 수분.

1) stationary state(正常狀態) : 유체흐름, 열전도, 전류 등의 동적인 현상으로 그들의 상태를 결정하는 물리량이 시간에 따라 변하지 않는 것

엔트로피는 dS만큼 증가하게 된다.

단위체적 $dV(=Adx)$의 엔트로피 변화율은

$$\frac{dS}{dt}=\frac{1}{A}\frac{dq}{dt}\frac{d(1/T)}{dx} \tag{5.67}$$

온도와 엔트로피의 곱 TS는 에너지와 단위가 같으므로 에너지 감쇠율 또는 열유동으로 인한 요소 dV내 소실율(rate of dissipation) ϕ_q는

$$\begin{aligned}\phi_q&=\frac{T}{A}\frac{dq}{dt}\frac{d(1/T)}{dx}\\&=TJ_q\frac{d(1/T)}{dx}\end{aligned} \tag{5.68}$$

마찬가지로 정상상태 수분유동으로 인해 에너지 소실율에 대한 식을 유도할 수 있다. 단면적 A이고 길이가 dx인 체적요소 dV를 통해 정상상태 수분유동이 단위시간당 몰 dn/dt이라고 가정하자(그림 5.18b). Fick 1법칙을 이용해

$$J_m=\frac{1}{A}\frac{dn}{dt}=-D\frac{dc}{dx} \tag{5.69}$$

여기서 D는 확산계수, c는 몰농도이다.

목재의 단위체적당 엔트로피 생성율 dS/dt와 정상상태 flux $(1/A)(dn/dt)$ 관계는

$$\frac{dS}{dt}=\frac{1}{A}\frac{dn}{dt}\frac{d(-\mu/T)}{dx} \tag{5.70}$$

여기서 μ는 물의 몰 자유에너지 또는 화학적 포텐셜이다.

그러므로 질량유동으로 인한 에너지 소실율 ϕ_m은

$$\phi_m=\frac{T}{A}\frac{dn}{dt}\frac{d(-\mu/T)}{dx}=TJ_m\frac{d(-\mu/T)}{dx} \tag{5.71}$$

식 (5.68)과 식 (5.71)은 단위체적당 에너지 소실율 ϕ에 대한 일반식중 특수한 경우이다. 이것은 다음과 같이 나타낼 수 있다.

$$\phi=\sum_k J_k X_k \tag{5.72}$$

여기서 J_k 는 flux를 발생시키는 특정 열역학적 경사 X_k 로 인한 에너지 flux이다. 예를 들어 열과 수분이 체적요소 Adx를 통해 유동하여 온도와 화학적 포텐셜 경사가 존재한다면 ϕ 전체값은 ϕ_q와 ϕ_m의 합이 된다. 열과 수분 유동간 연성효과를 무시하고 식 (5.68)과 식 (5.71)을 이용하면

$$\phi = \phi_q + \phi_m = TJ_q \frac{d(1/T)}{dx} + TJ_m \frac{d(-\mu/T)}{dx} \tag{5.73}$$

기울기 $d(1/T)/dx$ 및 $d(-\mu/T)/dx$와 Fourier와 Fick 법칙에서 사용되는 기울기의 관계는 아래에서 열과 질량의 연성유동과 더불어 논의될 것이다.

식 (5.68)과 식 (5.71)은 열과 질량 유동이 서로 독립적이어서 두 과정간에 연성이 일어나지 않는다는 가정에서 유도되었다. 이들 두과정에 대한 일반적인 관계는

$$J_q = L_{qq}X_q + L_{qm}X_m \tag{5.74a}$$

$$J_m = L_{mq}X_q + L_{mm}X_m \tag{5.74b}$$

여기서 J_q는 열 flux $(1/A)(dq/dt)$, J_m은 수분 flux $(1/A)(dn/dt)$를 나타낸다. 계수 L_{qq}와 L_{mm}은 각각 열전도도 K_q와 수분확산계수 D과 관계되는 운송계수이다.

$$X_q = T\frac{d(1/T)}{dx} = -\frac{1}{T}\frac{dT}{dx} \tag{5.75a}$$

$$X_m = T\frac{d(-\mu/T)}{dx} \tag{5.75b}$$

식 (5.75)에서 계수 L_{qm} 과 L_{mq} 는 간섭(interference) 또는 연성(coupling) 계수이다. 이들은 각각 열 flux J_q와 열역학적 경사 X_m, 수분 flux J_m 과 열역학적 경사 X_q 의 관계를 나타낸다. Onsager(1931)에 의하면 연성계수 L_{qm} 과 L_{mq} 는 서로 같다. 이 동일성은 Onsager 상호관계(reciprocity relations)로 알려진 일반이론의 특수한 경우로 다음과 같이 나타낼 수 있다.

$$L_{ik} = L_{ki} \tag{5.76}$$

따라서 열역학적 경사 X_i 로 인해 발생되는 비가역과정의 flux J_i 가 연성계수 L_{ik} 에 의해 다른 경사 X_k 의 영향을 받을 때, 경사 X_k 로 인해 발생되는 flux J_k 는 동일한 연성

계수 L_{ik}에 의해 경사 X_i의 영향을 받게 된다.

열역학적 포텐셜 경사 X_q와 X_m의 결합으로 인한 에너지 감쇠 전체 속도는 식 (5.72)에 식 (5.74) 및 식 (5.75)를 치환시켜 구할 수 있다. 따라서 열과 질량의 결합수송의 경우 식 (5.72)는

$$\phi = J_q X_q + J_m X_m \tag{5.77}$$

J_q와 J_m을 제거하기 위해 식 (5.74)와 Onsager 상호관계를 이용하면, 식 (5.76)은

$$\phi = L_{qq} X_q^2 + 2 L_{qm} X_q X_m + L_{mm} X_m^2 \tag{5.78}$$

따라서 3개 현상계수 L_{qq}, L_{mm}, L_{qm}(=L_{mq})를 안다면 전체 에너지 분해율은 경사 X_q [=$Td(1/T)/dx$]와 X_m[=$Td(-\mu/T)/dx$]의 임의 결합에 대해 계산할 수 있다.

연성계수 L_{qm}과 L_{mq}이 0이 아니라면, 식 (5.78)로 주어진 에너지 분해율 ϕ는 식 (5.68)과 식 (5.71)에 주어지는 것 같은 ϕ_q와 ϕ_m의 단순 합과 같지 않다는 점을 유의해야 한다. 또한 J_q 또는 J_m이 0이 되는 포텐셜 X_q와 X_m이 값을 가질 때 ϕ 크기는 최대임을 알 수 있다(Prigogine 1961).

계수 L_{ik}는 열과 수분 플럭스 J_q와 J_m을 경사 X_q와 X_m을 관련시키는 열과 질량의 실질운송계수이다. 플럭스 J_q와 J_m은 보통 측정에서 얻은 값과 거의 동일하지만, 경사 X_q와 X_m은 목재내 열과 수분 이동을 나타내기 위해 일반적으로 사용되는 경험적 경사와 다르다. 운송계수 L_{qq}, L_{qm}, L_{mm}은 관행 운송계수 K_q, D와 다르지만 K_q, D로부터 계산할 수 있다. 그와 같이 하기 위해서는 수분운송 X_m의 추진력을 재정의 하는 것이 바람직하다. 왜냐하면 식 (5.75b)로 정의된 X_m은 화학적 포텐셜 μ뿐만 아니라 온도 T가 공간미분으로 나타나기 때문이다. DeGroot(1950)에 의해 주어진 과정을 이용해 경사에서 온도 T를 제거할 수 있다.

이 과정을 적용하기 위해서는 식 (5.68)–(5.77)에 정의된 J_q, J_m, X_q, X_m 대신에 새로운 계수인 J_q', J_m', X_q', X_m'를 정의할 필요가 있다. 식 (5.74a,b)와 같은 연립식을 새로운 변수로 다음과 같이 교체하여야 한다.

$$J_q' = L_{qq}' X_q' + L_{qm}' X_m' \tag{5.79a}$$

$$J_m' = L_{mq}' X_q' + L_{mm}' X_m' \tag{5.79b}$$

여기서

$$J_q' = J_q - HJ_m \tag{5.80a}$$

$$J_m{}' = J_m \tag{5.80b}$$

$$X_q' = X_q = -\frac{1}{T}\frac{dT}{dx} \tag{5.80c}$$

$$X_m{}' = -(\frac{\partial\mu}{\partial x})_T \tag{5.80d}$$

식 (5.75b)의 X_m과 달리 $X_m{}'$에는 온도항이 포함되지 않는 것에 유의해야 한다.
식 (5.79)와 (5.80)을 결합하면

$$J_q' = -\frac{L_{qq}{}'}{T}\frac{dT}{dx} - L_{qm}{}'(\frac{\partial\mu}{\partial x})_T \tag{5.81a}$$

$$J_m{}' = -\frac{L_{mq}{}'}{T}\frac{dT}{dx} - L_{mm}{}'(\frac{\partial\mu}{\partial x})_T \tag{5.81b}$$

계수 $L_{mm}{}'$와 수분확산계수 D와의 관계는 등온 경우 식 (5.81b)에서 $dT/dx = 0$으로 놓고 식 (5.69)와 결합하면, $J_m = J_m{}'$이므로

$$D = L_{mm}{}'(\frac{\partial\mu}{\partial c})_T \tag{5.82a}$$

$$D = L_{mm}{}'(\frac{\partial\mu}{\partial h})_T(\frac{\partial h}{\partial c})_T \tag{5.82b}$$

여기서 h는 흡착수의 활동도로 평형 상대증기압과 같고, $(\partial h/\partial c)_T$는 수착등온선의 역 기울기이다.

$(\partial\mu/\partial h)_T$는 RT/h와 같으므로 식 (5.82b)는

$$D = L_{mm}{}'\frac{RT}{h}(\frac{\partial h}{\partial c})_T \tag{5.83a}$$

또는

$$D = L_{mm}{}'RT[\frac{\partial ln(h)}{\partial c}]_T \tag{5.83b}$$

수분전도도계수 K_m과 $L_{mm}{'}$의 관계를 유사한 방법으로 나타낼 수 있다. 예를 들어 식 (5.83a)에 대한 상사 등온식은

$$K_m = L_{mm}{'} \frac{RT}{h} \left(\frac{\partial h}{\partial m}\right)_T \tag{5.84}$$

열전도도 계수 K_q와 계수 L_{qq}관계는 $X_m = 0$의 경우 식 (5.75a)와 같이 정의된 $X_q = -(1/T)(dT/dx)$으로 놓으면 K_q[식 (5.66)] 정의와 식 (5.74a)에 의한 L_{qq}를 결합하여 구할 수 있다.

$$L_{qq} = \frac{J_q}{X_q} = -\frac{J_q T}{dT/dx} \tag{5.85}$$

식 (5.66)과 (5.85)간의 J_q와 dT/dx를 소거하면

$$L_{qq} = TK_q \tag{5.86}$$

$L_{qq}{'}$와 열전도도 K_q'간 유사한 관계가 성립하며 에너지 플럭스 J_q'로 정의하면

$$J_q' = -K_q' \frac{dT}{dx} = J_q - HJ_m \tag{5.87}$$

따라서

$$L_{qq}' = TK_q' \tag{5.88}$$

그러므로 열전도도 K_q와 $K_q{'}$는 약간 다르다. 온도경사가 일정한 목재의 열전도도 측정시 목재를 통한 초기 에너지 플럭스는 두 가지 요소로 구성된다. 그 두 요소는 직접열 플럭스 J_q와 함수율 플럭스 J_m과 관련 있는 간접 에너지 플럭스 HJ_m이다. 이 여분의 에너지 플럭스 HJ_m는 J_q와 동일한 방향으로 초기 겉보기 열전도도 K_q는 $K_q{'}$보다 더 크다. 함수율 평형 도달후(그림 5.17), 열유동 $J_q{'}$는 J_q보다 작으므로 열전도도는 약간 감소된다. 이것이 Dufuor 효과, 확산 열효과(diffusion thermo-effect), 열역학적 효과(thermomechanical effect)의 특수한 경우이다(Jost 1960, DeGroot 1950). 그러나 이러한 효과를 용이하게 측정하기가 어렵다. 왜냐하면 목재를 통한 열확산이 수분보다 훨씬 더 크기 때문이다.

Sorret 계수 s는 다음과 같이 정의된다(Jost 1960).

$$s = -\frac{1}{c}\frac{dc}{dT} \tag{5.99}$$

식 (5.98)은 s를 나타내기 위해 다음과 같이 정리할 수 있다.

$$\frac{dc}{dT} = -\frac{hQ^*}{RT^2}\left(\frac{\partial c}{\partial h}\right)_T \tag{5.100}$$

$$s = \frac{Q^*}{RT^2}\left[\frac{\partial ln(c)}{\partial ln(h)}\right]_T \tag{5.101}$$

식 (5.100)과 식 (5.101)의 교호형태는 $J_m = 0$인 실험에서 Q^*를 계산하는데 이용될 수 있다. 예를 들어 수분농도 c가 아닌 함수율 m을 측정하면 c대신에 m을 치환시켜 나타낼 수 있다. 이러한 경우

$$\frac{dT}{dm} = -\frac{RT^2}{hQ^*}\left(\frac{\partial h}{\partial m}\right)_T \tag{5.102}$$

이 식은 Briggs(1967)에 의해 주어진 식과 동일하며, Siau(1980)에 의해 목재의 비등온 수분이동에 대해 처음으로 적용되었다. 그는 온도경사가 있는 조건에서 목재내 수분이동을 설명하기 위해 여러 가지 식들을 검토하였다(Siau 1984). 이미 언급한 바와 같이 Nelson(1986a, b, c)은 Q^*가 활성화 에너지 E_s보다 약간 더 크고 목재함수율 증가에 따라 동일한 형태로 감소한다고 하였다(그림 5.19b)

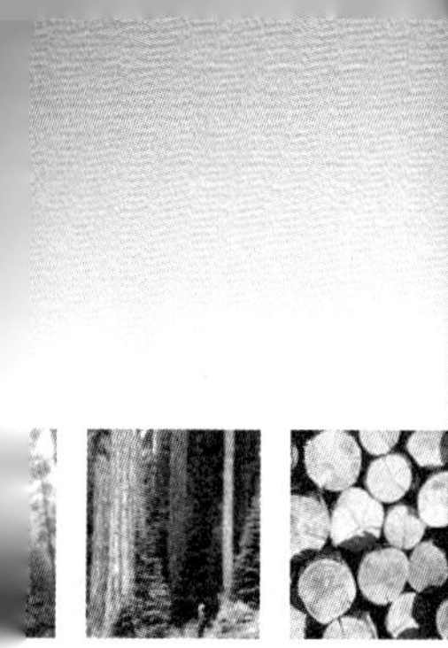

제6장

목재의 전기적 성질

6.1 서론

목재 함수율을 추정하기 위해 두 가지 방식의 전기수분계가 사용된다(1.2.1.5절). 직류(DC) 전기저항[1]을 측정하는 저항계와 보통 교류(AC)로 목재의 복소수 유전율(dielectric constant)[2]이나 전기 유전율(permittivity)을 측정하는 유전수분계가 있다.

이 장에서는 목재의 함수율과 기타 인자에 미치는 영향과 전기수분계에 대한 적용을 포함해 목재의 전기적 성질에 대해 논의하고자 한다. 목재 전기저항을 먼저 다룬 후 유전성질에 대해 살펴보고자 한다.

표 6.1 함수율에 따른 목재의 전기저항 (megohm)

M(%)	8	10	12	14	16	18	20	22	24
미송(80° F)	4780	630	120	33	11.2	4.6	2.14	1.10	0.60
식 (6.1) (20℃)	4380	731	156	41	13.1	4.9	2.08	1.00	0.53

6.2 전기저항

6.2.1 서 론

목재의 전기 비저항(resistivity)이나 저항(resistance) 측정은 목재의 함수율을 추정하

1) 물질이 전류를 방해하는 성질. 도체의 두 단자간에 전위차 V로 전류 I가 흐를 때, $R = V/I$를 전기저항 또는 저항이라 한다.

2) 전속밀도 D와 전장 E와의 관계 $D = \epsilon E$에서 ϵ이다. 전기유도용량, 전매정수라고도 한다.

기 위한 기술로서 다년간 산업적으로 이용되어 왔다. 전기저항 수분계의 초기개발은 대부분 Stamm(1927)의 연구결과에 근간을 두고 있다. Stamm은 함수율 증가에 따라 목재의 DC 전기저항이 크게 감소하는 것을 최초로 정량적 조사를 실시하였다.

6.2.2 저항영향 고유변수

이상에서 언급한 고유변수는 다음과 같은 순서로 논의하고자 한다. 함수율, 수종, 구조적 방향, 화학조성, 추출물, 목재밀도.

6.2.2.1 함수율과 수종의 영향

전건재는 매우 완벽한 전기전도체로 실온에서 비저항이 10^{17} ohm－㎝이다. 그렇지만 흡습범위에서 함수율이 증가할수록 비저항 r은 급격히 감소한다(그림 6.1). 함수율 7%에서 함수율 증가에 따른 비저항은 지수함수적으로 감소되어 그 크기는 약 10^{11} ohm－㎝이다. 흡습범위내 1% 함수율 증가하면 전기전도도는 5배 증가하고 전기비저항은 5배 감소하게 된다. 함수율 7%에서 섬유포화점까지 감소율은 현저하지 않지만 함수율이 1% 증가하면 2－4배 정도 감소하는데, 함수율이 클수록 감소가 작아진다. 흡습범위에서 저항의 대수는 함수율 대수의 선형함수로 나타난다(그림 6.1b). 이것이 바로 저항식 수분계가 가장 적합한 함수율 범위가 된다. 잘 알려진 바와 같이, 저항과 함수율간 관계는 6%(또는 7%)에서 섬유포화점까지 범위에서도 수종에 따라 변동이 있다. 그림 6.2는 함수율

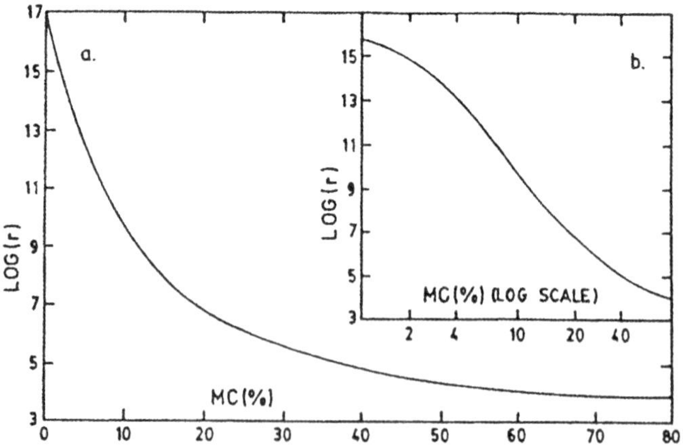

그림 6.1 목재함수율에 따른 비저항 log(r) (ohm－㎝). a : 선형, b :대수 스케일

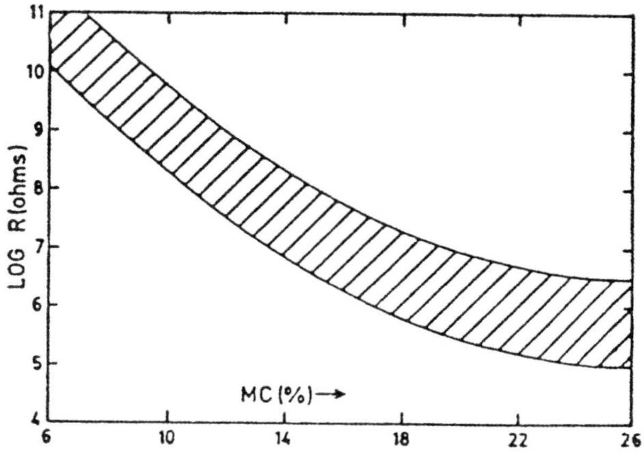

그림 6.2 목재함수율에 따른 저항 log(R) (ohm). 빗줄친 면적은 미국산 수종의 90%에 대한 범위를 나타냄.

에 따른 $\log R$의 두 곡선을 나타내고 있다. 이들 두 곡선사이의 빗줄친 부분은 북미산 수종에 대한 실험데이타의 90%에 대한 변동범위이다. 함수율 측정값은 수종에 따라 2－3% 정도 차이가 있다.

Keylwerth와 Noack(1956)은 유럽제 저항식 수분계(Siemens와 Halske) 보정에는 20℃에서 유럽산 oak를 기준한다고 보고하고 있다. 그에 따른 목재 함수율 3%에서 23%사이에 유효한 경험식은

$$\log[\log(R)-4] = 1.009 - 0.0322M \tag{6.1}$$

여기서 R은 저항(ohm)이다. 표 6.1은 식 (6.1)을 이용해 구한 전기저항 megohm(10^6 ohm)의 계산값이다.

표 6.2 Langwig와 Skaar(1975) 및 Okoh(1976)에 의한 식 (6.2)에서 A와 B 값. 또한 함수율 12%와 18%에서 계산한 log(r)의 평균(온도 21℃).

	Lanwig와 Skaar(1975)		Okoh(1976)	
	US	Venezuela	US	Ghana
A	17.972	17.248	20.236	20.339
B	9.109	8.979	10.904	10.595
log r (12%)	8.14(0.39)	7.56(0.69)	8.47(0.26)	8.82(0.68)
log r (18%)	6.54(0.36)	5.98(0.46)	6.55(0.32)	6.95(0.68)

Lanwig와 Skaar(1975)는 베네쥬엘라산 열대재 18수종과 북미산 13수종의 함수율 M에 따른 비저항 r에 대한 회귀식을 다음과 같이 보고하였다.

$$\log(r) = A - B\log(M) \tag{6.2}$$

이 때 측정온도는 21℃이고 함수율 범위는 8%−20%로 목리방향별로 측정하였다. 표 6.2는 두 그룹수종에 대한 식 (6.2)의 A와 B값을 나타내고 있다. 또한 $log(r)$의 평균과 표준편차도 나타나 있는데, 표에 나타난 A와 B값을 식 (6.2)에 적용해 계산한 결과이다. 함수율 12%와 18%에서 미국산 목재의 비저항이 베네쥬엘라산보다 더 크지만 표준편차는 베네쥬엘라산이 더 크다. 그 차이는 베네쥬엘라산 목재의 추출물과 무기물 함유량의 변동이 큰 것과 관련이 있다고 생각된다.

Okoh(1976)는 Langwig와 Skaar(1975)와 유사한 측정기술로 미국산 22수종과 가나산 활엽수 10수종의 섬유방향 비저항을 측정하였다. 21℃에서 그 결과는 표 6.2와 같다. Okoh의 데이터에 따른 식 (6.2)의 A와 B값은 상당히 더 크지만 함수율 12%와 18%에서 평균 비저항은 Langwig 등의 결과와 유사하다. 표준편차는 열대산 수종인 가나산이 온대산인 미국산보다 더 크게 나타났다.

그림 6.3은 미국산 22수종의 평균 비저항이 25℃에서 목재의 함수율에 따라 변화되는 것을 나타낸다(Okoh 1976). 또한 가나산 10수종과 미국산 22수종의 내수피(inner bark)에 대한 것도 나타나 있다. 내수피 비저항은 해당 목재와 유사하다. 그렇지만 수피시편은 방사방향이고 목재시편은 섬유방향에 대한 것이다. 목재의 방사방향 비저항은

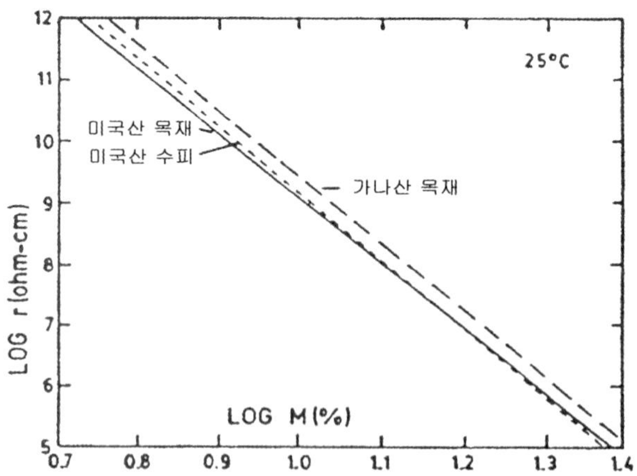

그림 6.3 미국산 목재와 수피 및 가나산 목재의 20℃에서 log(M)에 대한 log(r)의 변화(Okoh 1976)

섬유방향보다 더 크므로 수피의 방사방향 비저항은 해당목재의 방사방향의 것보다 약간 더 작다고 할 수 있다.

섬유포화점 이상에서 함수율 증가에 따른 비저항의 감소는 덜 현저하므로 함수율 변화에 따른 민감도가 매우 감소된다(그림 6.1). 그리고 비저항은 세포내강수의 이온의 수와 종류의 함수이므로 전해질(electrolyte)에 훨씬 더 민감한데, 시편에 따라 큰 차이가 있다. 그 이외에 섬유포화점 이상에서 함수율 분포가 불규칙적이므로 전기전도 경로가 불연속적이고 우회적인 경향을 띠게 된다.

6.2.2.2 온도의 영향

함수율 증가와 마찬가지로 목재의 온도가 증가하면 비저항에 동일한 영향을 미치게 된다. 그러므로 저항식 수분계로 함수율을 추정할 때 목재온도 T와 온도보정인자 dM/dT를 알아야 한다. 이러한 경험인자는 수분계의 보정온도 이상의 목재온도 T (Kelvin)의 1°당 수분계 눈금상 목재함수율의 겉보기 증가를 나타내게 된다.

그림 6.4는 여러 각 온도에서 함수율 6－24% 범위의 목재 함수율에 대한 비저항 대수값을 나타낸 것이다. 이 그림으로부터 임의 함수율과 온도에서 dM/dT 평균값을 계산할 수 있다. 예를 들어 목재의 함수율이 40%이고 온도가 40℃라면 $log(r)$은 약 8.8이다. 이 비저항은 20℃에서 함수율 약 12%에 해당된다. 수분계의 보정온도가 20℃라면 dM/dT 평균값은 (12－10)/(40－20) 또는 0.1%/℃이다.

James(1975a,b)는 수분계 보정온도 21.1℃를 기준하여 여러 온도에서 측정한 목재의 함수율 측징값을 실제 목재함수율로 조정하는데 사용될 수 있는 그림 6.5와 같은 편리한

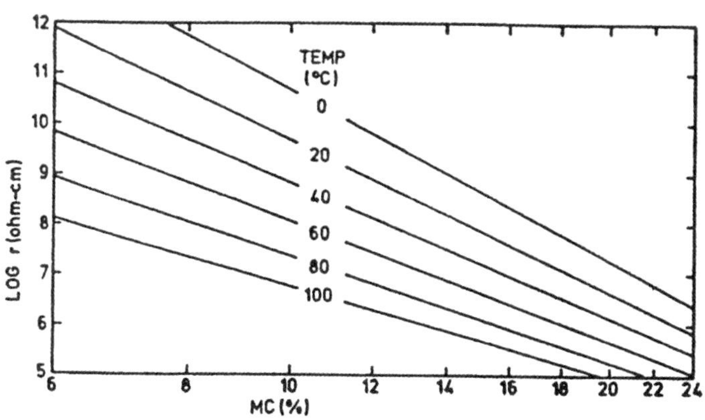

그림 6.4 여러 온도에서 목재함수율에 따른 log(r)

도표를 작성하였다. 예를 들어 측정당시 목재의 온도가 48.9℃이고 수분계 함수율이 13%라면, 목재 실제 함수율은 그림 6.5로부터 10%이다. 그러므로 단위 온도당 dM/dT 평균값(목재함수율 M의 겉보기 변화)은 (13－10)/(120－70)=0.06%/°F 또는 1.8×0.06≅ 0.11%/℃, 또는 유사한 온도범위에서 그림 6.4에 의해 Kelvin 온도로 0.1에 가깝다.

그림 6.5에 나타난 실제 함수율 곡선의 기울기는 보정온도 70°F 이상에서 목재온도 단위 °F당 수분계의 dM/dT 증가율을 계산하는데 사용될 수 있다. 예를 들어 70°F에서 dM/dT는 M=6%일 때 0.040%/°F에서 M=28%시 0.144%/°F로 증가한다. 함수율에 따른 dM/dT 증가는 다음과 같이 대략적으로 나타낼 수 있다.

$$\frac{dM}{dF} \cong 0.015 + 0.0047M \tag{6.3}$$

그러므로 21℃에서 함수율에 따른 dM/dT를 경험식으로 근사화시키면

$$\frac{dM}{dT} \cong 0.027 + 0.0085M \tag{6.4}$$

dM/dT 인자에 대한 논의를 계속하기 전에 전기저항에 대한 온도의 영향을 활성화 에너지 E로 나타내는 것에 대한 설명을 먼저 고려할 필요가 있다. 이것은 유용한 개념으로, 특히 온도 조절인자 dM/dT의 결정뿐만 아니라 6.2.4절에서 논의된 바와 같은 목재의 전기전도 메커니즘과 관련하여 중요하다.

Clark와 Williams(1933)는 전건목재의 전기전도에 대한 온도의 영향에 대해 최초로

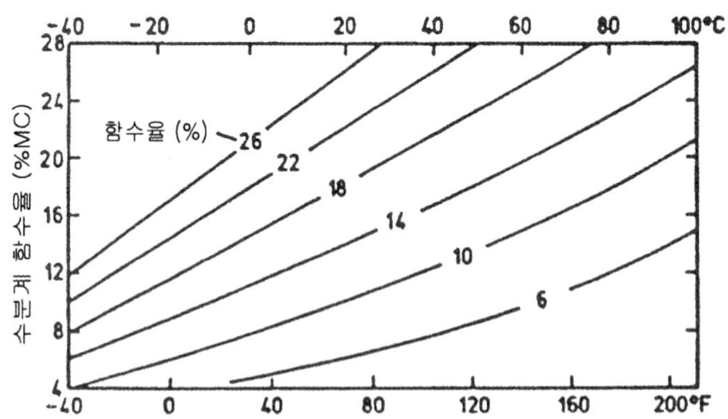

그림 6.5 여러 다른 함수율에서 저항식 수분계 함수율의 온도 보정곡선 (USDA Forest Products Laboratory)

조사하였는데, 비저항의 대수값은 Kevin 온도의 역수에 비례한다고 하였다. 그들은 Arrhemius의 속도반응(rate process) 이론을 적용하여 전건목재의 활성화에너지 E를 계산하였다.

$$E = R\frac{dln(r)}{d(1/T)} \tag{6.5}$$

여기서 R이 기체상수로 cal/mol·K이고 T가 Kelvin 온도라면 E는 cal/mol이다. 그들은 birch, mahogany, red oak, Sitka spruce 전건재의 온도 65°−110℃ 범위에서 E값은 각각 22.9, 30.6, 28.4, 32.0㎉/mol이라고 하였다.

후속연구결과 식 (6.5)로 계산된 활성화에너지는 목재 함수율이 증가하면 감소한다고 하였다. 그림 6.6에 따르면 기울기 $[dln(r)/d(1/T)]_m$은 고함수율에서 약간 변화된다 (Lin 1965). 그렇지만 Davidson(1958), Brown 등(1963), Langwig와 Skaar(1975), Okoh(1976) 등의 연구에 따르면, 가령 0°−50℃ 정도의 작은 온도범위에서 그 기울기는 흡습성 함수율 범위에서 거의 선형이다. 그러므로 온도가 전기저항에 미치는 영향에 대한 유용한 척도이다.

전기전도도에 대한 활성화에너지 E는 함수율이 증가하면 급격히 감소한다. Brown 등(1963)에 의한 그림 6.7은 여러 북미산 수종의 온도 5°−50℃범위에서 함수율에 따른 E의 변화를 나타내는데, 여기서 $logK$는 $1/T$에 거의 비례한다. 수종간에 상당한 변이가 있음을 알 수 있다. 그림에서 *Pinus radiata*(RP)는 Vermaas(1983)에 의해 조사된 것이다.

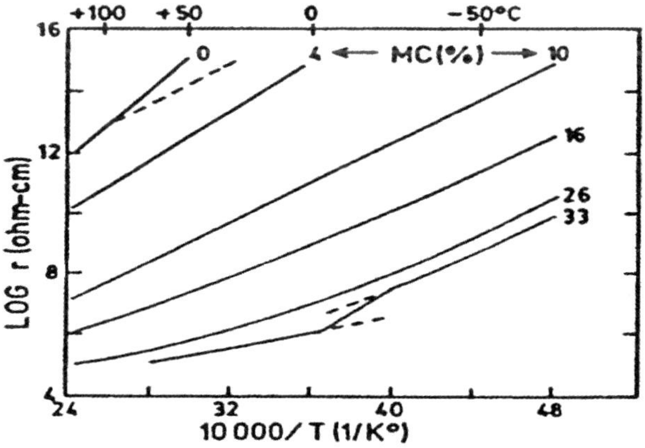

그림 6.6 여러 함수율에서 yellow poplar의 Kelvin 온도 역수에 대한 log(r) (Lin 1965)

또한 Langwig와 Skaar(1975)는 10°−50℃ 범위에서 북미산 13수종과 베네쥬엘라 열대산 18수종에 대해 함수율(6−22%)에 따른 활성화에너지 변동을 보고하였다. 그들은 E와 목재 함수율의 관계에 대한 여러 회귀식을 검토하였는데, 31수종중 16수종에 대한 결과는 다음과 같은 회귀식 형태가 최적이라고 하였다.

$$E = A - BM \tag{6.6}$$

9수종의 경우 최적식은 다음과 같다.

$$\log E = A - BM \tag{6.7}$$

그리고 나머지 6수종의 경우, 최적식의 형태는

$$\log E = A - B\log M \tag{6.8}$$

여기서 A와 B는 경험상수이고 상기 3가지 형태의 회귀식에서 각기 다르다.

이상에서 언급한 바와 같이 조사대상 수종의 1/2 이상이 식 (6.6)과 같은 형태의 회귀식을 나타내었다. 이러한 경우 A값이 전건재의 E 예측값이다. 이들 값의 범위는 21.4−29.6으로 평균값은 26.2㎉/mol로 Clark와 Williams(1933)가 보고한 22.9−32.0㎉/mol의 범위내에 있다. Lin(1965)은 북미산 7수종의 전건재 E는 22.1−26.2㎉/mol이라고 보고하였다.

Langwig와 Skaar(1975)에 의한 식 (6.7)과 (6.8)로 계산한 함수율 0%에서 활성화에너

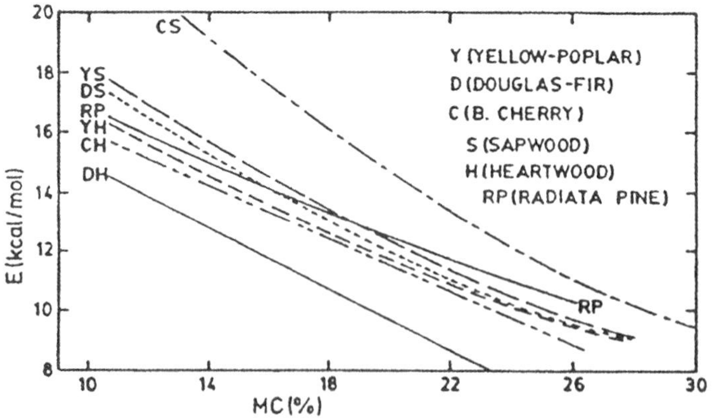

그림 6.7 여러 수종의 함수율에 대한 활성화 에너지 E 변화(Brown 등 1963, Vermaas 1983)

지 값은 식 (6.6)의 단순 선형모델을 이용해 얻은 것보다 상당히 더 크게 나타났다. 이것은 회귀식이 지수형태이므로 실제 데이터가 얻어진 함수율보다 더 작은 함수율로 식을 외삽시키면 E가 급격히 증가하게 된다.

Vermaas(1983)는 수분계 보정의 일환으로 *Pinus pinaster*와 *Pinus radiata*의 저항을 함수율과 온도 범위가 각각 3–25% 및 20°–100℃에서 측정하였다. 그는 함수율이 균일한 목재시편에 핀 타입의 전극을 사용하였다. 그는 일정 함수율에서 Arrehenius 식[식 (6.5)]으로 계산한 겉보기 활성화에너지는 온도 의존성이 있었다고 보고하였다. 그 이유

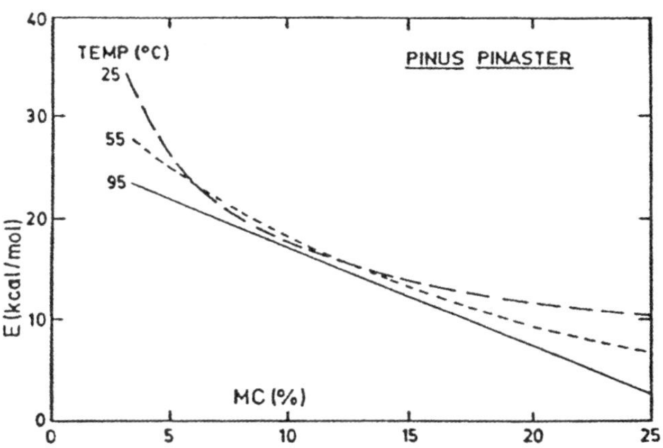

그림 6.8 세 온도에서 목재 함수율에 대한 *Pinus pinaster*의 활성화 에너지 E 변화(Vermaas 1983)

표 6.3 온도 20℃부근과 함수율 12%, 18%, 24%에서 dM/dT(%/℃)의 값

MC(%)	A[a]	B	C	D	E	F	G	H	I
12	0.129	0.131	0.123	0.126	0.114	0.112	0.106	0.118	0.153
18	0.180	0.155	0.121	0.117	0.118	0.127	0.138	0.170	0.178
24	0.231	0.160	–	–	–	–	0.157	–	–

A[a] James(1965) : 미국산 목재
B Skaar(1964) : 미국산 5수종
C Langwig와 Skaar(1975) : 미국산 13수종
D Langwig와 Skaar(1975) : 베네주엘라산 18수종
E Okoh(1976) : 미국산 22수종
F Okoh(1976) : 가나산 10수종
G Vermaas(1983) : 남아프리카산 2수종
H James(1954) : 미국산 목재
I Keylwerth와 Noack(1956) : 유럽산 목재

는 $logR$과 $1/T$의 관계곡선이 일반적으로 약간 곡선형이기 때문이었다. 이러한 효과는 목재함수율이 10% 이상일 때 Lin(1965)뿐만 아니라 북미산 여러 수종에 대해 조사한 James(1968)도 보고한 바 있다(그림 6.6).

Vermaas(1983)에 의해 계산된 겉보기 활성화에너지뿐만 아니라 활성화에너지의 함수율에 따른 변동은 그림 6.8과 같이 온도 의존성을 나타낸다. 또한 그는 E의 함수율 의존성을 나타내는 식의 형태는 3 온도의 각각에서 다르다고 보고하였다. 예를 들어 25°, 55°, 95℃에서 그들 관계는 각각 식 (6.8), (6.7), (6.6)에 의한 경험곡선과 일치하였다.

목재 함수율에 따른 전도도 K나 비저항 r, 활성화에너지 E를 안다면 이미 설명한 저항식 수분계의 온도 조절인자 dM/dT는 임의 함수율과 온도에서 결정할 수 있다. 이것을 나타내기 위해 식 (6.5)를 정리하면

$$[\frac{\partial ln(r)}{\partial T}]_m = -\frac{E}{RT^2} \tag{6.9}$$

식 (6.2)로부터 다음과 같이 나타낼 수 있다

$$[\frac{\partial ln(r)}{\partial M}]_T = -\frac{B}{M} \tag{6.10}$$

그러므로

$$\frac{dM}{dT} = [\frac{\partial ln(r)}{\partial T}]_m / [\frac{\partial ln(r)}{\partial M}]_T \tag{6.11}$$

그리고

$$\frac{dM}{dT} = \frac{EM}{BRT^2} \tag{6.12}$$

함수율에 따른 E를 안다면 식 (6.12)는 온도 조절인자 dM/dT 계산에 이용될 수 있다. 표 6.3은 여러 출처로부터 식 (6.4) 또는 (6.12)를 이용하여 계산된 21℃와 함수율 12% 및 18%에서 dM/dT 값을 나타내고 있다.

6.2.2.3 구조배향의 영향

구조배향, 특히 목리방향은 목재의 전기전도도에 영향을 미친다. Stamm(1960)은 미국산 8수종의 섬유방향 전도도는 방사방향보다 1.9−3.2배, 접선방향보다 2.1−3.9배 크다고 하였다.

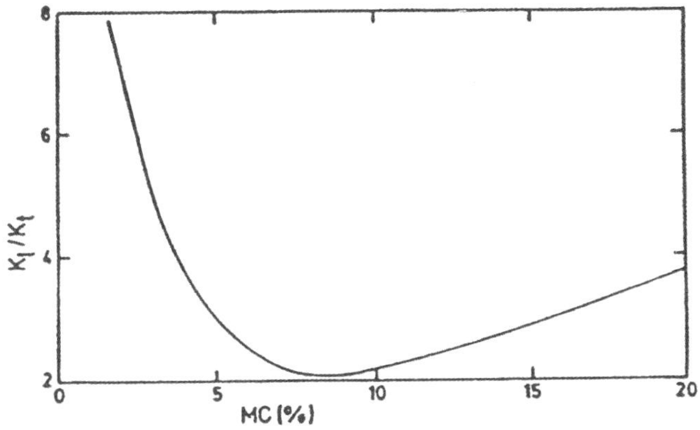

그림 6.9 목재함수율에 따른 섬유방향(K_l)과 접선방향(K_t) 전기전도의 비
(Kuroda와 Tsutsumi 1982)

Kuroda와 Tsutsumi(1982)는 목재함수율이 전도도 이방성에 영향을 미치는 사실에 주목하였다. 예를 들어 그림 6.9는 Sugi(*Cryptomeria japonica*)의 경우 목재함수율에 따라 섬유방향과 접선방향의 전도도의 비가 변화하는 것을 나타내고 있다. 그들은 함수율 8%에서 전도도 비가 최소인 것은 함수율 8% 이상과 이하에서 세포벽의 수분수착이 변화되기 때문이라고 하였다.

6.2.2.4 화학조성의 영향

함수율과 온도가 목재의 전기 전도도에 영향하는 가장 중요한 인자라는 것은 설명한 바 있다. 또한 함수율과 온도의 영향이 수종에 따라 변이가 크다는 것도 언급하였다. 대부분의 변이는 밀도뿐만 아니라 추출물과 무기물의 조성의 변이에 기인된다고 할 수 있다. 그렇지만 수종간 변이는 수분수착의 경우와 같이 셀룰로오스, 헤미셀룰로오스, 리그닌과 같은 주요조성에 기인된다고도 할 수 있다.

Venkateswaran(1972)는 단리된 리그닌의 전기전도도($\cong 10^{-13}$ mho/㎝)는 진공건조재($\cong 10^{-15}-10^{-16}$ mho/㎝)보다 상당히 크다고 하였다. 그리고 그는 65% 상대습도에서 조습된 목재뿐만 아니라 진공건조재의 경우, 북미산 14수종의 DC 전도도는 리그닌 함량에 따라 거의 선형적으로 증가하였다고 보고하였다.

Vermaas(1983)는 P_2O_5에서 건조된 남아프리카산 20수종의 DC 비저항과 리그닌 함량을 측정하였다. 그는 Venkateswaran이 보고한 바와 같이 리그닌 함량이 많은 수종일수록 전기전도도가 컸다고 하였다. 그렇지만 그 관계는 선형이 아니라 곡선적이었고 데이

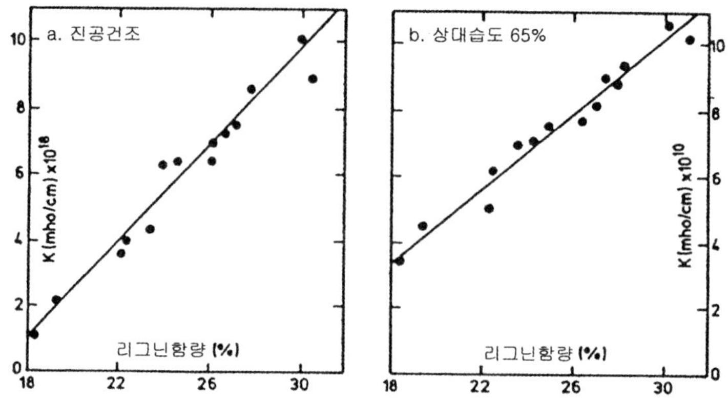

그림 6.10 리그닌 함량에 따른 전기 전도도. a 진공건조재, b 상대습도 65%에서 평행에 도달한 목재(Venkateswaran 1972)

터의 산포가 매우 크게 나타났다.

목재의 전하 운반체(carrier)는 주로 나트륨과 칼륨 등과 같은 1가 이온인 것으로 생각된다(Langwig와 Meyer 1973). 무기물은 그 종류와 함량이 수종에 따라 다르다(Langwig 1971). 그러므로 수종에 따라 전기 전도도에 큰 차이가 있다. Langwig는 전기전도도와 무기물 조성을 측정한 결과 전기 전도도는 이온 양에 정비례한다고 하였다.

전해질을 포함하는 목재 방부제로 목재를 처리하면 일반적으로 전도도가 증가한다. 원목이나 목재를 오랜 기간 동안 염수에 저장하면 전해질 양이 상당히 증가하여 저항식 수분계 측정값이 높아지는 경향이 있다. 크레오소트와 같은 일부 유기 방부제는 반대 효과를 미치게 되는데, 목재 비저항을 감소시켜 목재함수율의 낮은 추정값을 나타내게 된다.

또한 유기 추출물도 목재 전도도에 영향을 미친다. 일반적으로 비수용성 추출물은 전도성이 작아 습윤재에서 불연속적 전도경로를 야기시켜 목재의 전도도를 감소시키게 된다.

한편 수용성 추출물은 반대 효과를 미치는데, 고함수율에서 심하다. 그러한 추출물은 전해질을 포함한 복합물이므로 전도도를 증가시키는 역할을 한다. 많은 열대재와 같이 추출물 함량이 많은 목재는 온대산 목재보다 높은 함수율 값을 나타낸다. 특히 전도식 수분계에서 그 영향이 심하다(Okoh 1976).

6.2.2.5 목재밀도의 영향

목재의 전기전도도는 일반적으로 목재밀도와 비례한다고 가정한다. 이것은 목재를 통한 열전도와 유사하다. 섬유포화점 이하에서 열전도도와 목재밀도는 거의 선형관계에 있

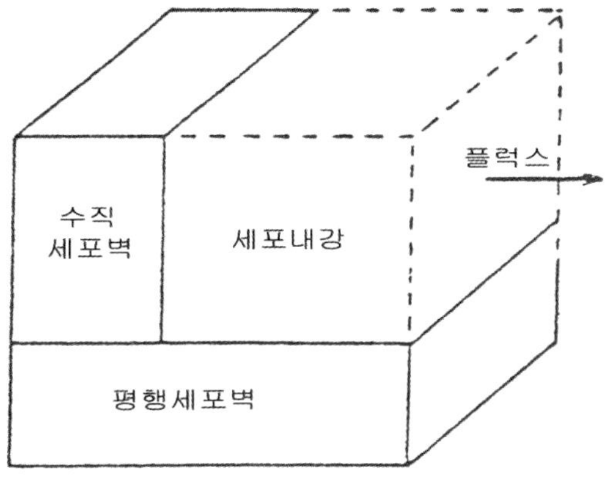

그림 6.11 횡방향 전기전도도 모델

는데, 세포벽의 전도도가 세포내강 공기보다 훨씬 더 크다. 전도성 세포벽이 비전도성 세포내강과 병렬로 연결되었다고 가정하는 단순 평행모델(Siau 1984)의 경우, 섬유방향 전기전도도 K_l 은 다음과 같다.

$$K_l = K_l' \frac{\rho}{\rho'} \tag{6.13}$$

여기서 K_l'는 세포벽의 섬유방향 전도도, ρ와 ρ'는 목재와 세포벽의 밀도이다.

횡방향 전도도 모델(그림 6.11)은 섬유방향 모델보다 약간 더 복잡하다. 이것은 횡벽(cross wall), 즉 전기장 방향에 수직인 세포벽 부분이 평행벽에 비해 전류 전도가 상대적으로 비효율적이기 때문이다. 횡벽에서 전류의 줄무늬로 인한 전도를 무시하면 모델에 따른 횡방향 전기전도도 K_t 는 근사적으로

$$K_t = K_t' [1 - (1 - \frac{\rho}{\rho'})^{0.5}] \tag{6.14}$$

그림 6.12는 식 (6.13)과 (6.14)에 의해 ρ/ρ'에 따른 K_l/K_l' 와 K_t/K_t' 의 변화를 나타낸다. K_t/K_t' 의 실제곡선은 Hart(1964)가 지적한 바와 같이 횡벽을 통한 전류흐름의 줄무늬 효과로 인해 두 곡선 사이에 위치한다.

이상에서 설명한 것을 토대로 수종과 밀도에 따른 전기전도도에 일정한 관계가 없는 것에 주의해야 한다. Venkateswaran(1972)는 그 원인을 리그닌 등과 같은 기타 인자가 더 중요한 역할을 하기 때문이라고 하였다. 이것은 밀도가 다른 여러 수종의 전기비저항을 측정한 Langwig(1971)과 Okoh(1976)에 의해 확인되었다. 그들의 데이터는 수종간

또는

$$r = aexp[-bln(M)] \tag{6.20}$$

여기서 a와 b는 약 10^{24}와 10.4이며 r의 단위는 ohm－㎝이다. 전극간 거리는 제재목의 두께인 2㎝이고 면적이 1㎠인 두 평행전극간의 전기저항 R은

$$\overline{R} = 2a\int_0^1 exp[-bln(M)]dx \tag{6.21}$$

식 (6.21)에서 함수율 M은 식 (6.17)에 의해 나타낸 것으로 치환시킬 수 있으므로 x가 독립변수가 된다. 식 (6.21)은 해석적 해를 구하기 어렵지만 반복법으로 근사해를 구할 수 있다. 예를 들면 두께의 절반(이 경우 1㎝)을 N등분하면 표면전극에 각기 평행하고 그 두께는 $\Delta x = (1/N)$㎝가 된다. 각 요소의 x방향 저항 R_i는

$$R_i = r_i \Delta x = \frac{r_i}{N} \tag{6.22}$$

여기서 r_i는 요소 i의 식 (6.20)으로 나타낸 함수율 M_i 함수이다.

전체 저항 R은 전체두께(2㎝)에 대해 각 해당값 R_i를 더하여 추정할 수 있다. 따라서

$$\frac{R}{2} = \sum_{i=1}^{N}\frac{r_i}{N} = \frac{1}{N}\sum_{i=1}^{N} r_i \tag{6.23}$$

각 r_i 값은 식 (6.20)을 이용해 구할 수 있는데

$$r_i = aexp[-bln(M_i)] \tag{6.24}$$

여기서 M_i는 단면 i의 중앙의 x_i에서 M값으로

$$x_i = \frac{i-0.5}{N} \tag{6.25}$$

따라서 식 (6.17)로부터

$$M_i = 20 - 10x_i^2 \tag{6.26}$$

N=100이라 가정하여 식 (6.23)을 계산하면 주어진 함수율 분포에 따른 목재의 겉보

기 비저항 r인 $R/2$ 값은 2.32×10^{8}ohm－㎝이다. 이 비저항값에 따른 균일 함수율 분포인 시편의 M=13.2%로, 포물선 탈착 함수율분포에 기준한 식 (6.18)로 계산한 평균 함수율 16.7% 보다 약 3.5% 더 작다.

앞뒷면에 평판전극을 배치하여 함수율을 측정하면 건조된 표층의 전기저항이 크므로 목재함수율값이 과소치를 나타내게 된다. 대부분의 저항식 수분계는 목재에 여러 깊이로 삽입할 수 있는 한 쌍의 핀전극을 사용한다. 그 이유는 평판전극과 같이 전류흐름의 방향에 수직이 아닌 평행방향으로 배치되기 때문이다.

목재에 삽입하는 전극의 장점은 먼저 예에서 사용된 건조목에 기준하여 다음과 같은 가상 예로 설명할 수 있다. 두 원통형 전극의 직경 D(㎝), 전극간 중심간격 S(㎝), 목재에 대한 삽입깊이 y(㎝)라 가정하자(그림 6.13b). 목재는 전기저항에 대해 등방성이라고 가정하는 것이 편리하다. 그리고 말단효과(end effects), 즉 두께방향으로 전류흐름이 없다고 가정한다.

그림 6.14는 균질 등방성 재료의 S/D 비에 따른 두 원통형 전극 길이 y인 R/r, 저항－비저항 비를 나타낸다. 일반적으로

$$\frac{R}{r}=\frac{f(S/D)}{y} \tag{6.27}$$

그림 6.14에 따르면 S/D 비가 약 12일 때 R/r은 $1/y$와 같다. 그 비가 일정해야만 한다는 것이 필요한 가정은 아니지만, 이러한 S/D 비는 편의와 단순성을 위해 여기서 사용될 것이다.

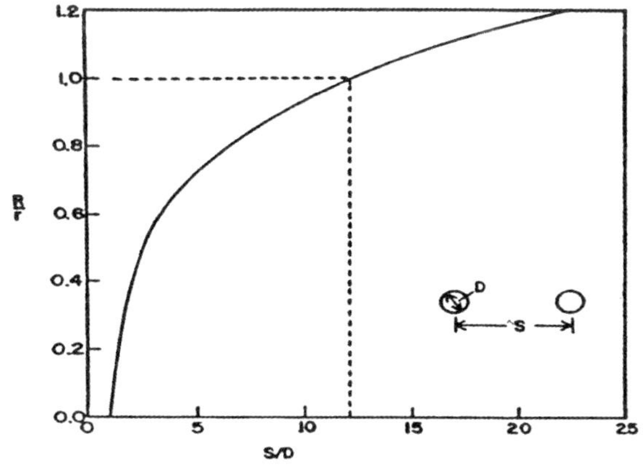

그림 6.14 원주형 전극 길이 1㎝인 경우 전극 간격 S와 직경 D에 따른 비저항 r에 대한 저항 R의 비(Skaar 1964)

주어진 가정에 따르면 임의 삽입깊이 y 에서 저항 R 을 건조 제재목에 대해 계산할 수 있다. 이러한 경우 저항의 역수인 전도도 k 로 계산하는 것이 편리하다.

$$k = \frac{1}{R} \tag{6.28}$$

그 이유는 일정한 함수율의 각 층이 제재목 표면에 평행하므로 전유흐름 방향과 일치하기 때문이다. 층의 두께 dy의 유효전도도 dk 는

$$dk = \frac{1}{r} dy \tag{6.29}$$

식 (6.20)에 의해 주어진 r을 대입하면

$$dk = \frac{1}{a} exp\,[bln\,(M)]dy \tag{6.30}$$

식 (6.30)은 전체 전도도 k 와 그 역수 R을 구하기 위해 y=0부터 전극의 삽입깊이 y 까지 해석적으로 적분할 수 있는데, 이러한 경우 식 (6.21)과 유사한 식이 얻어진다. 수치적으로도 적분할 수 있는데, 이러한 경우 dy, y, dk 는 i/N, n/N, Δk 로 치환되어야 하며, 여기서 n은 y에서 i의 값이다. 따라서

$$\Delta k = \frac{1}{r_i} \frac{1}{N} \tag{6.31}$$

그리고

$$k = \frac{1}{R} = \frac{1}{N} \sum_{i=1}^{N} \frac{1}{r_i} \tag{6.32}$$

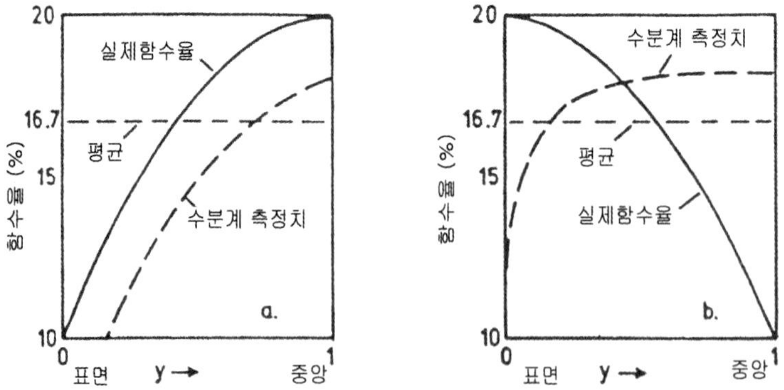

그림 6.15 실제함수율과 수분계 추정함수율의 비교. a 포물선 건조분포, b 포물선 재흡습 분포

여기서 r_i는 층 i의 비저항으로 목재표면으로부터 평균거리 y_i는

$$y_i = \frac{i - 0.5}{N} \tag{6.33}$$

그리고 그 함수율 M_i는

$$M_i = 20 - 10\,(1 - y_i\,)^2 \tag{6.34}$$

전기적으로 측정한 목재 함수율 M_e는 식 (6.31)으로부터 전도도 k와 함수율 관계를 나타내는 식 (6.30)으로 계산된다.

$$M_e = exp\,[\frac{ln\,(ak\,)}{b}\,] \tag{6.35}$$

왜냐하면 여기서 $r = R$이기 때문이다. 그림 6.15a는 N=100으로 계산한 식 (6.32)와 (6.35)에 근간한 전극 침투깊이 y에 따른 함수율 측정값 M_e를 나타낸다. 또한 식 (6.34)에 나타낸 바와 같은 실제 함수율 곡선과 그 평균값 16.7%도 나타나 있다. 곡선에 따르면 측정 함수율은 삽입깊이 y =0.75㎝ 또는 건조 제재목 표면에서 중심간 거리의 3/4 위치의 평균함수율과 동일하다.

실제 목재함수율계는 한두 쌍의 침(needle)이나 핀 타입 전극을 가지는데, 전극간격은 2.5㎝(1인치)이고 삽입깊이는 0.79㎝(5/16인치) 정도이다. 경험적 연구에 따르면 두께가 2.54㎝(1인치)인 제재목에 그 정도 삽입깊이에서 저항식 수분계로 측정한 함수율은 보통 건조경사의 경우 평균함수율과 유사하다.

여기서 5/16인치 깊이란 이상에서 계산한 3/4인치 깊이가 아니라 두께 1인치 제재목의 중심에서 거리는 5/8인치이다. 이러한 차이가 나는 가장 중요한 이유는 말단효과와 횡방향 전류흐름이 단순모델에서는 무시되기 때문이라 생각된다. 목재 내부의 전도도가 표면 부근층보다 더 크다면 전류는 내부로 흐르는 경향이 있다. 이로 인해 컨덕턴스가 이상에서 설명한 단순모델에 의해 것보다 더 증가하게 된다. 대부분의 저항식 수분계에서 사용되는 테이퍼링 전극타입의 경우 삽입깊이에 따라 S/D가 다른 것도 원인이 될 수 있다. 이로 인해 삽입깊이가 깊은 쪽의 컨덕턴스가 감소하는 경향이 있기 때문에 먼저 설명한 바 있는 첫 번째 인자의 영향을 상쇄시키게 된다.

보통 건조경사가 역전되어 표면함수율이 높다면 대부분 핀 전극의 전기흐름이 표층에서 일어난다. 이러한 경우 삽입깊이는 측정된 저항과 함수율 계산값에 매우 작은 영향을

미치게 된다. 예를 들면 포물선 함수율 경사가 역전되어 표면함수율이 20%이고 내부함수율이 10%라면 실제함수율과 측정함수율은 그림 6.15b와 같은 형태가 된다. 이러한 경우 저항식 수분계에 의한 평균함수율은 중심으로부터 0.2의 삽입깊이에 대한 값이다.

일부 저항식 수분계 제조업체는 팁을 제외한 핀 주위를 전기절연체로 감싼 핀 전극을 제공한다. 절연으로 인해 표면 근처에 고함수율이 나타나는 것을 최소화하여 비절연 전극보다 함수율 값의 신뢰성이 증가하게 된다.

6.2.3.2 접촉압력

접촉압력(contact pressure)이 증가하면 전극과 목재표면간의 접촉저항이 감소하게 된다. Vermaas(1975)는 편평한 목재표면에 금속표면전극을 사용한 여러 연구자의 결과를 요약하였다. 그는 대부분의 연구결과에서 압력이 증가하면 어떤 값까지 접촉저항이 크게 감소하고 그 이상에서는 압력의 영향이 감소하였다고 한다.

Vermaas(1975)는 *Pinus pinaster* 시편의 방사방향 측정저항이 전도성 고무 전극이 사용될 때 니켈 판상 청동 전극에 비해 상당히 더 낮게 나타나는 것에 주목하였다. 두 경우 모두 접촉압력이 증가하면 측정 저항이 감소하였으나 고무전극보다는 금속전극의 감소가 더 컸다.

핀 전극의 접촉저항은 시간에 따라 증가하는 경향이 있다. 그 이유는 전극과 목재간의 압력이 시간이 흐름에 따라 완화되기 때문인데, 전극이 목재에 삽입된 상태에서 건조되

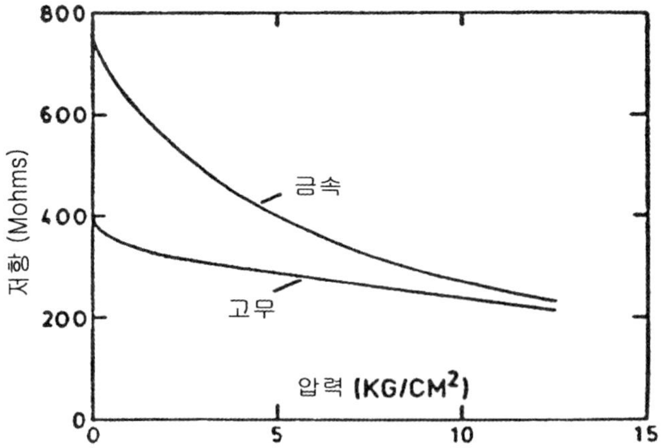

그림 6.16 금속과 전도성 고무전극의 측정저항에 대한 접촉압력의 영향 (Vermaas 1975)

는 경우 그 정도가 심하다. 그 영향은 건조실에서 제재목 건조과정을 모니터하기 위해 영구전극이 사용되는 경우 가장 심하다. 목재가 건조됨에 따라 전극 접촉저항은 증가하여 겉보기 목재저항은 높은 값을 나타내어 실제보다 목재의 함수율이 낮은 것으로 간주하게 된다. 맨 처음 삽입된 전극의 접촉저항은 작아 전체저항은 작고 겉보기 목재함수율은 높은 값을 나타내게 된다.

목재의 전기저항에 대한 접촉 압력이나 응력의 영향에 대해서 Vermaas(1975)는 목재에 응력이 작용되면 전압이 발생되는 것을 밝혀내었다. 그 이유는 압전효과(piezoelectric effect)에 기인한다고 하였으며 높은 상대습도에서 조습된 목재에서 가장 현저한 사실에 주목하였다. 예를 들면 약 15㎏/㎠ 응력하에서 측정된 압전전압은 상대습도 20%, 65%, 81%에서 각각 0, 40, 90mV이었다. 그는 목재의 측정저항에 일부 영향을 미치는데, 저전압으로 측정할 때 그 영향이 크다고 하였다.

6.2.3.3 시편 형상과 치수

목재 시편의 형상과 치수에 따라 저항 측정에 사용되는 전극의 종류가 다르다. 예를 들어 얇은 단판시편은 수분분포가 두께방향으로 거의 일정하기 때문에 평판전극이나 롤러전극을 단판의 반대쪽 면에 올려놓고 측정한다. 이러한 전극은 특히 외양(appearance)이 중요한 화장단판에 적당하며 전극 핀홀(pin hole) 자욱이 보이지 않게 된다. 겉모양이 중요하지 않으면 다수 핀 전극이 사용되는데, 각 전극은 전기적으로 서로 연결된 여러 개의 핀으로 구성된다.

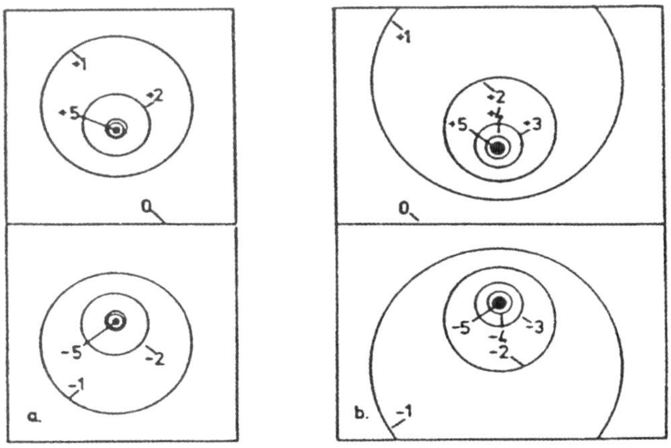

그림 6.17 등방성 재료에서 상전극에서 +5V이고 하전극에서 −5V인 경우 핀 전극의 추정 등포텐셜 곡선. a S/D =28, b S/D =11 (Skaar 1964)

핀 전극의 경우, 전류 플럭스 라인은 특히 전극의 뾰족한 부분 근처에서 집중이 심하다. 그림 6.17에서 보는 바와 같이 등포텐셜 선(line of equipotential)의 간격이 좁으므로 전극부근에서 전류밀도가 더 크다. 그림 6.17a의 등포텐셜 선의 간격이 그림 6.17b보다 더 좁은 이유는 전극 핀의 직경 D가 더 작기 때문이다. 그림에서 環狀 등포텐셜선에 수직으로 흐르는 전류는 전극간 마주보는 방향으로 흐르는 것이 아니라 그 반대방향으로 퍼지게 되는 것을 알 수 있다.

임의 인접 등포텐셜 쌍간의 저항은 다른 쌍간의 값과 같다. 그러므로 전극 근처에서 저항의 집중도가 크다. 따라서 전극이 목재에 의해 완전히 둘러싸여지면 측정시편 크기에 따른 영향은 거의 없다. 전극간 목재의 상당부분을 절단하거나 전극 간격을 변화시켜도 핀간의 전체저항에는 그다지 영향이 없다(Skaar 1964).

6.2.3.4 전해질 영향

직류 전기는 분극(polarization)[3]으로 인해 부동성 물질간의 접합(junction)에서 불가피하게 전해질 효과를 일으키게 된다. 그 영향은 전극과 목재같은 흡습성 재료간 계면에서 발생된다. 따라서 DC 전압이 가해진 후 초기에 전기분해에 의한 역기전력(back electromotive force, EmF)으로 인해 유효 접촉저항이 증가한다.

Langwig와 Meyer(1973)는 중성자 활성해석(activation analysis)을 이용해 칼륨과 나트륨 이온이 DC 전압에서 음극쪽으로 이동되는 것을 밝혀내었다. 이러한 경우 역기전력으로 인해 음극에서 일부 작용전압이 감소되어 목재전체의 전압경사를 감소시키게 된다.

또한 Duran－Pulido(1977)는 중성자 활성해석 결과 DC 전압이 작용되면 구리와 비소가 각각 음극과 양극쪽으로 이동되지만 크롬은 이동하지 않는다고 하였다. 그 이유는 크롬이온은 이동성(이동성)이 매우 낮은 복합 이온을 형성하기 때문이라고 하였다. 이러한 경우 수소와 칼륨과 같은 이동성 금속이온은 전류흐름에 전하 운반체를 제공하는 것으로 생각된다.

Welsh(1978)는 *Populus tremmuloides*의 습윤재에 장기 DC 전압이 작용되면 전해질이 양극에서 음극쪽으로 이동된다고 하였다. 그 현상은 은과 같은 양극재료가 음극에 電着(electrodeposit)이 되는 상용 전기도금(electoplating)과 유사하다.

---

3) 편극이라고도 함. 전하 또는 자기량의 분포가 변화하여 쌍극자 모멘트를 변화시키는 현상, 또는 생성된 쌍극자 모멘트의 단위체적당 값. 전기가 흐를 때 전극전위나 단자간 전압이 전류가 흐르지 않을 때와 서로 다른 값이 되는 현상.

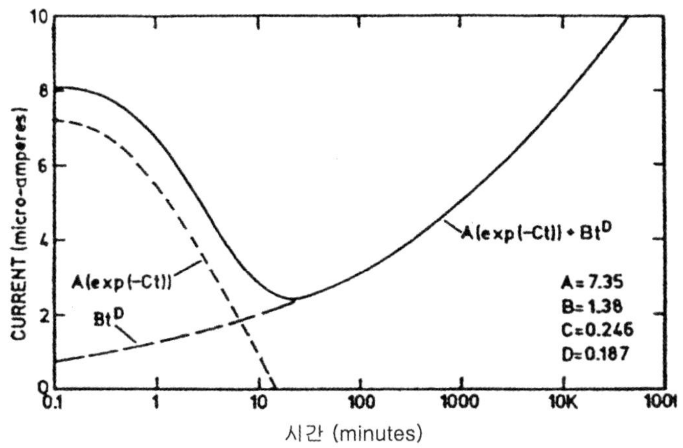

그림 6.18 식 (6.36)에서 단기와 장기 요소를 나타내는 시간에 대한 전류의 곡선(Welsh 1978)

그림 6.18은 시간에 따른 전류의 곡선으로 Welsh(1978)에 의해 구해졌다. 그는 두 메커니즘이 작용하는데, 단기 메커니즘은 전류흐름을 감소시키고 장기 메커니즘은 그 반대로 전류흐름을 증가시킨다고 가정하였다. 그가 제안한 전체과정의 일반모델은 다음 식과 같다.

$$I = Aexp(-Ct) + Bt^D \tag{6.36}$$

여기서 I는 전류, A, B, C, D는 상수이고 t는 시간이다.

식 (6.36)에서 첫 번째 항은 Welsh가 전극의 제시한 분극으로 인한 역기전력과 관련있는 단기 메커니즘 요소이다. 이로 인해 시간에 따라 지수적으로 전류가 감소하고 저항이 증가하게 된다. 두 번째 항은 장기효과로 음이온이 음극에 퇴적되므로 시간이 증가함에 따라 유효 경로길이가 감소하게 되고 양극쪽으로 성장하게 된다. 대부분의 수분계 실제 적용에서 DC 전압은 장기간에 걸쳐 연속적으로 작용되는 일은 매우 드물기 때문에 단기 또는 분극 효과만이 중요하다.

6.2.3.5 전압크기와 작용시간

이미 설명한 바와 같이 목재의 DC 전기전도도는 전극에서 편극이 발생되므로 시간에 따라 변한다(그림 6.18). 이로 인해 역기전력이나 역전압이 발생되어 전극에서 작용된 전압을 감소시키는 경향을 띠게 된다. 그러므로 주어진 역기전력에서 겉보기 저항은 전압이 증가하면 감소하게 된다. 이와 같은 비옴 거동(nonohmic behavior)을 Evershed 효과라 하고 Morton과 Hearle(1975)에 따르면 1913년 Evershed에 의해 면(cotton)에서 처음으로 관찰되었다고 한다.

Kuroda와 Tsutsumi(1979)는 20℃에서 함수율 2.8%, 10.5%, 18.9%로 조습된 *Cryptomeria japonica*의 DC 전압의 크기와 작용시간이 섬유방향 비저항에 미치는 영향을 조사하였다. 그 결과는 그림 6.19에 나타낸 바와 같이 Evershed나 전압 효과는 저함수율인 2.8% 함수율에서는 현저하지 않았다. 그러나 함수율이 증가함에 따라 현저한 영향을 미쳤는데, 특히 10－30V 전압범위와 작용시간이 길면 현저하였다. 그 이유는 저함수율에서는 분극이 가장 중요하고 고함수율에서는 이온전도가 중요하기 때문이라고 하였다. 그들은 스테인레스 강철전극을 이용해 0.38㎝ 두께 시편에 대해 100초 동안 0.1－50V 전압을 작용시켰다.

목재내 Evershed 효과의 발생에 대한 여러 연구가 이루어진바 있다. 그 효과는 습윤재에서 가장 현저하고 전압 작용시간이 증가하면 나타나게 된다. Vermaas(1975)는 0.5㎝ 두께 *Pinus pinaster* 방사방향 저항은 3500V/㎝까지 측정한 결과 일반적으로 전압경사가 증가하면 감소하였다고 보고하였다. 그렇지만 저함수율(7－8% 이하)로 조습한 시편은 저전압경사에서 겉보기 저항이 일부 비이상적 경향을 나타내었다. 그는 고전압경사에서 겉보기 저항은 저전압경사에 비해 1/3로 감소하였다고 보고하였다. 또한 전압 작용시간이 증가함에 따라 겉보기 저항의 감소는 컸다.

전류가 흐르면 어떤 재료에서든지 일부 옴 가열(ohmic heating)은 항상 발생된다. 그

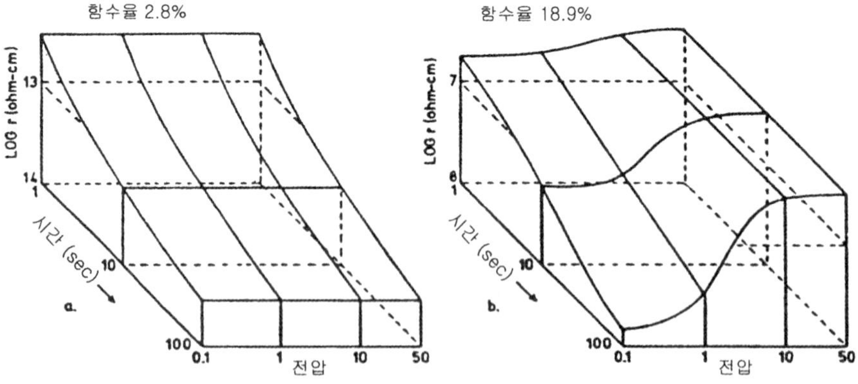

그림 6.19 두 함수율에서 전압의 크기와 작용시간이 비저항 대수값에 미치는 영향. a 2.8%, b 18.9%(Kuroda와 Tsutsumi 1979)

렇지만 그 영향은 직류를 사용하는 목재의 경우 감지할 수 없을 만큼 매우 작다. 전류가 너무 작아 측정될 정도의 크기를 나타내지 않기 때문이다. 그렇지만 고함수율 목재에 고전압이 작용되는 어떤 조건에서는 상당한 크기의 가열이 발생될 수 있다. 예를 들면 그림 6.20은 옴 가열과 시간 의존성 분극의 복합작용이 목재의 전기저항에 미치는 영향을 나타낸다(Skaar 1964). 그림에 복합시간에 따른 목재 재온과 전기저항의 변화를 나타내고 있다. 두께가 0.4㎝이고 단면적이 2㎠인 red oak 시편의 목리 횡방향에 대해 은도장

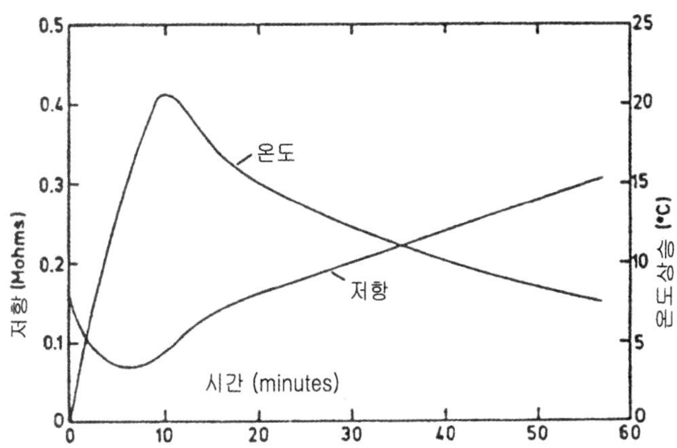

그림 6.20 일정 작용전압에서 시간에 따른 온도상승과 저항 R 의 곡선(Skaar 1964)

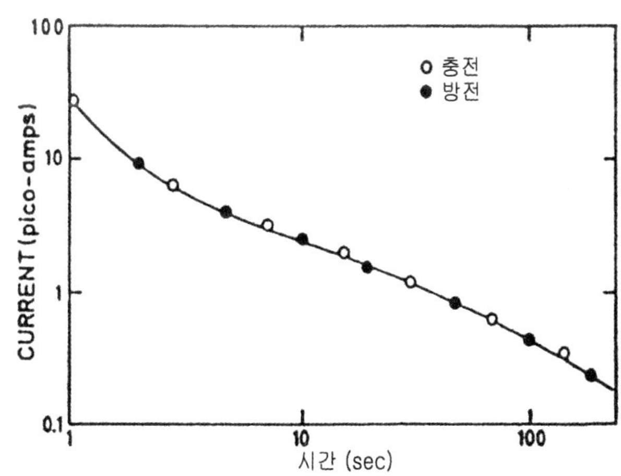

그림 6.21 목재함수율 4%에서 충전 및 방전 전류와 시간의 관계. 전체 충전시간이 1000s인 경우 작용전압은 3v이었다(Kuroda와 Tsutsumi 1979)

이온화에너지 I는 I_0/ϵ 이고 I_0는 진공에서 이온화에너지, ϵ은 매체(목재 세포벽)의 유전율이다. Hearle에 따르면 ϵ이 20 이하일 때 $d^2/(1-d) \cong d$이므로 $I = I_0/\epsilon$ 을 적용하면 식 (6.38)은 다음과 같이 나타낼 수 있다.

$$d \cong aexp\left(-\frac{I_0}{2\epsilon RT}\right) \tag{6.39}$$

여기서 $a = A^{0.5}$. 식 (6.37)과 (6.39)를 결합하면

$$K = N \cdot d \cdot u \cdot a \cdot exp\left(-\frac{I_0}{2\epsilon RT}\right) \tag{6.40}$$

식 (6.40)의 양변을 밑수가 10인 로그를 취하고 $log(N \cdot u \cdot e \cdot a) = B$ 로 놓아 상수라 가정하여 정리하면

$$logK = B - 0.434\frac{I_0}{2\epsilon RT} \tag{6.41}$$

여기서 0.434는 십진대수와 자연대수의 비이다.

식 (6.41)은 일정온도 T와 I_0가 상수라 가정할 때 $logK$와 $1/\epsilon$ 간의 선형관계를 나타낸다. Hearle(1957)은 여러 섬유재료에서 DC 전기저항 로그($logR$)와 $1/\epsilon$ 간에 선형관계가 있음을 밝혀냈다. 여기서 ϵ 은 고주파수에서 측정한 유전율이다. 가죽이나 실리카 겔에서도 유사한 관계가 있었다(Anderson과 Parks 1968). 비저항 r 과 전도도 K는 역수관계에 있으므로 $logK = -logr$ 이다. 그러므로 $logr$ 이나 $logR$ 의 곡선은 식(6.41)에 의해 예측되는 바와 같이 $1/\epsilon$ 의 선형함수이지만 부호는 반대이다.

Brown 등(1963)은 Hearle 이론을 목재에 적용하였다. 식 (6.41)은 등온의 경우 다음과 같이 나타낼 수 있다.

$$logK = B - \frac{C}{\epsilon} \tag{6.42}$$

여기서 $C = 0.431 I_0/2RT$ 이므로 일정온도 T에서 상수이다. 유전율 ϵ은 목재함수율과 밀도에 따라 증가하고 주파수가 증가하면 감소한다(6.3절). 전기전도는 세포벽에 제한되므로 세포벽의 유전율은 식 (6.42)로 나타낼 수 있다. 목재의 유전율은 목재밀도에 따라 거의 직선적으로 증가한다(6.3.3절). 주파수 2－15MHz 범위에서 세포벽의 ϵ 평균 외삽값은 Brown 등(1963)에 의하면 다음과 같은 경험식으로 나타낼 수 있다.

$$log\epsilon = 0.595 + 0.0242M \quad (6.43)$$

식 (6.42)와 (6.43)간에서 ϵ을 제거하고 정리하면

$$logK = B - 0.254C[exp(-0.0557M)] \quad (6.44)$$

상수 B와 C는 실험값으로부터 계산할 수 있으며 K와 r은 목재함수율 M과 관련 있다. 그림 6.23은 그러한 두 곡선을 나타내고 있다(Brown 등 1963; Vermaas 1974). 그 중 하나는 Davidson(1958)에 따른 21℃에서 Douglas-fir의 데이터가 나타나 있는데, 경험식으로 나타내면

$$logK = 10.24logM - 19.81 \quad (6.45)$$

또 다른 하나는 20℃에서 *Pinus pinaster*에 대한 Vermaas의 측정결과로 경험식으로 나타내면

$$logK = 10.05logM - 20.10 \quad (6.46)$$

Davidson의 곡선의 경우 함수율 10%와 20%에서 식 (6.45)에 의한 $logK$는 −9.57과 −6.49이다. 그러므로 식 (6.44)에서 상수 B와 C는 각각 −2.34과 49.7이다. 이들 값을 식 (6.44)에 대입하면 함수율 M에 대한 $logK$값을 예측할 수 있다.

$$logK = -2.34 - 12.6[exp(-0.0557M)] \quad (6.47)$$

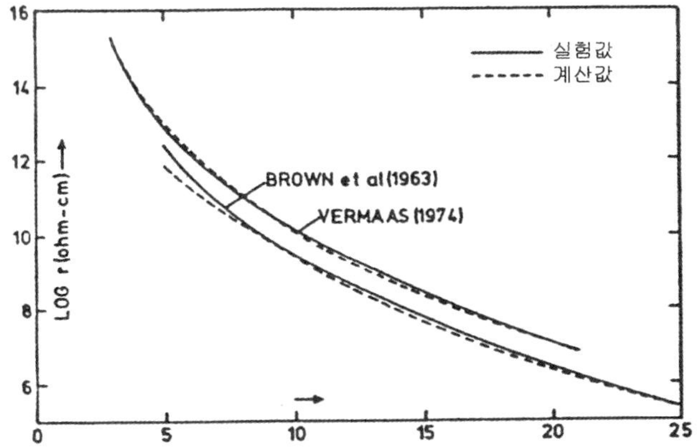

그림 6.23 목재함수율에 대한 대수 비저항의 실험값(실선)과 계산값(점선)의 비교

이 계산결과는 Davidson의 실험값과 같이 그림 6.23에 나타나있다. 함수율 6－25% 범위에서 실험값과 계산값이 잘 일치함을 알 수 있다.

Vermaas(1974)는 20℃에서 *Pinus pinaster*의 DC 전도도를 측정한 후 그로부터 식 (6.46)을 구했다는 것은 이미 설명한 바 있다. 또한 그는 20℃와 고주파수 10, 30, 50MHz에서 목재시편의 유전율 ϵ을 측정하였다. 그는 밀도와 유전율이 선형관계가 있다고 가정한 후 각 3 주파수에서 목재함수율에 따른 세포벽의 유전율을 계산하였다. 그 후 Vermaas(1976)는 Uyemura(1960)과 마찬가지로 유전율과 밀도간에서는 지수관계가 있음을 밝혀내었다. Vermaas(1974)는 ϵ과 밀도간에 선형관계가 있다고 가정하여 각 3 주파수에서 M에 대한 ϵ의 곡선이 식 (6.43)과 같이 지수형태가 아닌 포물선 형태로 나타내었다.

Vermaas는 Brown 등(1963)과 동일한 방법으로 식 (6.46)을 이용하여 함수율 10%와 20%에서 식(6.44)의 경험상수 B와 C 및 ϵ를 3 주파수에 대해 계산하였다. 그는 10MHz에서 측정한 ϵ를 이용할 때 함수율 6－20% 범위에서 전도도의 측정값과 계산값간의 관계가 가장 잘 일치하였다고 하였다. 또한 그림 6.23에 나타낸 바와 같이 Brown 등(1963)의 곡선에 비해 Vermaas의 곡선이 특히 저함수율에서 더 잘 일치함을 나타내고 있다.

Hearle(1953)은 진공에서 이온화에너지 I_0를 식 (6.42)의 상수 C로부터 계산하였다. 즉

$$I_0 = 2.303\,(2RTC) \tag{6.48}$$

상기 식은 섬유재료의 데이터로부터 계산에 근간한 적절한 크기를 갖는다. Brown 등(1963)은 Davidson 측정온도(294K)에서 구한 C가 49.7을 이용하여 I_0가 135 ㎉/mol이라고 계산하였다. Vermaas(1974)는 293K에서 C가 66.3이고 I_0가 178 ㎉/mol이라고 계산 하였다. 이들 I_0값은 알칼리 할로겐 화합물의 해리에너지 크기인 160－180 ㎉/mol 범위이다. 식 (6.48)로부터 $I = I_0/\epsilon$이므로

$$I = 4.6\,(RT\frac{C}{\epsilon}) \tag{6.49}$$

Barker와 Thomas(1964)는 Hearle 모델을 알칼리 할로겐 화합물이 도포된 셀룰로오스 아세테이트 필름의 전기전도도 데이터에 적용하였다. 그들의 I_0 유효값은 약 140

㎉/mol로 상기 값과 근사하였다. 그들은 거시적으로 측정된 유전율은 예를 들어 식 (6.43)에 주어진 것처럼 전하운반체 부근에서 세포벽내 미시값(microscopic value)에 비례하며 크기가 거의 같다고 하였다.

Brown 등(1963)은 온도의 전기전도도 영향을 포함시키기 위해 Hearle 이론을 확장시켰다. 그들은 B, I_0, ϵ 이 온도에 따라 일정하다면 식 (6.41)로부터 $logK$와 $1/T$간에 선형관계가 성립함을 주목하였다. 예를 들어 B가 상수라면 $1/T$에 대한 $logK$의 변화율은 다음과 같이 나타낼 수 있다.

$$\frac{d(logK)}{d(1/T)} = -0.434\frac{I_0}{2\epsilon R}(1+\frac{T}{\epsilon}\frac{d\epsilon}{dT}) \tag{6.50}$$

그림 6.6에서 보는 바와 같이 일정 함수율에서 전도도 대수값과 Kelvin 온도 역수값 간에는 대략적으로 선형관계가 성립한다. 이러한 관계에 의해 Arrhenius 식을 일정함수율에서 겉보기 활성화에너지 E를 계산하는데 적용할 수 있다. 식 (6.5)를 전도도 K로 다시 나타내면

$$E = -R\frac{d(lnK)}{d(1/T)} = -2.303R\frac{d(logK)}{d(1/T)} \tag{6.51}$$

식 (6.50)과 (6.51)을 비교하면 E와 I의 관계는 다음과 같다.

$$E = I\frac{D+1}{2} \tag{6.52}$$

여기서 $D=(T/\epsilon)(\partial\epsilon/\partial T)_m$. $D=1$, 즉 ϵ 대수값이 일정함수율에서 T 대수값의 증가에 따라 직선적으로 증가한다면 E와 I는 같다는 것을 알 수 있다.

겉보기 활성화에너지 E는 목재 함수율이 증가하면 급격하게 감소되는 것은 이미 언급한 바 있다(그림 6.7). 표 6.4는 함수율 12%, 18%, 20%에서 북미산 침엽수 3수종과 활엽수 3수종 등 6수종에 대한 Brown 등(1963)의 결과이다. 그들은 세 함수율에서 이온화에너지 I를 계산하였는데, 상수 C를 계산하기 위해 식 (6.44)를 이용하고 I_0와 ㎉ I를 계산하기 위해 식 (6.48)과 (6.49)를 이용하였다. E, I_0, I의 평균값은 표 6.4와 같으며 식 (6.52)에 따른 E, I로부터 구한 $D+1$도 나타나 있다. 목재함수율에 다른 E와 I의 변동을 표 6.4의 데이터를 이용하여 계산하면

$$\log E = 4.443 - 0.0180M \tag{6.53}$$

표 6.4 6수종의 21℃에서 활성화에너지 E, 이온화에너지 I_0와 I, $(D+1)$값(Brown 15963)

MC (%)	E (㎉/mol)	I_0 (㎉/mol)	I (㎉/mol)	(D+1)
12	16.91(1.75)[a]	115(10)	14.96(1.32)	2.46
18	13.11(1.20)	115(10)	10.68(0.95)	2.46
24	10.29(1.15)	115(10)	7.66(0.68)	2.69

[a] 괄호값은 표준편차

$$\log I = 4.465 - 0.0242M \tag{6.54}$$

활성화에너지는 완전히 이온화시키기 위한 에너지와 한 수착점에 있는 한 개의 분자를 활성화시키기 위한 에너지는 같거나 약간 더 작기 때문에 활성화에너지 E는 이온화에너지 I와 같거나 약간 작다고 생각될 수 있다. 그렇지만 표 6.4와 같이 I값은 조사된 함수율에서 E보다 크다. E값이 I값보다 더 신뢰성이 있다고 할 수 있다. 왜냐하면 E값은 식 (6.5)에 의해 온도에 따른 전기전도도 K를 직접 측정하여 구한 것이지만 I값은 임의 주파수에서 세포벽에 대해 계산한 ε값 기준이기 때문이다. 그리고 세포벽의 정확한 ε값을 이용하더라도 ε는 이온화에너지 I를 결정짓는 전도이온 부근에서 국부 유전상수이다. 그렇지만 I가 E와 같다는 사실을 ε가 어떻게 목재함수율 M에 따라 변하는지 파악할 필요가 있다. 이러한 계산과정에서 ε의 온도의존성을 나타내는 D는 편의상 1이라고 가정한다. 즉 $\partial \ln(\varepsilon)/\partial \ln(T)=1$이라 가정한다. 이러한 가정에서 식 (5.2)는 $E=I$이 된다.

$I=I_0/\varepsilon$가 식 (6.53)의 E와 같다고 놓고 ε에 대해 정리하면

$$\log\epsilon = \log I_0 - 4.443 + 0.0180M \tag{6.55}$$

I_0값은 식 (6.52)을 이용해 함수율 10%와 20%에서 원래 선정된 ε값에 따라 다르다. 그러므로 I_0값은 표 6.4에 나타난 계산값 115 ㎉/mol과 차이가 있는 것은 분명하다. 그렇지만 식 (6.55)와 같은 함수율에 대한 ε 변화율은 I_0에 영향을 받지 않고 편의상 I_0 =115 ㎉/mol이라 가정할 것이다. 그 값을 식 (6.55)에 대입하면

$$\log\epsilon = 0.618 + 0.0180M \tag{6.56}$$

$$\epsilon = 4.146(10^{0.0180M}) \tag{6.57}$$

식 (6.56)을 Brown 등(1963)이 Hearle 이론을 검토하기 위해 이용한 경험식인 식 (6.43)

과 비교하면, ε 계산값의 차이는 크지 않음을 알 수 있다. 예를 들면 함수율 12%, 18%, 24%에서 식 (6.43)에 의한 ε값은 7.68, 10.73, 14.99이고, 식 (6.56)은 6.81, 8.73, 11.18이다. 함수율 4% 부근에서 식 (6.43)과 (6.56)에 따른 ε은 서로 동일하다.

Lin(1965)은 함수율과 온도가 전하 운반체(carrier)의 이동성 u에 미치는 영향과 해리도(degree of dissociatgion) d를 설명하기 위해 Hearle(1957) 이론을 좀 더 확장하였다. 그는 목재와 불순물이 있는 이온결정의 전기전도 메커니즘을 비교하였다. 그는 이온이라 가정되는 목재 전하 carrier는 그림 6.24와 같이 서로 에너지 수준이 다른 두 가지 종류의 site에 위치한다고 제안하였다.

그는 가장 포텐셜 에너지수준이 낮은 site를 이온발생 site(ion-generating site)라 하였다.

여기서 이온은 극이 다른 목재구조의 이온이나 그룹에 정전(electrostatic) 인력으로 강력하게 결합되어 있다. 2번째 사이트는 상당히 에너지 수준이 큰 해리 사이트(dissociated site)이다. 이들 사이트에서 해리이온은 저에너지 이온발생 사이트에 결합된 것에 비해 상대적으로 이동성이 있다.

해리와 이온발생 사이트의 에너지 수준 차이는 이온발생 사이트에서 해리사이트로 이온을 이동시키는데 필요한 에너지 U 크기와 같다. 그 차이는 식 (6.38)의 해리에너지 I와 같다.

한 해리사이트에서 다른 해리사이트로 한 이온이 이동하기 위해서는 비교적 작지만 중요한 포텐셜 해리사이트간 장벽 W를 극복하여야 한다(그림 6.24). 이 부가에너지 W를 Lin은 이동에너지(energy of mobility)라고 하였다.

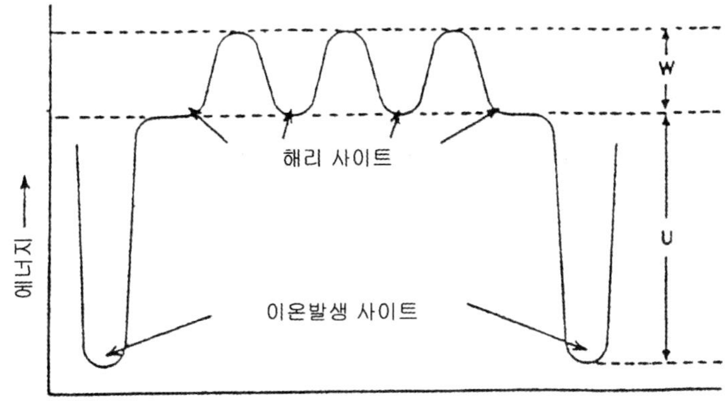

그림 6.24 이온발생 사이트와 해리 사이트의 상대 포텐셜에너지 수준을 나타내는 모식도(Lin 1965)

Lin 모델에서 해리도 d는 식 (6.39)와 거의 동일하며 I 대신에 U를 치환시키면

$$d = a \times \exp(-\frac{U}{2RT}) \tag{6.58}$$

그렇지만 Hearle 모델[식 (6.40)]에서 상수인 이동성 u는 사이트간 에너지 방벽 W와 온도 T에 의존한다고 가정된다. 따라서

$$u = b \times \exp(-\frac{W}{RT}) \tag{6.59}$$

여기서 b는 해리사이트간 거리와 작용 전기장세기의 비에 비례한다. 즉 사이트간 전압에 반비례한다.

식 (6.37), (6.58), (6.59)를 결합하면

$$K = K_0 exp\,(-\frac{W + U/2}{RT}) \tag{6.60}$$

여기서 $K_0 = N \cdot a \cdot b \cdot e$로 상수이다.

식 (6.60)으로부터

$$W - \frac{U}{2} = -R\frac{d\,(lnK)}{d\,(1/T)} \tag{6.61}$$

그러므로 Arrhenius식 (6.5)에 의해 겉보기 활성화에너지 E는 W 및 U와 다음과 같은 관계가 있다.

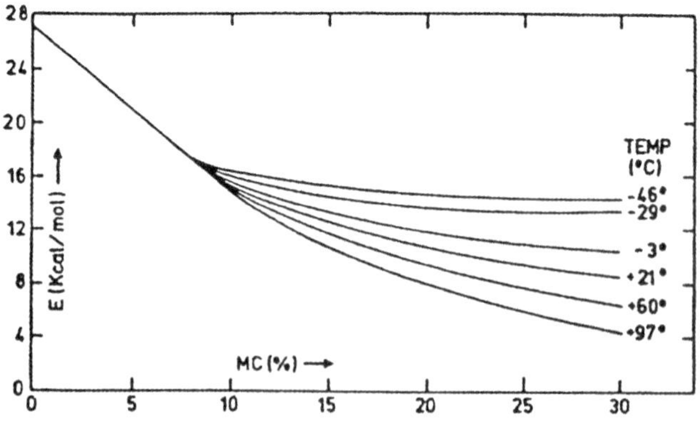

그림 6.25 Engelmann spruce의 여러 온도에서 목재함수율에 대한 겉보기 활성화에너지 E(Lin 1965)

$$E = W + \frac{U}{2} \tag{6.62}$$

Lin(1965)은 여러 침엽수와 활엽수에 대해 온도 $-50° \sim +150℃$ 범위에 걸쳐 전건상태에서 섬유포화점 부근까지 함수율에 따른 전기 비저항을 측정하였다. 그림 6.6은 Engelmann spruce에 대한 일정함수율에서 Kelvin 온도 역수에 대한 비저항 대수값의 변화곡선을 나타내고 있다. 6.2.2.2절에서 설명한 바와 같이 저함수율에서는 거의 직선이지만 함수율이 증가함에 따라 점차 곡선형태를 띠게 된다.

함수율 10% 이상에서 온도가 증가하면 그림 6.6에 나타난 바와 같이 $logr$과 $1/T$간에는 곡선관계가 있으므로 계산된 활성화에너지는 감소한다. 그림 6.25는 Engelmann spruce의 경우 함수율과 온도 증가(함수율 10% 이상에서)에 따른 겉보기 활성화에너지 E의 감소 형태를 나타내고 있다. Lin은 온도의 영향은 빙점 이상의 온도에서 온도가 증가하면 목재의 섬유포화점이 감소(1.6절)하기 때문이라고 하였다. 온도가 증가하면 세포벽의 물이 세포내강으로 이동하여 목재의 전기저항이 증가되므로 온도증가에 의한 저항의 감소를 상쇄하게 된다. 이러한 관점은 $1/T$에 대한 $logr$의 곡선이 0℃ 이하에서 거의 직선적이라는 점에서 일부 지지를 받지만 0℃ 이상에서는 곡선적이다(그림 6.6)

Lin(1965)은 U를 계산하기 위해 식 (6.49)를 이용하였는데, 21℃에서 이온화에너지 I와 U는 같다고 하였다. 그 다음에 동일한 목재함수율과 온도에서 식 (6.51)로부터 계산한 E와 더불어 식 (6.22)로 W값을 계산하였다.

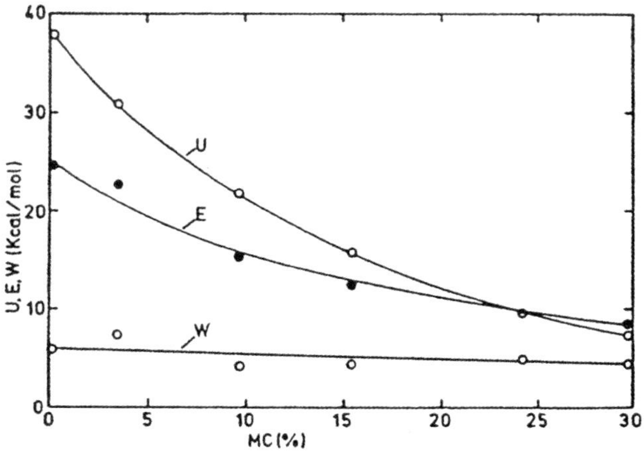

그림 6.26 Lin(1965)의 데이터에 따른 해리에너지 U, 활성화에너지 E, 유동에너지 W의 측정값과 계산값

그림 6.26은 목재함수율에 따른 Engelmann spruce에 대해 이상에서 설명한 방법으로 계산한 E, U, W 곡선이다. 겉보기 활성화에너지 E와 이온화에너지 U는 목재함수율이 증가하면 감소함을 알 수 있다. 에너지 W는 이동성과 역수관계에 있는데(식 6.59) E, U와 같이 확연하지는 않지만 약간 감소하는 경향을 나타낸다. 그러므로 이러한 경미한 감소는 이동성 u가 목재함수율이 증가하면 약간 증가하는 것을 의미하는 것으로 해석할 수 있다. 따라서 Lin에 따르면 이동성과 해리도는 함수율이 증가하면 더불어 증가하는데, 해리도가 더 급격히 증가하며 Hearle 이론과 잘 일치한다.

6.3 유전성

목재의 유전성(dielectric property)은 함수율에 따라 크게 변화되므로 함수율 파라미터의 중요한 지표가 된다. 유전성은 보통 교류를 이용해 측정한다. 또한 유전성은 목재밀도, 온도, 섬유방향, AC 주파수 등과 같은 여러 파라미터에 의해 영향을 받는다. 유전성에 따라 고주파 건조나 접착시 전기에너지가 목재에 의해 어느 정도 흡수되는 지가 다르다. 특히 교류 작용시 목재 유전성에 대한 일부 주요 영향인자에 대해 논의하고자 한다.

6.3.1 유전 원리

목재와 같은 절연재료의 정적 유전성은 그림 6.27a와 같이 정의될 수 있다. 그림에서 보는 바와 같이 두개의 얇은 평행판의 면적은 A이고 거리 d는 A에 비해 작다.

평판이 진공상태에 위치하고 전압 V_v를 평판간에 작용되면 양극판에 양극전하 크기

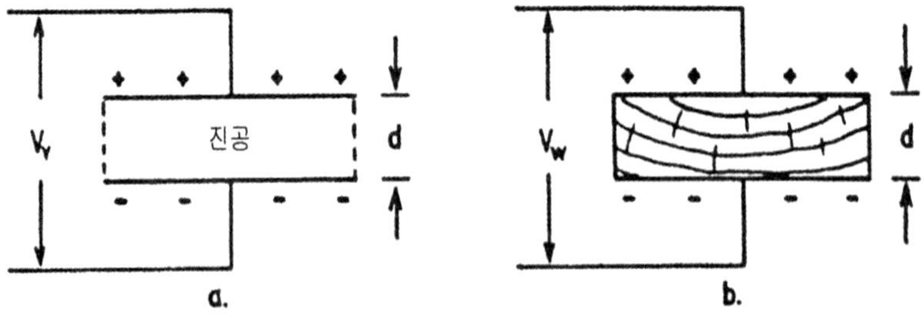

그림 6.27 면적 A, 거리 d인 두 평판에 전하집적을 나타내는 모식도. a 진공에서 전압 V_v, b 목재유전체에서 전압 V_w

Q 가 집적되고 음극판에는 동일한 크기의 음극전하가 집적된다. 그러므로 각 판의 전하 밀도 σ는

$$\sigma = \frac{Q}{A} \tag{6.63}$$

평판간 전기장 세기 E_v은 다음과 같이 나타낼 수 있다.

$$E_v = \frac{V_v}{d} = D \tag{6.64}$$

여기서 D는 전기변위 또는 플럭스 밀도라 하며 σ에 비례하므로

$$D = K\sigma \tag{6.65}$$

여기서 K는 상수로, 그 값은 D와 σ의 단위에 따라 다르다.

진공유전체인 플레이트의 커패시턴스 C_v 는

$$C_v = \frac{Q}{V_v} \tag{6.66}$$

먼저 전압원(voltage source)을 단락시킨 후 목재와 같은 유전체를 평판간에 위치시키고 목재를 통한 전하 누출이 없다고 가정하면, 전압 V_v는 V_w로 감소하게 된다. V_v/V_w를 목재의 정적 유전율 ϵ_w라고 정의한다. 평판상의 전체 전하 Q는 일정하므로 커패시턴스 C_w는 C_v보다 더 크다. 그러므로 식 (6.66)에 의해 유전율 ϵ_w는

$$\epsilon_w = \frac{V_v}{V_w} = \frac{C_w}{C_v} \tag{6.67}$$

장 세기도 식 (6.64)와 (6.67)의 E_v와 E_w로부터

$$\epsilon_w = \frac{E_v}{E_w} \tag{6.68}$$

여기서 $E_w = V_v/d$이다. 유전변위 D는 식 (6.64)와 (6.48)로부터

$$D = \epsilon_w E_w \tag{6.69}$$

식 (6.66)으로 정의되는 커패시턴스 C_v는 면적 A(㎠)와 진공에서 두 평행 평판간 간

격 d(㎝)의 관계로 나타내면

$$C_v = \frac{A}{11.3d} \times 10^{-12} \text{ farads} \tag{6.70}$$

그러므로 식 (6.67)을 이용해 커패시턴스 C_w를 나타내면

$$C_w = \frac{A\epsilon_w}{11.3d} \times 10^{-12} \text{ farads} \tag{6.71}$$

목재시편의 유전율 ϵ_w는 C_w를 측정할 수 있다면 식 (6.71)로부터 계산할 수 있다. 일반적으로 직류를 이용해 목재의 C_w를 측정하기 어려우므로 교류측정을 하게 된다. 여기에 대해 다음부터 설명하고자 한다.

유전율은 작용전압 V 또는 전압경사 E의 영향에 따른 목재의 원자와 분자의 분극 정도이다. 적어도 4가지 종류의 분극이 목재에서 발생할 수 있다. 이들 각각이 유전율에 영향을 미치며 측정 주파수 f에 따라 다르다. 이들은 전자, 원자, 쌍극자, 계면 분극이다. 전자와 원자 분극은 각각 광학과 적외선 spectroscopy에 주로 관련된다. 쌍극자와 계면 분극은 일반적으로 전기적 방법으로 측정된다. 쌍극자 메커니즘은 영구쌍극자를 포함하지만 나머지 세 가지는 유기분극(induced polarization)에 의해 일어난다.

전자분극(electronic polarization)은 원자내 핵에 대한 전자의 변위에 의해 일어나고 광학적으로 자외선 영역에서 발생한다. 광학 주파수 범위에서 유전율 ϵ은 굴절 광학지수 n과 밀접한 관계가 있는데, $\epsilon = n^2$이다.

원자분극(atomic polarization)은 한 분자의 원자간 결합의 신장이나 휨에 의해 일어난다. 적외선 주파수 범위에서 발생하므로 spectroscopy 방법으로 조사된다.

쌍극자 분극(dipole polarization)은 수산기나 세포벽의 결합수분자, 세포내강의 자유수와 같은 영구 쌍극자에 의해 일어난다. 이들 쌍극자는 전기장에서 회전하여 매우 낮은 주파수에서 유전율에 영향을 미치는데 AC 전압의 변화에 따라 반응이 다르다. 시간상수는 정적 DC 전기장에서 쌍극자가 전체 회전의 약 2/3 회전하는데 소요되는 시간인데, 그 크기는 목재의 함수율과 온도에 따라 마이크로세컨드(10^{-6} s)에서 피코세컨드(10^{-12} s)이다.

계면분극(interfacial polarization)은 목재의 세포벽내 서로 다른 영역간 계면에서 대전 이온의 축적에 의해 발생하는 것으로 여겨진다. 이들 계면이 목재에서 어떤 것인가는 현재 명확하지 않다. 예를 들면 유전성이 서로 현저히 다른 세포간 계면이나 중간막과 2

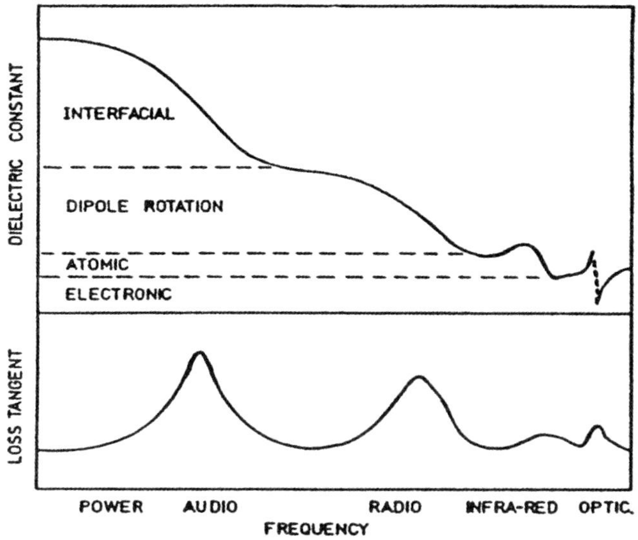

그림 6.28 유전체의 작용 주파수(로그 스케일)에 따른 유전율과 손실계수. 4가지 분극과 유전율과 손실계수에 미치는 영향이 나타나 있음.

차세포벽간, 또는 결정영역과 비결정영역간일 수 있다. 이러한 형태의 분극은 저항식 수분계에서 DC법이 이용될 때 시간에 따라 목재의 전기저항이 증가하는 것과 관련 있는 것으로 생각된다. 또한 계면분극의 영향은 전극 부근에서 전하의 축적에 의해 일어날 수 있다. 상온에서 시간상수는 수분에서 밀리세컨드 이하이다. 이 분극은 Maxwell－agner 효과라고도 한다.

그림 6.28은 이상재료의 유전율의 주파수에 따른 변화를 나타내고 있다. 또한 4가지 분극 메커니즘이 유전율에 미치는 영향도 나타나 있다. 목재 함수율 측정과 전기적 가열에서 가장 중요한 두 영역은 쌍극자와 계면 분극이 지배적인 영역이다. 적외선 영역이하의 주파수로 전기적 기술이 이용된다. 쌍극자 메커니즘이나 Debye 효과에 대해 먼저 설명한 후 계면분극 또는 Maxwell－Wagner 효과에 대해 살펴보고자 한다.

6.3.1.1 쌍극자 분극(Debye 효과)

물분자와 같은 영구쌍극자는 함수율, 밀도, 온도, 구조방향과 같은 목재 파라미터에 따른 목재의 유전성과 그 변동을 규정하는데 있어 매우 중요하다. 그러므로 정현적으로 교류장에서 목재의 유전거동은 라디오파 영역에서 목재의 유전성 변동의 주요특성을 설명하기 위해 이상모델로 나타낼 것이다.

영구쌍극자가 있는 이상 유전체가 정현적으로 변화되는 전기장 세기 E와 주파수 f에 놓여 있다고 가정하면

$$E = E^{*} sin(\omega t) \tag{6.72}$$

여기서 E^{*}는 최대진폭, ω는 각주파수($2\pi f$), t는 시간이다. 쌍극자의 전기변위 D는 시간에 따라 정현적으로 변화되지만 E는 위상각 δ만큼 지연되므로

$$D = D^{*} sin(\omega t - \delta) \tag{6.73}$$

이 식은 다음과 동일하다.

$$D = D^{*}(cos\delta sin\omega t - sin\delta cos\omega t) \tag{6.73}$$

여기서 D^{*}는 D의 최대진폭이다.

변위 D는 위상이 ωt인 D'와 ωt보다 $\pi/2$만큼 느린 D'' 등 두 부분으로 나눌 수 있다. 그러므로 식 (6.73)에서

$$D' = D^{*} cos\delta \tag{6.74}$$

$$D'' = D^{*} sin\delta \tag{6.75}$$

그리고 식 (6.73)은 다음과 같이 나타낼 수 있다.

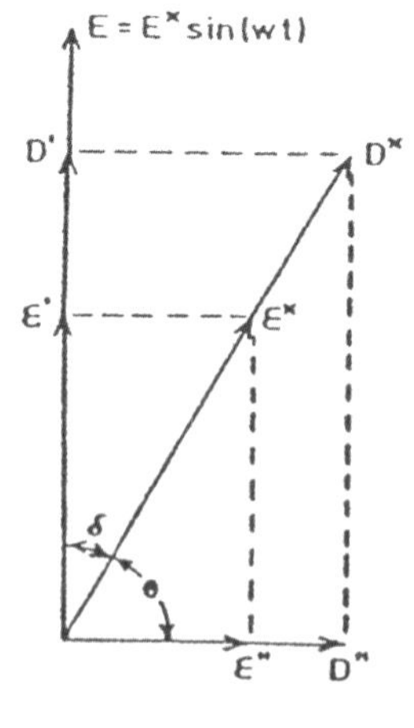

그림 6.29 위상각 θ와 손실각 δ에 대한 유전변위 D^{*}, 그 요소 D'와 D'', 유전율 ϵ^{*}과 요소 ϵ'와 ϵ'', 전압 E간의 관계

$$D = D' sin\omega t - D'' cos\omega t \quad (6.76)$$

두 가지 유전율인 ϵ'와 ϵ''를 식 (6.69), (6.74), (6.75)로 정의하는 것이 편리하다.

$$\epsilon' = \frac{D'}{E^*} = \frac{D^*}{E^*} cos\delta \quad (6.77)$$

$$\epsilon'' = \frac{D''}{E^*} = \frac{D^*}{E^*} sin\delta \quad (6.78)$$

ϵ'와 ϵ''는 복소 유전율 ϵ^*의 요소로

$$\epsilon^* = \frac{D^*}{E^*} \quad (6.79)$$

그리고 식 (6.77)과 (6.79)에서 사용된 복소수 표기방식으로 나타내면

$$\epsilon^* = \epsilon' - i\epsilon'' \quad (6.80)$$

그림 6.29는 D와 E 요소들간의 위상 관계를 위상각 δ로 나타내고 있다. 유전율 요소 ϵ', ϵ'', ϵ^*도 나타나 있다. D'와 ϵ'는 E와 위상이 같고 D''와 ϵ''는 E보다 $\pi/2$만큼 더 느리다.

식 (6.77)과 (6.78)로부터 다음과 같은 관계가 성립한다.

$$tan\delta = \frac{\epsilon''}{\epsilon'} \quad (6.81)$$

손실정접(loss tangent)이라고 불리기도 한다. 유전체의 에너지 소실율(rate of energy dissipation)은 유전율의 소실요소 ϵ''에 비례한다. 커패시터의 평판 단위면적당 에너지 소실율 W는

$$W = K\omega (E^*)^2 \epsilon'' = K\omega D^* E^* sin\delta \quad (6.82)$$

여기서 K는 D^*와 E^*의 단위에 의해 결정되는 상수이고 $sin\delta$는 손실계수(loss factor)이다. $sin\delta$와 $tan\delta$는 위상각이 작으면 거의 동일하므로 엄격히 말하면 틀리지만 $tan\delta$를 손실계수라고 부르는 경우가 많다.

그림 6.29에서 θ로 표시한 각 $\pi/2 - \delta$는 정현적으로 변화되는 교류가 유전제가 있는

커패시터의 평판간에 작용될 때 즉응전압 V와 전류 I간의 관계로 나타낸 위상각과 동일하다. 이러한 경우 단위면적 A당 에너지 소실율 W는 다음과 같이 계산할 수 있다.

$$W = \frac{VI}{A} cos\theta = \frac{VI}{A} sin\delta \tag{6.83}$$

여기서 V와 I는 전압과 전류의 평균제곱근(root－mean－square)이다. $cos\theta$는 동력인자(power factor)라 하며 $sin\delta$와 동일하다. 즉응전류는 변위 D가 $\pi/2$가 되게 하므로 전압 V는 각 θ가 된다.

유전계수 ϵ^*, ϵ', ϵ''는 극성분자를 갖는 유전재료의 경우 모두 주파수 의존성을 지닌다. 모든 이들 쌍극자의 시간상수 τ가 동일하다면 아래에 나타낸 Debye 식으로 각주파수 ω에 따른 ϵ', ϵ''를 예측할 수 있다.

$$\epsilon^* = \epsilon_{ae} + \frac{\epsilon_0 - \epsilon_{ae}}{1 + i\omega\tau} \tag{6.84}$$

$$\epsilon'\omega = \epsilon_{ae} + \frac{\epsilon_0 - \epsilon_{ae}}{1 + \omega^2\tau^2} \tag{6.85}$$

$$\epsilon''\omega = (\epsilon_0 - \epsilon_{ae}) \frac{\omega\tau}{1 + \omega^2\tau^2} \tag{6.86}$$

여기서 ϵ_0는 쌍극자 유전율의 정적값으로 모든 쌍극자가 원래 위치로 완전히 회전하는데 충분한 시간을 가질 때의 ϵ 값이고, ϵ_{ae}는 쌍극자가 교류장에서 반응하지 않고 원자분극

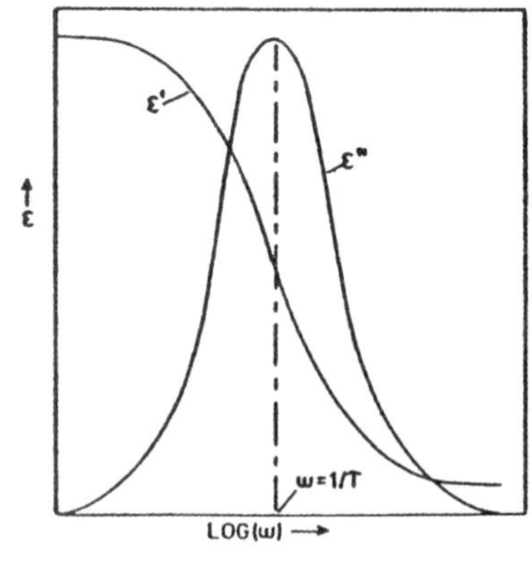

그림 6.30 단일 완화시간 τ를 갖는 이상재료의 각주파수 ω의 대수값에 대한 유전율 요소 ϵ'와 ϵ''

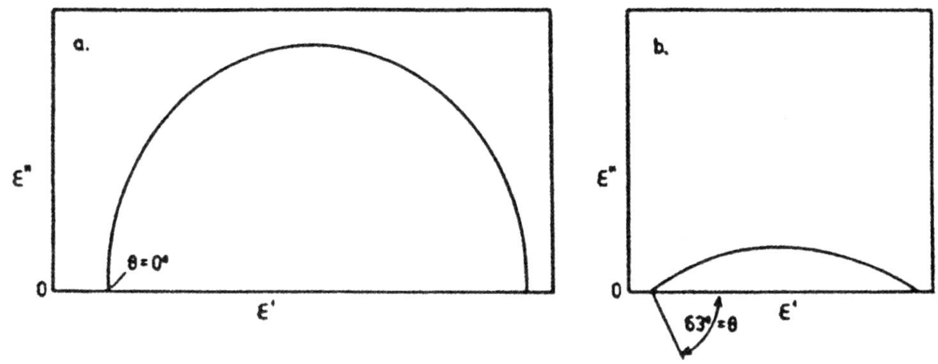

그림 6.31 ϵ'에 대한 ϵ''의 Cole-Cole 도표. a $\theta=0$인 경우 단일 완화시간을 갖는 이상재료, b $\theta=63^o$인 경우 광대역 완화시간 분포를 갖는 실제 재료.

과 전자분극만이 ϵ에 영향을 미치는 고주파수 ω에서 유전율이다.

그림 6.30은 단일 완화시간을 갖는 유전체의 $log\omega$에 대한 ϵ'와 ϵ''의 곡선이다. ϵ''의 피크는 ϵ'가 가장 급격하게 감소하는 동일한 값의 ω에서 발생한다. $log\omega$에 대한 $tan\delta$ [식 (6.81)]의 곡선에서 피크는 ϵ''와 $log\omega$의 대응곡선에서 피크의 부근이다.

Cole과 Cole(1941)은 비이상 산란이 일어나는 전체 주파수 범위에 걸쳐 식 (6.86)에 의해 정의되는 ϵ''를 식 (6.85)로 정의되는 ϵ'에 대해 그림으로 나타내었는데, 그림 6.31a와 같이 반원형태가 나타났다. 그렇지만 목재와 같이 완화시간이 분포를 갖는 재료의 경우에는 그림 6.31b와 같은 형태가 된다. 이러한 그림을 Cole-Cole圖라고 한다. 이러한 연구결과 ϵ^*에 대한 Debyetlr인 식 (6.84)는 완화시간 분포를 고려하기 위해 다음과 같이 변경되어야 한다.

$$\epsilon^* = \epsilon_{ae} + \frac{\epsilon_0 - \epsilon_{ae}}{1 + (i\omega\tau)^\beta} \tag{6.87}$$

여기서 β는 0-1의 값을 갖는 파라미터이다. $\beta=1$일 때 식 (6.87)은 Debye 식이 되어 단일 완화시간 τ을 갖는 것을 나타낸다. $\beta<1$이면 완화시간이 분포를 갖는데, 평균값은 주 완화시간(principal relaxation time) τ_0이다. 완화시간 분포가 넓을수록 β값은 작다.

β 값은 Cole-Cole 원의 반경의 외면과 수평축($\epsilon''=0$)간의 각도 θ(그림 6.31b)로부터 구할 수 있다. 따라서 각도 θ의 단위가 도(degree)라면 $\beta=1-\theta/90$이다. 그림 6.31b와 같이 θ=63°라면 β=0.30이다. Debye 식에 따른 그림 6.31a은 β=1로 단일 완화

시간을 갖는 다. 목재와 기타 유전고체의 경우 β는 대부분 1보다 작으므로 완화시간이 τ_0에 대해 분포를 갖는다는 것을 나타낸다.

Hill(1978)은 여러 가지 기술을 이용해 고체와 액체의 유전체 완화시간의 특정분포에 대해 조사하였다. 어떤 특정기술도 모두 이들 재료에 일반적으로 적용할 수 없으며 좀 더 넓은 범위의 재료에 적용할 수 있는 분포함수에 대한 식을 일반화시킬 필요가 있다고 제안하였다. 그러나 Cole－Cole圖는 목재의 유전성을 해석하는데 유용한 기술이다.

온도가 증가하면 시간상수 τ가 감소하므로 온도가 증가함에 따라 주파수에 대한 ϵ'와 ϵ''는 높은 주파수쪽으로 이동한다. 그리고 f_0 부근의 일정주파수에서 온도에 대한 ϵ'' 그림은 측정 주파수에서 완화가 발생되는 온도에서 피크를 나타낸다. 이것은 식 (6.84)－(6.86)에서 ω와 τ는 항상 그 곱인 $\omega\tau$ 형태로 나타나기 때문이다. 그러므로 $log\omega\tau = log\omega + log\tau$이고 일정 ω에서 $log\tau$ 변화는 일정 τ에서 $log\omega$의 변화와 동일한 영향을 미친다. 그리고 아래에 설명하는 바와 같이 $log\tau$는 $1/T$에 정비례한다.

온도증가 효과는 쌍극자 완화시간을 감소시키게 된다. 단일 τ을 갖는 이상재료의 경우 단순 변화율 이론(rate theory)에 따른 τ와 Kelvin 온도 관계식(Hasted 1973)은

$$\tau = \frac{h}{kT} exp\left(-\frac{\Delta S}{R}\right) exp\left(-\frac{\Delta H}{RT}\right) \tag{6.88}$$

여기서 h와 k는 Planck상수 및 Boltzmann 상수이고, ΔH와 ΔS은 엔탈피변화와 엔트로피변화로 쌍극자 회전과 관련있다.

식 (6.88)의 양변을 대수를 취하고 $1/T$에 대해 미분함에 있어 ΔH와 ΔS가 온도에 독립적이라면

$$\frac{d(ln\tau)}{d(1/T)} = \frac{\Delta H + RT}{R} \tag{6.89}$$

$\Delta H + RT$는 겉보기 활성화에너지 ΔE와 같으므로 식 (6.89)로부터 ΔE를 구할 수 있다.

$$\Delta E = \Delta H + RT = R\frac{d(ln\tau)}{d(1/T)} \tag{6.90}$$

겉보기 활성화에너지 ΔE는 Arrhenius 식인 식(6.90)을 이용해 $1/T$에 대한 $ln\tau$의 그림으로부터 구할 수 있다. ΔE를 안다면 $\Delta H = \Delta E - RT$이므로 엔탈피 변화 ΔH를 구할 수 있다. 엔트로피 변화 ΔS를 계산하기 위해 식 (6.88)를 정리하면

$$\Delta S = \frac{\Delta H}{T} + Rln\frac{h}{kT\tau} \tag{6.91}$$

자유에너지변화 ΔG는 다음과 같이 구할 수 있다.

$$\Delta G = \Delta H - T\Delta S \tag{6.92}$$

6.3.1.2 계면분극(Maxwell-Wagner 효과)

재료내 분극 쌍극자로 인해 비이상적 산란이 발생된다는 것, 즉 주파수에 따른 유전성의 급격한 변화는 Debye 모델로 나타낼 수 있다. 2종의 비이상적 산란은 Debye 모델과 유사한 산란방정식을 갖는 Maxwell-Wagner 효과로 설명할 수 있다.

Hasted(1973)에 따르면 이러한 효과는 면적이 A(㎠)이고 간격이 d(㎝)인 두 컨덴서 평판사이에 서로 다른 유전체 재료의 두 평행 슬랩(slab)으로 구성되는 커패시터 C로 나타낼 수 있다. 한 재료는 유전율 ϵ_1과 전도도 K_1을 갖고, 다른 재료는 유전율 ϵ_2와 전도도 K_2가 0인 손실이 없는 유전체라 가정한다. 두 유전채의 상대 두께는 각각 a_1과 a_2로 $da_1 + da_2 = d$ 또는 $a_1 + a_2 = 1$이다.

결합시스템(그림 6.32b)의 커패시턴스 C는

$$C = \frac{C_1 C_2}{C_1 + C_2} \tag{6.93}$$

이러한 경우 C_1과 C_2는

$$C_1 = B_0 \frac{A}{d}\frac{\epsilon_1}{a_1}[1 - exp(-\frac{t}{\tau})] \tag{6.94}$$

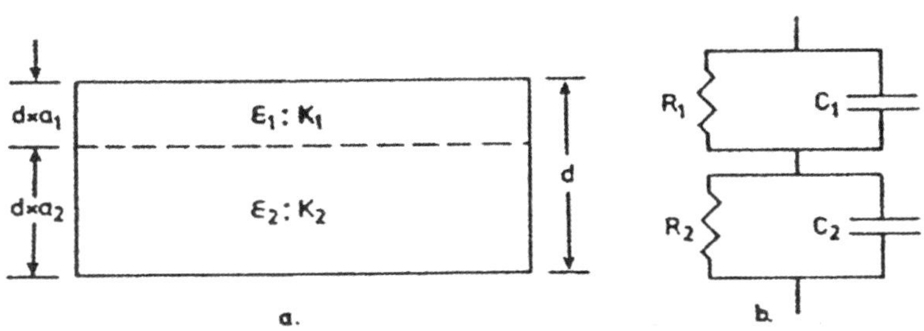

그림 6.32 a 유전성 ϵ_1, K_1 과 ϵ_2, K_2 이고 전체두께 d_1인 복합재 유전재료, b 등가 전기네트워크

$$C_2 = B_0 \frac{A}{d} \frac{\epsilon_2}{a_2} \tag{6.95}$$

$$B_0 = \frac{10^{-12}}{11.3} \tag{6.96}$$

여기서 C, C_1, C_2의 단위는 모두 farad이고 B_0는 자유공간의 유전율(coulombs/V－㎝), τ는 시간상수(s)로 다음과 같이 주어진다.

$$\tau = B_0 \frac{\epsilon_1 a_2 + \epsilon_2 a_1}{a_2 K_1} \tag{6.97}$$

DC 전압이 커패시터 C에 작용된 후 시간 $t=0$에서 커패시턴스 C_1은 $B_0(A/d)(\epsilon_1/a_1)$과 같다. 그러므로 C와 C_i의 즉응 또는 단시간 값은

$$C_i = B_0 \frac{\epsilon_1 \epsilon_2}{\epsilon_1 a_2 + \epsilon_2 a_1} = B_0 \epsilon_i \tag{6.98}$$

여기서 ϵ_1은 즉응 유전상수(instantaneous dielectric constant)로 다음과 같이 정의된다.

$$\epsilon_i = \frac{\epsilon_1 \epsilon_2}{\epsilon_1 a_2 + \epsilon_2 a_1} \tag{6.99}$$

장기간에 걸쳐 커패시턴스 C_1은 두 면간 전하의 전도로 인해 0에 접근한다. 식 (6.93)은 식 (6.95)에 주어진 바와 같이 C_2값에 접근하게 된다.

$$C_f = B_0 \frac{A}{d} \frac{\epsilon_2}{a_2} = B_0 \frac{A}{d} \epsilon_f \tag{6.100}$$

여기서 ϵ_f는 커패시터 C_1이 전하전도에 의해 단락된 후 측정한 유전율의 겉보기 최종값이다.

정현적으로 변하는 AC 전압이 커패시터 C에 작용될 때 겉보기 유전율 ϵ은 작용전압의 각주파수 ω가 증가하면 감소한다. 저주파수에서 ϵ은 ϵ_f에 접근하고 ϵ_2/a_2와 같다. 고주파수에서 ϵ은 식 (6.99)에 나타낸 바와 같이 ϵ_i에 접근한다. 그 중간주파수에서 ϵ은 두 한계의 사이에 있게 된다.

따라서 시스템은 비이상 분산을 나타내어 쌍극자 완화 메커니즘과 유사하나 일반적으

로 훨씬 더 낮은 주파수에서 발생된다. 또한 유전율 ϵ은 실수와 허수 두 요소인 ϵ'와 ϵ''로 구분할 수 있다. Debye 식과 유사한 식인 식 (6.84)–(6.86)은

$$\epsilon = \epsilon_i + \frac{\epsilon_f - \epsilon_i}{1 + i\omega\tau} \tag{6.101}$$

$$\epsilon'\omega = \epsilon_i + \frac{\epsilon_f - \epsilon_i}{1 + \omega^2\tau^2} \tag{6.102}$$

$$\varepsilon''(\omega) = (\varepsilon_f - \varepsilon_i)\frac{\omega\tau}{1 - \omega^2\tau^2} \tag{6.103}$$

비이상 분산의 계면과 쌍극자 메커니즘에 의해 규정되는 계의 경우 두 종류의 비이상 분산의 주파수영역이 겹치지 않는다면, 식 (6.101)–(6.103)의 ε_1과 식 (6.84)–(6.86)의 ε_0는 동일하다. 다른 말로 하면 쌍극자 유전율 ε_0의 정적 값은 계면 분극의 고주파수에서 ε_i와 동일하다. 그림 6.28에서 계면과 쌍극자 완화영역간의 곡선의 편평부분에서 ε값에 해당된다.

이상에서 설명한 단순모델보다 더 정교한 모델이 목재와 같은 불균질 물질의 계면 분극으로 인한 비이상 분산을 설명하기 위해 이용되고 있다. 이러한 모델은 Hasted(1973)에 의해 검토된바 있지만 여기서는 다루지 않겠다.

온도가 증가하면 쌍극자 완화 메커니즘에 대한 시간상수 τ가 감소하는 것으로 나타났다. 또한 온도는 계면 메커니즘의 τ를 감소시킨다. 식 (6.88)–(6.92)와 유사한 식을 이 메커니즘의 ΔE, ΔH, ΔS, ΔG 계산에 적용시킬 수 있다.

목재와 같은 실제 재료의 유전성은 이상에서 설명한 두 종류의 이상 분산의 일반 특성을 나타내지 않는다. 그리고 목재 내 물은 유전성에 매우 큰 영향을 미친다. 여기서는 먼저 물과 전건재의 유전성에 대해 살펴본 후 습윤재의 유전성에 대해 알아보고자 한다.

6.3.2 수분의 유전성

액상수의 유전성과 구조의 관계는 Hasted(1973)에 의해 연구된 바 있다. 액상수는 마이크로파 영역에서 비이상적 분산을 나타낸다. 25℃에서 물의 유전성 ε'는 1GHz 이하에서는 약 80이고 1000GHz 이상에서는 약 5로 감소한다. ε''의 피크 주파수 f_0는

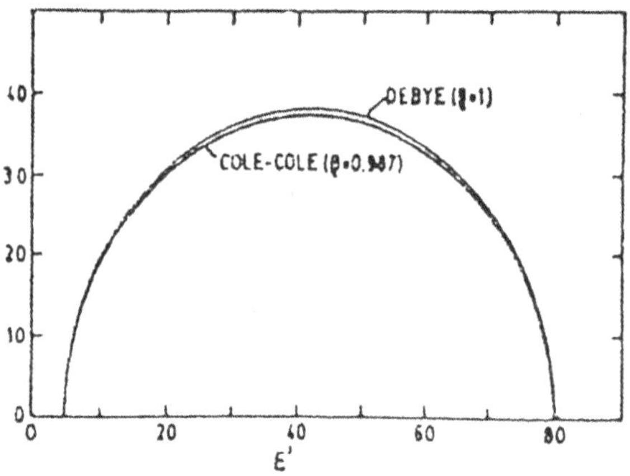

그림 6.33 최적화된 단일 완화시간을 갖는 액체수(β=0.987)와 이상 Debye 경우(β=1)에 ε′와 ε′′에 대한 Cole-Cloe plot(Hasted 1973)

2×10^{10}Hz이고 해당 파장은 1.5㎝, 완화시간 상수 τ는 2×10^{-12}s이다. 이 범위에서 Cole-Cole plot (그림 6.33)은 식 (6.84)에 따른 Debye 모델의 예측값과 거의 일치한다. 왜냐하면 Cole-Cole 식[식 (6.87)]에서 β는 0.987로 Debye 모델에서 가정하는 단위값에 거의 가깝기 때문이다.

온도가 증가하면 피크 주파수 f_0는 감소하므로 τ가 감소한다. 이 관계를 설명하는 근사식은

$$\tau = 17.094 - 0.417C + 0.003183C^2 + 16.961C^3 \tag{6.104}$$

여기서 τ는 picosecond이고 C 는℃이다. Hasted(1973)에 따르면 활성화 엔탈피 ΔH^*는 약 4.5 ㎉/mol이다. 식 (6.88)에 의해 나타내면

$$\tau = \frac{A}{T}exp(\frac{\Delta H^*}{RT}) \tag{6.105}$$

여기서 A는 상수이다. Hasted는 다음 식으로 계산한 엔탈피 변화 ΔH_η와 밀접하다고 지적하였다.

$$\eta = B\exp(\frac{\Delta H_\eta}{RT}) \tag{6.106}$$

이 식은 물의 점도 η의 온도의존성을 나타내며, B는 상수라고 가정한다. Hasted는

$\Delta H^* = \Delta H_\eta$라면 관찰된 바와 같이 τ는 η / T에 비례 한다고 하였다. 그는 Debye 완화 이론에서 예측되는 바와 같이

$$\tau = \frac{4\pi \eta a^2}{kT} \tag{6.107}$$

여기서 a는 물분자의 반경이고 k는 Boltzmann 상수이다.

목재 세포내강의 물은 얼음과 같이 거동하므로 물이 얼 때 ε'와 ε'' 변화에 주목할 필요가 있다. 얼음은 여러 다른 상으로 존재할 수 있지만 대기압에서 생기는 형태(얼음 I)만 관심의 대상이다. 얼음 I은 약간 이방성으로 유전율은 두 주축간에 약 14% 차이가 있다. 보통 얼음 I는 주축이 랜덤분포인 다결정으로 macroscopic level에서 등방성이다(Hasted 1973).

얼음의 주완화(principal relaxation)에 해당되는 피크 주파수는 빙점보다 약간 낮은 온도와 kHz영역에서 발생된다. 예를 들어 f_0는 -10℃에서 3kHz이고 온도가 감소하면 급격히 감소하며 활성화에너지 ΔH^*는 약 13 ㎉/mol로 액상수의 약 3배에 이른다. 이것은 물분자가 전기장에서 회전을 극복하는데 필요한 에너지 장벽이 더 크기 때문이라고 생각된다.

6.3.3 전건재의 유전성

전건재의 유전요소 ε'와 ε''는 밀도, 구조배열, 화학조성 등과 같은 목재 고유 인자에 따라 다르다. 식 (6.89)–(6.92)에서 예측되는 바와 같이 파라미터는 주파수와 온도에 따라서도 다르다. 밀도, 구조, 화학조성의 목재변이로 인해 수종간 뿐만 아니라 동일 수종과 입목내에서도 상당한 차이가 있다. Lin(1967)은 1966년에 목재의 유전성에 대한 문헌을 조사하였다.

여러 연구자들이 전건재의 유전성에 대해 보고하였다. Norimoto(1976)는 관련연구를 검토하고 여러 목재 관련인자의 영향을 포함시켜 연구영역을 확장하였다. Kröner(1944/1945)는 처음으로 목재의 완화시간은 단일 값을 아닌 분포를 갖기 때문에 식 (6.84)–(6.86)과 같은 Debye 모델은 목재의 비이상 산란을 나타내기에 적합하지 않다고 지적하였다. 비이상 산란이 관측되나 단일 완화시간을 갖는 Debye 모델로 예측한 것보다 ϵ''가 광폭의 피크를 갖는다. Cole–Cole 식인 식 (6.87)은 완화시간의 분포를 나타낸다.

그림 6.34는 유럽산 beech 횡단면에 대해 Kröner(1944/1945)가 실험적으로 구한 ϵ'와 ϵ''의 분산곡선이다. 또한 $\tau_0 = 1/\omega_0$관계로부터 계산한 값 τ_0에 해당하는 단일 완화시간 τ에 따른 Debye 곡선도 나타나 있다. 여기서 ω_0(=$2\pi f$)는 각주파수이고 f_0는 측정되는 ϵ''가 최대가 되는 주파수이다. 그림 6.34에서 f_0는 약 10MHz, τ_0는 약 16ns이다.

Norimoto(1976)는 온도 −60°~100℃범위에서 전건재의 1차 또는 쌍극자 분산의 측정결과를 보고하였다. 그는 완화시간 분포에 반비례하는 β는 식 (6.97)과 같이 온도에 따라 증가하는 것에 주목하였다(그림 6.35). 그는 그 이유를 완화시간의 분포가 온도가

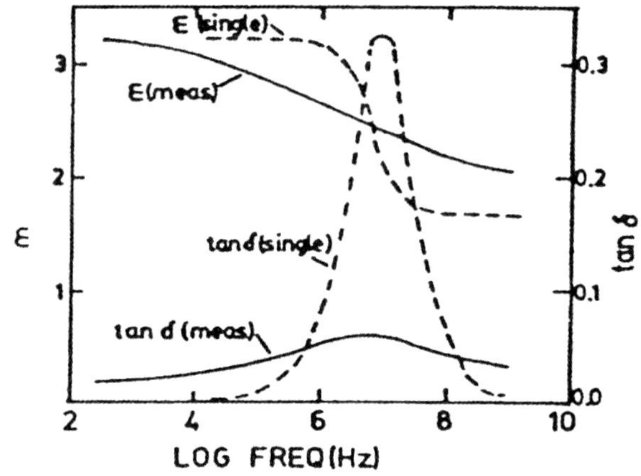

그림 6.34 주파수에 따른 유럽산 beech의 ϵ'와 $tan\delta$의 분산곡선. 단일 완화시간을 갖는 재료의 계산에 따른 유사한 곡선도 나타나 있다 (Kröner 1944/45)

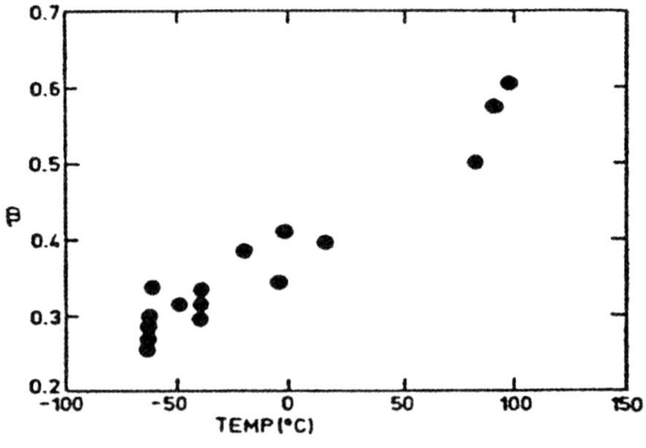

그림 6.35 온도증가에 따른 파라미터 β의 증가(Norimoto 1976)

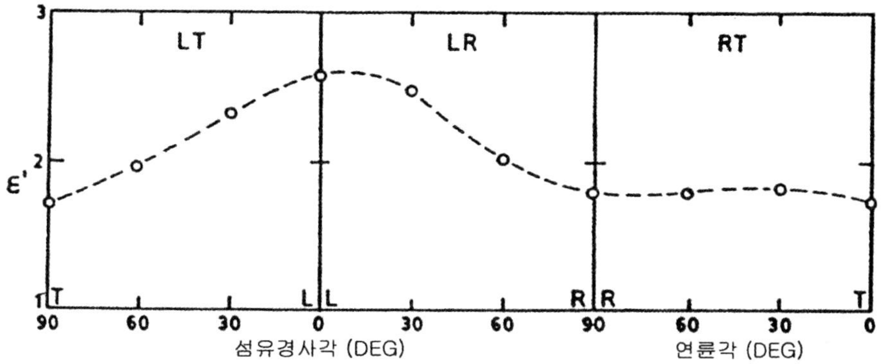

그림 6.36 *LT*와 *LR*평면에서 섬유경사각과 *RT*평면에서 연륜각에 따른 유전율 ϵ'의 변동 (Norimoto와 Yamada 1972)

증가하면 좁아지기 때문이라고 하였다. 또한 그는 완화시간의 분포를 계산하기 위해 Cole−Cole 법의 변경도 검토하였다.

목리방향은 유전성에 영향을 미친다. 일반적으로 ϵ'와 ϵ''는 목리횡방향보다 목리방향에서 측정할 때 더 크다. Kröner와 Pungs(1952)은 이러한 이방성의 원인을 목재 세포구조(gross cellular structure) 때문이라고 하였다. Norimoto와 Yamada(1971)는 목재의 거시적(세포배열)과 미시적(세포벽) 성질로 인해 유전성 이방성의 원인이라고 하였다. 방사방향과 접선방향의 유전성 차이는 수종에 따라 다르다. 그림 6.36은 Norimoto와 Yamada(1972)가 30℃, 10kHz, 함수율 0%인 *Chamaecyparis obtusa*의 ϵ'가 LR과 LT 평면에서 목리경사각에 따라 변화되는 형태를 나타내고 있으며 RT 평면에서 년륜 배열에 따른 변화도 나타낸 것이다. Nanassy(1964)는 40kHz−50MHz에서 전건 spruce에 대해 측정한 결과 ϵ'와 ϵ''는 섬유방향에서 가장 크고 접선방향에서 가장 작았다고 보고하였다.

McLaughlan 등(1973)은 목리방향에 따른 유전율 ϵ' 변동, 즉 목리횡방향보다 목리방향의 ϵ'가 더 큰 원리를 이용해 비접촉 목리경사각 측정기를 설계하였다. 목재표면 부근에 방향성 커패시턴스(oriented capacitance) 형태의 측정기를 위치시키고 표면에 평행하게 회전을 시키면서 측정하게 된다. 회전과정에서 그 축은 목재 목리 섬유방향과 횡방향에 연속적으로 배열된다. 목재의 종축에 대한 방향의 함수로서 정현적 신호를 발생시킨다. 이 신호와 측정기 축의 방향에 비례하는 신호의 위상 관계는 목재표면에서 목리방향의 지표가 된다. 그러한 원리를 이용한 상업용 제품이 개발되었다(Simpson 1984).

유전율 ϵ'는 일정함수율에서 목재 밀도에 따라 증가한다. 그 이유는 섬유포화점 이하에서 세포벽 물질의 ϵ'는 세포공극의 공기(거의 1)보다 수배나 크기 때문이다. 그림 6.37은 1 MHz에서 밀도가 다른 여러 수종의 목리 횡방향에 대해 측정한 결과이다(Uyemura 1960). Skaar(1948)는 2MHz와 15MHz에서 유사한 결과를 얻었다.

Venkateswaran(1974a)는 10000Hz와 20℃에서 측정한 전건목재의 횡방향 유전율 ϵ'는 횡방향 열전도도와 높은 상관관계가 있었다고 보고하였다. 열전도도는 목재밀도가 증가하면 증가하므로 ϵ'도 밀도가 증가하면 증가한다. Venkateswaran(1974b)는 목재 전건 세포벽의 비투과도(specific permittivity) 또는 비유전율 ϵ_0'를 다음과 같이 정의하였다.

$$\epsilon_0' - 1 = (\epsilon' - 1)\frac{\rho_0}{\rho} \tag{6.108}$$

여기서 ϵ'는 목재밀도 ρ에 대한 측정된 유전율이고 ρ_0는 1.53g/cc로 전건 세포벽의 밀도이다.

Rafalski(1966)는 유럽산 beech 전건재의 ϵ'를 5–25MHz에서 측정한 결과 목재의 밀도를 0.70g/cc에서 압축시켜 1.40g/cc로 증가시킴에 따라 선형적으로 증가하였다고 한다.

또한 손실계수 ϵ''도 목재밀도에 따라 증가한다. Rafalski(1966)는 목재의 고밀화(densification)가 증가함에 따라 ϵ''가 선형적으로 증가한다고 보고하였다. Norimoto와 Yamada(1970)는 넓은 범위에 걸친 10 수종의 1MHz, 31℃에서 목재 평행방향의 ϵ''를 측정한 결과 선형적으로 증가한다고 하였다(그림 6.38). 목재의 횡방향 측정결과도 유사하였다(Lin 1967, Venkateswaran 1973).

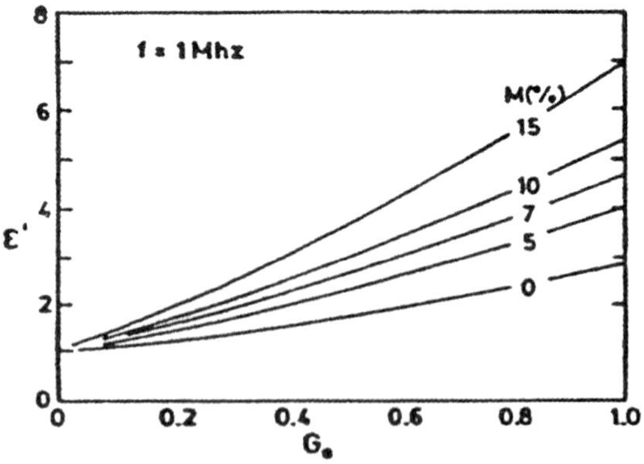

그림 6.37 주파수 1MHz에서 전건체적비중 G_0와 목재함수율 M의 증가에 따른 유전율 ϵ'의 증가(Uyemura 1960)

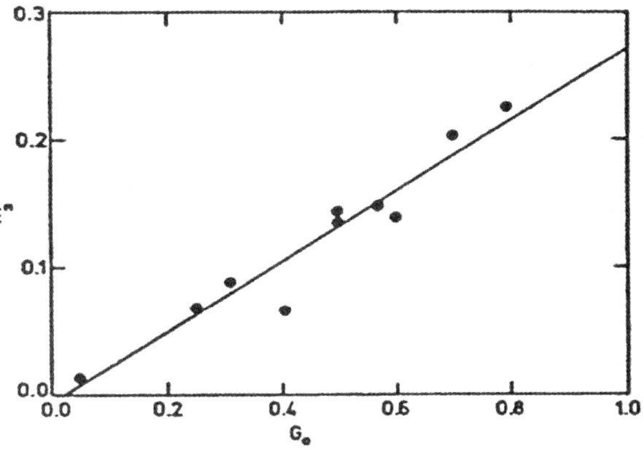

그림 6.38 주파수 $1MHz$에서 측정한 손실계수 ϵ''와 전건체적비중 G_0의 관계를 나타내는 측정값과 회귀선(Norimoto와 Yamada 1970)

Norimoto와 Yamada(1970)에 따르면 전건재의 유전율 산란은 적어도 두 주파수 범위에서 발생한다. ϵ''의 고주파수 피크는 상온에서 10^7-10^8Hz 범위에 있고 −50℃에서는 10^4Hz, −100℃에서는 30Hz로 감소한다(Handa 등 1982). 그들은 이러한 산란은 세포벽의 무질서(disorder) 영역에서 메틸롤(CH_2OH)기 회전에 기인한다고 하였다. 그들은 저주파수 영역에서 산란은 전도이온의 계면분극이나 기타 복합 메커니즘이 원인이 될 수 있다고 하였다. 그러한 현상은 목재에 수분이 포함되면 더 현저해진다. 고주파수와 관련된 산란을 1차 산란이라 하고 저주파수에서는 2차 산란이라 한다.

Debye 식에 대한 논의에서 살펴본 바와 같이 $log\omega$에 대한 $tan\delta$ 곡선은 온도가 증가하면 고주파수쪽으로 이동된다. Trapp과 Pungs(1956)은 이러한 곡선이동이 건조재에서 발생되는 것을 나타내었다(그림 6.39). 또한 Debye 이론에 의해 예측되는 바와 같이 온도에 따른 1차 피크 주파수 f_0 이동에서 $1/T$에 대한 $log\tau_0$는 직선적임을 밝혀냈다. 이러한 관계와 전건재 spruce에 대한 곡선에서 기울기 $d(log\tau_0)/d(1/T)$는 약 2500으로 Arrhenius 식에 따른 활성화에너지는 약 11.4 ㎉/mol다.

Trapp과 Pungs(1956)은 1차 피크 주파수 f_0는 100℃에서 10^9Hz에서 20℃에서 10^7Hz로 감소하였다고 보고하였다. Arrhenius 식과 활성화에너지 값이 11.4 ㎉/mol에 근거하여 동이한 쌍극자 메커니즘이 작용된다고 가정하면 f_0는 0℃에서 약 10^6Hz이다. Norimoto와 Yamada(1969)는 Trapp과 Pungs 연구에서보다 저주파수와 저온으로 측정하였는데 ϵ''는 *Chamaecyparis obtusa* 전건재의 1MHz 주파수의 경우 Trapp과 Pungs에 의해 예측되는 바와 같이 0℃에서 피크가 나타났다고 하였다. 그리고 활성화에너지의

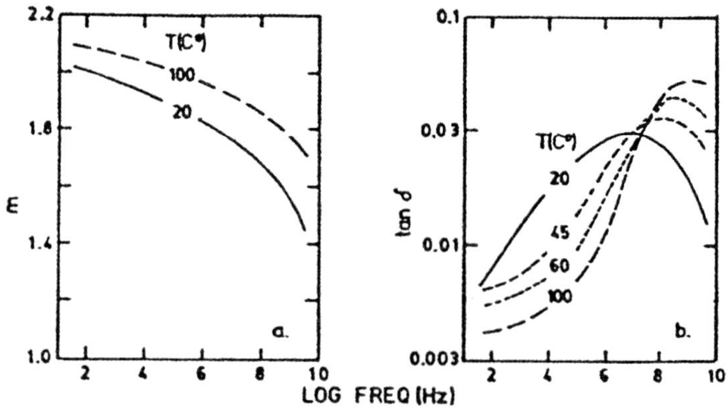

그림 6.39 전건목재의 대수 주파수와 온도에 따른 유전율 ϵ'와 손실계수의 곡선(Trapp과 Pungs 1956)

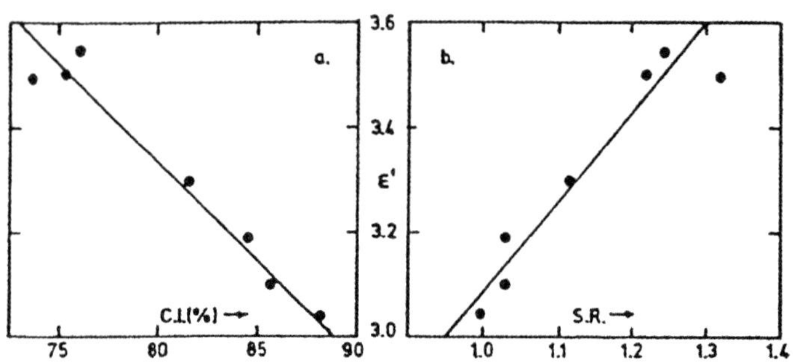

그림 6.40 1kHz와 −32℃에서 측정한 유전율 ϵ'의 증가. a 결정화지수(CI) 감소, b 수착비(SR) 증가(Norimoto 1976)

값(~10 ㎉/mol)은 Trapp과 Pungs의 보고와 유사하였다. Handa 등(1982)은 전건재 beech의 경우 30Hz에서 동일한 피크가 −103℃에서 발생하였다고 보고하였다.

목재의 화학적 조성 비율은 수종간 뿐만 아니라 수종내에서도 다르다. Norimoto(1976)에 따르면 목재의 가장 주요 성분인 셀룰로오스의 ϵ'과 ϵ''는 결정화도가 감소하면 거의 직선적으로 증가한다고 하였다. 그림 6.40a는 X선 회절로 측정한 결정화지수(crystallinity index, CI)에 따른 ϵ'의 변화를 나타내고 있다. 또한 20℃와 상대습도 63.5%에서 셀룰로오스와 면의 흡착수량의 비인 수착비(sorption ratio, SR)의 증가에 따른 ϵ'의 증가를 나타내었다(그림 6.40b).

헤미셀룰로오스, 만난(mannan), 크실란(xylan)에 대해 Norimoto(1976)가 측정한 결과

만난은 비이상 산란면에서 셀룰로오스와 유사한 거동을 하였다. 그렇지만 크실란은 1 MHz와 0℃에서 흡수 피크를 나타내지 않았다. Norimoto는 그 이유에 대해 크실란에는 메틸올기가 없고 만난과 셀룰로오스에는 메틸올기가 있기 때문이라고 하였다.

또한 목재의 리그닌 함량도 유전성에 영향을 미친다. Venkateswaran(1974b)는 산 용해 리그닌 함량이 15%에서 35%로 증가할 때 진공건조된 세포벽의 유전율 ϵ'는 6.3에서 4.3으로 직선적으로 감소하였다고 보고하였다. 15 수종의 목리 횡방향에 대해 20℃, 10,000Hz에서 측정을 하였다. Norimoto(1976)는 전건 면과 목재 리그닌(milled-wood lignin)의 1MHz와 20℃에서 유전율은 각각 5.4와 4.0이라고 보고하였다. 이들 상대값은 Venkateswaran의 결과와 잘 일치하지만 Venkateswaran의 절대값이 더 큰 이유는 주파수가 더 낮았기 때문이다.

6.3.4 습윤재의 유전성

이상에서 살펴본 바와 같이 전건목재와 순수(pure water)의 유전성은 서로 상당히 다르다. 그러므로 수분이 목재의 유전성에 큰 영향을 미친다는 것은 명확하다. 수분계는 이러한 영향을 이용하여 목재의 함수율을 측정하도록 고안된 것이다. 그와 같은 유전식 수분계에 대해 살펴보기 전에 목재내 수분이 전기적 성질에 미치는 영향에 대해 살펴보고자 한다.

목재 전건 세포벽의 고유 횡방향 유전율 ϵ'는 고주파수 범위에서 약 4-5이고 물은 약 80이다. 그러므로 목재의 유전율은 함수율이 증가하면 급격하게 증가하게 된다. 또한 물은 목재의 비이상 산란에 현저한 영향을 미치게 된다.

비이상 산란에는 적어도 두 가지 메커니즘이 작용하게 된다. 전건목재에서 관찰되는 1차 또는 쌍극자 회전 메커니즘은 메틸올기의 회전에 의해 발생되며 상온에서 특성 피크 주파수 f_0는 10MHz 정도이다(Norimoto 1976). 2차 또는 계면분극 메커니즘은 상온에서 훨씬 더 낮은 주파수에서 발생하며, 건조재에서는 현저하지 않지만 목재 함수율이 증가하면 현저하게 된다(Tsutsumi와 Watanabe 1966). 그들은 상온과 함수율 15%에서 2차 메커니즘의 피크 주파수는 약 1000Hz라고 하였다. 이것은 함수율 12.5%에서 1차 피크 주파수가 1GHz(Trapp과 Pungs 1956)인 것과 비교하면 10^6배 작다. 쌍극자 회전과 관련 있는 1차 메커니즘에 목재 함수율이 미치는 영향에 대해 살펴본 후 2차 메커니즘에 대해 살펴보고자 한다.

6.3.4.1 습윤재내 1차산란

Trapp과 Pungs(1956)는 쌍극자 메커니즘이 지배적인 광대역의 온도범위(20° - 100℃)와 함수율(0 - 95%) 및 주파수(40Hz - 3.5GHz)에 대해 유럽산 spruce의 ϵ'와 $tan\delta$를 측정하였다. 그림 6.41에서 보는 바와 같이 20℃와 주어진 주파수에서 함수율이 증가하면 ϵ'와 $tan\delta$는 증가한다. 그리고 $tan\delta$가 최대인 주파수 f_0는 함수율이 증가하면 주파수가 증가하게 된다. 실온에서 액체수의 쌍극자 회전의 정점(peck) 주파수는 약 100GHz이므로, 20℃에서 전건목재의 0.1GHz보다 약 1000배 크다. 세포벽의 물은 쌍극자 회전의 평균시간상수를 감소시키고, 또한 ϵ'와 ϵ''를 증가시킨다.

표 6.5는 여러 온도와 함수율에서 쌍극자 완화시간을 나타내고 있다(Trapp과 Pungs 1956). 20℃에서 목재 함수율 0%, 3%, 6.5%, 12.5%, 20%인 경우 해당 완화시간은 각각 16, 6.4, 0.80, 0.16, 0.02ns이다. 20℃에서 액체수의 완화시간은 0.01ns로 20% 함수율인 목재의 약 1/2이다. 또한 해당 정점 주파수도 표에 나타나 있다.

Trapp과 Pungs(1956)은 표 6.5의 데이터로부터 $1/T$에 대한 $logr$의 곡선을 나타내었다(그림 6.42). 이들 관계는 거의 선형으로 나타났으며 Arrhenius 관계[식 (6.90)]를 이용한 활성화에너지 ΔE는 목재 함수율에 관계없이 11 - 12 ㎉/mol이었다. 이 값은 얼음(13 ㎉/mol)에 대한 것과 유사하지만 액체수(5 ㎉/mol)보다는 훨씬 더 크다.

이상 산란의 1차 메커니즘, 즉 쌍극자 회전은 상온 이상의 온도에서 고주파수와 마이크로파 영역에서 발생한다는 것은 이미 설명한 바 있다. 그러므로 이들 주파수 영역에서

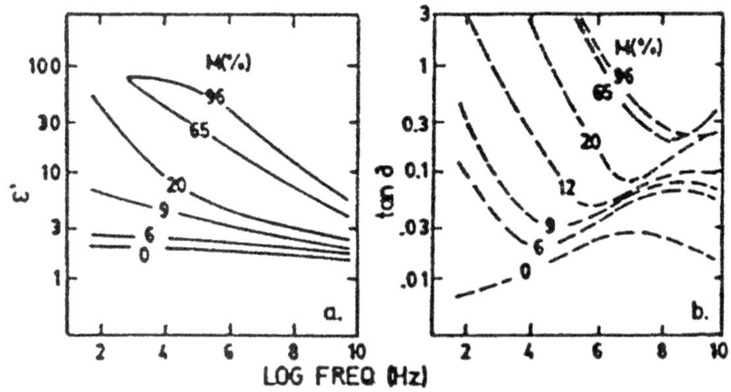

그림 6.41 여러 목재함수율에서 주파수(로그 스케일)에 따른 유럽산 spruce의 20℃에서 유전율 ϵ'와 손실계수 $tan\delta$를 나타내는 곡선군 (Trapp과 Pungs 1956)

표 6.5 유럽산 spruce의 여러 함수율과 온도에서 쌍극자 완화시간 τ(ns)와 정점 주파수 f_0(GHz) (Trapp과 Pungs 1956)

온도(℃)		목재 함수율(%)					순수
		0	3	6.5	12.5	20	
20	τ	16.0	6.4	0.80	0.16	0.02	0.009
	f_0	0.010	0.025	0.20	1.00	8.00	16.0
40	τ	3.2	1.6	0.23	0.032	–	0.0058
	f_0	0.05	0.10	0.70	5.0	–	24.8
60	τ	1.3	0.40	0.11	–	–	0.0039
	f_0	0.12	0.40	1.45	–	–	40.0
80	τ	0.4	0.11	0.032	–	–	0.0030
	f_0	0.4	1.45	5.0	–	–	48.0
100	τ	0.16	0.053	–	–	–	–
	f_0	1.0	3.0	–	–	–	–

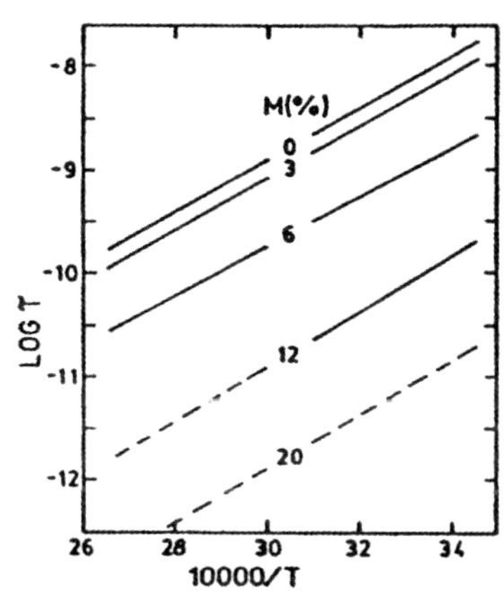

그림 6.42 여러 함수율에서 유럽산 spruce의 Kelvin 온도 역수에 따른 대수 완화시간 τ의 선형곡선(Trapp과 Pungs 1956)

유전율 ϵ'은 주파수가 증가하면 감소한다. 또한 그림 6.43에 나타낸 바와 같이 2MHz (Skaar 1948)와 1MHz(Uyemura 1960) 주파수에서 목재함수율이 증가하면 ϵ'은 증가한다. 증가는 흡습성 범위에서 비선형적이지만 섬유포화점 이상에서는 직선적이다. 흡습성 범위에서 비선형성은 흡착수의 자유도가 제한되기 때문이라 생각된다.

또한 Tsutsumi(1967)는 함수율 0.6−13% 범위에서 Buna(*Fagus crenata*)의 쌍극자

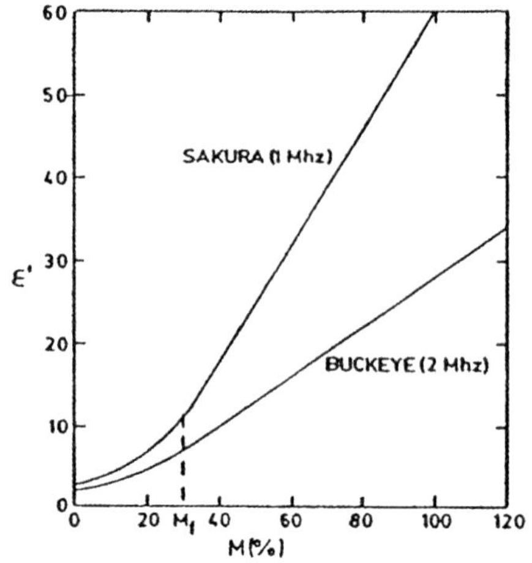

그림 6.43 1MHz에서 일본산 벚나무(Uyemura 1960)과 2MHz에서 오하이오산 buckeye(Skaar 1948)의 목재함수율에 대한 유전율 ϵ'의 곡선

표 6.6 Buna(Fagus crenata)의 쌍극자 편극에 대해 여러 온도와 함수율에서 계산한 시간상수 τ(ns) (Tsutsumi 1967)

온도(℃)	목재 함수율(%)		
	3	7.5	13.0
40	16	–	–
0	320	80	–
−20	800	110	32
−40	1600	400	–
−70	110000	8000	1600

배열로 인한 비이상 산란을 관찰하였다. 그는 $tan\delta$의 산란 피크를 관찰하기 위해 −70°~40℃ 온도범위와 30Hz~3MHz 주파수를 이용하였는데, 고함수율 목재는 저온에서 정점 이동이 일어났다. 표 6.6은 여러 함수율과 온도에서 목재의 시간상수를 나타낸 것이다(Tsutsumi 1967). 실제값이 Trapp과 Pungs(1956)의 결과와 약간 다르나 그 크기와 온도와 함수율이 증가에 따른 경향이 유사하다. −20℃와 −70℃의 데이터의 식 (6.90)에 의한 활성화에너지 ΔE는 함수율 3%, 7.5%, 13%에서 각각 10, 9, 8 ㎉/mol이다.

Bohno와 Tsutsumi(1974)는 20℃와 함수율 0%−5% 범위에서 ϵ''에 대한 ϵ'의 Cole−Cole圖를 그리려 본 결과 쌍극자 산란영역에서 θ값이 50°−60°로 나타났다. 해당 β값의

범위는 0.34 – 0.45로 동일한 온도에서 Norimoto(1976)가 전건재에 대해 측정한 값과 유사하다.

수분이 섬유포화점 이상에서 첨가되면 세포내강에 자유수가 응축이 된다. 세포내강수의 목재의 전체 유전율 ϵ'에 대한 영향은 $80\,V_l$에 비례하는데, 여기서 V_l은 액체수를 포함하는 전체목재 체적비율이고 80은 물의 유전율이다. 단순한 혼합법으로부터

$$\epsilon' = \epsilon_f{}' + \epsilon_l{}' = \epsilon_f{}' + 80\,V_l \tag{6.109}$$

여기서 $\epsilon_f{}'$는 섬유포화점에서 목재의 유전율이다. 체적분율 V_l은

$$V_l = (m - m_f)\,G_f \tag{6.110}$$

여기서 $m - m_f$는 세포내강의 분율 함수율이고 G_f는 팽윤체적 비중이다.

m_f 이상에서 목재함수율 증가에 따른 ϵ'의 기대 변화율은 식 (6.109)와 (6.110)으로부터 다음과 같이 나타낼 수 있다.

$$\frac{d\epsilon'}{dm} = 80\,G_f \tag{6.111}$$

여기서 $\epsilon_f{}'$와 m_f는 추정값이다. 그림 6.43의 buckeye의 경우 m_f 이상에서 실제 경사 $d\epsilon'/dm$은 약 32이다. buckeye(*Aesculus* sp.)의 G가 0.33이라면 식 (6.111)에 따른 값은 80×0.33=26으로 측정값 32보다 약간 더 작다. 이와 같이 차이가 나는 이유는 세포내강수가 식 (6.109)에서 가정하는 바와 같이 세포벽의 연속 평행경로가 아닌 고립된 세포에 존재하기 때문이라 생각된다.

Siau(1984)는 목재의 공극율에 따른 유전율을 계산하는 식을 나타내었는데, 섬유포화점 이하에서 적용할 수 있다. 고함수율에서 적용하기 위해 그 식을 변경시킬 수 있는데 유전율과 M_f 이상에서 목재함수율간에는 비선형 관계가 있다.

Norimoto(1976)는 목재구조에 근간해 좀 더 상세한 모델을 제시하였는데, 마이크로피브릴 경사각, 만재율, 세포형상, 연륜곡율, 세포배열 등과 같은 여러 목재인자의 영향을 계산할 수 있다. 이 모델을 사용하여 이들 모든 인자가 목재의 유전율에 미치는 영향을 조사하였다.

Uyemura(1960)는 상온에서 여러 수종의 서로 다른 밀도에 대한 측정결과에 의해 1MHz에서 목재 세포벽의 횡방향 유전율을 함수율의 함수로서 계산하였다. 그는 지수형태로 나타내었다.

$$\epsilon' = Aexp(BM) \tag{6.112}$$

여기서 A와 B는 함수율 7.6% 이하에서 4.80과 9.19이고 함수율 7.6% 이상 섬유포화점 이하에서는 6.0이다. 식 (6.112)에 따르면 ϵ'는 전건재의 경우 4.8에서 $m = 0.25$에서 27.9로 거의 6배 증가한다.

또한 전체목재의 유전율은 함수율에 따라 증가하지만 세포벽의 거동과는 다르다. 그림 6.44에서 Uyemura(1960)가 나타낸 바와 같이 그 증가는 밀도가 클수록 크다. 예를 들어 그림 6.44에서 1MHz에서 전건비중 G_0이 0.1인 목재에서 함수율 0%와 25%간 ϵ'는 2배 차이가 나지만 G_0=0.6의 경우에는 4배 차이가 난다. 그 이유는 세포벽 체적이 밀도가 클수록 크기 때문이므로 세포벽의 상대적 기여가 저밀도 목재보다 더 크다.

손실정접 $tan\delta$ 도 목재밀도가 증가하면 증가한다는 것은 잘 알려져 있다(Venkateswaran 1973). 그러나 목재함수율에 따른 손실정접의 변동은 그림 6.45와 같이 약간 더 복잡하다. 일반적으로 목재 함수율에 따라 증가하는 경향을 나타내지만 16MHz 경우 함수율 12% 부근에서 정점을 나타낸다. 이것은 주파수, 함수율, 온도 등의 결합으로 인해 비이상 산란영역 근처이기 때문이다.

Handa 등 (1982)은 주파수 30Hz−1MHz와 함수율 0−40% 범위에 걸쳐 beech (*Fagus* sp.)의 ϵ'와 ϵ''를 측정하였다. 그들은 ϵ''와 $tan\delta$의 1차 정점을 조사하기 위해 매우 낮은 온도인 −196°~0℃ 범위에서 측정하였다. 이미 언급한 바와 같이 전건재의 1차 정점

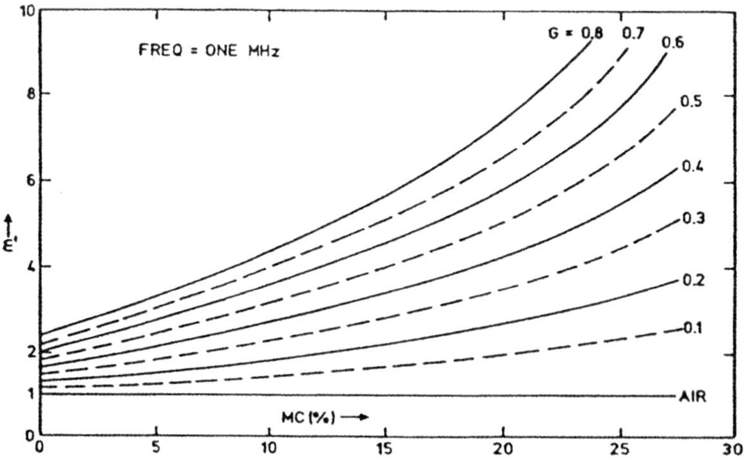

그림 6.44 목재함수율과 비중의 증가에 따른 유전율 ϵ'의 증가를 나타내는 곡선 (Uyemura 1960)

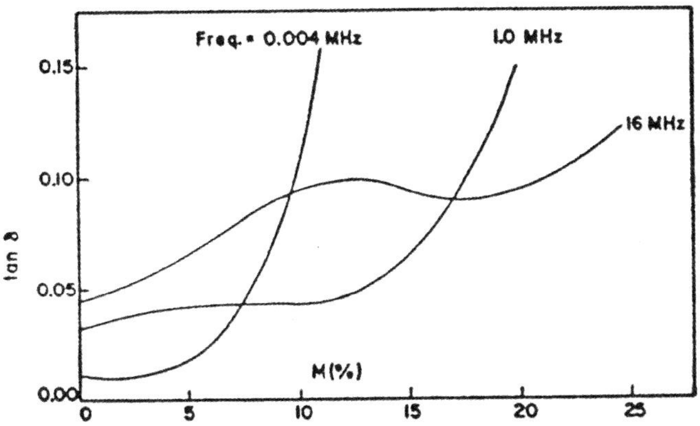

그림 6.45 서로 다른 3주파수에서 목재 함수율 M에 대한 손실계수 $tan\delta$의 곡선(Hearmon과 Burcham 1954)

은 Hz에서 −103℃이다. 그들은 이러한 정점이 메틸올기의 회전에 기인한 것이라고 하였다.

목재 함수율이 증가함에 따라 Handa 등 (1982)은 2가지 종류의 분산이 있음을 주목하였다. 이들 중 하나는 함수율이 증가함에 따라 −110°～−40℃ 사이에서 발생(30Hz)되는데 그들은 "목재 시스템에서 함수율과 극성기간의 복합물의 국부 모드 운동(local mode motion)"에 기인한다고 하였다. 이것이 계면분극과 관련된 2차 정점과 동일한 메커니즘에 의해 일어나는지는 확실하지 않다.

Handa 등 (1982)은 함수율 10% 이상인 목재의 경우 30Hz와 −40℃에서 3번째 피크가 발생하는 것을 발견하였다. 그들은 그 원인은 겉보기 활성화에너지가 13 ㎉/mol로 얼음과 매우 근사하여 저온에서 목재내 얼음이 존재하기 때문이라고 하였다. 그와 같이 매우 낮은 함수율에서 목재내 얼음이 생성되면 순수의 빙점이하로 목재온도가 감소하면 목재의 섬유포화점이 낮아지는 것과 관련이 있을 수 있다(2장의 냉각수축).

25℃에서 Douglas−fir에 대해 마이크로웨이브 주파수인 10^9-10^{10}Hz를 이용해 측정한 결과 ϵ'는 함수율 5%와 75%간에서 5배 이상 증가하였다(James와 Hamill 1965). 그렇지만 $tan\delta$는 섬유포화점 이하에서 함수율에 따라 증가하였지만 섬유포화점 이상에서는 감소하는 경향을 나타내었다. James(1975a,b)는 모든 함수율에서 ϵ'가 저주파수에서보다 마이크로웨이브 영역에서 더 작다고 하였다. 또한 $tan\delta$는 고함수율에서 주파수가 증가하면 급격히 증가하였으나 정점 주파수는 나타나지 않았다고 한다.

6.3.4.2 습윤재내 2차산란

계면편극에 따른 비이상적 산란은 전건목재에서 거의 없거나 경미하다. 그렇지만 James(1975a,b)가 보고한 바와 같이, 목재가 수분을 흡착함에 따라 그림 6.46과 같이 그 영향은 현저하게 증가한다. 이러한 산란은 목재의 쌍극자 메커니즘으로 인한 산란과 여러 면에서 차이가 있다. 첫째, 비이상적 산란은 쌍극자 분극에 의한 것에 비해 매우 낮은 주파수에서 발생하는데, 실온에서 가청주파수 영역이다. 둘째, 그림 6.46a와 같이 유전상수가 쌍극자 편극의 경우 80 부근이 최대인 반면 비이상적 산란의 경우는 10^6으로 매우 크다. 셋째, 이상에서 언급한 바와 같이 비이상적 산란은 전건목재에서 거의 존재하지 않으며 쌍극자 분극보다 훨씬 더 수분의존성이 크다.

그림 6.46은 26.7℃와 상대습도 30%, 65%, 80%, 90%에서 조습된 재료인 Douglas-fir(*Pseudotsuga menziesii*), white oak(*Quercus alba*), 경질섬유판의 ϵ'와 $tan\delta$의 측정 결과이다(James 1945a,b). 또한 일부 목재시편은 물에 침지시켰다. 온도 $-20° \sim 90$℃와 주파수 20Hz-50MHz 범위에서 3 주요 구조방향에 대해 측정하였다.

그림 6.46으로부터 상온에서 비이상 산란은 가청주파수와 아가청주파수(sub-audio frequency) 범위에서 발생함을 알 수 있다. 예를 들어 상대습도 80%에서 조습된 목재(함수율 약 16%)는 정점 200Hz(그림 6.46b)에서 발생되는데 함수율이 감소함에 따라 정점 주파수는 작은 쪽으로 이동한다. 이것은 Trapp과 Pungs(1956)에 의해 보고된 쌍극자 메커니즘의 정점 주파수 1GHz(10^9Hz)보다 10^7배 더 작다. 그러므로 계면분극에 의해 발생됨을 알 수 있다.

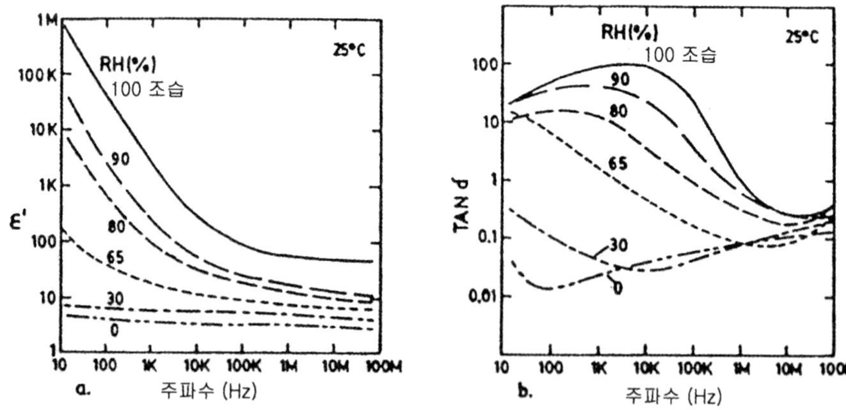

그림 6.46 여러 평형 상대습도에 조습된 미송의 주파수(로그 스케일)에 따른 유전율 ϵ'와 $tan\delta$의 곡선(James 1975a,b)

주파수 1−10GHz 범위에서 Douglas−fir에 대한 James와 Hanmill(1965)의 데이터는 ϵ'는 예상대로 주파수가 증가하면 감소하지만 $tan\delta$는 명확한 정점을 나타내지 않았다.

또한 James(1975a,b)는 그림 6.41과 유사한 곡선을 나타내었으나 여러 온도에서 측정하였다. 온도가 증가함에 따라 $tan\delta$ 정점 주파수는 높은 쪽으로 이동되었다. 정점은 광폭이었으나 상대습도 80%에서 조습된 목재(함수율 약 16%)의 정점 주파수는 온도 5°, 25°, 45°, 75℃일 때 각각 50, 200, 500, 1200Hz로 추정된다. Arrhenius 식을 이들 데

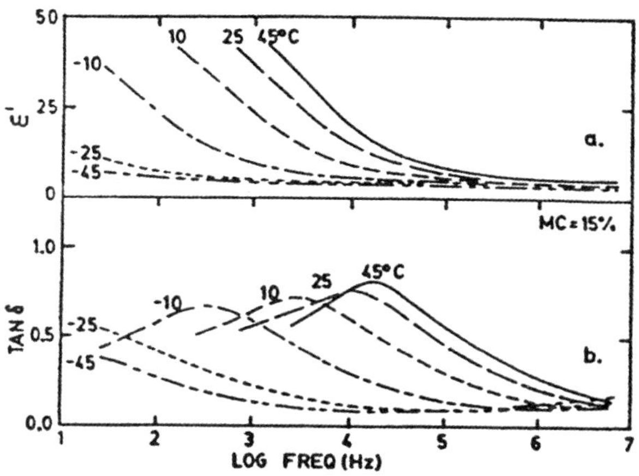

그림 6.47 함수율 15%인 Tanagi(*Salix jessoensis*)의 여러 온도에서 대수 주파수에 따른 유전율 ϵ'의 곡선(Tustusmi 1967)

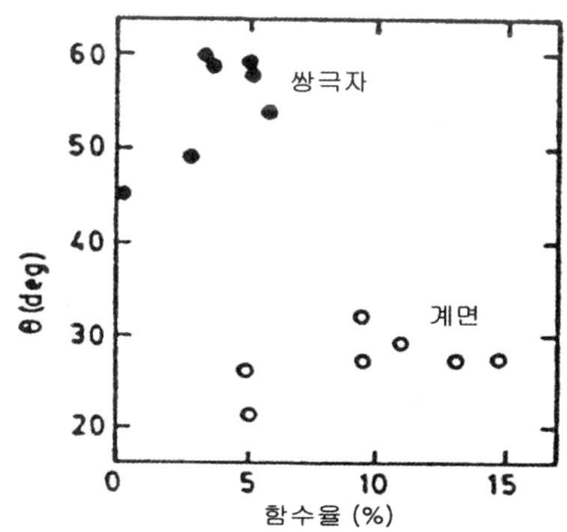

그림 6.48 일본산 shiogi(*Fraxinus commemoralis*)의 쌍극자(고주파수)와 계면(저주파수) 분극의 목재 함수율에 대한 Cole−Cole 파라미터 θ의 측정값(Bohno와 Tsutsumi 1974)

이터에 적용하면 겉보기 활성화에너지 ΔE는 8.7 ㎉/mol로 쌍극자 분극의 경우와 크기가 같다.

Tsutsusmi(1967)는 쌍극자 배열로 인한 비이상 산란의 측정 외에 계면분극의 범위에서 목재의 비이상 산란에 대한 측정도 실시하였다. 그림 6.47은 15% 함수율과 여러 온도에서 Tanagi(*Salix jessoensis*)의 주파수에 대한 ϵ'와 $tan\delta$의 곡선이다. 온도가 증가하면 산란 정점이 고주파수쪽으로 이동됨을 알 수 있다. 추정 정점 주파수는 온도 −10°, 10°, 25°, 45℃에서 각각 300, 3000, 10000, 20000Hz이다. 이들 데이터에 대해 Arrhenius 식을 적용하면 ΔE는 14 ㎉/mol이다.

또한 Tsutsusmi는 함수율 15%에서 벚나무(*Prunus*)의 ϵ'와 $tan\delta$의 유사한 곡선을 나타내었다. 온도 −20℃, 0℃, 20℃, 40℃에서 정점 주파수는 각각 20, 60, 450, 2000Hz이었다. 이러한 경우 ΔE 계산값은 약 12.5 ㎉/mol이다.

Bohno와 Tsutsumi(1974)에 의해 주어진 바와 같이 계면분극 산란영역에 대한 ϵ''에 대한 ϵ'의 Cole−Cole圖는 각 θ가 상당히 작은 값을 나타내므로 쌍극자 산란영역보다 β 값이 더 크다. 그리고 목재함수율이 증가함에 따라 θ가 증가하므로 β는 감소한다. 이것은 함수율이 증가함에 따라 계면분극의 완화시간의 분포가 더 넓어진다는 것을 의미한다. 목재함수율이 증가하면 여러 산란성을 갖는 다른 종류의 이온이 방출되는 것을 나타내기 때문일 수 있다.

6.4 전기수분계

목재의 기초 전기적 성질과 영향인자는 6.2절과 6.3절에서 논의하였다. 전기수분계(electrical moisture meter)와 관련된 중요한 영향인자도 논의된 바 있다. 이 절에서는 이들 기초 전기적 파라미터의 함수율에 따른 변화에 근간하여 수분계에 대해 논의하고자 한다.

이미 설명한 바와 같이 전기수분계는 2가지 종류가 있다. 목재의 두 전극간 직류저항을 측정하는 저항식 수분계와 교류를 이용하여 목재의 한개 이상의 유전성을 측정하는 유전율식 수분계이다.

6.4.1 저항식 수분계

저항식 수분계는 DC megohm-meter로 표 6.1과 같은 한개 이상의 보정 데이터에 근간해 목재 함수율로 눈금을 보정한다. 수종이 다른 경우 조절은 제조업체에 의해 제공되는 표에 의해 이루어진다. 수분계에 보정 또는 선택 스위치를 부착해 수분계 자체에 포함시키는 경우도 있다.

역사적으로 가장 오래된 저항식 수분계는 "blinker" 수분계로 1930년에 생산되었는데, 저항-전기용량(capacitance)[4] 회로에서 표준 부가(charging) 전압을 이용해 주기가 1초 또는 2초인 주어진 전압으로 하전되는 커패시터로 목재의 전기저항을 측정하였다. 충전된 커패시터는 네온 전구(bulb)를 통해 방전되었는데, 네온전구는 충전시마다 명멸하였다. 충전 커패시터는 목재 함수율로 보정되었다. 이것은 여러 개의 대형 커패시터가 필요한 부피가 큰 장치였다.

그 다음에 장치의 크기가 훨씬 작은 진공관 증폭기가 사용되었다. 현대식 기기는 고체상 증폭기와 관련 회로소자로 이루어져 있기 때문에 그보다 훨씬 더 작고 사용하기 편리하다. 수종보정과 재온 변동을 자동적으로 보상하는 온도보정을 구비한 장치도 있다.

6.2.3.1절에서 살펴본 바와 같이 저항식 수분계에는 침투식 핀 타입의 전극이 사용된다. 6.2.3.4절에서 논의된 저항의 시간의존성은 습윤재에서 특히 현저한데, 저주파 AC나 펄스식 DC를 이용하면 최소화시킬 수 있다. 목재 함수율이 12% 이상일 때 선택스위치로 보정하는 장치도 있다. 이것은 AC나 펄스 DC를 이용해 높은 저항은 측정할 수 없기 때문에 저함수율에서는 실제적이지 못하다.

대부분의 저항식 수분계의 하한값은 6-7%이다. 그러나 이보다 약간 더 낮은 함수율을 측정할 수 있는 특수장치도 있다. 온도가 증가하면 저항이 감소하므로 재온이 높으면 함수율 측정 하한값은 작아진다(6.2.2.2절). 그와 반대로 재온이 낮으면 함수율 측정 하한값이 상당히 커지게 된다.

저항식 수분계는 제재목 건조에서 수분상태를 계측하기 위해 오랫동안 사용되고 있다. 건조 전에 생재 제재목에 전극을 삽입시켜 건조중 온도뿐만 아니라 전극간 저항을 측정하는 경우도 있다. 그러한 경우 이미 언급한 바와 같이(6.2.3절) 목재와 전극간 접촉저항은 일반적으로 시간에 따라 증가한다. 따라서 실제 목재함수율보다 측정값이 더 낮게 나타나게 된다.

---

4) 도체나 축전기가 전하를 축적하는 능력을 나타내는 양. 절연된 도체에 전하 Q를 가했을 때의 전압이 V인 경우, 그 도체의 전기용량은 Q/V이다. 단위는 F이다.

Forrer(1984), Forrer와 Vermaas(1987)는 시간에 따른 겉보기 접촉저항을 최소화시키는 개선된 전극을 갖는 저항식 수분계를 개발하였다. 또한 그들은 전극에서 분극의 영향을 감소시키기 위해 저주파수 AC를 이용하였다. 또한, 마이크로 프로세서와 D/A 전기회로로 시스템을 자동화시켰다.

6.4.2 유전율식 수분계

유전율과 손실계수는 주어진 AC 주파수에서 목재 함수율이 증가하면 커진다(6.3.4절). 실제 유전율식 수분계는 마이크로파 주파수를 사용하는 경우도 있지만 보통 가청주파수나 고주파수에서 작동된다. 2가지 종류가 있는데, 유전상수를 측정하는 용량식과 유전상수와 손실인자의 결합영향을 측정하는 power-loss 식이다.

전기용량 타입의 수분계는 전극형태와 목재의 유전율의 함수로서 전극간의 전기용량에 따라 주로 반응한다. 전극과 목재표면간에 공간이 있어 목재의 함수율 변화에 따른 장치의 민감도가 감소하게 된다.

power-loss 타입의 유전율식 수분계는 목재 함수율이 증가하면 유전율과 손실계수가 증가하는 원리를 이용한 것이다. 다른 말로 하면 주어진 입력 에너지에 대해 목재의 전기에너지 소실율(rate of dissipation)을 측정한다. 이 장치는 목재 자체 특성뿐만 아니라 전극의 형태에 따라 영향을 받는데, 전극형태에 따라 수분계와 목재간의 전자기 연성이 좌우된다. 목재 자체는 그림 6.41-6.47에서 보는 바와 같이 목재 함수율, 온도, 밀도, 구조배열, 주파수 등에 따라 영향을 받는다.

유전율식 수분계 측정값에 영향을 미치는 목재 함수율 이외에 여러 인자가 있지만, 목재 함수율 추정에 유용한 측정기기이다. 목재산업의 가공과정에서 목재의 함수율을 측정하는데 많이 이용되고 있다.

James(1975a,b)의 논문은 목재용 전기수분계의 특성과 그 영향인자에 대해 다루고 있다. 기타 관련논문들에는 Mackay(1976), Dennis와 Beall(1977), Beall(1979), Pfaff와 Garrahan(1986), James(1986) 등이 있다.

참고문헌

Ahlgren PA, Wood JR, Goring DIA 1972 The fiber saturation point of various morphological subdivisions of Douglas fir and aspen wood. Wood Sci Technol 6:81–84

Anderson JH, Parks GA 1968 The electrical conductivity of silica gel in the presence of adsorbed water. J Phys Chem 72:1662–3668

Anderson NT, McCarthy JL 1963 Two–parameter isotherm equation for fiber–water systems. Ind Eng Chem Process Design Dev 2:103–105

Anderson RB 1946 Modifications of the Brunauer, Emmett and Teller equation I– J Am Chem Soc 68:686:691

Anderson RB, Hall KW 1948 Modifications of the Brunauer, Emmett and Teller equation ll. J Am Chem Soc 70:1727–1734

Babbitt JD l94O Observations on the permeability of hygroscopic materials to water vapour I. Observations at relative humidities less than 75%. Can J Res A–18 (6):105–12l

Babbitt JD 1942 On the adsorption of water vapour by cellulose Can J Res A 20:141–172

Babbitt JD 1950 On the differential equations of diffusion. can J Res A–28:M9–474

Babbitt JD l951 On the diffusion of adsorbed gases through solids. Can I Phys 29:437–446

Babbitt JD 1958 Diffusion of adsorbed molecules. Nature 182:201–202

Barber NF 1968 A theoretical model of shrinking wood. Holzforschung 22:97–103

Barber NF, Meylan BA 1964 The anisotropic shrinkage of wood. A theoretical model. Holzforschung 18:146–156

Bariska M 1979 Die Methoden der Dimensionsstabilisierung bei Vollholzprodukten, ihr derzeitiger Stand und ihre EinsatzmÖglichkeiten. Holzforsch Holzverwert 31:28–32

Barkas WW 1945 Swelling stresses in gels. Dep Sci lnd Res For Prod Res GB, Spec Rep 6,60 pp

Barkas WW 1949 The swelling of wood under stress. Dep Sci lnd Res For Prod Res GB, 99 pp

Barker RE, Thomas CR 1964Effects of moisture and high electric fields on conductivity in

methods. For Prod J 15:21－27

Choong ET 1969 Effect of extractives on shrinkage and other hygroscopic properties of ten southern pine woods. Wood Fiber 1:124－133

Choong ET Barnes HM 1968 Swelling behavior in corewood and maturewood of southern pine. Louisiana State Univ Sch For Utiliz Note 11, 5 pp

Choong ET, Manwiller FG 1976 Dimensional and relative hygroscopic properties of hardwoods from southern pine sites. Wood Sci 9:39－43

Christensen GN, Hergt HFA 1969 Effect of previous history on kinetics of sorption by wood cell walls. J Polym Sci A－1 7:2427－2430

Christensen GN, Kelsey KE 1959a Die Geschwindigkeit der Wasserdampfsorption durch Holz. Holz Roh－ Werkst 17:178－188

Christensen GN, Kelsey KE 1959b Die Sorption von Wasserdampf durch die Chemischen Bestandteile des Holzes. Holz Roh－ Werkst 17:189－203

Clark J, Gibbs RD 1957 Studies in tree physiology Ⅳ. Further investigations of seasonal changes in moisture content of certain Canadian forest trees. Can J Bot 35:219－253

Clark JD Williams JW 1933 The electric conductivity of commercial dielectrics and its variation with temperature J Phys Chem 37:119－131

Cockrell RA 1946 Influence of fibril angle on longitudinal shrinkage of ponderosa pine wood. J For 44:876－878

Cockrell RA 1947 Explantation of longitudinal shrinkage of wood based on interconnected chain molecule concept of cell－wall structure. Trans Am Soc Mech Eng 69:931－935

Cole KS, Cole RH 1941 Dispersion and adsorption in dielectrics l. Alternating－current characteristics. J Chem Phys 9:341－351

Cooper DNE Ashpole DK 1959 The heats of sorption of cellulosic fibers deduced from calorimetric measurements. J Text Inst 50:T223－232

Cousins WJ 1976 Elastic modulus of lignin as related to moisture content. Wood Sci Technol 10:9－17

Crews DL 1965 Structural variables and the differential transverse shrinkage of wood. PhD Thesis, SUNY Coll For, Syracuse NY, 80 PP

Cudinov BS 1981 Zum EinfluB der Holzdichte auf den Fasersettigungspunkt. Holztechnologie 22:104－108

Davidson RW 1958 The effect of temperature on the electrical resistance of wood− For Prod J 8:160−164

DeGroot SR 1950 Thermodynamics of irreversible processes. Wiley Interscience, New York, 240 pp

Delgado GA 1970 The effect of hygroscopicity on the heat of wetting of wood. Unpubl Sen Res Problem, SUNY Coll For, Syracuse NY

Dennis JR, Beall FC 1977 Evaluation of a new portable radio−frequency moisture meter on lumber with drying gradients. For Prod J 27(8):24−29

Dent RW 1977 A multilayer theory for gas sorption I. Sorption of a single gas Text Res J 47:145−152

De S, Wijesinghe LCA 1959 The shrinkage of rays and fibres in wood. Forestry 32:31−38

Dixon HH 1914 Transpiration and the ascent of sap in plants. MacMillan, London, 216 pp

Dole M 1948 Statistical thermodynamics of the sorption of vapors by solids. J Chem Phys 16:25−30

Doppert HL 1967 Adsorption of iodine from aqueous solutions by samples of tire yarn from regenerated cellulose. J Polym Sci A'2 5:263−270

Duff JE 1966 A probe for accurate determination of moisture content of wood products in use. US For Serv Res Note FPL−0142, 10 pp

Duff JE 1968 Moisture distribution in wood−frame walls in winter. For Prod J 18 (1):60−64

Dunlap F 1912 The specific heat of wood. US For Serv Bull 110, 28 pp

Duran−pulido JA 1977 Copper, chromium and arsenic ion migration and electrical conductivity relationships in wood. PhD Thesis, SUNY Cull Environ sci For, syracuse NY, 413 pp

Ecklund BA 1961 The fiber saturation point of wood as determined with radio isotopes. MS Thesis' Univ California, Berkeley CA

Eisenberg D, Kauzrnann W 1969 The structure and properties of water. Oxford Univ Press, New York, 296 pp

Enderby JA 1955 Water absorption by polymers. Trans Faraday Soc 51:106−116

Erickson HD 1955 Tangential shrinkage of serial sections within annual rings of Douglas−

fir and western red cedar. For Prod 15:241–250

Espenas LD 1971 Shrinkage of Douglas–fir, western hemlock, and red alder as affected by drying conditions. For Prod J 21 (6):44–46

Espenas LD 1924 longitudinal shrinkage of western redcedar, western hemlock, and true fir – For Prod J 24 (10):46–48

Evershed S 1913 The characteristics of insulation resistance. J Inst Electr Eng 52:51–73

Eyring HF 1936 Viscosity, plasticity and diffusion as examples of absolute reaction rates. J Chem Phys 4:283–291

Feist WC, Hon DN 1984 Chemistry of weathering and protection. In: Rowell R (ed) The chemistry of solid wood. Adv Chem Ser 207. Am Chem Soc' Washington DC 401–451

Feist WC, Tarkow H 1967 A new procedure for measuring fiber saturation points. For Prod J 17(10):65–68

Forrer JB 1984 An electronic system for monitoring moisture gradients of drying wood. For Prod J 34 (7/8):34–38

Forrer JB, Vermaas HF 1987 Development of an improved moisture meter for wood. For Prod J 37(2):67–71

Forsaith CC 1926 The technology of New York State timbers. NY State Coll For. Syracuse NY' Tech Publ 18, 374 pp

Frey–Wyssling A 1940a Die Anisotropic des Schwindma Bes auf dem Holzquerschnitt. Holz Roh– Werkst 3:43–45

Frey–Wyssling A 1940b Die Ursachen der anisotropen Schwindung des Holzes. Holz Roh– Werkst 3:349–353

Gascoyne PRC, Pethig R 1977 Experimental and theoretical aspects of hydration isotherms for biomolecules. J Phys Chem Faraday Trans I 73:171–180

Gerhards CC 1982 Effect of moisture content and temperature on the mechanical properties of wood: An analysis of immediate effects. Wood Fiber 14:4–36

Gibbs RD 1958 Patternsin the seasonal water content of trees. In: Thimann KV (ed) The physiology of forest trees. Ronald, New York 43–69

Goldstein IS (ed) 1977 wood technology: chemical aspects. Am chem Soc, Washington DC, 372 pp

Gorman TM 1985 Juvenile wood as a cause of seasonal arching in trusses. For prod J

35(11/12):35－40

Goulet M, Fortin Y 1975 (Measuring the swelling of sugar maple wood during a cycle of moisture sorption at 21"c.) Dep d'Exploit Utilis Bois, Univ Laval, Quebec Note Rech 12, 49 pp

Green DW, Link CL, DeBonis AL, McLain TE 1986 Predicting the effect of moisture content on the flexural properties of southern pine dimension lumber. wood Fiber Sci 18(l):134－156

Greenhill wL 1936 The shrinkage of Australian timbers l. A new method of determining shrinkages and shrinkage figures for a number of Australian species, CSIRO Div For Prod, Melbourne Tech Pap 21, 54 pp

Greenhill WL 1944 The differential shrinkage of wood. Trans Am Soc Mech Eng 66:152－154

Grumach M 195l The equilibrium moisture content of wood in superheated steam. CSIRO Div For Prod, Melbourne Int Proj 17, Prog Rep 5, 5 pp

Hailwood AJ, Horrobin S 1946 Absorption of water by polymers. Analysis in terms of a simple model. Trans Faraday Soc 42B:84－92, 94－l02

Halsey G 1948 Physical adsorption on nonuniform surfaces. J chem phys 16:931－937

Handa T, Fukuoka M, Yoshizawa S, Kamamoto T 1982 The effect of moisture on the dielectric relaxations in wood. J Appl Polym Sci 27:439－453

Hann RA 1969 Longitudinal shrinkage in seven species of wood. US For Serv Res Note FPL－0203. 12 pp

Harris JM 1977 Shrinkage and density of radiata pine compression wood in relation to its anatomy and mode of formation. NZ J For Sci 7:91－106

Harris JM, Meylan BA 1965 The influence of microfibril angle on longitudinal and tangential shrinkage in Pinus radiate. Holzforschung 19:144－153

Hart CA 1964 Theoretical effect of gross anatomy upon conductivity of wood. For prod J 14:25－112

Hart CA 1984 Relative humidity, EMG and collapse shrinkage in wood. For prod J 34 (11/12):45－54

Hasted JB 1973 Studies in chemical physics. Aqueous dielectrics. Chapman and Hall, London, 302 pp

Hawley LF 1931 Wood－liquid relations. USDA Tech Bull 248, 34 pp

Hearle JWS 1953 The electrical resistance of textile materials: J Text lnst 44:T177–198

Hearle JWS 1957 The relation between structure, dielectric constant and electrical resistance of fibres. J Text Inst 48:40–51

Hearle JWS, Peters RH (eds) (1960 Moisture in textiles. Wiley Interscience New York, 212 pp

Hearmon RFS, Burcham JN 1954 The dielectric properties of wood. For Prod Res, London, Spec Rep 8, 19 pp

Hearmon RFS, Burcham JN 1955 Specific heat and heat of wetting of wood. Nature 176:978

Henderson LG, Choong ET 1968 Variation in moisture content of standing sweetgum trees in Louisiana. Louisiana State Univ Sch For, For Note 81, 3 pp

Henderson SM 1952 A basic concept of moisture equilibrium. Agr Eng 33:29–33

Hergt HFA, Christensen GN 1965,variable retention of water by dry wood. J Appl polym Sci 9:2345–2361

Hermans PH 1946 Contributions to the physics of cellulose fibres. Elsevier, Amsterdam, 534 pp

Higgins NC 1957 The equilibrium moisture content–relative humidity relationships of selected native and foreign woods. For Prod 7:371–377

Hildebrand R 1970 Kiln drying of sawn timber. Hildebrand Maschinenbau, Wurtt, Fed Rep Germany, 199 pp

Hill RM 1978 Characterization of dielectric loss in solids and liquids. Nature 275:96–99

Hiruma J 1915 experiment on the electric resistance of wood.) Bur For Dep Agr Commerce, Japan, Bull For Exp Sta Meguro, Tokyo, 59–65

Hittmeier ME 1967 Effect of structural direction and initial moisture content on swelling rate of wood. Wood Sci Technol 1:109–121

Hoadley RB 1967 weather, water and wood. univ Mass coop Ext Serv Amherst MA, publ 15, 8 pp

Hoadley RB 1980 Understanding wood. A craftsman's guide to wood technology. Taunton press, Newtown, 256 pp

Hsu NN, Tang RC 1975Distortion and internal stresses in lumber due to anisotropic shrinkage Wood Sci 7:298–307

Iglesias HA, Chirife J 1981An equation for fitting uncommon water isotherms in foods. bensm Wiss Technol 14:105－106

IgtesiasHA, Chirife J 1982 Handbook of food isotherms. Water sorption parameters for food and food components. Academic Press, New York, London, 347 pp

lmata J 1975 A study on the shrinkage and deformation of wood. lnst Vocat Training Tokyo Bull 4:21－75

James WL1954 Electrical moisture meters for wood. US For Serv Rep FPL－1660, 13 pp

James WL 1965 Effects of wood preservatives on electrical moisture－meter readings. US For Serv Res Note FPL0|06, 20 pp

James WL 1968 Effect of temperature on readings of electric moisture meters. For Prod J 18(10):23－31

James WL 1975 a Dielectric properties of wood and hardboard. Variation with temperature frequency, moisture content, and grain orientation. US For Serv Res Pap FPL245, 33 pp

James WL 1975b Electric moisture meters for wood. US For Scrv Gen Tech Rep FPL6, 28 pp

James WL 1981 Influence of electrode design on measurements of dielectric properties of wood. Wood Sci 13:185－198

James WL 1986 The interaction of electrode design and moisture gradients in dielectric measurements on wood. Wood Fiber Sci 18:264－275

James WL, Hamill DW 1965 Dielectric properties of Douglas－fir measured at microwave frequences. For Prod J 15:51－56

Johnson JA 1975 Hygro－thermoelastic stresses in the transverse section of wood treated as acylindrically orthotropic material. PhD Thesis, Univ Washington, Seattle WA, 193 pp

Johnson JA 1977 The removal of water from wood. In: Proc on practical applications of solar energy to wood processing. Virginia Polytech lnst State Univ, Blacksburg VA, For Prod Res Soc Madison WI, 23－28

Jost W 1960 Diffusion of solids, liquids, and gases. Academic Press, New York, London, 558 pp

Kadita S 1960 Studics on the water sorption of wood. Wood Rees 23:1－61

Kajita H 1975 (The bark－water relationship.) J Soc Mat Sci Jpn 24(264):862－866

Kajita H 1976 (Theheat of wetting of wood in water I.) Kyoto Pref Univ For Bull 20:49–61

Kajita H 1977 (the heat of wetting of wood in water III.) Kyoto Pref Univ For Bull 29:85–94

Kajita H, Mukudai J 1971 (Studies on the wettability of wood VII.) Kyoto Pref Univ For Sci Rep 23:100–104

Kajita H, Yoneda M, Koshijima T, Mukudai J, Yata S 1917 (Heat of wetting of the constituents of wood in water. J Soc Mat Sci Jpn 26(284):417–423

Kanagawa Y, Hattori Y 1984 Studies on some Sulawesi woods: 2. I Shrinkage properties. Nagoya Univ For Bul 8:54–78

Katchalsky A, Curran PF 1966 Nonequilibrium thermodynamics in biophysics. Harvard University Press, Cambridge, Oxford University Press, Oxford, 248 pp

Kato H, Nakato K 1968 (The transverse anisotropic shrinkage of wood and its relation to cell wall structure I. The lignin distribution in the radial and tangential walls of coniferous wood tracheids). Kyoto Univ For Bull 40:284–292

Katz JR 1917 Gesetze der Quellung. Kolloidchem Beih 9:1–182 Kauman WG 1956 Equilibrium moisture content relations and drying control in superheated steam drying. For Prod J 6:328–332

Kauman WG 1964 Zellkollaps im Holz I. EinfluBgroBen bei der Entstehung des Zellkollaps und seine RÜckbildung. Holz Roh– Werkst 22:183–196

Kawai S, Nakato K, Sadoh T 1980 Moisture movement in wood in the hygroscopic range Cull Agr Kyoto Univ Mem 115:1–32

Kellogg RM, Sastry CBR, Well wood RW 1975 Relationships between cell–wall composition and cell–wall density. Wood Fiber 7:170–177

Kellogg RM, Wangaard FF 1969 Variation in the cell–wall density of wood. Wood Fiber 1:180–204

Kelsey KE 1956 The shrinkage intersection point – its significance and the method of its determination. For Prod J 6:41I–416

Kelsey KE 1957The sorption of water vapour by wood. Aust J Appl Sci 8:42–54

Kelsey KE 1963 A critical review. of the relationship between the shrinkage and structure of wood. CSIRO Div.For Prod, Melbourne Technol Pap 28, 35 pp

Kelsey KE, Clarke LN 1956 The heat of sorption of water by wood. Aust J Appl Sci 7:160

−175

Keylwerth R 1949 Grundlagen der Hochtemperaturtrocknung des Holzes.ctr Holz−Zbl 75:953−954

Keylwerth R 195l Formanderungen in Holzquerschnitten. Holz Roh− Werkst 9:253−260

Keylwerth R 1962 untersuchungen uber freie und behinderte Quellung von Holz I. Freie Quellung. Holz Roh− Werkst 20:252−259

Keylwerth R 1964 untersuchungen uber freie und behinderte Quellung 4. Untersuchungen Über den Quellungsverlauf und die Feuchtigkeitsabhangigkeit der Rohdichte von Holzern. Holz Roh− Werkst 22:255−258

Keylwerth R, Noack D 1956 Uber den EinfluB hoherer Temperaturen auf die elektrische Holzfeuchtigkeirsmessung nach dem widerstandsprinzip. Holz Roh− Werkst 14:162−172

King G 1960 Theories of multilayer adsorption. In: Hearle JW, peters RH (eds) Moisture in textiles Wiley Interscience New York, 59−82

King J, Rollwitz WL 1983 Magnetic resonance measurement of flowing coal. Trans lnstr Soc Am 22(4):69−76

Kirk TK, cowling EB 1984 Biological degradation of solid wood. ln: Rowell R (ed) The chemistry of solid wood. Adv Chem Ser 207, Am Chem Soc Washington DC, 455−487

Koch P 197l Process for straightening and drying southern pine 2x4's in 24 hours. For prod J 21 (5):17−24

Koehler A 1960 (1930) Longitudinal shrinkage of wood. us For Serv Rep FPL−1093,23 pp

Kollmann FFP 1936 Technologie des Holzes springer, Berlin, 264 pp

Kollmann FFP 1940 Die mechanischen Eigenschaften verschieden feuchter Holzer im Temperaturbe−reich−200 bis +200 ℃. VDl−Forschungsh 403(11):1−18

Kollmann FFP 1959 Uber die sorption von Holz und ihre exakte Bestimmung. Holz Roh−werkst 17:165−171

Colman FFP 1962 Seine Gleichung der sorptionsisotherme Naturwissenschaften 49:206−207

Kollmann FFP, cote WA, Jr 1968 Principles of wood ,science and technology I. solid wood. Springer, Berlin, Heidelberg, New York, 592 pp

Colman FFP Hackle G 1962−Kritischer vergleich cinigcr Bestimmungsverfahren der Holzfeuchtig−keit. Holz Roh−Werksr 20:461−473

Kollmann FFP, Kuenzi EW, stamm AJ 1975 principles of wood science and technology II. wood－based materials. Springer, Berlin Heidelberg, New York, 703 pp

Kroner K 1944/45 Über dielektrische untersuchungen an Naturholzern und deren mechanischen und chemischen Abbaustoffen im grossen Frequenzgebiet. Holz Roh－Werkst 7:65－72

Kroner K' Pungs L 1952 Zur dielektrischen Anisotropie des Naturholzes im groben Frequenzbereich. Holzforschung 6:13－16

Kröner K' Pungs L 1953 Über das verhalten des dietektrischcn Verlustfaktors von Naturholz im groBen Frequenzbereich. Holzforschung 7 :12－18

KÜbler H 1962 Schwinden und Quellung des Holzes durch Kälte. Holz Roh－Werksr 20:364－368

KÜbler H 1970 A note on recovery of excessive shrinkage in wood. wood Sci 3:62－64

Kufner M 1978 Elastizitätsmodul. und, Zugfestigkeit von Holz verschiedener Rohdichte in Abhängigkeit vom Feuchtigkeitsgehatt. Holz－Roh werkst 36:435－438

KÜhlmaan G 1962 untersuchung－der tuermischen Eigenschaftea von Holz und spanplatten in von Feuchtigkeit und Temperatur im hygroskopischen Bereich. Holz Roh－ Werkst 20:259－270

Kuroda N, Tsutsumi J 1979 (Effect of applied voltage on electrical conductivity of wood.) Mokuzai Gakkaishi 25:757－762

Kuroda N, Tsutsumi J 1982 (Anisotropical behavior of electrical conduction in wood). Kyushu univ For Rep 28:25－30

Labusa TP 1984 Moisture sorption: practical aspects of isotherm measurement and use American Assoc Cereal Chemists, St paul, 150 pp

Labusa TP, Mizrachi s, Karel M 1972 Mathematical models for optimization of flexible film packaging of foods for storage Trans Am Soc Agr Eng 15:150, 155

Langmuir I 1918The adsorption of gases on plain surfaces of glass, mica and platinum, J Am chem Soc 40:1361－1403

Langwig JE 1971 Trace element' electrical conductivity relationships in wood. PhD Thesis, SUNYcoll Environ Sci For, Syracuse NY, 181 pp

Langwig JE' Meyer JA 1973 lon migration in wood verified by neutron activation analysis, wood Sci 6:39－50

Langwig JE' Skaar C 1975 Electrical resistivities of 18 Venezuelan and t3 North American woods. Wood Sci 8:350－354

Leont'ev NL 1960 Procnost' drevesiny pri razlicnoj vlznosti. (The strength of wood at varying moisture contents.) Derevcobrab Promst 9(10):17－18

Limaye VD Seaman LN 1933 The physical and mechanical properties of woods grown in India' Indian For Rec Silvic 18(10):1－70

Lin RT 1965 A study of the electrical conduction in wood. For Prod J 15:506－514

Lin RT 1967 Review of the dielectric properties of wood and cellulose. For Prod J 17(7):61－66

Lin RT 1973 Wood as an orthotropic dielectric material. wood Fiber 5:226－236

Lindsay F, chalk L 1954 The influence of rays on the shrinkage of wood. Forestry 27:16－24

Ma TP 1960 The mechanical and physical properties of important timbers of Taiwan. Taiwan For Res Inst, Ext Bull 19, 4 pp

Mackay JFG l976 Effect of moisture gradients on the accuracy of power－loss moisture meters. For Prod J 26(3):49－52

Malmquist L 1958 Sorption as deformation in space Kyltekn Tidskr 4:1－11

Malmquist L 1959 Die Wasserdampf－Sorption des Holzes vom Standpunkt einer neuen Sorptionstheorie. Holz Roh－ Werkst 17:171－178

Malmquist L 1967 Untersuchungen zur empirisch－mathematischen Analyse der Sorption von Wasserdampf durch Holz. Holz Roh－ Werkst 25:45－62

Manwiiler FG 1975 Wood and bark moisture contents of small－diameter hardwoods growing on southern pine sites. Wood Sci 8:384－388

Matsumoto T 1950 (The anisotropic shrinkage of wood) Morioka Coll Agr For lwate Univ Bull 26:81－88

Mclntosh DC 1955 Shrinkage of red oak and beech. For Prod J 5:355－359

Mclain TE, DeBonis AL, Green DW, Wilson FJ, Link CL 1984 The influence of moisture content on the flexural properties of southern pinc dimension lumber. US For Serv Res Pap FPL－447, 40 pp

Mclaughlan TA, Norton JA, Kusec DJ 1973 Slope－of－grain indicator. For Prod J 23(5):50－55

McMillen JM 1958 Stresses in wood during drying. US For Serv Rep FPL 1652, 33 pp

McMilli CW 1969 Specific heat of oven-dry loblolly pine wood. wood Sci 2:107-111

McMillin CW 1970 Specific heat of some oven-dry chemical constituents of loblolly pine wood. Wood Sci 3:52-53

McMinn JW 1986 Transpiration drying of red oaks, sweetgum, and yellow poplar in the upper Piedmontof Georgia. For Prod I 36(l):25-27

Meierhofer U, Sell J 1979 Physikatische Orange in wetterbeanspruchten Holzbauteilen 2. Tiagende Holzbauteile im Freien unter Dach. Holz Roh- Werkst 37, 227-234

Meredith R (ed) 1956 The mechanical properties of textile fibers. Wiley Interscience, New York, 345 pp

Meredith R 1957 Rigidity, moisture and fibre structure. J Text Inst 48f 163-174

Merten U (ed) 1966 Desalination by reverse osmosis. MIT Press, Cambridge' 289 pp

Meyer JA 1984 Wood-polymer materials. ln: Rowell R (ed) The chemistry of solid wood. Adv Chem Ser 207. Am Chem Soc Washington DC, 257-289

Meylan BA 1968 Cause of high longitudinal shrinkage in wood. For Prod J 18(4):75-78.

Meylan BA 19.72 The influence of microfibril angle on the longitudinal shrinkage-moisture content relationship. Wood Sci Technol 6:293-301

Mitchell PH 1981 Effect of heat treatment on selected properties of small clear specimens of Pinus taeda L and pseudotsuga menziesii (Mirb) Franco. PhD Thesis, Virginia Polytech lnst State Univ Blacksburg VA, 172 PP

Marathi E 1932 Studien Über die hygroskopischen Eigenschaften und die Härte der Holzer. Mitt Holzforsch Darmstadt (cited by Pentoney 1953)

Morschauser CR, preston SB 1954 The effect of ray tissue on transverse shrinkage of red oak (Quercus borealis Michxf). Mich Wood Technol 1, 2 pp

Morton WE, Hearle JWS t962 Physical properties of textile fibres. Butterworths, London, 608 pp

Morton WE, Hearle JWS 1975Physical properties of textile fibres, 2nd edn. John Wiley, New York' 660 pp

Murphy EJ 1960 The temperature dependence of the conductivity of dry cellulose. Phys Chem Solid 15:66-71

Myer JE, Rees LW 1926 Electrical resistance of wood with special reference to the fiber saturation point. NY State Coll For, Syracuse NY Tech Bull 19, 22 pp

Nagashima N, Suzuki E 1981 Pulsed NMR and state of water in foods. ln: Rockland LB, Stewart GF (eds) Water activity: Influences on food quality. Academic Press, New York, 247–264

Nakato K 1958 (On the cause of the anisotropic shrinkage of wood X. On the relationships betweenthe microscopic structure and the anisotropic shrinkage in transverse section. Mokuzai Gakkaishi 4:183–186

Nanassy AJ 1964 Electric polarization measurements on yellow birch. Can J phys 42:1270–1281

Nanassy AJ 1973 Use of wide–line NMR for measurement of moisture content in wood. Wood Sci 5:187–193

NanasAJ 1974 Water sorption in green and remoistened wood studied by the broad–line component of the wide–line NMR spectrum. Wood Sci 7:61–68

Nanassy AJ, Szabo T 1978 Thermal properties of waferboards as determined by a transient method. Wood Sci 11:17–22

Nelson RM, Jr 1983 A model for sorption of water vapor by cellulosic materials. Wood Fiber 15:8–22

Nelson RM, Jr 1984 A model for bound water diffusion in wood. Proc North Am Wood Drying Symp Mississippi For Prod Util Lab, 144–151

Nelson RM, Jr 1986a Diffusion of bound water in wood 1. The driving force. Wood Sci Technol 20:125–135

Nelson RM, Jr 1986b Diffusion of bound water in wood 2. A model for isothermal diffusion. Wood Sci Technol 20:235–251

Nelson RM, Jr 1986c Diffusion of bound water in wood 3. A model for nonisothermal diffusion. Wood Sci Technol 20:309–328

Newlin JA, Wilson TRC 1919 The relation of the shrinkage and strength properties of wood to its specific gravity. US For Serv Bull FPL–676, 35 pp

Noack D 1959 Beitrag zur Sorption des Holzes im Bereich höherer Temperaturen und WasserdampfdrÜcke Holz Roh– Werkst 17:205–211

Noack D 1964 EinfluB der Probenabmessungen auf die Bestimmung der Quellmasse von Holz. Holz Roh– Werkst 22:174–182

Noack D Kleuters W 1960 Umber die Bestimmung des Holzfeuchtigkeitsgehaltes mit Hilfe radioaktiver Isotopen (p－Strahlen). Holz Roh－ Werkst 18:304－308

Noack D, Schwab E, Bartz A 1973 (Characteristics for a judgment of the sorption and swelling behavior of wood.) Wood Sci Technol 7:218－236

Norberg PH, Meier H 1966 Physical and chemical properties of the gelatinous layer in tension woodfibres of aspen (Populus tremula L). Holzforschung 20:174－178

Norimoto M 1976 Dielectric properties of wood. Wood Res 59/60:106－152

Norirnoto M, Yamada T 1969 (The dielectric properties of wood II. Temperature dependence of dielectric properties of wood in absolutely dry condition.) Wood Res 46:1－9

Norimoto M, Yamada T 1970 The dielectric properties of wood lV. On dielectric dispersions of ovendried wood. Wood Res 50:36－49

Norimoto M, Yamada T 1971 The dielectric properties of wood V. On the dielectric anisotropy in wood. Wood Res 51:12－32

Norimoto M, Yamada T 1972 The dielectric properties of wood VI. On the dielectric properties of the chemical constituents of wood and the dielectric anisotropy of wood: Wood Res 52:31－43

Okoh KIA 1976 Moisture sorption and electrical resistivity of some woods and barks. PhD Thesis, SUNY Coll Environ Sci For, Syracuse NY 195 pp

Okoh KIA, Skaar C 1980 Moisture sorption isotherms of the wood and inner bark of ten southern US hardwoods. Wood Fiber 12:98－I t I

Onsager L 1931 Reciprocal relations in irreversible processes t, II. Phys Rev 37:405－426, 38:2265－2279

Oswin CR 1946 Kinetics of package life III. isotherm. J Soc Chem lnd 65:419－421

Panshin AJ, de zeeuw CH 1980 Textbook of wood technology, 4th edn. McGraw－Hill, New York, 722 pp

Paton JM, Hearmon RFS 1957 Effect of exposure to gamma－rays on the hygroscopicity of Sitka spruce wood. Nature 180:651

Peck EC t950 Moisture content of wood in use. US For Serv Rep FPL－1655, 9 pp

Peck EC 1953 The sap or moisture in wood. US For Serv Rep FPL－768, 5 pp

Peirce FT 1929 A two－phase theory of the absorption of water vapour by cotton cellulose. J Text Inst 20:T133－150

Pentoney RE 1953 Mechanisms affecting tangential vs radial shrinkage. J For Prod Res Soc 3(2):27–12

PeremE 1954 Determination of the fiber saturation point of wood by centrifuging. J For Prod Res Soc 4:77–81

Perkitny T 1963 Swelling pressure of wood. Fifth FAO Conf Wood Technol, US For Prod lab Madison WI, 12 pp

Pfaff F Garrahan p 1986 New temperature correction factors for the portable resistance–type moisture meter. For Prod J 36(3):28–30

Phillips EWJ, Adams EH, Hearmon RFS 1962 The measurement of density variation within the growth rings in thin sections of wood using beta particles, J Inst Wood sci 10:11–28

Pitiman RA, Tripp VW 1972 Wide–line nuclear magnetic resonance spectroscopy. ln: O'Conner RT (ed) Instrumental analysis of cotton cellulose and modified cotton cellulose. Marcel Decker, New York, 379–399

Pratt GH 1974 Timber drying manual. Dep Environ Build Res, Princes Risborough GB 152 pp

Preston JM (ed) 1953 Fibre science. Text Inst, Manchester GB 421 pp

Preston RD 1942 Anisotropic contraction of wood and its constituent cells. Forestry 16:12–48

Prichananda C 1966 A study of some aspects of moisture sorption dynamics in wood. PhD Thesis, SUNY. Coll For, Syracuse NY, 153 PP

Prigogine I 1961 Introduction to thermodynamics of irreversible processes 2nd edn. Wiley interscience, New York, 119 PP

Purslow DF 1971 The use of a microwave moisture meter for studying moisture changes. J lnst Wood Sci (28) 5(4):40–46

Quirk JT 1984 Shrinkage and related properties of Douglas–fir cell walls. Wood Fiber 16:115–133

Raczkowski J 1963 The swelling heat of wood. Fifth FAO Conf Wood Technol, US For Prod Lab, Madison WI, 4 PP

Rafalski H–J 1966 Uber die dielektrischen Eigenschaften unterschiedlich verdichteten Rotbuchenholzes. Holztechnologie 7:118–122

Rasrnussen EF 1961 Dry kiln. Operator's manual. USDA Agr Handb 188, 197 pp

Rees WH1960 Heat of absorption. In: Hearle JWS, Peters RH (eds) Moisture in textiles– Wiley Interscience, New York, 33–58

Resch H, Ecktund BA 1963 Moisture content determination for wood with highly volatile constituents. For Prod J 13:48t–482

Ritter GJ, Mitchell RL 1952 Fiber studies contributing to the differential shrinkage of cellulose. Pap Ind 33:1189–1193

Rogers CE 1967 polymer films as coatings. ln: Marches Sault RH, Skaar C (eds) Surfaces and coatingsrelated to paper and wood. Syracuse University Press, Syracuse 463–490

Rosen HN 1974 Distribution of water in hardwoods: a mathematical model. Wood Sci Technol 8:283–299

Rosen HN 1979 Psychromerric relationships and equilibrium moisture content of wood above 212'F In: proc symp wood moisture content, temperature and humidity relationships. Virginia Polytech Inst State Univ, Blacksburg VA, US For Serv FPL, Madison WI, 12–22

Sadoh T, Christensen CN 1967 Longitudinal shrinkage of wood l. longitudinal shrinkage of thin sections. Wood Sci Technol 1:26–44

Salamon M 1966 Effects of drying severity on properties of western hemlock. For Prod J 34(7/8):27–30

Salamon M, Hejjas J, Hejja A, Pollok LB 1975 Sorption studies of softwoods. Can For Serv Publ 1346, 20 pp

Samson M 1984 Measuring general slope of grain with the slope–of–grain indicator. For Prod J34(7/8):27–30

Schniewind AP Kersavage PC 1962Influence of rate of drying and rewetting on the dimensional changes of California black oak. For Prod I 12:29–33

Schroeder H 1972 Shrinking and swelling differences between hardwoods and softwoods. Wood Fiber 4:20–25

Sell J 1985 long–term measurement of wood moisture content in structural members. For Prod J 35(11/12):27–29

Sharp AR, Riggin MT, Kaiser R, Schneider MH 1978 Determination of moisture content of wood by pulsed nuclear magnetic resonance. Wood Fiber 10:74–81

Siau JF 1971 Flow in wood. Syracuse University Press, Syracuse 131 pp

Siau JF 1980 No isothermalmoisture movement in wood. Wood Sci 13:11–13

Siau JF 1984 Transport processes in wood. Springer, Berlin, Heidelberg, New York 245 pp

Siau JF Babiak M 1983 Experiments on nonisothermal moisture movement in wood. Wood Fiber Sci 15:40–46

Siau JR Bao F Avramidis S 1986 Experiments in nonisothermal diffusion of moisture in wood. Wood Fiber Sci 18:84–89

Simpson WT 1966 The swelling pressure and reduced sorption of wood restrained from swelling. MS Thesis, SUNY Coll For, Syracuse NY 79 pp

Simpson WT 1971a Equilibrium moisture content prediction for wood. For prod J 21(5):48–49

Simpson WT 1971b Moisture changes induced in red oak by transverse stress Wood Fiber 3:13–21

Simpson WT 1973 Predicting equilibrium moisture content of wood by mathematical models. Wood Fiber 5:41–49

Simpson WT 1979 Sorption theories for wood. In: Proc sump on wood moisture content and humidity relationships. Virginia Polytech Inst state univ, Blacksburg VA, US For prod Lab, Madison WI 36–46

Simpson WT 1982 lmportance of relative humidity and temperature control on wood: moisture content. Wood Fiber 14:94–103

Simpson WT, Skaar C 1968 Effect of restrained swelling on wood moisture content. US For Serv Res Note FPL0I96, 5 pp

Skaar C 1948 The dielectric properties of wood at several radio frequencies NY state Coll For, Syracuse NY, Tech Publ 69, 36 pp

Skaar C 1964Some factors involved in the electrical determination of moisture gradients in wood. For Prod J 14:239–243

Skaar C 1972 Water in wood. Syracuse University press, Syracuse 218 pp

Skaar C, Babiak M 1982 A model for bound water transportion wood. Wood Sci Technol 16:123–138

Skaar C, Prichananda C, Davidson RW 1970 some aspects of moisture sorption dynamics in wood. Wood Sci 2:179–185

Skaar C, Siau JF 1981 Thermal diffusion of bound water in wood. Wood Sci Technol 15: 105–112

Smith SE 1947 The sorption of water vapor by high polymers. J Am chem Soc 69:646 – 651

Spalt HA 1957 The sorption of water vapor by domestic and tropical woods. For prod J 7:331 – 335

Spalt HA 1958 The fundamentals of water vapor sorption by wood. For prod J 8:288 – 295

Stamm AJ 1927 The electrical resistance of wood as a measure of its moisture content. Ind Eng Chem 19:1021 – 1025

Stamm AJ 1929 The fiber – saturation point of wood as obtained from electrical conductivity measurements. Ind Eng Chem Anal Ed 1:94 – 97

Stem AJ 1946 Passage of Liquids, vapors and dissolved materials through softwoods. USDA Tech Bull 929, 80 pp

Stamm AJ 1959 Bound – water diffusion into wood in the fiber direction. For Prod 19:27 – 32

Stamm AJ 1960 Bound – water diffusion into wood in across – the – fiber directions For prod J 10:524 – 528

Stamm AJ 1964 Wood and cellulose science Ronald press New York, 549 op

Stamm AJ 1971 Review of nine methods for determining, the fiber saturation points of wood and wood products. Wood Sci 4:114 – 128

Stamm AJ 1977 Dimensional changes of wood and their control. In:Goldstein I (ed) wood technology. chemical aspects. ACS Symp Ser 43, Am chem Soc, Washington DC, 115 – 149

Stamm AJ, Burr HK, Kline AA 1955 Heat stabilized wood (Staywood). US For Serv Rep FPL – R1621, 17 pp

Stamm AJ, Loughborough WK 1935 Thermodynamics of the swelling of wood. J phys Chem 39:121 – 132

Stamm AJ loughborough WK 1942 Variation in shrinking and swelling of wood. Trans Am Soc Mech Eng 54:379 – 386

Stamm AJ, Seborg RM 1935 Adsorption compression of cellulose and wood I. Density measurements in benzene. J Phys Chem 39:133 – 142

Stanish MA 1986 The roles of bound water chemical potential and gas phase diffusion in moisture transport through wood. Wood Sci Technol 20(1):53 – 70

Stevens WC 1963 The transverse shrinkage of wood. For prod J 13:386 – 389

Stone JE, Scallan AM 1967 The effect of component removal upon the porous structure of the cell' wall in wood II. Swelling in water and the fiber saturation point. Tappi 50:496-501

Thrkow H, Turner HD 1958 The swelling pressure of wood. For prod J 8:193-197

Volker B 1896 Untersuchungen Über die Quellung der Holzfaser. Diss Univ Kiel, Kiel Germany (cited by Stamm 1964, p 200)

Vorreiter L 1963 Fasersättigungsfeuchte und höchste Wasseraufnahme der Hölzer. Holzforschung 17:139-146

Wagner JB 1917 Seasoning of wood. Van No strand, New York, 274 pp

Wangaard FF 1951 Tests and properties of tropical woods. For Prod Res Soc Proc 5:206-214

Wangaard FF 1957 A new approach to the determination of fiber saturation point from mechanical tests. For Prod J 7:410-416

Wangaard FF Granados LA 1967 The effect of extractives on water-vapor sorption of wood. Wood Sci Technol 1:253-777

Ward RJ, Skaar C 1963 Specific heat and conductivity of particleboard as functions of temperature For Prod J 13:31-38

Weichert L 1963 Untersuchungen Über das Sorptions- und Quellungsverhalten von Holz verschiedener Rohdichte in Abhängigkeit vom Feuchtigkeitsgehalt. Holz Roh- Werkst 21:290-300

Welsh JK 1978 A model for time-dependent DC conduction in moist wood. PdD Thesis, SUNY Coll Environ Sci For, Syracuse NY, 248 pp

Wengert EM, Mitchell PH 1979 Psychionetric relationships and equilibrium moisture content of wood at temperatures below 212'F. In: Proc symp on wood.moisture content, temperature and humidity relationships. Virginia

Polytech lnst State Univ, Blacksburg VA, US For Serv For Prod Lab Madison Wl, 4-11

Wexler A (ed) 1965 Humidity and moisture. Measurement and control in science and industry. Reinhold, New York, Vols 1-4, 687, 634, 562, 333 pp

White HJ, Eyring H 1947 Adsorption of water by swelling high polymeric materials. Text Res J 17:523-553

Wolf W, Spiess WEL, Jung G 1985 Sorption isotherms and water activity of food materials. Science and Technology Publ Ltd, Hornchurch Essex GB, 239 pp

Yao J 1969 Shrinkage properties of second-growth southern yellow pine Wood Sci Technol 3:25-39

Ylinen A, Jumppanen P 1967 Theory of the shrinkage of wood. Wood Sci Technol 1:241-252

Yoshimura M 1961 A new technique for determining fiber saturation point from decay tests. Fac Agr Mie Univ Bull 24:297-309

Zimmermann MH 1983 Xylem structure and the ascent of sap. Springer, Berlin, Heidelberg, New York, 143 pp

역자약력

강 욱

전남대학교 임학과 졸업
서울대학교 농학박사
현대종합목재(주)
뉴질랜드 University of Canterbury 화공과 방문연구원
(현) 전남대 바이오하우징연구산업단 연구교수

이형우

서울대학교 임산공학과 졸업
서울대학교 농학박사
미국 Michigan State University 겸임교수
(현) 전남대학교 산림자원조경학부 교수

정우양

서울대학교 임산공학과 졸업
서울대학교 농학박사
미국 Purdue Univeristy 가구연구센터 Post Doctoral
(현) 전남대학교 산림자원조경학부 교수

木材와 水分

2006년 12월 5일 —— 인쇄
2006년 12월 15일 —— 발행

저 자 —— Skaar C
역 자 —— 강 욱 · 이형우 · 정우양
발 행 —— 강정채
발행처 —— 전남대학교출판부

등록 1981. 5. 21. 제53호
500 - 757 광주광역시 북구 용봉동 300
TEL. (062) 530 - 0571 ~ 3
FAX. (062) 530 - 0579
http://altair.chonnam.ac.kr/~cnup

값 15,000원

ISBN 89 - 7598 - 582 - 2 (93520)

이 도서의 국립중앙도서관 출판시도서목록(CIP)은 e-CIP홈페이지(http://www.nl.go.kr/cip.php)에서 이용하실 수 있습니다.(CIP제어번호: CIP2006002661)